서양 향신자원 연구 I

서양 향신자원 연구 I

성분과 생리활성

한용봉

KU PRESS
고려대학교
출판문화원

책을 펴내며

향신료란 일반적으로 늘 섭취하는 음식에 본래의 맛이나 향을 더하여 개개인의 기호성향을 높여 음식 섭취를 증진시키는 것을 이른다.

향신료는 허브(Herb)의 한 분야로 용도에 따라 식용 향신료(Culinary herbs), 의료용 향신료(Medicinal herbs) 및 향장용 향신료(Cosmetic herbs)로 분류되고 있으나, 이들의 생리활성을 보면 상호 복합적인 경우가 많다.

근래에는 식품의 기호성을 높일 뿐만 아니라 건강 기능성에 더 중점을 두는 듯하다. 경제 발전에 따라 세계여행이 빈번해지고 또 이주민이 증가되면서 외국 음식을 쉽게 접하게 되었다. 우리가 늘 접하게 되는 익숙한 향신료보다는 새로운 맛과 향을 찾는 욕구가 증대되고 있으나 이들 외국 향신료의 이름이나 사용법은 물론, 인체에 미치는 영향은 더더욱 미지이다.

최근 분석 기술과 생리활성 연구법의 비약적 발전에 따라 많은 신물질들이 발견되고 있어 새로운 건강 관련 식품이나 약품들의 개발이 촉진될 것으로 기대되고 있다.

이 책에서는 비교적 빈번히 접하게 되는 외국 음식에 첨가되는 향신료에 대하여 이들의 기원, 역사, 특히 밝혀진 성분과 생리활성 및 실제적 이용과 효능을 중심으로 2024년까지 국내외에서 관련 서적이나 학술지의 논문을 정리 기술하였다.

또한 원산지가 서양인 식용향신 자원을 중심으로 역사, 식물학적 특성, 함유된 영양 성분과 특수성분, 발표된 생리활성 특히 질병, 노화, 인지장애, 성인병 등에 대한 효능 등, 인체나 실험 동물 및 미생물에서 나타나는 현상을 정리하였고 또 오랜 역사와 민속적, 전통적 효능과 이용은《동의보감》을 비롯 여러 고전 등 출처도 참고로 기술하였다. 또 한국에서 출원된 특허의 일부도 첨부하였다.

특히 생리활성에 관한 참고 문헌은 비중 있게 수록하였으므로, 새로운 건강기능성 제품에 관심 있는 이나, 후학들의 연구에 도움이 되는 기초 자료가 되었으면 한다.

자료 준비에 꽤 오랜 기간이 소요되었으며 특히 자료 보강에 도움을 주신 고려대학교 과학도서관에 깊은 감사를 드린다. 늘 곁에서 묵묵히 격려와 도움을 아끼지 않은 남편에게 고마움을 전한다.

끝으로 바쁜 일정에도 출판을 허락해 주신 고려대학교 출판문화원 여러분께 깊은 감사를 드린다.

2025년 12월

한용봉

차례

1 개박하

Nepeta cataria

꿀풀과
(Labiatae)

Catnip, Catnep, Catmint(英)

원산지: 유럽, 북미, 서아시아, 중국

용도: 식용·약용 – 꽃봉오리, 잎, 줄기

역사

우리나라에서 '개박하'라 하는 'Catnip'은 박하의 일종으로 향기 역시 박하와 비슷하여 그렇게 부른다. 유럽과 미국에서는 고양이가 좋아하는 박하라 하여 catnip 또는 catmint라고도 한다.

Catnip은 이탈리아 중부 지역 Nepet에 자생이 많아 학명을 *Nepeta*라 하고, 종명 *cataria*는 고양이가 좋아하여 라틴어의 고양이(catus)에서 비롯된 것이라 한다(Herbs p288).

식물학적 특성

50-100cm로 자라는 다년생 초본. 전체에 회갈색의 가늘고 흰 솜털이 밀생한 것이 특징. 줄기는 네모 잎은 대생 끝이 뾰족한 계란형 잎 가장자리에 거친 톱니가 있다. 가지나 줄기 끝에 입술 모양의 흰 꽃에 자주 반점이 있는 잔꽃이 이삭져 6-7월에 핀다. 꽃에 꿀이 있어 밀원식물. 꽃과 잎, 줄기 등에 박하 같은

청량감의 향기가 있으며 건조하면 풍미가 더 강해진다.

동속식물인 *Nepeta* var. *citriodorum*는 레몬향이 있어 Lemon catmint라 하며 전체가 연녹색. 연보라색의 꽃이 피는 *Nepeta missini*는 관상용, 키가 30cm 정도(Lee, YN, II, 142).

특수성분

개박하*Nepeta cataria*에서 Deoxyloganic acid(D-00484), Dihydronepetalactone(D-01361), Isodihydronepetalactone(D-01361), Nepetalactam (N-00297), Nepetalactone(5S, 8S, 9R, 5S, 8S, 9S, N-00298), Nepetalic acid(1'R, N-00299), Nepetariaside(N-00301), Nepetaside(N-00302), 2-[Octahydro-4,7-dimethyl-1-oxocyclopenta[C] pyran-3-yl] nepetalactam (O-00186)이 동정되었다(DNP p680).

생리활성

Mini-review: *Nepeta juncea*의 생리활성 중 시료의 MeOH ex는 arachidonic acid(AA)-도 혈소판 응집과 혈소판 활성인자-유도 혈소판 응집(IC_{50} 38μg/mL)은 시료농도 의존적. 항당화 활성은 시료의 hexane 분획이 74.3%로 가장 강하였고, 다음 $CHCl_3$분획 72.4%, 수침 분획 64.7%였다. Brine shrimps의 독성은 시료의 물분획〉$CHCl_3$분획〉n-hexane분획〉n-BuOH분획 순. Hexane 분획(70% 저해)은 1000μg/mL의 높은 농도에서 저해활성이 없었고, 다음 n-BuOH, $CHCl_3$및 H_2O분획 순. Lemna minor 대해 가장 높은 용량에서도 현저한 phytotoxic activity를 나타내지 않았다. 또한 이들 분획은 이들 bacteria와 fungi에 현저한 저해활성은 없었다. 다만 n-BuOH 분획이 *B. subtilis* 27.0%, *Shigella flexneri* 30.7% 및 *St. aureus* 42.3%에 저해활성을 보였고, $CHCl_3$분획은 *Sal.typhi*에만 25% 항균활성을 보였다. 각 분획은 다른 생물활성 실험에서 다양한 효과가 있을 것으로 생각되었다(Hussain J, 2009-935). 또한 항발작 활성(Galati EM, 2004), 기관지 확장(Gilani AH, 2009), 항염(Miceli N, 2005) 및 항암활성도 연구되었다(Rigano D, 2011).

항발작활성①: 여러 *Nepeta* species에서 iridoid 물질, nepetalactone들이 분리되었다. 본 연구에서는 epinepetalactone이 함유된 *Nepeta sibthorpii* 정유(1.5mg/kg,ip), MeOH ex(50mg/kg, ip,po) 및 fraction I(epinepetalactone)을 rodent에 투여, Na-pentobarbital-유도에서 수면시간이 증가되었고, pentylene-tetrazole(PTZ)-유도 발작을 완화시켰다. 다양한 발작이 MeOH ex, fraction I 및 정유 처리에서 PTZ와 비교, 감소하였다. 유효 진경 작용은 MeOH ex가 가장 컸고, *N. sibthorpii* 제품의 진정 효과는 GABAergic 중재로 CNS가 억제되었다. 이 효과는 epinepetalactone과 관련이 있고, MeOH ex에는 다른 효과 물질이 있는 것으로 보였다(Galati EM, 2004).

경련해소·기관지확장-정유②: *Nepeta cataria* 정유(시료)를 전통적으로 소화기와 호흡기 질병에 사용해 왔다. 본 연구에서 시료를 분석, 27성분을 얻었고, 주성분 1,8-cineole 21.00%, α-humulene 14.44%, α-pinene 10.43% 및 geranyl acetate 8.21%. 시료 정유성분은 항경련 효과와 근육이완 효과가 Ca-channel과 PDE에 간접적 Ca-channel을 2중으로 차단함으로써 설사, 기침 및 천식에 활성을 보였다(Gilani AH, 2009).

진통활성: *Nepeta phyllochlamys, N. nuda* L. ssp *nuda* 및 *N. caesarea* 등 *Nepeta* species의 정유에 대해 tail flick와 tail immersion(52.5℃)법으로 진통 작용을 탐색하였으나, *N. caesarea*만이 현저한 sedation 외에 상당한 진통 활성을 보였다. 이는 naloxone을 차단할 뿐 아니라, opioid 수용체를 포함함을 알게 되었다. 더구나 μ-opioid 수용체를 차단함으로써 특정 specific receptor subtype으로 생각되는 온열 진통 수용체가 아닌 기계적인 진통작용 수용체에 작용할 뿐이다. 4aα, 7α, 7aα-nepetalactone은 *N. caesarea* 정유 주성분으로 92-95%를 함유, 이는 특정 opioid receptor subtype에 작용하여 진통 작용을 나타내는 것으로 보였다(Aydin S, 1998).

항균·항암활성-정유①: *Nepeta glomerate*(Lebanon) 정유분석 결과, 70성분을 분리동정, monoterpene이 주요 성분 α-pinene, spathulenol 및 carvacrol이 주성분. 항균활성은 특히 gram(+) bacteria에 활성이, 또 RAW 264.7

세포에서 IC_{50}값 78.1μg/mL에서 LPS-유도 NO생산을 저해하였다. 또 신장 adenocarcinoma 세포종에서 100μg/mL에서 세포증식을 48% 저해하여 amelanotic melanoma에 비해 활성이 컸다(Rigano D, 2011).

항균·항암활성-정유②: *Nepeta ucrainica* L. spp. *Kopetdaghensis* 지상부 정유(시료)를 GC-MS로 분석한 결과, sesquiterpene hydrocarbone이 많았고, 주성분은 germacrene D 53.0%, bicyclogermacrene 6.4%, β-bourbonene 4.3%, β-elemene 3.3%, spathulenol 3.2%, cubenol 2.8%, trans-caryophyllene 2.8%, germacrene 4.3% 및 δ-cadinene 2.0%. 항미생물활성에서 gram(+) bacteria 특히 *St. aureus*에 MIC 14μg/mL, MBC 14μg/mL. 또 세포독성은 MTT assay에서 human ovarian carcinoma A2780과 human breast adenocarcinoma MCF-7에 IC_{50} 50μg/mL 이었다(Sakeri A, 2014).

항미생물·항산화-정유①: *Nepeta cataria* 정유와 MeOH ex의 항미생물 및 항산화활성을 실험하였다. 정유성분은 4aα, 7α, 7αβ-nepetalactone 70.4%, 4aα, 7α, 7αβ-nepetalactone 6.0%, thymol 2.3% 및 4aα, 7α, 7αβ-nepetalactone 2.5%가 주성분. 11종 bacteria, 12종 fungi 및 1종 yeast에 대하여 항균활성을 측정. *C. albicans*의 MIC 12.50-250μL/mL. MeOH ex에서 약한 활성을 보였다. 항산화활성은 DPPH와 β-carotene/linoleic acid로 측정. 16.4%와 27.0%로 BHT와 비교하였다(Adiguzel A, 2009).

항*H. pylori*활성②: *Nepeta camphorate*(Nc)와 *N. argolica*(Na) 지상부의 정유성분을 GC/MS로 분석(Rigano D, 2011), 2성분 동정에서 성분과 함량이 달랐다. Nc와 Na 주성분은 각각 1,8-cineole과 두 nepetalactone이었고, 이들은 1,8-cineole① MIC_{50} 64와 128, 4aα, 7α,7aα-nepetalactone② MIC_{50} 16과 64, ③ ampicillin은 MIC_{50} 0.15, 0.6이었다(Kalpoutzakis E, 2001).

항미생물활성-정유①: *Nepeta nuda* 정유는 수증기 증류 후, GC-MS로 분석 결과, 24물질을 동정, 주요 성분은 transcaryophyllene 23.9%, isopulegone 12.6%, cis-sabinol 10.1% 및 β-pinene 10.0%, 항미생물활성은 gram(+)와(-)-bacteria와 fungus는 disc diffusion assay로 측정. *Klebsiella pneumoniae*와

*Sal. typhi*에 항bacteria 활성이, 정유의 항산화활성은 DPPH 소거와 β-carotene-linoleic acid test로, 양성대조군 BHT보다 *N. nuda* 항산화활성은 약하였다. 이상으로 *N. nuda* 정유는 천연 항bacteria 활성이 있었다(Alim A, 2009).

항미생물활성-정유②: *Nepeta binaludensis* 지상부를 수증기 증류 후, GC, GC-MS, C-NMR 분석, 65성분을 분리동정하였고, 주성분은 1,8-cineole 68.31%, α-terpineol 5.25%, β-pinene 4.74%, δ-terpineol 2.57%, α-pinene 1.54%, 4 bacteria와 1 fungus에 대한 MICs와 minimum cidal concentration(MCCs)은 1,8-cineole은 *B. cereus*에 3.12mg/mL 중정도, *E. coli*에 3.125mg/mL, *St. aureus* 6.25mg/mL, *C. albicans*에 12.5mg/mL로 MIC와 MCC가 서로 같았다. Gram(-) bacteria *Pseudomonas aeruginosa*에 별 활성이 없었으나 MIC와 MCC값이 1,8-cineole은 정유에 근사하였다 (Mohammadpour N, 2013).

항미생물활성-정유③: 만개한 *Nepeta cataria* L.에서 정유성분을 GC/MS로 분석한 결과, 기지의 nepetalactone인 4aα,7α,7aα-nepetalactone, 3,4β-dihydro-4aα,7α,7aα-nepetalactone, 4aα,7α,7aβ-nepetalactone 및 β-caryophyllene을, 새로운 5개 물질; dimethyl-3,7,oxa-1-bicyclo[3,3,0]oct-2-ene, piperitone, thymol methylether, hexenyl benzoate 및 humulene oxide를 분리동정하였고, 각각 다른 성장기 중 그들의 nepetalactone 함량을 비교하였다. 정유와 hexane extract는 5 bacteria와 7 fungi에 대한 항미생물활성이 있었고, catnip oil은 eugenol과 citral은 bacteria와 *Aspergillus niger*에 활성이 낮았다(Baurrel C, 1993).

항미생물활성-정유④: *Nepeta cataria*는 Laminacea의 중요 약초로 본 연구에서는 항미생물활성과 항산화성을 실험. 정유성분은 4aα,7α,7αβ-nepetalactone 70.4%, 4aα,7α,7aα nepetalactone 6.0%, thymol 2.3% 및 4aα,7α,7aβ-nepetalactone 2.5%가 주성분으로 11 bacteria와 12 fungi 및 1 yeast, *Candida albicans*에 MIC값은 12.50, 2.50μg/mL. MeOH ex는 약하였다. 항산화활성은 DPPH와 β-carotene/linoleic acid로 분석. 정유는 이

두 항산화 실험에서 16.4%와 27.0%로 약하였다. 이는 측정결과, phenol성 물질이 적어 gallic acid equivalent 22.6μg/mL, 2.26%. 이들은 항산화계에서 BHT와 유사하였다(Adiguzel, A, 2009).

항미생물활성-정유⑤: Himalaya산 *Nepeta* 6종의 정유성분과 항미생물활성을 실험, 즉 6종의 *Nepeta*는 *N. leucophylla*(Nl), *N. discolor*(Nd), *N. govaniana*(Ng), *N. clarket*(Nc), *N. elliptica*(Ne) 및 *N. erecta*(Ner)의 정유는 항미생물활성을 6종 병원성 bacteria와 2종 fungus에 실험(in vitro), *Pseudomona aeruginosa*(Pa)에 가장 항균성이 컸고, Ne와 Ner은 ① Pa에 가장 강한 항균성을, 다음 Nl과 Nc에 강하였다. Ne와 Ner 정유는 Pa에 가장 강하였고, Ne와 Ner은 *Serratia marcescens*에 대단히 강하였으며, Nl 정유는 *Proteus vulgaris*(Pv)와 *St. aureus*(Sa)에 현저한 항균성을 보였다. Nl은 *C. albicans*와 *Trichophyton rubrum*에 가장 강한 항진균성, 다음 Nc, Ng 및 Ner 순. Nl의 주성분은 iridodial β-monoenol acetate 25.4%, dihydroiridodial diacetate 18.2% 및 iridodial dienol diacetate 7.8%를 동정하였다. Nel와 Ner에서(7R)-trans, trans-neptalactone 83.4%과 isoiridomyrmecin 66.7%. Nd 정유는 1,8-cineole 25.5%와 β-caryophyllene 22.0% 및 germacrene D 13.0%. isoiridomyrmecin 35.2%와 pregeijerne 20.7%가 Ng 주성분, 일반적으로 *Nepeta* species는 iridoid나 lactone계 물질을 많이 함유하고 있다(Bisht D, 2010).

항염증·항산화활성-잎·꽃: Greece Mt. Parnes 해발 1200m에서 채취한 *Nepeta sibthorpii* 잎과 꽃 MeOH ex에서 분리된 ursolic acid와 polyphenol 분획을 HPLC로 분석. Phenol분획에서 chlorogenic acid 0.315mg/g과 flavonoid인 rutin 0.091mg/g, luteolin-7-*O*-glucoside 0.387mg/g 및 luteolin 유도체들이었다. 항산화활성은 DPPH법으로, 항염활성은 carrageenan-유도 rat paw edema로 측정한 결과, paw edema가 현저히 저하되었다. 이로써 MeOH ex 함유 물질들의 상승작용으로, 또 ursolic acid도 항염활성과 항산화활성을 나타냄으로써 관절통, 해열 및 발진 등에 전통적으로 쓰였음을 증명하고 있다(Miceli N, 2005).

정유성분-*Nepeta* spp.①: Iran의 *Nepeta* 속 식물 5종(*N. crispa, N. mahanensis, N. ispahanica, N. eremophila* 및 *N. rivularis*)의 지상부를 수증기 증류 후, GC와 GC/MS로 분석. 28성분을 *N. crispa*에서 1,8-cineole 62.8%, 4aα,7α,7aα-nepetalactone 10.3% 및 4αβ-7α-7αβ-nepetalactone 9.2%가 주성분. *N. mahanensis*에서 nepetalactone 37.6%, 1,8-cineole 27.2% 및 germacrene D 6.5%가, *N. ispahanica*에서 27성분, 1,8-cineole 71.7% 주성분. *N. eremophila*에서 26성분, 4αβ-7α-7αβ-nepetalactone 73.3%, 1,8-cineole 13.1% 주성분. *N. rivularis*에서 22성분. 주성분은 1,8-cineole 38.5%, sabinene 14.8%, β-pinene 10.7% 및 γ-terpinene 5.1%, *N. mahanensis*와 *N. eremophila*의 주성분 nepetalactone isomer가, *N. crispa*에 20% nepetalactone과 다른 종의 oil은 다른 성분이 있다. 1,8-cineole은 모든 oil에 13.1%. *N. eremophila*에 최저, *N. ispahanica*에 71.7%로 가장 많았다(Sefidkon F, 2006).

정유성분-잎·꽃②: Turkey 남부에서 채취한 *Nepeta italica*와 *N. sulfuriflora* 잎과 꽃을 분석, 28물질을 동정, *N. italica* 총 oil의 97.6%에서 16개 물질을 얻었고, 이중 monoterpene 95%, 주요 물질 1,8-cineole 80.0%, β-pinene 3.9%, α-terpineol 3.2%, δ-terpienol 1.4%, terpinen-4-ol 1.2% 및 verbenol 1.2%, sesquiterpene 4.9% 함유. caryophyllene oxide 2.2%. 또 *N. sulfuriflora* 정유에서 26물질을 동정, monoterpene 82.3%, 주요 물질은 1,8-cineole 61.5%, β-pinene 4.8%, carvacrol 3.4%, α-terpineol 3.1%, p-cymene 3.1% 및 terpinen-4-ol 1.0%, sesquiterpene은 총 oil의 17.7%, β-caryophyllene 3.3%, caryophyllene oxide 3.2%, β-bisabolene 1.8% 및 germacrene D 1.5%, *N. italica*와 *N. sulfuriflora* 분석에서 1,8-cineole이 80.8%와 61.5%로 많았다(Kőkdil G, 1997-33). Turkey Anatolia 중부에서 채집된 *N. nuda* ssp. *nuda*를 분석한 결과, 37물질(oil의 92.6%)을 얻었고, oil의 16.5% monoterpene, limonene+1.8-cineole 5.1%,(E)-β-ocimene 2.7%, myrcene 1.9% 및 α-terpineol 1.3%, sesquiterpene을 oil의 81.9%, β-caryophyllene oxide 21.8%, spathulenol 13.8%, allo-aromadendrene

9.0% 및 β-caryophyllene 5.4%, 그 외 γ-elemene, β-farnesene, elemol, ledol, globulol, α-copaene-8-ol, T-cadinol, α-copaene-11-ol, α-cadinol, humulene oxide 및 phytol도 있었다(Kőkdil G, 1998).

Lactones-고양이유인물질: Italy Aosta valley에서 자란 *Nepeta nepetella* 잎과 꽃을 수증기 증류 후, 기기분석 결과, nepetalactone 76.5%가 주성분. 이성체 epinepetalactone 0.6%와 neonepetalactone 0.4%와 함께 dihydro-1.6 dehydronepetalactone 유도체도 동정(traces). 이들 성분은 *N. nepetella* L.의 고양이를 이끄는 냄새물질이다(Bicchi C, 1984). Cat 유인제인 nepetalactone은 *Nepeta cataria* L.로부터 처음 분리되었고(McElvain et al in 1994),(4aS, 7S, 7aR)-(+)-nepetalactone(+)는 이의 enantiomers로 둘 다 성숙 cat, 특히 암컷에 극단적인 유인제로 밝혀졌다(Sakurai K, 1988).

Iridoid glucoside-지상부①: 신선한 *N. cataria* 지상부 MeOH ex를 분석, 5개의 iridoid lactone과 2개 iridoid glucoside 즉 nepetalactone①, 9-epinepetalactone②, 5,9-dehydronepetalactone③, dihydronepetalactone④, isodihydronepetalactone⑤, 1,5,9-epideoxy-xyloganic acid, nepetariaside⑥을 분리동정하였다. Nepetaside와 ⑥은 iridoid glucoside이다 (Xie S, 1988).

Iridoid, Eugenol glycosides-지상부②: Turkey Anatolia 지역에서 *Nepeta cadmea* 지상부를 수집, MeOH로 추출, 분석한 결과, 1개의 새로운 glucoside인 1,5,9-epideoxyloganic acid glucosylester와 새로운 eugenol glucoside를, 기지물질 1,5,9-epideoxyloganic acid 및 eugenyl-*O*-β-D-glucoside, icariside B1과 B2,(6S, 9S)-roseoside, lariciresinol-4-*O*-β-D-glucoside 및 rosmarinic acid를 동정하였고, 1,5,9-epideoxyloganic acid의 Na와 K염으로 분리되었다 (Takeda Y, 1998).

Triterpenoids③: *Nepeta hidostane*에서 새로운 물질 hepehinol 3β-hydroxy-18β,19α-H-lup-20(19)-ene; mp 186℃ 및 nepeticin, nepetidin, 3β-dihydroxy lup-20(29)-ene, β-sitosterol glucoside 및 tetratriacontanol을(Ahmad VU, 1985), *N. eriostachiya* 지상부에서 ursane triterpenoid인 2α, 3α-dihydrours-

12-en-28-oic acid와 2α, 3β-dihydroxy urs-12-en-28-oic acid(Bhandari SPS, 1990), *N. cataria* 지상부에서 iridoid glycoside인 nepetalactone 등 5개의 iridoid lactone과 2개 iridoid glucoside를 분리(Xie S, 1988). 또 cat 유인제인 nepetalactone을 분리동정하였다(Sakurai K, 1988). *N. tuberosa* subsp. *reticulata*에서 diisopimaryl malonate를 비롯한 diterpenoids와 기지물질들도 분석되었다(De Pascaul Teresa J, 1987).

2차대사산물: *Nepeta juncea*의 전초를 분석 11성분을 분리, 이들 중 9성분; ursolic acid, oleanolic acid, β-sitosterol, stigmasterol, stigmasterol glucoside, 5,4-dihydroxy-3,6,7-trimethoxyflavone,(-)-6β-hydroxy-15,16-epoxy-5β,8β,9β,10α-cleroda-3,13(16),14-trien-18-oic acid, glutinol 및 β-amyrin을 동정하였다. *N. juncea* 성분 연구는 처음이었다(Jamila N, 2011).

효능과 이용

1) 식용: 이삭으로 잼을 만들고 꽃봉오리와 억세지 않은 연한 잎, 줄기도 건조시켜 이용한다. 잎은 샐러드, 수프, 소스 등에, 또 빙과류의 부향제로도 좋고, 중국, 인도에서 홍차 도래 전에 이용하였고 또 유럽에서 레몬향 허브차로도 이용한다.

2) 약용: 특히 꽃봉오리의 약효는 최면작용, 발한작용, 해열작용 등이 뛰어나고 정신 불안정, 신경쇠약 등에 좋으며 위장장해 특히 어린이의 설사에 잘 듣는 지사제로 쓰며, Catnip 술은 우울증에 기분전환을 돕는다.

3) 기타: 잎 넣은 물에 목욕(목욕제)한다.

참고 문헌

1) Adiguzel A, Ozer H, Sokmen M, et al. *Polish J Microbiol* 2009 58(1) 69(Anti-microbial and antioxidant activity of the essential oil and methanol extract of *Nepeta cataria*)

2) Ahmad VU, Bano S, Mohammad FV. *Planta Med* 1985 51 521(Nepehinol a new triterpene from *Nepeta hindostana*)

3) Ahmed VH, Bano S. *Tetrahedron Lett* 1981 22(18) 1715[Chemical examination of *Nepeta hindostana*(Roth) Haines the structure of nepeticin diterpene from *Nepeta hindostana*)

4) Alim A, Goze I, Cetin A, et al. Afr *J Microbiol Res* 2009 3(8) 463[Chemical composition and in vitro antimicrobial and antioxidant activities of the essential oil of *Nepeta nuda* L. subsp. *albiflora*(Boiss.) gams]

5) Aydin S, Beis R, Őzturk Y, et al. *J Pharm Pharmacol* 1998 50 813(Nepetalactone: A new opioid analgesic from *Nepeta caesarea* Boiss)

6) Baranauskiene R, Venskutonis RP, Demyttenaere JC. *J Agr Food Chem* 2003 51 3840[Sensory and instrumental evaluation of catnip(*Nepeta cataria* L.) aroma]

7) Baser KHC, Kirimer N, Kurkcuoglu M, Dermirci B. *Phytotherapie* 2007 5 249 (Essential oils of *Nepeta* species growing in Turkey)

8) Baurrel C, Pernieau F. *J Essent Oil* Res 1993 5 159[Catnip(*Nepeta cataria* L.) essential oil analysis of chemical constituents bacteriostatic and fungistatic properties]

9) Bhandari SPS, Garg HS, Agrawal PK, Bhakuni DS. *Phytochemistry* 1990 29(12) 3956(Ursane triterpenoids from *Nepeta eriostachia*)

10) Bicchi C, Mashaly M, Sandra P. *Planta Med* 1984 50 96(Constituents of essential oil of *Nepeta nepetalla*)

11) Bisht D, Padalia RC, Singh L, et al. *J Serb Chem Soc* 2010 75(6) 739(Constituents and antimicrobial activity of the essential oils of six Himalayan *Nepeta* species)

12) Chopra RN, Nayar SL, Chopra IC. *Glossary of Indian Medicinal Plants Counsil* of *Scientific and Industrial Research New Delhi* 1956 p175(Used as gargle in sore throat, chervil decotin)

13) De Pascual Teresa J, Urones JG, Sanchez Marocos I, et al. *Phytochemistry* 1987 26(5) 1481(Diterpenoids from *Nepeta tuberosa* subsp. *reticulata*)

14) De Pooter HL, Nicolai B, De Lact J, et al. *Flavour Fragr J* 1988 3 155(The essential oils of five *Nepeta* species: A preliminary evaluation of their use in

chemotaxanomy by cluster analysis)

15) Galati EM, Miceli N, Galluzzo M, et al. *Pharmaceut Biol* 2004 42(6) 391 (Neuropharmacological effects of epinepetalactone from *Nepeta sibthorpii* behavioral and anticonvalsant activity)

16) Gilani AH, Shah AJ, Zubair A, et al. *J Ethnopharmacol* 2009 121 405(Chemical composition and mechanisms underlying the spasmolytic and bronchodilatory properties of the essential oil of *Nepeta cataria* L.)

17) Gkinis G, Ioannou E, Quesada A, et al. *J Nat Prod* 2008 71 926(Parnapimarol and nepetaparone from *Nepeta parnassica*)

18) Greenberg S., Ortiz E. L. *The Book of Spices* Times Book International, Singapore, 1983, 8

19) Hussain J, Jamila N, Farman UK, Raza S. *Mag Resonance Chem* 2009 47(7) 625 (New diterpene aldehyde and a benzene derivative of ester from *Nepeta juncea*)

20) Hussain J, Jamila N, Gilani SA, et al. Afr *J Biotechnol* 2009 8(6) 935(Platelet aggregation, antiglycation, cytotoxic, phytotoxic and antimicrobial activities of extracts of Nepeta juncea)

21) Jamila N, Ullah R, Alwahsh MAA, et al. *Afr J Biochem* 2011 10(77) 17884 (Secondary metabolites from *Nepeta juncea*)

22) Javidnia K, Miri R, Mehregan I, Sadeghpour H. *Flavour Fragr J* 2005 20 219 (Volatile constituents of the essential oil of *Nepeta ucrainica* L. ssp. *kopetdaghensis* from Iran)

23) Kalpoutzakis E, Aligiannis N, Mentis A, et al. *Planta Med* 2001 67 880 (Composition of the essential oil of two *Nepeta* species and in vitro evaluation of their activity against *H. pylori*)

24) Kobaisy M, Tellez MR, Dayan FE, et al. *J Essent Oil Res* 2005 17 704(Composition and phytotoxic activity of *Nepeta pannoica* L. essential oil)

25) Kobaisy M, Tellez MR, Schrader KK. *ACS Symposium Series* 927(Natural products for pest management) 2006 142[(Phytotoxic, antialgal and antifungal activity of

constituents from selected plants of Kazakhstan *N.mahanensis, N. ispahanica, N. eremophila* and *N. rivularis*)]

26) Kőkdil G, Kurucu S, Yildiz A. *Flavour Fragr J* 1998 13 233(Essential oil composition of *Nepeta nuda* L. ssp. *nuda*)

27) Kőkdil G, Kurucu S. *Flavour Fragr J* 1997 12 33(Chemical constituents of the essential oil of *Nepeta italica* L. and *N. sulfuriflora* P.H. Davis)

28) Miceli N, Taviano MF, Giuffrida D, et al. *J Ethnopharmacol* 2005 97 261(Anti-inflammatory activity of extract and fractions from *Nepeta sibthorpii* Bentham)

29) Mohammaadpour N, Emami SA, Asili J. *J Essent Oil Bearing Plants* 2013 16(1) 102(Identification of volatile oil components of *Nepeta binaludensis* Jamzad by GC-MS and 13C-NMR methods and evaluation of its antimicrobial activity)

30) Pandey P, Mathela CS, Pant AK. *Chemical Abstracts* 1994 121 153399d (Nonvolatile constituents of *Nepeta leucophylla*)

31) Regnier FE, Walker GR, Eisenbraun EJ. *Phytochemistry* 1967 6 1281(Studies on the composition of the essential oils of three *Nepeta* species)

32) Rigano D, Arnold NA, Conforti F, et al. *Nat Prod Res* 2011 25(6) 614 (Characterization of the essential oil of *Nepeta glomerate* from Lebanon and its biological activities)

33) Sakeri A, Khakdan F, Soheili V, et al. *Ind Crop Prod* 2014 58 315(Chemical composition, antibacterial activity and cytotoxicity of essential oil from *Nepeta ucrainica* L. spp Kopetdaghensis)

34) Sakurai K, Ikeda K, Mori K. *Agr Biol Chem* 1988 52(9) 2369[Both(4aS, 7S, 7aR)-(+)-nepetalactone and its antipode are powerful attractants for cats]

35) Salehi P, Sonboli A, Allahyari L. *J Essent Oil Bearing Plants* 2007 10 324 (Antibacterial and antioxidant properties of the essential oil and various extracts of *Nepeta ispahanica* from Iran)

36) Sastry SD, Springstube WR, Waller GR. *Phytochemistry* 1972 11 453(Identification of 5,9-dehydronepeta lactone, a new monoterpene from *Nepeta cataria*)

37) Schultz G, Simbro E, Belden J, et al. *Environ Entomol* 2004 33 1562(Catnip, *Nepeta cataria*, A closer look: seasonal occurrence of nepetalactone isomers and comparative repellency of three terpenoids to insects)

38) Sefidkon F, Jamzad Z, Mirza M. *Flavour Fragr J* 2006 21 764[Chemical composition of the essential oil of five Iranian *Nepeta* species(*N. crispa, N. mahanensis, N. ispahanica, N. eremophila and N. rivularis*)]

39) Sonboli A, Gholipour A, Yousefzadi M, Mojarrad M. *Nat Prod Commun* 2009 4 283(Anti-bacterial activity and composition of the essential oil of *Nepeta menthoides* from Iran)

40) Sonboli A, Salehi P, Yousefzadi M. *Z Naturforsch CJ Biosci* 2004 59 653 (Antimicrobial activity and chemical composition of the essential oil of *Nepeta crispa* Wild. from Iran)

41) Stojanovic G, Radulovic N, Lazarevic J, et al. *J Essent Oil Res* 2005 17 587 (Antimicrobial activity of *Nepeta rtanjensis* essential oil)

42) Takeda Y, Ooiso Y. Matsuda T, et al. *Phytochemistry* 1998 49(3) 787(Iridoid and eugenol glycosides from *Nepeta cadmea*)

43) Tepe B, Daferera D, Tepe AS, et al. *Food Chem* 2007 103 1358(Antioxidant activity of essential oil and various extracts of *Nepeta flavida* from Turkey)

44) Tzakou O, Harvala C, Gala EM, Sanogo R. *Flavour Fragr J* 2000 15 115(Essential oil composition of *Nepeta argolica* Bory et Chaub. subsp. *argolica*)

45) Velasco-Negueruela A, Perez-Alonso MJ, Rodriguez A. *Flavour Fragr J* 1989 4 197(Essential oil analysis of *Nepeta teydea* Webb & Berth)

46) Xie S, Uesato S, Inouye H, et al. *Phytochemistry* 1988 27(2) 469(Absolute structure of nepetaside, a new iridoid glucoside from *Nepeta cataria*)

47) Yao Y-Q, Ding X, Jia Y-C, et al. *Cancer Lett* 2008 264 127(Anti-tumor effects of β-elemene in glioblastoma cells depends on p38 MAPK activation)

2 겨자

Brassica nigra
B. alba
B. juncea

십자화과
(Cruciferae)

mustard(英)
芥子, 白芥子, 芥蔡(中)

원산지: 지중해 연안

용도: 식용·향신료 – 줄기
약용 – 씨

역사

겨자는 나무가 아니지만 원산지인 지중해 연안에서는 3-5m씩 자라고 줄기가 팔뚝만큼씩 굵어지고 줄기 밑쪽이 목질화되어 나무로 오인되기 쉽다. 겨자는 BC 1600년경 이집트 파피루스(papyrus)에 기록이 있다.

중국에서는 BC 1200년경에 이미 널리 재배되었다고 하며 중요한 작물로 채소 절임(菹)을 담그는 데 향신료로 쓰였다고 예기(禮記)에 실려 있다. 우리나라에는 중국을 통해 들어와 고추가 도입되기 전까지는 생강, 마늘, 산초와 함께 중요한 향신료였다. 지금은 겨자채의 양념이나 냉면의 향신료 정도로 남아 있으나 예전에는 겨자깍두기, 겨자선, 겨자즙, 겨자채 등 독특한 음식이 있었다. 유럽에서도 포도주나 식초를 섞어 Table mustard라 하여 향신료로 쓰고 있다.

겨자는 가장 오래된 작물 중의 하나로, 4,000년 이상의 역사를 지니고 있으나, 동양으로 전파되어 인도, 중국을 거쳐 한국, 일본에까지 이르렀다고 한다. 일본에는 8세기에 순무가 있었다는 기록으로 우리나라에는 이보다 먼저 들어왔을 것이다. 겨자의 기록은 우리 문헌 향약구급방의 만청자(蔓菁子)는 우리말로 '진정실(眞菁實)'이라 적혀 있다. 무보다 일찍 도입되었고, 또 재배도 많이 하였던 것 같다. 우리나라에서는 겨자 원료인 갓을 겨자라고도 하며 씨를 물에 불리어 맷돌에 갈아 꿀이나 설탕, 소금 및 초를 치고 더운 김에 일구어 만든다.

Mustard는 겨자를 지칭하는 영명이며 무, 배추, 갓, 유채와 함께 십자화과(科)에 속하는 1-2년생 초본으로 씨 자체는 아무런 향기나 매운맛도 없다. 학명 *Brassica*는 이 식물의 라틴어의 옛 이름으로 겔터어 bresic 즉, cabbage에서 비롯되었고 이는 braxein '요리한다'는 뜻이며 영명인 Mustard는 로마인이 이 씨를 잘게 빻아서 새 포도주의 부향제로 사용한 데서 유래한 것이다. 라틴어의 mustum(must: 포도즙)과 ardens(burning: 강렬한)의 합성어라 하는데 로마인이 Saxon족에게 이용법을 전해 주어 Mustard라 하게 되었다고 한다.

겨자란 한자 '芥子'에서 온 말로, 갓은 아프리카, 그리스, 인도, 중국 각지에서 고대부터 재배하여 채소와 겨자용으로 쓰여 그 종류와 품종도 다양하다. 중국에서 약용은 AD 659년의 기록이 있다. 이집트 사람들은 고대에 고기와 겨자씨도 함께 먹었다 하며, 그리스 사람들도 겨자씨를 stew와 roast 양념으로 하였다. 유럽에서는 로마 사람들이 겨자를 갈아 풀같이 갠 must(신선한 포도즙을 섞은 것)를 개발하여, 이를 Mustum Ardens(burning must라는 뜻)라 하였고 그 후 mustard로 알려지게 되었다.

겨자용 갓은 로마 사람들이 유럽에 파급하였고, 특히 프랑스에서 번성하여 14세기까지 Mustard로 유명해졌고 이어 독일의 Dusseldorf mustard, Italian mustard, English mustard, American mustard 등도 잇달아 유명해지게 되었다. 유럽에서 쓰는 겨자는 brown mustard로 영국, 남유럽, 인도 등지에서 재배, black mustard는 인도, 중국 등지에서 재배가 지배적이다(Herbs p146).

식물학적 특성

밭에서 재배하는 1년초 또는 월년초, 키는 1-2m, 근생엽은 깃꼴로 갈라지고 가장자리에 거의 톱니바퀴가 없다. '+'자 모양의 노랑꽃은 총상화서로 4-5월에 피며 황갈색 열매는 각과로 이를 겨자라 한다.

동속식물에는 유채(*B. campestris*)와 갓(*B. juncea*) 등 우리나라에 4종이 있다(Lee, YN, I, p458).

겨자의 종류: 흑겨자, 백겨자, 갈색겨자

① Black mustard(*Brassica nigra*)는 흑겨자라 하며 그리스 시대부터 재배한 겨자의 기원식물, 유럽이 주 재배지. 키는 1-3m 여름과 초가을에 노란 십자화가 총상화서로 핀다. 가을에 익는 녹색 열매·꼬투리는 매끄러우며 지름 1mm 내외 씨가 흑갈색이므로 흑겨자라 하고 매운맛이 가장 강하고 신미는 휘발성이다.

② White mustard(*Brassica alba: Sinapis alba*)는 백겨자라 하며 스페인, 인도 등까지 널리 분포. 예부터 겨자를 만드는 향신료로 매운맛은 흑겨자만 못하나 향미가 좋고 맛이 있다. 노란 큰 꽃이 피고 열매 꼬투리가 꺼칠며 지름 2mm의 씨가 담황색이어서 백(白)겨자라 한다. 어린싹, 잎 등을 채소로 식용하며 가축사료로도 쓰고, 씨는 향신료로 이용하는 외에 약으로서 진해, 거담, 위통, 복통 등에 쓰인다. 세계적인 공급처는 캐나다, 덴마크, 잉글랜드이다.

③ Brown mustard(*Brassica juncea*)는 양겨자라 하며 씨가 갈색. 짙은 노랑꽃이 4-5월에 핀다. 어린잎, 꽃 등에 겨자의 매운맛이 있어 채소로 이용. 씨는 겨자의 향신료와 겨자유를 생산한다. 또 감기, 기침, 종기에 약용하며 꽃은 양질의 밀원식물. 중국에서 개체(芥菜), 또는 개자(芥子)라 하며 종래에 우리나라에서 재배되던 종류다. 겨자씨는 담황색 구형, 지름 1-1.5mm.

④ 기본 식물 흑겨자에는 *B. juncea*와 *B. nigra*가 있고 백겨자에는 *B. alba*가 있으며 신미성분은 흑겨자의 주성분 sinigrin(allyisothiocyanate), 백겨자의 주성분은 sinalbin(*p*-hydroxy-benzyl isothiocyanate). 휘발성 sinigrin은 신미가 강하나 sinalbin은 비휘발성이며 신미가 온화하며 sinigrin보다 맛이 있다. *B. juncea*는 동양겨자이며, *B. alba*는 서양겨자로 마요네즈에도 사용하고 *B. nigra*는 주로 와사비 부재료로 이용된다.

매운맛 성분: 겨자의 매운맛의 주성분은 allylisocyanate이며, 이는 겨자씨 자체에 sinigrin이 전구물질로 있다가 마쇄할 때 공존 효소 myrosinase의 작용으로 생기는 것이다. 백겨자의 sinalbin도 흑겨자의 sinigrin과 같은 thioglucoside를 함유하고 myrosinase에 의해 가수분해되어 향미성분인 isothiocyanate를 생성한다. 다만 흑겨자의 allyisothiocyanate는 휘발성이나 백겨자의 p-hydroxy benzylisothiocynate는 비휘발성이며 매운맛을 내게 한다. 백겨자의 매운맛은 비강을 자극하지 않으며, 흑겨자와 백겨자는 착유 후 제분한 것을 혼합한다. 배합 겨자가루 외에 연겨자 french mustard라 하여 인스턴트화한 겨자분말이 시판되고 있고 이는 curry 가루의 한 재료로 매운맛과 황색을 내는 데 기여하고 있다.

성분

1) 영양성분

① 겨자무(6010) 가식부 100g 중 열량 103.0kcal, 단백질 2.9g, 지질 0.5g, 당질 21.1g, 조섬유 2.6g, Ca 41.0mg, P 68.0mg, Fe 0.6mg, vitamin A 2.0RE, B_1 0.01mg, B_2 0.18mg, niacin 0.8mg, C 19.0mg, 엽산 370.0μg, E 2.30mg.

② 겨자가루(16004) 100g 중 열량 438.0kcal, 단백질 31.0g, 지질 22.5g, 당질 27.9g, 조섬유 5.70g, Ca 353.0mg, P 1,101.0mg, Fe 8.30mg, vitamin A 7.0RE, β-carotene 42.0μg, B_1 0.52mg, B_2 0.22mg, niacin 10.3mg, C 10.0mg, 엽산 1199.0μg, E 7.46mg. 〈식이섬유(16004) 13.96g〉

2) 특수성분

종자의 주성분은 Sinalbine(H-01279), Sinapine(S-00758), Myrosin(M-01926)이며, Brassicanal A(M-01399), B(B-00776), Brassinin(B-00779), Cyclobrassinin(C-02267), 1-[4,9-Dihydro-2-(methylthio)-1,3-thiazino(6,5,-6)indol-4-yl]-2-propane(D-01358), Gibberellin A_{85},(G-00319), A_{89}(G-00323), Methoxybrassinin(B-00779), Methoxybrassinin(M-00652), *Thiiraneacetonitrile(T-01369), Thiiranebutanenitrile(T-01370), Thiiranepropanenitrile(T-01371), Astragalin(G-00470), Brassicasterol(M-00888), 22-Dehydrocampesterol(E-01481), Brassilexin, Crocetin(C-02016), Sinigrin(P-01888) 등이 있다.

겨자(씨)의 주성분은 Sinigrin(P-01888)이고 지방산은 30-37%로 Erucic acid(D-03530), Arachidonic acid(E-00086), Linolenic acid(O-00140), Palmitic acid(H-00575), Oleic acid(O-00157), Nonadecanoic acid(N-00557) 등이 있고, 공존효소 Myrosin에 의해 Allylisothiocyanate(A-01566)가 된다.

Methiin[S-methyl-L-cystein sulfoxide(C-02481)], 5-Hexenenitrile, 1-Cyano-2,3-epithiopropane, 2-Propenyl glucosinolate(P-01888), 25-Methyl,24-methylenecholesterol(M-01154), 3-*O*-β-D-Glucopyranosyl-isorhamnetin(T-00872), Allyl isothiocyanate(I-00887), Antheraxanthin (A-01866), But-3-enyl-isothiocyanate(I-00847), Gluconapin(B-01112), Indole-3-acetonitrile(I-00122), Isoquercitrin(I-00760), Isoquercitrin;7-*O*-β-D-glucopyranoside(G-00471), Isorhamnetin-3-*O*-sophoroside(T-00872), Methanol(M-00513), Isorhamnetin-3,7-di-*O*-β-D-glucopyranoside (G-00471), Isorhamnetin-7-*O*-β-D-glucopy-ranoside(G-00471), Kaempferol-3,7-di-*O*-β-D-glucopyranoside(T-00770), Kaempferol-3-*O*-β-D-sophoroside(G-00470), Lutein(L-00885), sec-Butyl isothiocyanate(I-00845), α-Tocopherol(T-01508), Kaempferol-3-*O*-β-D-[glucopyranosyl(1-2) glucopyranosyl]-7-*O*-β-D-glucopyranoside(T-00770), Neoxanthin(all E, N-00292), Prop-1-enyl isothiocyanate(T-01382), Quercimeritrin(Q-00014), Sinapine(S-00768), *Tropine(M-00803), Quercetin-3-*O*-sophoroside (P-00565), Quercimeritrin(Q-00014); 3-*O*-sophoroside, Violaxanthin(all-E, V-00342) 등이 분리되었다(DNP p448).

함황화합물로 cyclobrassinin sulfoxide(C-02267)은 처음으로 추출된 S-함유 Phytoalexin이며, Gluconastrutiin(P-00987)효소 분해로 phenylethyl isothiocyanate(I-00882)가 유리된다.

겨자분말을 온수에 개어 내는 겨자향은 allylisothiocyanate에 의하여 함황화합물로서 Gluconastrutiin((P-00987), 효소분해로 phenylethyl isothiocyanate 유리, methiin(s-methyl-L-cystein sulfoxide), 5-hexenenitrile 등이 함유되어 있다.

생리활성

항산화활성-Oxidative stress억제①: Mouse 뇌 조직의 지질 과산화를 억제하는 것으로 알려진 청겨자채에 대하여 50% MeOH 추출물(2mg/mL)로 소뇌 조직의 oxidative stress(OS)를 유발하는 ascorbate/Fe^{3+}system에서 항산화활성을 조사하였다. 청겨자채(시료) 추출물의 각 용매 분획(100μ/mL)별 TBARS 활성은 n-BuOH 분획이 49%로 가장 높았고, EtOAc 40%, H_2O 9% 및 n-hexane 0% 순이었다. n-BuOH 분획을 더욱 분리정제하여 sinapic acid와 ferulic acid임을 확인하였다. Sinapic acid는 24.3ppm/g dry basis, ferulic acid는 42.8ppm이었고, sinapic acid methyl ester는 40%, ferulic acid methyl ester는 35%의 항산화활성을 보였다(이근종, 2001).

항산화활성②: 서양 고추냉이(Horseradish, *Armoracia lapathifolia*)와 겨자의 항산화 작용과 비교하면 겨자가 항산화 작용이 더 강하고 sinigrine은 항산화 작용이 미약하며, 겨자의 지용성 분획은 항산화 작용이 없으나 탈지한 겨자 분획에서는 약 2배의 강한 항산화 작용이 있다. 또한 겨자의 항산화 작용은 tocopherol보다 2배 강하며 tocopherol과 1:1로 혼합하였을 때 항산화 작용이 상승되었다. 그러므로 갓과 겨자의 항산화 성분 중 유효 성분의 하나인 sinapine이 지질 과산화 억제 효과가 입증되었다. 갓과 겨자의 항산화 성분 중 유효 성분의 하나인 sinapine을 분리, 동정하였고, 지질 과산화 억제 효과를 조사한 결과, 그 항산화활성은 겨자와 같았다(한용봉, 1987).

항균활성①: 겨자의 항균성 물질을 탐색하고자, SDE 장치로 증류한 물질에서 항균성이 강하였다. MeOH 추출물의 잔사에서는 항균성이 나타났으나, 물층에서는 항균성이 없었다. 겨자에서 동정한 물질은 3-isothiocyanate-1-propene, 4-isothiocyanato-1-butene 및 4-isothiocyanatoethyl benzene 등이 분리되었고, 그 외에 30여 종의 증류 성분도 동정되었다(Shin, KH, 1995; Delaquis, PJ, 1995).

항균활성②: 겨자 물 추출물에서 hexane, $CHCl_3$. EtOAc, BuOH 및 물분획의 항균활성을 측정한 결과, $CHCl_3$ 층이 가장 컸고 다음 EtOAc〉 Hexane〉 BuOH〉 H_2O 순이었다. 3-isothiocyanato-1-propene, 4-isothiocyanato-1-butene, nitrile 및 4종의 산류 등 총 16종의 휘발성 물질이 동정되었으며, EtOAc 와 hexane 층에서 각각 12종, 10종이 동정되었고, BuOH와 H_2O 층은 각각 4종 및 7종이 분리되었으나, 그 양이 다른 층에 비해 극히 적었다(서권일, 1997-295).

항균활성③: 겨자 가수분해물의 항균성 변화를 관찰하고자 실험한 결과 37℃, 24시간 자가분해한 겨자 물 추출물의 최소저해 투여량에서 *Bacillus subtilis*가 70μL/disc로 다른 실험균주에 비해 낮았으며 젖산균이 95μg/disc로 높게 나타났다. 최소 저해농도는 *B. subtilis, Staphylococcus aureus, Salmonella typhimurium* 및 *Vibrio parahaemolyticus*균이 70μL/mL로 다른 시험균보다 낮게 나타났으며, 젖산균 및 곰팡이에서 90μL/mL로 높았다. 자가분해에 따른 추출물의 증류성분은 분해시간이 지남에 따라 증가하였고 isothiocyanate[3-isothiocyanato-1-propene(allyl isothiocyanate), 4-Isothiocyanato-1-butene(3-butenyl isothiocyanate)] 함량은 24시간에 최대치를 보였다(서권일, 1996-129).

항균효과-*Vibrio*④: 식중독균 *Vibrio*에 향신료인 생강, 겨자, 정향, 마늘 등에 대해 항균활성을 비교하였다. 정유의 휘발성분은 GC와 GC/MS로 분석하였다. 생강 정유는 *V. parahaemolyticus*(Vp)에 대해 22.5-85.7% 증식 억제를 보였고, 주요 성분은 β-bisabolene 35.19%,(peak area)와 β-sesquiphellandrene 12.22%로 확인되었다. 겨자 정유는 Vp에 1,000ppm 처리, 100% 증식 억제가, *V. vulnificus*(Vv)는 50%였고, 주요 성분은 allyl isothiocyanate 92.55%와 4-isothiocyanato-1-butene 0.53%으로 확인되었다. 마늘 정유는 1,000ppm에서 증식 억제율은 Vp에 22.8%, Vv 01에 14.6%, Vv 02에 32.9%였으며, 주요 성분은 dimethyl sulfide 49.39%와

methyl 2-propenyl sulfide 10.09%로 확인되었다. 정향의 싹과 잎 및 전체 정유에서 Vv 02에 60.6-80.3% 높은 항균성을 보여 생강, 겨자, 마늘에 내성이 강했던 Vv 02는 정향이 강하였고, 주요 휘발성분은 싹에 eugenol 83.33%, β-caryophyllene 7.4%, 잎에 eugenol 86.4%와 β-caryophyllene 10.03%, 정향 전체 정유는 eugenol 86.4%, β-caryophyllene 9.71%였다. 이들 결과로 생강, 겨자, 마늘, 정향 등의 휘발성 정유는 *Vibrio*균에 항균성이 우수한 것으로 나타났다(박찬성, 1997; Yoo, MJ, 2006).

항균활성-*Listeria*⑤: 세포 내 ATP 농도와 *Listeria monocytogenes* ATCC 19114 배양 A allyl isothiocyanate(AIT)와 acetic acid 처리에서 bacteria 살균 활성을 측정하였다. 또한 항미생물활성에 미생물 세포의 형태적 변화를 transmission electron microscope(TEM)으로 관찰하였다. AIT, acetic acid 및 AIT와 acetic acid 혼합물 처리로 대조균(100%)에 비해 각각 2.98%, 4.23% 및 3.71%에서 현저한 차이를 보이지 않았다. 이로서 실험 미생물은 AIT 영향은 없는 것으로 보였다. AIT 처리 *L. monocytogenes*의 세포벽은 변화가 없었으나 acetic acid 처리로 세포막 형태가 변하거나 파괴되었다. 세포 내 형태 변화와 세포벽 붕괴는 AIT와 acetic acid 처리로 균의 사멸이라 생각되었다(Ahn, E-S, 2001).

항균활성-정유⑥: Mustard 정유의 *E. coli* 0157: H7 와 *Salmonella typhi* 에 대한 항균활성을 실험한 결과, 정유는 두 균주에 대하여 생리적, 형태적 변화를 보였고, mustard 정유는 균의 세포막을 침투, 변화를 주어 항균활성을 나타내는 것으로 보였다(Turgis M, 2009-1073).

항균·식품보존-전어⑦: 겨자의 항균성 및 식품 보존제로의 가능성을 알고자, 전어회의 보존효과를 조사하고, *Vibrio parahaemolyticus*의 형태를 현미경 관찰로 평가. 겨자를 농도별로 첨가, 이에 전어를 담가서 관찰, 전어의 pH는 보존기간이 지남에 따라 약간 증가. 겨자농도 증가에 따라 낮아졌고, 생균수 및 *Vibrio* 균수는 겨자 물에 담근 전어에서 감소. 겨자농도 증가에 따라 균수는 감소폭이 컸고, TMA질소함량은 보존기간 증가에 따라 점차 증가. 겨자농도가 높을수록 감소. 겨자 처리 *Vibrio*균을 전자현미경으로 관찰한 결과, 균체가 팽윤되고, 표층구조가 허물어져 심한 형태적 변화를 보였다(서권일, 1996-205).

항균활성⑧: 4가지 향신료 겨자, 계피, 산초, 고추냉이에 대한 항균력을 조사하였다. 겨자 경단을 빵과 같이 넣은 경우, 배양 6일 후에 곰팡이가 발생하지 않았으나, 겨자 경단을 넣지 않은 경우 5개 시료 중 3일 후 1개, 4일 후 2개에서, 6일 후 5개 모두에서 곰팡이가 발생하였다. 또 겨자 경단을 국수와 같이 넣은 경우, 배양 6일 후에 곰팡이 발생이 없었으나, 겨자 경단을 넣지 않은 경우, 4일 후 1개, 6일 후 5개 모두에서 곰팡이가 발생하였다. 계피와 산초는 4일 후 곰팡이가 발생하였고, 고추냉이는 6일 후 곰팡이가 발생하였으나 겨자는 8일 후에도 곰팡이 발생이 없었다. 겨자와 고추냉이의 물 추출물이 항균력이 강하였고, 산초보다 낮았으나, 계피 추출물은 거의 없었다(Yang, JY, 2001).

천식완화증진-개자씨·무씨①: Balb/c mouse 에 ovalbumin 유도 알레르기성 천식을 유발시킨 후, 백개자, 나복자 및 병용 투여에서, 호산구의 세포증식 억제, 폐 세포의 CCR3 발현억제, 기관지 폐포 세척액과 혈청내의 Th_2 cytokine 인 IL-5, IL-13, IL-17 등의 생성억제의 작용으로 기도의 염증 반응 및 과민 반응을 억제, 천식증상 완화 효과로 생각되었다. 특히 나복자나, 백개자 단독투여보다 병용 투여가 폐 조직내의 CD_3^+/CD_{69}^+, B_{220}^+/IgE 등을 효과적으로 억제함을 알 수 있었으며, T 세포와 B 세포의 분화를 효과적으로 억제하는 것이라 판단되었다(김창민, 2013).

자가면역질환완화-백개자②: 백개자(*S. alba*) 100μg/mL에서 Th_1 cytokine (IFN-r) 생산을 50% 감소시켰고, Th_2(IL-4) 생산에 별 효과가 없었다. 이러한 결과는 백개자는 Th_1 cytokine(특히 IFN-r, TFN-α)를 감소조절 함으로써 T-cell 관련 자가면역 조절에 중요하게 작용하는 것으로 보였다(Park D-J, 2010)

ACE저해활성: 46종 식물에 대하여 angiotensin converting enzyme(ACE) 저해활성을 검색한 결과, MeOH 추출물 중 질경이, 택사의 근경 등이 50-69%, 물 추출물은 하늘타리 종자 78.6%, 큰조롱 근경 77.0%, 죽여 근간 중간 층피

72.0%, 겨자 지상부 71.2% 저해활성을 나타내었다(이승은, 2004).

겨자과종실-화학성분: 겨자과 종실 6 품종 적갓, 진주대평, 서울배추 등 6종의 조지방은 39.1-46.5%, 종실유의 요드가는 93.4-107.2, 검화가는 170.4-185.0, 산가는 0.7-1.2로 품종 간 차이가 있었다. 전 지질 중 중성지질이 95.8-96.4%, 복합지질은 3.6-4.2%, 전체 지방산 조성 중 erucic acid 함량은 적갓, 진주대평, 서울배추는 33.4-51.5%, 목포 71은 0.8%, oleic acid 함량이 증가함에 따라 erucic acid 함량은 감소하였고, 중성지질 분획의 지방산은 전체 지방산 조성비와 별 차이 없었다. 탈지한 종실박 중에는 glutamic acid, leucine, lysine, arginine 및 proline 등이 많았고 이들 5종의 아미노산은 총 아미노산에 대해 약 50%였다. Cycteine 및 methionine은 적게 함유하고 있었다. 필수아미노산은 전체 아미노산의 35%, 적갓, 진주대평, 서울배추에서는 methionine, phenylalanine이 제1제한 아미노산이었고, 목포 66, 목포 71 및 목포단교 8에는 methionine만이 제1제한 아미노산이었다(김정기, 1987).

Myrosinase정제-특성: 겨자에서 myrosinase(Myase)를 분리 정제하여 3개 이상의 이성효소가 존재하는 것으로 나타났다. Myase-II-2의 활성도는 57.1units/mg, 정제도는 248배, SDS-PAGE 상에서 단일밴드로 나타났고, 분자량은 67KD로 추정되었다. 최적 pH는 phosphate 및 Tris-HCl 완충액에서 7.0, 최적온도는 37℃, 40℃ 이상에서는 불안정하였다. Ascorbic acid의 1mM에서 가장 안정하였고, 그 이상에서는 변화가 없었다. Mn, Mg 및 Na은 활성을 촉진시켰고, Cu, Hg, Fe은 약간 저해하였다. Dehydroascorbic acid는 활성을 저해하였으며, 2-mercaptoethanol과 dithiothreitol과 같은 환원제는 활성을 억제하였으나, 이에 ascorbic acid 첨가로 활성이 다소 증가하였다(신창식, 1996).

Mustard oil-Eruic acid 감소: 겨자유에 있는 원치 않는 euric acid를 lipase 효소와 caproic acid를 이용, 작용시킨 결과, euric acid 21.7% 이상 감소하였으나, 겨자유 중 불포화 지방산인 oleic acid, linolenic acid, linoleic acid는 별로 변화가 없었다(Hu, J-N, 2009)

Tocopherol·Lutein 안정성-겨자씨유: 볶은 겨자씨유(RMSO)와 볶지 않은 겨자씨유(URMSO)에서 추출한 기름에서 tocopherol과 lutein의 안정성을 60℃, 암소에서 12일간 비교하였다. Tocopherol과 lutein은 HPLC로 측정, 기름 산화는 공액이중결합(CDA)함량과 지방산 조성은 GC로 측정하였다. 암소에서 12일간 URMSO 0.04%/day에서보다 RMSO 0.03%/day에서 CDA 증가율이 낮았고, 두 기름 시료에서 지방산 조성에는 변화가 없었다. Tocopherol과 lutein은 RMSO가 처음에 465.38과 100.55μg/g으로 URMSO에서보다 상대적으로 많았으나, 그들의 안정성은 RMSO(tocopherol lutein에서 -4.64와 -5.94%/day 분해)가 12일간 산화 중 URMSO보다 높았고, URMSO보다 RMSO가 자동산화 안정성에 더 공헌하였다(Vaidya, B, 2011-193).

저염겨자고추장특성-Gas형성감소①: 빨간 매운고추, 메주(콩+쌀), 조청을 넣어 많든 고추장에 겨자 분말(1.2%,w/w)과 4-10% 소금을 첨가하여 25℃에서 120일간 발효하여 만든 겨자고추장의 염도, 효소 활성 및 gas형성 등 특성을 조사한 결과, 60일 발효한 고추장 효모의 수는 2.43-2.86log CFU/g 이었고, 소금 함량은 효모수와는 관계가 없었다. 겨자 가루 첨가 고추장의 α-와 β-amylase 및 중성 및 산성 protease는 대조군보다 약간 높았다. 겨자 고추장(대조군)의 발효 중 총 발생 gas량은 5.892ml/pack이었으나, 4와 6%의 저염 겨자 고추장에서는 34-99mL/pack으로 감소되었다. 주 gas는 CO_2가 79-80%로 산소(1.25%,v/v)보다 많았다. 이 결과는 고추장의 염도는 겨자 첨가로 6-8% 낮아졌다(Oh, J-Y, 2006).

저염겨자고추장특성②: 감초, 겨자, 키토산을 이용, 전통 고추장의 염도를 30% 낮춘 고추장을 제조, 발효 중 특성을 조사하였다. 염도 8.5%에서 6.8과 5.9%로 낮추고, 감초, 겨자, 키토산을 첨가, 40일간 발효한 고추장 내분의 총 균수, 효모수, 색도 등은 시료별 차이는 없었고, 젖산균 생육에는 차이가 있었다. 저염고추장은 8.5% 염도 고추장보다 고추장 표면 오염 또는 이상 발효 현상이 발생하였으나 첨가물 고추장에서는 이런 현상은 없었다. 저염고추장의 아미노태 질소 함량은 발효 20일에 8.5%염도 고추장과 유사하였으나 발효

40일에는 8.5%염도 고추장보다 시료 첨가 5.9% 염도 고추장에서 1.6배 높았다. 관능 평가 결과, 5.9% 염도 고추장이 가장 종합기호도가 높아, 감초, 겨자, 키토산 첨가는 고추장의 발효기간을 단축하고, 염도도 5.9%로 낮출 수 있는 기호성의 고추장 제조가 가능한 것으로 사료되었다(Lim, SI, 2010-560).

겨자김치-젖산균감소①: 김치에 겨자를 농도별로 첨가하여 발효시킨 결과, 처음에는 겨자(-) 김치에 비하여 산도가 높았으나, 숙성 후 2일부터 낮아졌다. 생균수 및 젖산균 수는 숙성 2일까지 급격히 증가하였으나, 그 이후 일정하였고, 겨자(+) 김치의 생균 수와 젖산균 수는 겨자(-) 김치보다 감소하였으며, 겨자 첨가농도가 높을수록 감소 폭이 커졌다(서권일, 1996-33).

흑겨자·백겨자②: *B. juncea*는 brown mustard로 vitamin이 풍부한 일년초, 동양에 많은 변종이며, *B. hirta*는 white mustard로 일년초, 향미가 적은 seed, sturdy enzymes, mayonnaise 유화제, pickle에 향미료로 쓴다. 겨자 중 향미는 흑겨자(*B. nigra*)가 가장 강하고, 다음 brown mustard, white mustard 순이다.

효능과 이용

1) 효능: 종자 – 악종(惡腫), 온폐거담(溫肺祛痰), 이기산결(理氣散結), 통락지통(通絡止痛)(안덕균, p623).

2) 식용: 카레나 샐러드 향신료로 경엽과 근부를 다 식용 가능하며, 좋은 향신료이다. 지금은 한국보다 일본에서 그 재배가 활발하다.

   겨자는 절임류, 카레, 소스, 마요네즈 등 식품 가공에 이용되나 쓴맛의 지속성이 없다. 겨자는 겨자선, 겨자채, 겨자깍두기, 냉면 등에 쓰며, 근래는 서양 요리나 중국 요리에도 많이 이용된다.

3) 약용: 동의에서는 매운맛이 관절통에 진통 효과, 화농에 소염효과, 식용하면 식욕증진, 항균효과 등에 응용하며, 민간에서는 입냄새 제거, 감기, 종기, 회충구제, 뇌출혈, 요통, 류머티즘(전초), 신경통(외용), 폐염, 월경불순(씨), 견비통(외용), 타박통 등에 약용하기도 한다.

참고 문헌

1) 김정기, 이성호. **농화학회지** 1987 30 46(겨자과 종실류의 화학적 조성)

2) 김창민, 이영철, 이장천. **본초학회지** 2013 28(6) 15(백개자, 나복자, 두배합, 약물의 천식동물 모델에 대한 효과)

3) 박찬성. **조리과학회지** 1997 13(3) 330(향신료, 식중독세균의 증식-*Vibrio*균)

4) 서권일. **박사학위논문**, 경상대학교 1995(한국산 겨자의 항균성에 관한 연구)

5) 서권일, 강갑석, 이용수, 등. **동아시아식생활학회지** 1996 6 205(전어의 보존 중 겨자 처리 효과)

6) 서권일, 김총출, 심기환. **식품저장유통학회지** 1997 4(3) 295(용매의 분획에 따른 겨자 물출물의 항균성)

7) 서권일, 박석규, 박정로, 등. **식품영양과학회지** 1996 25(1) 129(겨자 가수분해산물의 항균성 변화)

8) 서권일, 정용진, 심기환. **농산물저장유통학회지** 1996 3(1) 33(김치 발효중 겨자의 첨가효과)

9) 신정혜, 강민정, 양승미, 등. **식품위생안전성학회지** 2002 17(2) 101(채소류와 과실류 중의 질산염과 아질산염 함량-겨자, 고추, 애호박, 파, 무, 자두, 사과)

10) 신창식, 서권일, 강갑석. **식품영양과학회지** 1996 25(4) 687(한국산 겨자중 Myrosinase의 정제 및 효소학적 특성)

11) 윤석인, 박길동, 김영찬, 임명희, 이철. **특허 공보**(B1) 제 1858호, 990,(산초 추출물과 겨자유를 첨가한 김치류의 보존 연장 방법)

12) 이근종, 심재석, 김미리, 황재관. **식품영양과학회지** 2001 30(5) 943(청겨자채 추출물의 뇌조직 내 oxidative stress 억제 활성 물질 동정)

13) 이승은, 방진기, 송진, 등. **약용작물학회지** 2004 12(1) 73(한국산 약용식물의 안지오텐신 전환효소에 대한 저해 활성 - 죽여, 겨자, 큰조롱, 하늘타리, 질경이 등)

14) 임정태, 유창연, 김명조, 등. **약용작물학회지** 2004 12(3) 191(한국산 약용식물 겨자 등에서 SOD 활성 phenolic compounds 함량 비교)

15) 최규홍. **석사학위논문** 경북대학교 대구 1958(겨자 methanol 추출물의 항산화효과)

16) 한용봉, 김미라, 한병훈, 한용남. **생약학회지** 1987 18(1) 41(갓과 겨자의 항산화 활성에 관한 연구)

17) Ahn, E-S, Kim, YS, Shin, DH. *Food Sci Biotechnol* 2001 10 31(Observation of bacterial effect of allyl isothiocyanate on *Listeria monocytogens*)

18) Chung, SK, Osawa, T, Kawakishi, S. *Biosci Biotech Biochem* 1997 61 118 [Hydroxyl radical-scavenging effects of spices and scavengers from brown mustard(*Brassica nigra*)]

19) Delaquis, P. J, Mazza, G. *Food Technol* 1995 49 73(Antimicrobial properties of isothiocyanates in food Preservation)

20) Ha, J. U. *MS Thesis* Pusan National Univ Busan Korea 2003(The effect of encapsulated mustared oil on extending the storage period of Korean cabbage kimchi)

21) Hu, J-N, Md, Abdul Alim, Lee, J-H, et al. *Food Sci Biotechnol* 2009 18(2) 574 (Production of lipase-catalyzed structured lipids from mustard oil with capric acid)

22) Hwang, JW, Song, YO, Cheigh, HS. *J Kor Soc Food Sci Nutr* 2000 29 1009(Fermentation charactireistics and antioxidative effect of red mustard leaf kimchi)

23) Kim, JE, Choi, JS. *Nat Prod Sci* 2000 64 199[Study of flavonoid compound from mustard leaf(*Brassica juncea*)]

24) Kim, MJ, Ha, JY, Yun, YR, et al. *Food Sci Biotechnol* 2006 151(6) 884(Extension of shelf life of kimchi by addition of encapsulated mustard oil)

25) Kim, YS, Shin, DH. *Kor J Food Sci Technol* 2003 35 159(A review-researches on the volatile antimicrobial compounds from edible plants and their food application)

26) Lim, S I, Song, S M. *J Kor Soc Food Sci Nutr* 2010 39(4) 560[Changes in charactiristics of low-salted Kochujang with licoriece(*Glycyrrhiza glabra*), mustard(*Brassica juncea*)and chitosan during fermentation]

27) Lin, C M, Kim, JM, Du, WX, Wei, CI. *J Food Prot* 2000 63 25(Bactericidal activity of isothiocyanate against pathogens on fresh produce)

28) Mortuza, M. *Pakistan J Biol Sci* 2006 9 1812(Tocopherol and sterol content of

some rapeseed/mustard clutivars developed in Bangladesh, Pakistan

29) Oh, J-Y, Kim, Y-S, Shin, DH. *Food Sci Biotechnol* 2006 15(2) 298(Changes in microorganisms, enzyme activities, and gas formation by the addition of mustard powder on kochujang with different salt concentration)

30) Park, D-J, Lee, J-C, Lee, Y-C. *Kor J Herbology* 2010 25(2) 129(Effect of *Sinapis alba* L. on expression of inrerferon-r and inrerferon-4 production in anti-CD3/ antiCD28-stimmulated CD4(+) T cells)

31) Park, Y Y, Cho, MS, Park, S, et al. *J Hort Sci Technol* 2006 24 480(Sinigrin contents in different tissues of *Wasabi* and antimicrobial activity of their water extracts)

32) Prasad, N S, Raghavendra, R, Lokesh, BR, Naidu, KA. *Prostagl Leukot Essent Fatty acids* 2004 70 521(Spice phenolics inhibit human PMNL-5-lipoxygenase)

33) Shin, DH, Kim, DH, Choi, U. *Kor J Food Sci Technol* 2000 32 1350(Fermentation characteristics of Kochujang containing Horseradish or mustard)

34) Sekiyama, Y, Mizukami, Y, Dongshe, HD, Uemura, T. *Jpn J Food Microbial* 1994 11 133(Antimicrobial activity of mustard extract against food poisoning bacteria)

35) Shin, KH, Seo, KI, Kang, KS. et al. *J Kor Soc Food Nutr* 1995 24 948(Antimicrobial substances of distilled components from mustard seed)

36) Turgis, M, Han, J. Caillet, S, Hacroix, M. *Food Chem* 2009 20 1073(Antimicrobial activity of mustard essential oil against *E. coli* 0157 117 and *Salmonella typhi*)

37) Vaidya, B, Choe, E. *J Am Oil Chem Soc* 2011 88 83(Effects of seed roasting on tocopherols, carotenoids and oxidation in mustard seed oil during heating)

38) Vaidya, B, Choe, E. *Food Sci Biotechnol* 2011 20 193(Stability of tocopherol, and lutein in oil extracted from roasted or unroasted mustard seeds during the oil oxidation in the dark)

39) Wijesundera, C, Ceccato, C, Fagan, P. Shen, Z. *Eur J Lipid Sci Tech* 2008 110 360 [Seed roasting improves oxidative stability of canola(*B. napus*) and mustard(*B. juncea*) seed oils]

40) Yang, JY, Han, JH, Kang, HR, et al. *J Food Hyg Safety* 2001 16 37(Antimicrobial effect of mustard, cinnamon, Japanese pepper and Horseradish)

41) Yoo, MJ. *MS Thesis* Chonbuk Nat Univ Jeonju Korea 2004(Comparative study on antibacterial effects of essential oils against *Vibrio* species)

42) Yoo, MJ, Kim, YS, Shin, DH. *Food Sci Biotechnol* 2006 15 462(Antibacterial effects of natural essential oils from ginger and mustard against *Vibrio* species inoculated on sliced raw flatfish)

43) Zaika, LL. *J Food Safety* 1988 9 97(Spices and Herbs: Their antimicrobiol activity and its determination)

3 겨자무 (서양고추냉이)

Armoracia rusticana
Cochlearia aromaica

십자화과
(Crusiferae)

Horseradish(英)

원산지: 남동부 유럽

용도: 식용·약용 – 잎, 뿌리

역사

겨자무(horseradish)는 일본의 와사비(*Wasabia japonica*)와 비슷한 향신식물로 뿌리에 톡 쏘는 자극성의 강한 향미가 있으며, sinigrin 배당체가 효소 myrosinase에 의해 분해, 겨자유의 매운맛을 생성하기 때문이다. 이 식물은 유대인이 유월절에 먹는 5가지 쓴 나물 중의 하나이며 잎과 줄기에 약효가 있어 옛날에는 향신료보다 약미식물로 중요시하였다.

학명 *Armoracia rusticana*는 Kelt어의 ar(가까이)와 mor(바다)+rich(지방)의 합성어로 염분이 많은 땅에도 잘 자라기 때문에 붙은 이름이다. Horseradish라는 영명에서 horse는 '하등'이라는 의미가 있어서 채소의 radish(빨간 부분)와 구별하여 불렀다(Herbs p130).

식물학적 특성

Horseradish는 십자화과에 속하는 다년생 초본으로, 비싼 wasabi의 대용으로 널리 쓰이고 있으나 우리나라에는 없다. 현재 Wasabi powder, Wasabi tube나 Wasabi can으로 시판되고 있는 것은 본 식물 Horseradish로 만든 것이 많다. Horseradish는 밭에서 쉽게 재배할 수 있는 반면, 고추냉이 Wasabi는 차고 맑은 물이 흐르는 곳에서만 재배되며 한국에는 한 종뿐이다.

특수성분

겨자무에서 Hyperin(H-03226), Rutoside(T-00770), Trifolin(T-01900), Sinigrin 등이 분리되었고, *C. armoracia*에서 *Carbonyl sulfide(C-00376)와 동속식물에서 2-Isothiocyanatobutane(+, I-00845), 2-Isothiocyanatopropane (I-00884), Cochlearine(C-01591), Hygroline(2R, 2'R, H-03185), Glucoconringiin(H-02445), Hygrine(H-03183) 등이 분리되었다(DNP p493).

생리활성

Bacteria사멸효과: *Listeria monocytogenes*(Lm) 내의 ATP 농도는 allylisothiocyanate(AIT)와 acetic acid의 bactericidal 효과를 실험한 결과, 미생물 형태적 변화를 전자 현미경으로 관찰, AIT 처리로 세포 내 ATP 농도, AIT, acetic acid 및 AIT+acetic acid mixture 첨가에서 현저한 차이는 없었다. 이로써 시험 미생물에서 ATP 유출은 없었고, AIT 처리 Lm 세포벽에 변화는 없었으나, 세포 내 형태가 변하였고, acetic acid 처리로 변하거나, 세포벽이 파괴되어, AIT나 acetic acid 처리로 bacteria가 사멸되었음을 알 수 있었다(Ahn E-S, 2001).

항Vibrio균활성: 꽃게와 가자미에서 분리한 *Vibrio*균의 성장에 대해 솔잎 추출물(PE)과 서양 고추냉이(Horseradish) 영향을 실험한 결과, *Vibrio parahaemolyticus*(Vp)와 *V. vulinificus*(Vv)(Api 20E kit로 확인)는 1% pine needle EtOH ex(PE) 함유 soybroth에서 또 1% Horseradish EtOH ex(HE) 함유 soybroth에서도 저해되었다. *Vibrios* 생존균수는 1% PE와 1% HE mix투여에서 1% HE만 투여보다 더 빨리 약 log 2-3으로 감소되었다. Horseradish sauce와 1% PE함유 Horseradish sauce는 sensory quality는

유사하였다(Park KN, 2003).

항피부진균활성-뿌리ITCs: *Amoracia rusticana*(Horseradish) 뿌리에서 분리한 isothiocyanates(ITCs)의 병원성 피부병 fungi인 *Trichophyton rubrum*, *T. mentagrophytes*, *Microsporum canis* 및 *Epidermophyton floccosum*에 대한 항균활성은 paper disk diffusion assay로 측정, 5,000μg/mL에서 성장 억제를, 10,000μg/mL에서 성장을 완전히 저해, 농도 의존적으로 성장을 억제하였다. 위의 미생물에 대한 최저 저해 농도는 각각 200, 200, 100 및 100μg/mL. 위의 4 fungi에 대한 ITCs 최저 저해 농도는 200μg/mL. 이로써 Horseradish 뿌리에서 얻은 ITCs는 천연 항진균제로 병원성 피부 감염균 저해제로 생각되었다(Choi K-D, 2017).

항구강병원성미생물①: Horseradish(*Amoracia rusticana*) 뿌리 ex가 7종 구강 병원성 미생물에 대한 MIC는 117-1,750ppm(0.0117-0.175%). 합성 allylisothoicyante(AIT)에는 344-3,000ppm(0.0344-0.3%)으로 모든 시험 균주에 항균활성을 보였고, 7종의 구내 미생물에 대한 Horseradish 뿌리 ex의 minimum bacterial concentration(MBC)는 6,252-6,000ppm(0.06252-0.6%), 또 합성 AIT는 1,750-7,000 ppm(0.175-0.7%) 시험 미생물에 대해 항균활성을 보였다(Park K-S, 2009).

항치아우식균②: 서양 고추냉이(*Amoracia rusticana*)의 뿌리 추출물이 구강에서 분리한 *Streptococcus mutans*에 대한 항균성을 *St. mutans*에 항균제 chlorhexidine과 비교한 결과, *St. mutans*에 시료의 최소 억제 농도는 각각 평균 0.083-0.25%(833.33-2500ppm), 평균 0.25%(2500ppm)로 모두 항균성이 있었다. 큰 차이는 없었고, 시료 0.083-0.25%에서 chlorhexidine 0.0021-0.0041%로 대등하였다(Kim H-K, 2008).

항구강미생물③: Horseradish 뿌리에서 분리한 isothiocyanates(ITCs)가 6균주: 혐기성 bacteria; *St. mutans*; *St. sobrinus*, *Lactobacillus casei*, *St. aureus*, *Ent. faecalis* 및 *Aggregatibacter actinomycetemcomitans*, yeast인 *Candida albicans* 및 3종 혐기성 bacteria; *Fusobacterium nucleatum*, *Prevotella nigrescens*, 및 *Clostridium perfringens*에 대한 항미생물활성을

실험한 결과 ITCs는 paper disk법 실험에서 모두 활성이 있었으며 MBC는 ITCs의 1.25-5.00mg/mL로 6 혐기성 bacteria와 1 yeast에 대해 또 혐기성 3 strain bacteria에 4.17-16.67. ITCs는 MBC 1.25mg/mL에서 *C. albicans*가, 혐기성 bacteria 중 *F. nucleatum*에 MBC 4.17mg/mL에서 가장 강하였다. 이로써 ITCs는 구강 미생물에 항미생물활성 물질 후보로 생각되었다(Park H-W, 2013).

항구강미생물④: 사람의 구강 내에는 약 500종 이상의 상주균이 존재, 이들은 치아 우식증이나, 근관 감염 및 치주 질환 등 여러 구강 내 질환을 유발한다. 본 연구는 서양 고추냉이(*Amoracia rusticana*) 뿌리의 항균성을 실험. 우선 7종의 구강 미생물에 시료 최소 억제 농도는 약 30-125ppm(0.003-0.012%)에서 항균성을 보였고, 특히 *Candida albicans*에 강한 활성을 보였다. 또 7종의 구강 내 미생물에 chlorohexidine도 최소 억제 농도 0.15-2.5%, 최소 살균 농도 0.4-2.5%. 이로써 서양 고추냉이 뿌리 추출물은 chlorohexidine보다 더 낮은 농도에서 유사한 항균성을 보였다. 구강 내 미생물은 *St. mutans*, *St. sobrinus*, *L. casei*, *St. aureus*, *Ent. faecalis*, *Actinomycetemcomitans*, *Candida. albicans* 등이 있다(Yu N-Y, 2006).

항구강혐기성미생물⑤: 구강 혐기성 미생물에 대한 *Armoracia rusticana* root ex(시료)의 항미생물활성을 실험한 결과, 혐기균 *Enterococcus faecalis*와 *Fusobacterium nucleatum*을 어린이 구강 내에서 채취, 항미생물활성을 chlorhexidine과 시료를 비교, 유사한 항균성을 보였고, 시료 78.1-312.5μg/mL, chlorhexidine 7.8-15.6μg/mL이었다. 이로써 시료의 혐기성 구강 미생물에 강력한 소독효과를 보였다(Jang Y-G, 2010).

항구강미생물-치근관감염⑥: 치근관 내 편성 혐기성 세균에 서양 고추냉이(*Amoracia rusticana*) 뿌리추출물(시료)의 항균활성을 알고자, 치근관 내 세균 *Prevotella nigrescens* KCTC 5407(Pn), *Fusobacterium nucleatum* KCTC 5103(Fn) 및 *Clostridium perfringens* KCTC 3269(Cp)의 편성 혐기성 세균에 시료 최소 억제 농도 평균 87-470ppm, 최소 살균 농도는 평균 156-625ppm. Fn에 가장 강한 항균성을, 항균제에 강한 Cp에도 항균성을 보였다.

위 3종 세균에 chlorhexidine(C)의 최소 억제 농도는 3.12-6.25ppm, 최소 살균 농도는 평균 10.94ppm. 시료 87-470ppm에서 C 3.12-6.25ppm과 비슷한 세균 성장 억제를, 또 시료 156-625ppm에서, C의 10.94ppm에서 유사한 살균 효과를 보여 서양 고추냉이 뿌리 추출물은 추후 치근관 세척제나 소독제로 개발 가능성을 보였다(Lee W-J, 2009).

항생제내성·Bacteria활성-Isothiocyanate: 서양 고추냉이 뿌리에서 항생제 내성 bacteria인 Methicillin 내성 Sa(MRSA), vancomycine 내성 Sa(VRSA), multidrug 내성 *Acinetobacter baumanii*(MRAB) 및 multidrug 내성 Pa(MRPA)와 일반 병원성 미생물 3종: *S. aureus*(Sa), *A. baumanii*(Ab) 및 *P. aeruginosa*(Pa)에 대하여 ITCs(isothiocyanates)의 항bacteria 활성을 측정한 결과, ITCs의 minimum bacterial concentration(MBC)는 MRSA, VRSA, MRAB 및 MRPA에 대하여 각각 666.7, 666.7, 333.3 및 208.3μg/mL. Sa, Ab 및 Pa에 833.3, 41.7와 52.1μg/mL였다. ITCs는 Ab의 MBC가 41.7μg/mL로 가장 강하였고, 항생제 내성 bacteria 중 가장 강한 항bacteria 활성 ITCs는 MBC가 208.3μg/mL인 MRPA이었으며, MRSA, VRSA 및 Sa에 대하여, vancomycin의 MBC는 각각 1,667.7, 2000.0 및 1,333.3μg/mL. MBAB와 Pa에 대한 norfloxacin의 MBC는 각각 666.7과 7.8μg/mL였다. ITCs는 *P. aeruginosa*를 제외한 실험 bacteria에 대하여 항생제들보다 더 강한 항bacteria 활성이 있었다. 이상의 결과로 서양 고추냉이 뿌리에서 분리한 ITCs는 항생제 내성 bacteria에 항bacteria제 후보라 생각되었다(Kim H-Y, 2015-1029).

항균활성-저염젓갈: 저염젓갈에서 분리한 5종의 일반 bacteria인 *Bacillus* 2종, *Staphyllococcus*, *Streptococcus*(Sp) 및 *Enterobacter* sp.에 Horseradish에서 분리한 isothiocyanates(ITCs)의 항균활성을 액상과 증기 상태에서 측정한 결과, 모두 강력한 항균활성을 보였다. ITCs의 MIC는 액상과 증기에 각각 0.208-2.083mg/mL, 0.078-1.875mg/mL였고, 증기 형태가 5종의 균에 모두 강력한 항균성을 보여, Horseradish의 ITCs는 젓갈 저장기간을 연장시킬 수 있는 좋은 천연 보존제로 생각되었다(Kim H-Y, 2015-1405).

위보호-AITCs: Allylisothiocyanate(AITCs)은 위에 ethanol, 0.6M-HCl, ammonia(각각 1.5mL/rat po) 및 aspirin(150mg/kg po)으로 병변을 유도하고 이에 고농도 indomethacin(40mg/kg po) 투여에서 60%의 병변이 저해되었다. 또 몇몇 합성 isothiocyanate도 ethanol과 indomethacin 유도 위병변에 현저한 저해를 보였다. TRPV1 agonist인 capsaicine과 piperine도 ethanol, 1% NH_4OH 및 aspirin 유도 위병변을 저해하였으나 0.6M HCl 유도 병변에는 효과가 적었다. Ethanol-유도 위병변에 AITCs 의 보호 작용 기작은 indomethacin 전처리로 완화되었으나 NG-nitro-L-arginine methyl ester-HCl(L- NAME)나 ruthenium red로는 완화되지 않았다. Indomethacin 전처리는 piperine의 보호 효과를 감소시키고, L-NAME도 capsaicine과 omeprazole의 효과도 감소시켰다. 또 ruthenium red도 capsaicine, piperine 및 omeprazol의 효과를 감소시켰다. 이로써 ethanol-유도 위병변은 capsaicin, piperine 및 omeprazole과 달리 AITCs의 위 보호 효과는 체내 생산된 prostaglandin에 의한 것으로 생각되었다(Matuda H, 2007).

식품안전·건강유지기능: Wasabi(root, leaf)와 Horseradish(root)는 in vitro에서 peroxidase, antioxidative 및 radical 소거활성을 보였다. 이들은 잘 알려진 mutagens/carcinogens인 MeIQX와 MX에 대하여 항돌연변이 활성을 보였다. (-)-(R)-methyl sulfingylalkyl isothiocyanate 3종은 항돌연변이원으로 확인되었다. 이로써 wasabi와 Horseradish는 식품 안전과 건강 유지에 유용한 물질로 생각되었다(Kinae N, 2000).

Cottage cheese-저장연장: Cheese 저장에 있어 isothiocyanate의 소량 첨가는 yeast와 mould를 효과적으로 저해하여 cottage cheese 저장기간이 연장되었다(Gonclaves MPJC, 2009).

휘발성풍미성분: Hungary의 Horseradish 뿌리를 GC/MS로 분석한 결과, methyl, ethyl, isopropyl 2-butylallyl-, 4-pentenyl- 및 2-phenethyl isothiocyanate와 allyl thiocyanate이었다. 이들 중 4-pentenyl isothiocyanate의 함량이 가장 많았다(Gilbert J, 1972; 김인숙, 1985).

Peroxydase isozyme: 식품 열처리 공정 중 일어나는 peroxydase의 열

불활성화 특성을 알고자 서양 고추냉이 뿌리에서 4개의 peroxydase isozyme A, B, C, D를 분리, pH 7.0, 70-97℃에서 각 isozyme별 열 불활성화를 실험한 결과, 열 저항성이 서로 크게 달랐고, 80℃에서 C, B, A, D순으로 열에 강하였고, A, B, C 및 D의 D_{80} 값은 각각 594초, 1850초, 2050초, 및 78초, Z값은 각각 24℃, 12.5℃, 18.0℃ 및 23.7℃, 조효소의 D_{80} 값은 130초. Z값은 24.0℃. isozyme C를 열처리 시 원래 효소 분자보다 분자량이 큰 단백질과 작은 단백질이 생성, 이들은 효소 활성이 없었다(윤정로, 1982).

양고추냉이·겨자고추장-발효특성: 우수 균주 접종 고추장에 항균성 양고추냉이와 겨자분말을 첨가, 25℃에서 발효. 미생물과 성분을 조사한 결과, 향신료 첨가로 고추장 효모의 증식이 억제, 유통 중 gas 발생이 되지 않았고, 세균 수는 큰 차이 없었다. 전체적 기호도는 양고추냉이구와 P-2 코지만의 실험구가 우수하였다. 양고추냉이 및 겨자 첨가, 선발된 균주를 이용. 발효시킨 고추장은 저장 중 gas 발생이 완전히 억제, 품질이 우수하였다(Shin DH, 2000).

양고추냉이고추장미생물-효소활성: 고추장 유통 중 gas 팽창 억제와 염도를 낮추기 위해 양고추냉이 분말(시료) 1.2%(w/w)를 첨가한 저염 고추장(식염 4-10%)을 25℃, 120일간 발효·숙성하면서 관찰한 결과, 일반 세균 수는 발효 중 7.32-8.76(CFU)g이 유지, 효모 수는 발효 90일까지 차이가 없었다(Oh JY, 2005).

효능과 이용

1) 식용: 프랑스나 미국에서는 여러 음식에 적용하는 약미식물로, vitamin C와 아스파라긴이 있어 기름기 있는 육류와 함께 먹으면 소화를 촉진하며, 샐러드 드레싱으로 상용한다. 유럽에서는 비프스테이크(beef steak), 로스트비프(roast beef) 등 육류와 생선요리, 소시지 등의 소스, 또 비니거(vinegar)도 만든다. 톡 쏘는 매운맛은 가열하면 향미가 사라지므로 생채로 갈아, 또는 건조시켜 두고 이용한다.

우리나라와 일본 등에서 생선회에 곁들이는 향신료 wasabi 대용으로 큰몫을 하고 있다.

2) 약용: 효능은 혈액순환 촉진, 혈압강하, 식욕 증진 작용이 있고 항균 작용으로 간균, 구균, 사상균 등에 효과, 건위소화제, 흥분제, 이뇨제, 방부제로도 쓰이며 폐나 비뇨기 감염 치료에 효과, 통풍, 관절염, 류머티즘 등에 습포제로, 이질의 치료제로도 쓰인다. 감기에 대한 저항력이 있고 혈압강하 효과도 있어 고령층에 좋고, 향미 식물로 어독을 해독하고 체력과 정력을 증진시킨다.

★ 임신 중이거나 신장 장애가 있는 사람은 계속적 또는 대량 섭취를 삼간다.

참고 문헌

1) 김인숙, 이미순. **영양학회** 1985 18 298(한국산 Horseradish 뿌리의 휘발성 풍미 성분)

2) 박관화. **농화학회지** 1979 22 24(Horseradish peroxidase의 열불활성화에 lecithin과 지방산이 미치는 영향)

3) 윤정로, 박관화. **식품과학회지** 1982 14(2) 125(서양 고추냉이에 있는 peroxydase isozyme의 분리와 불활성화)

4) Ahn E-S, Kim Y-S, Shin D-H. *Food Sci Biotechnol* 2001 10(1) 31(Observation of bactericidal effect of allylisothiocyanate on *Listeria monocytogenes*)

5) Choi K-D, Kim H-Y, Shin J-S. *Food Sci Biotechnol* 2017 26(3) 847[Antifungal activity of isothiocyanates extracted from Horseradish(*Amoracia rusticana*) root against pathogenic dermal fungi]

6) Eileen YY, Ingrid JP, Graham NG, et al. *Biochim Biophys Acta* 2001 1527 156(In situ observation of the generation of isothiocyanates from sinigrin in Horseradish and wasabi)

7) Gilbert J, Nursten HE. *J Sci Food Agr* 1972 23 527(Volatile constituents of Horseradish roots)

8) Gonclaves MPJC, Pires AC, dos S, Soares NFFFS, Araujo EA. *J Food Service* 2009 20 275(Use of allylisothiocyanate sachet to preserve cottage cheese)

9) Ina K. *Nippon Shokuhin Kagyo Gakkaishi* 1981 18 365[Volatile components of

wasabi(*Wasabia japonica*) and Horseradish(*Cocholeria armoracia*)]
10) Jang Y-G, Park HW, Shin IS, et al. *J Kor Acad Ped Dent* 2010 37 168(The antimicrobial effect of Horseradish(*Armoracia rusticana*) root extracts against anaerobic isolated from oral cavity)
11) Kassie F, Knasam Üller S. *Chemico-Biol Interact* 2000 127 163[Genotoxic effects of allylisothiocyanate(AITC) and phenethyl isothiocyanate(PEITC)]
12) Kim H-K, Park H-W, Shin I-S, et al. *J Kor Acad Pediatr Dent* 2008 35(2) 234[The antmicrobial effect of Horseradish(*Amoracia rusticana*) root extracts against *Streptococeus mutans* isolated from human dental plaque]
13) Kim H-Y, Phanagod S, Shin I-S. *Food Sci Biotechnol* 2015 24(3) 1029[Antibacterial activities of isothiocyanates extracted from Horseradish(*Armoracia rusticana*) root against antibiotic-resistant bacteria]
14) Kim H-Y, Gornsawun G, Shin IS. *Food Sci Biotechnol* 2015 24 1405[Antibacterial activities of isothocyanate(ITCs) extracted from Horseradish(*Amoracia rusticana*) root in liquid and vapor phases against 5 dominant bacteria isolated from low-salt jeotgal, a Korean salted and fermented seafood]
15) Kim JK, Chan MS, Bang JK, et al. *Treat Crop Res* 2001 2 233[Flavor and antibacterial activity of the volatile components of wasabi(*Wasabia japonica*) and Horseradish (*Amoracia rusticana*)]
16) Kinae N, Masuda H, Shin IS, et al. *BioFactors* 2000 13 265(Functional properties of wasabi and Horseradish)
17) Lee W-J, Park H-W, Shin I-S, et al. *J Kor Acad Pediatr* 2009 36(2) 237[The antimicrobial effect of Horseradish(*Amoracia ruticana*) root extracts against obligate anaerobes in root canal]
18) Lin CM, Preston JF, Wei CL. *J Food Protect* 2000 63 727(Antibacterial mechanism of allyl isothiocyanate)
19) Liu T-T, Yang T-S. *J Food Sci* 2010 75(5) C450(Stability and antimicrobial activity of allylisothiocyanate during long-term storage in an oil-in-water emulsion)

20) Matuda H, Ochi M, Nagatoma A, Yoshikawa M. *Eur J Pharmacol* 2007 561 172 (Effects of allyl isothiocyanate from Horseradish on several experiment gastric lesion in rats)

21) Ogawa T, Nakatani A, Matsuzaki H, et al. *J Food Protect* 2000 63 884(Combined effects of hydrostatic pressure, temperature, and the addition of allyl isothiocyanate on in activation of *E. coli*)

22) Oh JY, Kim YS, Shin DH. *Kor Food Sci Technol* 2005 37 463(Changes in microorganisms and enzyme activities of low salted kochujang added with Horseradish during fermentation)

23) Park H-W, Choi K-D, Shin I-S. *Biocontrol Sci* 2013 18(3) 163[Antimicrobial activity of isothiocyanate extracted from Horseradish(*Amoracia rusticana*) root against oral microorganisms]

24) Park KN, Lee SH. *J Kor Soc Food Sci Nutr* 2003 32(2) 185(Antimicrobial activity of pine needle extract and Horseradish on the growth of *Vibrio*)

25) Park K-S, Park H-W, Shin I-S, et al. *J Kor Acad Pediatr Dent* 2009 36(2) 217[Study on comparison of antimicrobial activity between Horseradish(*Amoracia rusticana*) root extracts and synthetic allylisothiocyanate against oral pathogenic microorganisms]

26) Rha YA, Park JN, Na YS. *Kor J Food Cookery Sci* 2004 10(4) 178(Effects of pine pollen and Horseradish on fermentation of Kimchi)

27) Shin DH, Ahn EY, Kim YS, Oh JY. *Kor J Food Sci Technol* 2000 32 1350 (Fermentation characteristics of kochujang containing Horseradish and *Brassica juncea*)

28) Yu N-Y, Lee JH, Seo HW, Park HW. *J Kor Acad Pediatric Dent* 2006 33 447(The antimicrobial effect of Horseradishi(*Amoracia rusticana*) root extracts against oral pathogens)

4 계피

Cinnamomum verum(Sri Lanka 원산)
Cinnamomum cassia(China 원산)
Cinnamomum zeylanicum(Sri Lanka 원산)

녹나무과
(Lauraceae)

Chinese cinnamon(英), 桂皮(中)

원산지: 스리랑카, 중국, 인도 남부

용도: 식용·약용 – 수피, 잎, 줄기, 열매, 정유

역사

*Cinnamon verum*은 진짜 계피로 약효가 있는 Cinnamon을 의미하며, 카시아 *C. cassia*는 중국, 베트남산, *C. zeylanicum*은 스리랑카 원산 등 원산지별로 조금씩 다르다. 이처럼 많은 종류가 있고 분별이 어려울 정도로 비슷해서 4,000년 전부터 혼동되어 사용해 온 가장 오래된 향신료이며 후추, 정향과 함께 3대 향신료 중 하나다. 구약성서에 모세가 계피를 넣은 성유(聖油)를 사용했다 하여 AD 1세기 로마에서는 계피가 은보다 15배 이상의 가격이었다고 한다.

1536년 포르투갈과 1656년 네덜란드에 실론이 점령된 후 다시 1796년 영국 통치하에서 이 식물은 전매화되었고 1833년에 네덜란드인이 처음 재배를 시작하였다. 2006년 스리랑카가 세계 생산의 90%를 차지, 중국이 그 뒤를 이었다.

학명 *Cinnamomum*은 그리스의 옛이름으로 'cinein(말려든다)'와 'amomos

(비난 없이)'라는 합성어이자 '좋은 향기가 있는 동그랗게 말려 있는 껍질'이라는 뜻으로 계피의 말려 있는 모양을 말해 주고, *cassia*는 계피의 그리스의 옛 이름이나 히브리어 'gasta' 즉, '껍질을 벗기다'에서 비롯된 이름으로 성소의 분향에도 쓰이는 귀중한 향료의 하나였다. 씨에는 지방유 33%가 있어 유럽에서는 이것으로 종교용 고급 양초를 만든다(Herbs p169; Medicinal Herbs p111).

식물학적 특성

키 약 10m의 상록교목 잎은 15-20cm 난형은 광택이 있고, 3줄의 뚜렷한 엽맥이 특징. 새 잎은 붉은색이나 차차 짙은 녹색이 되며 꽃은 가지끝 엽액에 원추화서로 개화. 열매는 1.5-2cm 장과는 둥근 모양. 열매 속에 씨가 1개씩 들어 있으며 33%의 지방유를 함유하고 있다. 씨의 파종은 2월에 하고. 4-10월 수액 유동이 활발한 때에 벗겨서 외피를 수거 건조시켜 사용한다(*C. cassia*).

1970년초 우리나라 제주도에서 재배에 성공하였으나 내한성이 약하여 경제성은 희박하다. 우리나라 동속식물에는 *C. camphora*(녹나무), *C. japonicum*(생달나무) 및 *C. loureiri*(육계나무) 3종뿐이다(Lee, YN, I, p336).

계피의 품종, 성분 및 용도

① ***Cinnamomum zeylanicum*** **NESS**(Ceylon cinnamon): 스리랑카 원산으로, 계피에 eugenol이 많아 상쾌한 청량감과 감미롭고 고상한 향기와 달콤함이 특징이며 매운맛이 적은 것은 pinene이 적기 때문이다. 새로 나온 어린 가지의 껍질을 벗겨 그 외피를 제거, 건조시킨 아주 엷은 담황색 껍질을 말하며 이를 몇 장 포개어 말린 것을 quill이라 한다. 계피류 중 가장 고급품.

② ***C. cassia*****(肉桂)**: 중국 남부와 인도네시아가 원산지로 우리가 흔히 즐겨 쓰는 매운 계피를 말한다. 가지나 줄기의 껍질을 계피라 하여 약용하며 Cinnamon 대용으로 과자나 요리에 쓴다. 한방에서는 지엽을 수증기 증류하여 계피유(cassia oil)를 만들어 약용과 향료로 쓴다. 중국에서는 1cm

이하의 가지와 두터운 줄기 껍질(肉桂)을 함께 계피라 하여 건위, 발한, 해열, 진통약으로 중추신경계의 흥분을 진정시켜 수분 대사 조절 기능이 있어 감기나 신체에 동통이 있을 때 쓴다. 생리통을 완화하며 수렴 작용이 있어 설사에도 유효하다. 미숙과를 cassia bud라 하여 향신료로 고급과자에 쓴다.

③ ***C. burmanii*** BLUME(Java cinnamon): 인도네시아에 자생하며 계피나무 중에서 키가 제일 크고(20cm) 중국 남부와 말레이시아, 수마트라, 자바 등지에서 가장 널리 재배되는 Cinnamon류의 대표적 식물로 외피를 제거한 수피를 말한다. 유럽과 미국 등에 많이 수출되고 현지에서도 중요한 향신료이며 약용도 한다. 정유의 75%가 cinnamic aldehyde이며 비교적 질이 양호하다.

④ ***C. tamala(Cassia cinnamomum)***: 인도 원산, 인도에서는 잎을 건조시켜 요리의 향신료로 쓰고 수피는 계피 대용품으로 쓴다. 15세기에는 포르투갈인이 실론에서 유럽으로 무역했고 다음에는 이 섬이 화란인의 손에 들어갔다. 성분에는 정유, 탄닌, 고무질, 당류, 수지 점액, 수산칼슘, coumarin 등이 함유되어 있으며 방향성 물질 cinnamic aldehyde, eugenol, safrole등 다른 계피보다 품질이 우수하여 수피를 증류하여 계피유를 생산한다. 이 정유에는 대장균, 포도상구균, *Candida*균 등에 항균 작용이 있다. 또 향수와 조리용 리큐어 등에 쓰며 동양 요리와 서양 요리에도 주스, 칵테일, 홍차 등에 넣고, 과자나 케이크 등에 달고 매운맛의 부향제로, 우리나라에서도 수정과, 떡, 사탕 등에 넣어 쓴다(Herbs p169).

성분

1) 영양성분

계피가루(16004) 100g 중 열량 322 Kcal, 수분 9.4%, 단백질 3.6g, 지질 3.5g, 탄수화물 55.4g, 섬유 24.2g, 회분 3.9mg, Ca 1200mg, P 50mg, Fe 7.1mg, Na 23mg, K 550mg, vit A 1RE, B1 0.08mg, B2 0.14mg, Niacin 1.3mg.

2) 특수성분

*C. cassia*에서 Anhydrocinnzeylanine(C-01341), Anhydrocinnzeylanol (C-01341), 1, 3, 5, 11-Bisabolateraen-10-one(B-00458), 1, 3, 5-Bisabolatrien-10-one(B-00458), *Cinnamoside(D-02229), Cinnamtannin A1(P-00529), Cinnamtannin II(P-00529), Cinnamtannin III(P-00532), Cinncassiol A(C-01341), Cinncassiol C1, C2(C-01342), Cinncassiol C3(C-01345), Cinncassiol D1, D2(C-01344), Cinncassiol D3(C-01345), Cinncassiol D4(C-01346), Cinnzeylanine(C-01348), Cinnzeylanol(C-01348), 3, 3′-Dihydroey-4′, 5, 7-trimethoxyflavone(P-00500), 4′, 7-Di-*O*-methyl-catechin(P-00500), Epicatechin 3-glycoside(P-00500),(-)-Epicatechin 6-C-glycoside(G-00472),(-)-Epicatechin 8-C-glycoside(G-00473), 6-Glycopyranosyl procyanidin B1(G-00477), 6-Glycopyranosyl procyanidin B2(G-00475), *O-Methoxycinnamaldehyde(H-02871), 4′-*O*-Methylcatechin(P-00500), Octahydroxy-2, 7′-cyclolignan(O-00203), Radloningin(D-03668), 3, 4, 5-Trimethoxyphenol-β-D-apiofranosyl-glucopyranoside(B-00231) 등이, 동속식물에서 *Laurolitsine(L-00377), Norcinnamolaur(C-01332), *3-Phenylpropanal(P-01012), Proanthocyanidin A1(P-01860), Proanthocyanidin A2(P-01860)도 동정되었다(DNP p483).

생리활성

Mini-review: *C. loureirii*(육계)는 세계적으로 식품 향신제뿐 아니라, 세계 여러 나라에서 특정효과, 즉 항산화, 항염증, 항미생물 및 항기생충 등과 같은 생리활성 등에 이용되었고, 의학적으로 치료하기 힘든 여러 질병 즉 당뇨병, 고지혈증, 소화기계 질병, Alzheimer's disease 및 cancer에 응용되고 있다. 앞으로 육계는 이러한 질병 치료뿐 아니라 예방 효과가 있을 것으로 기대되었다(Hamidpour R, 2015). 육계는 중추신경 억제로 진통, 해열 작용이, 계피유는 방향성 건위, 타액 위액 분비 촉진, 소화성 위궤양 억제, 심장 관상

동맥 혈류 촉진, 백혈구 수 증가, 피부 진균 억제, 계지는 대장균, 고초간균, 폐렴균, 디프테리아균 억제, 유행성 감기 virus 억제 및 이뇨 작용이 있다(안덕균, 1998). *C. zeylanicum*의 생리활성에 대한 70 article을 정리한 것으로 ① antimicrobial, antiparasitic activity ② blood glucose, blood pressure 및 serum cholesterol 저하 ③ anti-oxidant 및 free radical scavenging ④ tau-aggregation과 filament formation(Alzheimer's disease), inhibitory effects on osteoclastogenesis ⑤ anti-secretagogue와 anti-gastric ulcer effects ⑥ anti-nociceptive와 항염활성 ⑦ 상처 치유 ⑧ 간보호 활성에 관한 것으로 공중 보건과 밀접한 사항들이었다(Ranasinghe P, 2013).

생리활성비교-잎·수피: *C. zeylanicum*잎과 수피의 항산화, 항미생물활성을 비교. 잎과 수피의 oleoresin 0.02%를 mustard oil에 첨가에서 1차, 2차 생성미생물을 우수하게 저해, 더구나 ferric thiocyanate, reducing power, chelating 및 scavenging effect를 DPPH, hydroxy radical로 측정하였다. 항미생물활성은 잎과 수피 정유는 *Aspergillus ochraceus*를 제외한 모든 시험균주에 활성을 보였으나, 잎 olearesin은 *Pen. citrinum*에만 저해를, 수피 olearesin은 *Aspergillus flavus*와 *A. ocharaceus, A. niger, A. torreus*, *Pen. citrinum* 및 *Pen. viridiatum*에 6μL에서 저해활성을 보였다. Agar배지에서 잎 정유와 oleoresin은 수피 정유와 oleoresin보다 시판 bacteria 살균제 ampicillin보다 양호하였다. 잎 정유와 oleoresin 분석(GC/MS)에서 19와 25물질을 분리, 주성분은 eugenol 87.3%, 87.2%. 수피 정유는 13성분을, 주성분은(E)-cinnamaldehyde. 수피 olearesin은 17성분을, 주요 성분은(E)-cinnamaldehyde 49.9%였다(Singh G, 2007).

***Helicobacter pylori* 저해효과:** 계피 EtOH와 CH_2Cl_2 ex에 *Helicobacter pylori*(HP) 성장과 HP의 urease 활성에 미치는 영향을 비교한 결과, HP 성장에 CH_2Cl_2 ex가 저해하였고, EtOH ex는 urease 활성에는 반대 작용을 보였다. 계피 CH_2Cl_2 ex는 일반 항생제 농도에서 HP를 저해하였고, egg yolk emulsion agar 고체 배지 50μg/mL에서, brain heart infusion broth 액체 배지 15μg/mL에서 완전히 저해되었다. 이로써 계피 ex는 전체 세포 urease에

대한 것보다 free urease에 대하여 더 저해활성을 보였다(Tabak M, 1999).

항식중독균①: 마늘, 생강, 계피, 정향을 식중독균 *E. coli* 0157 : H7과 *S. aureus*에 대해 항균 작용을 조사하였다. 분말 향신료를 세균 배양액의 대수증식기에 0-2% 첨가한 후, 세균 증식을 660nm에서 흡광도를 측정하여 증식 억제율과 항균성을 비교한 결과, 생강이 가장 높았고, 계피〉정향〉마늘 순이었다. 시료 첨가 후 5시간 내에 완전히 증식이 억제되는 농도는 마늘 1% 이상, 생강과 계피 0.3%에서 두 균주의 증식이 완전히 억제되었고, 정향은 *E. coli*에 5% 이상에서, *S. aureus*는 0.3% 이상에서 억제되었다. 전자 현미경 관찰 결과, 향신료 처리 *E. coli* 와 *S. aureus*는 균체의 세포벽과 원형질막이 분리와 용해로 심하게 손상되었다. *E. coli*는 균체 내용물이 빠져 나왔고, *S. aureus*는 세포벽이 팽윤되어 세포의 형태가 비정상임이 관찰되어, 시료 향신료는 세포벽과 원형질 막의 용해를 촉진, 세포가 사멸됨이 관찰되었다 (김미림, 2000-124).

항식중독·항산화-정유②: 몇 개 향신료의 정유, 계피와 정향의 phenol성 물질이 항산화 및 항식중독에 미치는 영향을 실험한 결과, 항산화는 DPPH 분석. Disc법으로 박테리아 성장 저지도는 계피와 정향이 강하였고, 계피의 정유가 MIC 0.312mg/mL로 가장 강한 항균 효과를 보였다(Aliakbarlu J, 2013).

항미생물활성-Polyphenol량③: 32종의 생약재 추출물에 대하여 병원균의 식중독균, 세균, 젖산균 및 효모 등 12종의 균주 *B. subtilis, M. luteus, Sta. aureus, Sta. epidermidis*(Se), *Strep. mutans, E. coli, Psd. aruginasa*(Pa), *Sal. typhimurium. V. vulnificus, Lac. brevis, Leu. mesenteroides(Lm), Sacch. cerevisiae*에 대해 항균활성을 검색한 결과, 계피, 목단 적양, 정향, 팔각향 등의 MeOH 추출물에서 12균주에 강한 활성을 보였으나, 젖산균과 효모에는 낮은 활성을 보였다. 최소저해농도는 *B. subtilis*에 강한 증식 억제 효과를 보였고, Se나 Pa에 대부분의 시료에서 저해활성이 나타났다. Lm도 대부분의 시료 추출물에서 억제 효과를 보여 항균 성과는 다른 결과를 보였다(문지숙, 2004-207).

항균·항산화 비교-박④: 계피 초임계 추출물(SFE oil)과 박 추출물(SFM), 80% MeOH ex와 cinnamaldehyde의 항균, 항산화력을 비교한 결과, 추출 조건에 따른 뚜렷한 효과 차이를 보여, 80% MeOH ex와 SFM이 강한 항산화능을 보인 반면, cinnamaldehyde(CAD)와 SFE oil에서 식중독균에 대한 항균 효과가 뛰어났으며, SFE에서 CAD이외 camphene, cineole, eugenol 등 정유성분도 항균에 영향이 있는 것으로 초임계 추출법이 항균 물질 및 정유성분 추출이 용이하며 초임계 추출 후 폐기되는 박에서도 유용성분이 있었다(박성진, 2012).

ADH저해활성: 천연물 추출물로부터 Alcohol dehydrogenase(ADH) 저해제를 검색하여 IC_{50} 계지 7.0 mg/mL, 황금 122.5mg/mL, 대황 36.7mg/mL, 갈근 105.0mg/mL, 상백피 106.2mg/mL, 야국화(감국) 112.2mg/mL에서 현저한 저해활성을 관찰하였다. 또 오가피, 인삼, 차전초 등도 저해활성이 인정되었다(이현주, 1999).

항진균활성-CO: Cinnamon oil(CO)은 계피의 가장 강한 활성으로 *Candida orthopsilosis*와 *C. parapsiloides*에 현탁액은 항진균활성을 보였고, 각각의 MIC는 250과 500μg/mL이며 biofilm의 minimum biofilm reduction concentration(MBRC)은 각각 1000과 2000 μg/mL, 또 CO는 inhibited biofilm formation(MBIC)을 두 균에 대하여 250μg/mL 이상이었다. Amphotericin B와 병용시 상승효과는 없었다. 이로써 CO는 천연 anti-*Candida* agent로 yeast 관리에 유익하다 생각되었다(Pires RH, 2011).

충치예방효과: 충치균 *Streptococcus mutans*의 증식 억제 효과를 생약재와 향신료의 추출물 13종, 정유 27종에 대하여 실험한 결과, oregano, thyme(백리향), sage(살비아), fennel(회향), nutmeg(육두구), rosemary, calamus(창포), cassia cortex(계피)의 정유에서 생육억제 활성이 나타났고, 특히 oregano 정유가 MIC 0.05μl/mL에서 생육억제 활성이 가장 높았다. Oregano, thyme, sage 의 EtOH ex보다 정유가 충치균에 생육억제 효과가 더 높았다. 또한 oregano 정유는 당류에 작용하여 glucan의 형성을 억제하였다(유영선, 1993).

대장암억제-육계①: 육계 추출물이 대장암 세포주(HT-29)와 대장 정상세포 CCD-112CoN 성장에 미치는 영향을 실험한 결과, CCD-112CoN 성장에 큰 영향이 없었으나, HT-29의 성장에 농도 및 시간 의존적으로 크게 억제하였고, 대장암 진행 과정에서 매우 중요한 COX-2 mRNA 발현량 및 PGE2 생성, cGMP 생성을 농도 의존적으로 억제하였다. 이상으로 육계 추출물은 정상 세포에는 독성이 없었으나, 대장암 세포의 COX-2 및 PGE_2는 cGMP 생성을 억제. 대장암 세포의 성장을 억제시키는 것으로 판단되었다(이승연, 2006).

항암효과-Cinnamaldehyde②: 육계에 있는 분화유도 system을 이용한 실험에서 육계 추출물(시료)은 F9 기형 암종 세포주에 강한 증식 저해활성을 보였고, 시료 내에 존재하는 증식 저해물질은 cinnamaldehyde로, IC_{50}은 100μM, F9 기형 암종 세포주의 apoptosis 유도에 관여하는 것으로 추정되었다(백은경, 1999).

항자궁경부암-계피③: *Cinnamon cassia*수피 수침 ex(시료)가 cervical cancer cell line(자궁경부암 세포주)에 항암활성을 보였다. Cinnamon은 자궁 경부암 세포주에 대해 대조구보다 colony수를 감소시켰고, 시료 처리 세포는 MM-2 발현 감소 조절로 이동력을 감소시켰다. Her-2 oncoprotein 발현은 시료에 의해 현저히 감소되었다. Cinnamon ex는 mitochondria 막 전위 상실과 같이 세포 내 Ca signal의 증가로 자궁경부암 세포 사멸을 유도하였다(Koppikar SJ, 2010).

혈관형성억제-계지④: 계지의 apoptosis 유도와 angiogenesis 억제 기전을 실험코자, ECV304과 ECVPAR cell line을 이용, 실험한 결과, 세포 부착능은 계피 전탕액(시료)이 ECV304와 ECVPAR 세포주에서 5μg/mL부터 강한 저해 효과를 보였고, 시료는 ECV304 cell line에서 G0/G1 arrest peak를 유발. 또 시료는 ECV304 cell line에서 collagen coated plate에서 부착 저지를 보였다. ECV304 cell line에서 matrigel을 coating한 plate에서 lumen 형성을 저해하였고, ECV304와 ECVPAR cell line에서 MMP-9과 UPA 발현을 억제하고 integrin αVβ3 발현도 저해하여 계지는 세포 apoptosis를 유도하고 angiogenesis를 억제하였다(강윤희, 1999).

AD-인식개선: Alzheimer's disease(AD) 병리학적 원인은 β-amyloid polypeptide(Aβ)가 모여 인체 뇌에 증가하여 생기는 질병으로, 특히 56 kDa oligomer가 AD mice 인식을 저하시켰다. 몇몇 연구에서 천연물이 Aβ plaque 식용 천연물인 cinnamon ex(시료)가 독성 Aβ oligomer 형성을 현저히 저해, 신경세포 PC_{12}에 Aβ독성을 예방하였다. AD fly model에 시료 투여로 생명 단축을 수정하였고, 그들의 동작을 전적으로 회복, 전체적으로 뇌의 Aβ 4중체를 없앴다. 더구나 시료의 경구투여로 56kDa Aβ oligomer plaque를 감소시켜, 인식과 행동을 개선시켰다. 이로써 인간 식이를 이용, AD에서 독성 Aβ oligomer 형성을 저해하는 새로운 예방책을 알게되었다(Frydman-Maron A, 2011).

비알콜성지방간 개선-계피: 본 연구는 non-alcoholic fatty liver disease (NAFD)와 대조구에 매일 1,500mg 계피를 12주간 투여로 총 cholesterol, triglyceride, ALT, AST, GGT(γ-glutamine transpeptidase) 및 high-sensitivity C-reactive protein이 현저히 감소되었고, HDL은 별 변화가 없었으나, LDL은 현저히 감소하였다. 이로써 cinnamon 매일 1,500mg 투여로 비알콜성 지방간 NAFD 개선에 효과적이었다(Askari F, 2014).

항염증·진통효과: 염증과 통증 예방의 치료를 목적으로 cinnamaldehyde에 대해 다양한 동물 model 실험에서 항염증과 진통 효과를 보였고, 이는 indomethacin과 유사하였다(제현동, 2012).

항염기전-열매정유: *Cinnamomum insularimontaum* 과실 정유의 주성분은 α-pinene 9.45%, camphene 1.70%, β-pinene 4.30%, limonene 1.76%, citronellal 24.64%, citronellol 16.78%, citral 35.89%이며, 계피나무 열매의 정유 주성분 citral은 강력한 항염활성이 있었다. 유명한 향신 성분 citral이 현저한 항염활성이 있음을 처음으로 밝혔고, 항염활성 기전은 RAW 264.7 macrophage에서 NF-kB 활성화 차단으로 생각되었다(Lin C-T, 2008).

혈당개선기능성: 계피 건조 분말과 물 추출물의 혈당 개선 기능성을 평가하고자, meta 분석을 실시한 결과, 2017년 5월을 기준 DB검색을 통하여 4,688건의 자료를 수집. 기준에 따라 선별, 총 14건(n=709)을 연구분석에

포함, 건조 분말은 하루 1-6g씩 섭취시 공복 혈당이 -0.76mol/L. 식후 혈당 곡선 하면적은 -51.8mmol/L. min 수준으로 물 추출물은 하루 0.1-0.5g씩 섭취시 공복 혈당이 -0.76mmol/L 수준으로 개선. 당화 혈색소에는 영향이 없는 것으로 분석되었다(Kwak JS, 2017; Allen RW, 2013).

지질대사개선①: Estradiol valerate-유도 고cholesterol(HC) 혈중에 육계 추출물(시료)을 경구투여하면서 체중 변화실험 마지막 날 혈당 및 경구 당부하검사 및 혈중 tolal cholesterol(TC), HDL-C, LDL-C, triglyceride(TG)는 대조군에서 체중 증가율 감소를 효율적으로 방지. 혈중 TC 및 TG를 감소시켰으나, 혈중 HDL-C 및 LDL-C 함량과 공복 혈당에도 별 영향은 없었으며, 경구당 부하 검사에서도 감소 소견은 관찰되지 않았다. 이로써 육계가 다낭성 난소증후군에 수반되는 이상 고지혈증 개선 효과를 확인하였다(최유진, 2011)

항비만효과-계피유②: 초임계 계피유 추출물(A)과 추출 후 남은 박(B) 및 80% MeOH 계피 추출물(C)의 항비만 효과를 비교하고, 활성 성분을 알고자 3T3-L1 preadipocyte를 성숙 지방세포로 분화시켜, 전사 인자 발현을 확인한 결과, A에서 mRNA에서 PPARr, C/EBPα의 저해능이 가장 높았으며, A는 PPARr, C/EBPα, SREBPIC와 ASC1, FAS, FATP1, FABP4 및 perilipin의 전사 인자도 농도 의존적으로 감소, 항비만 효과를 보였다(박성진, 2013; Huang B, 2011).

항산화활성①: 계피 추출액의 항산화활성은 70% EtOH ex가 높았고, 성분 중 cinnamic acid, cinnamic aldehyde, eugenol 함량과 항산화활성도 높았다. 육계, 계지, 계병의 항산화활성을 비교한 결과, 육계와 계지는 ascorbic acid와 유사하였으나, 계병은 낮았다. 천연 항산화제로 알려진 cinnamaldehyde는 120℃, 10분 볶음이 생 계피보다 약 137배 증가하였고, 볶음 전이나 후에 항치매, 항고혈압 및 세포독성 등의 활성에는 현저한 변화가 없었으나, antibiotic, 항산화, 항당뇨, 항-influenza 및 apoptosis 등 여러 생물학적 활성이 증강되었다(김나미, 1993-204).

항산화활성-수피phenol성물질②: 계피의 전통적 용매추출, 초음파,

maceration 및 교반 방법을 비교한 결과, 적합한 용매 농도는 60% EtOH로 1:20(시료:용매%), 90분, 50℃가 가장 좋았고, phenol성 물질이 가장 많았으며, 2.263mg/g의 sinapic acid와 0.103mg/g cinnamic acid. 항산화활성은 14.337mmol/g 및 총 phenol성 물질은 1.918mmol/g 이었다(Dvorackova E, 2015).

혈관이완효능: 계지 EtOH ex의 혈관 이완 효능과 그 기전에 대한 연구로 계지가 혈관 이완과 혈액 순환을 개선시킬 수 있음을 보였고, 혈관 이완은 전압 의존성 Ca^{2+} 통로 차단을 통한 Ca^{2+} 유압의 억제가 관여함을 알 수 있었다(김종봉, 2010).

동맥경화예방·치료: Cholesterol acyltransferase(ACAT)는 cholesterol에 장쇄지방산 결합을 촉진하는 효소이며, ACAT 억제는 hypercholesterolemia나 atherosclerosis 치료에 유용한 방법으로 쓰이고 있다. ACAT 억제효과를 163종 식용식물의 MeOH ex에 대한 실험 결과, 100mg/mL에서 human ACAT에 50%이상 억제효과는 15종 중 계지, 소두구, 정향, 월계수, 육두구, 차조기, 로즈마리, 후추, 산초 9종이었다(이대영, 2008).

Tyrosinase억제: 130종의 고등식물 추출물에서 200μg/mL 이하의 농도에서 tyrosinase 활성은 50% 효과를 보였다. 그중 상백피, 감초, 계피, 오매, 만형자, 산수유 등이 강한 억제활성을 보였다. 기미, 주근깨 등 피부에 생기는 색소 침착을 표피내에서 표피기저층에 존재하는 melanocyte라는 색소 세포 내의 melaniosome에서 melanin이 생성되기 때문이다. Melanin의 주된 생성은 tyrosine이 효소 tyrosinase에 의해 dopa, dopaquinone이 되고 이것이 dopachrome, 5, 6-dihydroxyindole, indole 5, 6-quinone을 형성, 최종적으로 중합에 의해 melanin polymer를 생성하는 것이었다(이승호, 1997).

훈증독성-계피·계피유: America 집 진드기 *Dematophagoides farinae*와 Europe 집 진드기 *D. pteronyssinus*에 계피와 계피유의 접촉 또는 훈증독성을 실험한 결과, 진드기 구제제로 benzyl benzoate(BB)와 dibutyl phthalate (DP)와 비교, 계피의 살충 물질은(E)-cinnamaldehyde와 salicylaldehyde. 접촉독성은 *D. farinae*에는 salicylaldehyde 17.3mg/m^2와(E)-

cinnamaldehyde 25.8mg/m^2가 BB 43.7mg/m^2보다 2.5와 1.7배 강하였다. 진드기 구제 활성은 DP 281.0mg/m^2보다 benzaldehyde, menthol, α-terpineol 및 thymol 70.8-234.3mg/m^2이 BB 41.9mg/m^2보다(E)-cinnamaldehyde 19.3mg/m^2가 각각 2.4배와 2.2배 강하였다(Kim H-K, 2008).

정유성분-잎: Little Andam산 *Cinnamomum zeylanicum* 잎을 분석, 47성분을 분리동정한 결과, eugenol 76.60%, linalool 8.5% 및 piperitone 3.31%(Raina VK, 2001), *C. panciflorum*(India 북부야생) 잎에서 25성분을 분리동정한 결과, cinnamaldehyde[(E)-cinnamaldehyde]은 oil의 89.8%, linalool 2.67%,(Z)-cinnamaldehyde 1.2% 및 α-pinene 1.0%(Nath S, 2006). *C. tamale*(India산) 잎에서 40성분을 동정, monoterpene 65.6%, monoterpene 중 trans-sabinene hydrate 29.8%,(Z)-β-ocimene 17.9%, myrcene 4.6%, α-pinene 3.1%, 및 β-sabinene 2.3%, 21 sesquiterpene 32.9% 중 주요 성분은 germacrene A 11.3%와 α-gurjunene 4.7%였다(Mir SR, 2004).

정유성분-과실: India 남부 Karnatake와 Kerala에서 자란 *Cinnamomum zeylanicum* fruit의 정유를 수증기 증류 후, GC와 GC/MS로 분석한 결과, hydrocarbons는 각각 32.8%, 20.8%, oxygenated compounds는 각각 63.7%, 73.4%, oil 수율은 94%이상, 34성분을 동정; trans-cinnamoyl acetate와 β-caryophyllene이 fruit 정유의 주성분. *C. zeylanicum* fruit 정유 분석은 이번이 처음(Jayaprakasha GK, 1997).

정유성분-수피·잎①: Malaysia 반도 토종 *Cinnamomum cordatum* 잎과 수피를 GC와 GC/MS로 분석. 잎의 정유 주성분은 linalool 17.3%,(E)-methyl cinnamate 17.1%, β-phelleandrene 9.0%, benzyl benzoate 7.6%, terpinen-4-ol 7.0%, benzyl salicylate 4.7% 및 methyleugenol 4.4%, 수피 정유는 methyl eugenol 92.1%(Jantan IB, 2002; Yuan AX, 1984).

정유성분-수피·잎②: 북동 India산 *Cinnamonmum verum* 수피와 잎의 정유를 수증기 증류하여 0.87%와 2.13%를 얻어, 수피에서 20, 잎에서 21성분을 얻었고, 수피 정유는 methylcinnamate 81.87%, linalool 3.90% 및 apinene

2.41%, 잎 정유는 linalool 67.60%, methylcinnamate 17.32%, apinene 2.74%였다. 본 *C. verum*(Mizoram)은 cinnamic aldehyde와 eugenol 유도체가 풍부한 chemotype이었다(Malsawmtluangi L, 2016).

정유성분-지상부③: *Cinnamomum malabatrum*의 잎, petiole, shoot 및 terminal shoot의 정유성분을 분석한 결과, 잎 oil의 95%에서 39성분을 동정한 결과 주성분은 (E)-caryophyllene 28.6%, (E)-cinnamyl acetate 15.1%, bicyclogermacrene 14.4% 및 benzyl benzoate 18.5%, petioles와 shoots에서 98%와 97% oil을 얻었고, terminal shoot 97%에서 34성분을 동정. Petioles, shoots 및 terminal shoot에서 linalool 77.8-79.4%를 얻었다. 이는 본 식물 *Cinnamomum malabatrum*의 정유성분 분석은 처음이었다(Leela NK, 2008).

정유성분-부위별④: Malaysia 반도 산 숲에 자란 *Cinnamomum sintoc*의 잎, 잔가지, 수피, 목재를 GC와 GC/MS로 분석, 잎 정유에서 safrole 23.4%와 γ-muurolene 13.5%가 주성분. 그 외 eugenol, linalool, terpinen-4-ol, α-cadinal, germacrane D, α-terpineol 및 δ-cadinene. 수피정유는 linalool 23.8%. oil의 sesquiterpene 25.2%, 즉 α-copaene, alloaromadendrene, γ-muurolene 및 cubenol 등. 수피 oil은 aldehyde가 풍부. 목재 oil은 bark oil과 유사. Oil의 27.9% 이상으로 octadecanoic acid, pentadecanoic acid, hexadecanoic acid 및 tetradecanoic acid. Twig oil은 linalool이 주성분 52.9%였다(Jantan IB, 2004, 2005).

휘발성향미성분: Capillary GC와 GC/MS를 이용하여 향신료 가루의 향기성분을 분석한 결과 육두구는 *α*-pinene 11.06%, *β*-pinene 11.17%, myristicin 19.98%, cumin은 cuminaldelyde 37.68%, cardamon은 *α*-terpineol 47.33%, 1.8-cineole 20.56% 고수는 linalool 61.72%, 정향은 eugenol 63.63% eugenol acetate 20.59%, allspice는 eugenol 80.12%, methyl eugenol 10.85%, cassia는 cinnamaldelyde 82.29% 등이 주성분이었다(김현위, 1989).

효능과 이용

1) 효능: 진통, 진정, 해열.

2) 식용: 한과, 떡, 제빵, 제과 등에 넣어 향미를 더하고 소화에는 도움이 되며, 수정과용 음료에 넣으면 향미를 더한다.

3) 약용: 육계는 중추신경을 억제하고, 진정, 진통, 해열 작용이 있고 계피유는 방향성 건위작용과 타액과 위액 분비를 촉진시키며, 심장과 관상동맥의 혈류 촉진, 계피는 항균작용이 있어 대장균, 고초간균, 디프테리아균의 발육을 억제하며, 이뇨작용도 있다(안덕균, p434).

참고 문헌

1) 강윤희, 최승훈, 안규식. **동의생리병리학회지** 1999 13(2) 41(계지가 angiogenesis의 억제 기전에 미치는 영향)

2) 김나미, 고성룡, 최강주, 김우정. **농화학회지** 1993 36 17(추출조건이 계피추출액의 유효성분함량에 미치는 영향)

3) 김나미, 성현순, 김우성. **식품과학회지** 1993 25(3) 204(용매와 추출조건이 계피 추출액의 항산화성에 미치는 영향)

4) 김미림, 최경호, 박찬성. 식품저장유통학회지 2000 7(1) 124(향신료 분말의 *E. coli*와 *Staphylococcus aureus*에 대한 항균작용-마늘, 생강, 계피, 정향)

5) 김미혜, 김명철, 박종석, 김종욱, 이종옥. **식품과학회지** 2001 33(1) 12 [다류원료(구기자, 유자, 매실, 계피, 결명자, 두충, 커피, 귤피, 홍차, 우롱차, 녹차, 치커리, 감잎 등) 식물류 물추출물의 항산화 효과)]

6) 김종봉, 신흥묵. **동의생리병리학회지** 2010 24(4) 592(전압 의존성 Ca^{2+} 통로 억제를 통한 계지 EtOH ex의 혈관 이완 효능)

7) 김현위, 허경택, 최춘언. **식품과학회지** 1989 21(1) 127[향신료(육두구, 쿠민, 카다몬, 심황, 고수, 정향, 올스파이스, 카시아, 회향, 셀러리시드, 흑후추 11종)의 휘발성 향미 성분에 관한 연구]

8) 문지숙, 김선재, 박윤미, 등. **식품저장유통학회지** 2004 11(2) 207(약용식물 추출물에 대한 항미생물활성 검색과 polyphenol 함량)

9) 박성진, 유미희, 김지은, 등. **생명과학회지** 2012 22(3) 373(계피 초임계 추출물 및 박 추출물의 항균 항산화 활성 비교)

10) 박성진, 이삼빈, 이인선, 유미희. **생명과학회지** 2013 23(4) 510(초임계 추출 계피 오일의 3T3-L1 지방 전구세포의 분화 전사인자 억제에 의한 지방대사 조절)

11) 백은경, 김대근, 이진우, 등. **동의생리병리학회지** 1999 13(2) 99(육계로부터 추출된 cinnamaldehyde가 F9 기형 암종세포주에 미치는 함암 효과)

12) 안덕균. **한국본초도감** 1998 434, 교학사(육계의 생리 활성).

13) 유영선, 박기문, 김영배. **산업미생물학회지** 1993 21(2) 187(생약재 및 향신료의 *Streptococcus mutans* 증식억제 효과)

14) 이대영, 정태숙, 류하나, 등. **약용작물학회지** 2008 16(5) 341(식물추출물의 Human-ACAT 저해활성검색-당귀, 계지, 소두구, 정향, 월계수, 육두구, 차조기, 로즈마리, 후추, 산초 등)

15) 이승연, 김희석, 김정옥, 등. **식품영양과학회지** 2006 35(9) 1115(육계 EtOH ex가 HT-29 대장암 세포주의 성장 및 COX-2 기전에 미치는 영향)

16) 이승호, 박지수, 김소영, 등. **약학회지** 1997 41(4) 456(고등식물로부터 피부 멜라닌 생성에 관여하는 Tyrosinase 활성 억제물질 탐색-계피, 오매, 만형자, 산수유, 상백피, 감초 등 18종)

17) 이현주, 이강만. **약학회지** 1999 43(4) 481(천연물로부터 알코올 탈수소 효소 저해제 검색-계지, 황금, 대황, 갈근, 감초, 상백피, 감국, 갈근등)

18) 제현동. **약학회지** 2012 56(4) 236(육계 유래 cinnamaldehyde의 투여와 항염증 및 진통효과의 평가)

19) 최유진, 김형우, 정희진, 등. **동의생리병리학회지** 2011 25(2) 264(육계가 estradiol valerate에 의하여 유발된 고 cholesterol 혈증에 미치는 영향)

20) Aliakbarlu J, Sadaghiani SK, Mohammadi S. *Food Sci Biotechnol* 2013 22(6) 1487 (Comparative evaluation of antioxidant and anti-foodborne bacterial activities of essential oil from some spices commonly consumed in Iran)

21) Allen RW, Schwartzman E, Baker WL, et al. *Ann Farm Med* 2013 11(5) 452 (Cinnamon use in type 2-diabetes: an updated systematic review and meta-

analysis)

22) Amalaradjou MA, Narayanan A, Baskaran SA, Venkitanarayanan K. *J Urology* 2010 184 358(Antibiofilm effect of trans-cinnamaldehyde on uropathogenic *E. coli*)

23) Anderson RA, Zhan Z, Luo R, et al. *J Tradit Complement Med* 2016 6(4) 332 (Cinnamon extract lowers glucose, insulin and cholesterol in people with elevated serum glucose)

24) Askari F, Rashidkhani B, Nekmatdoost A. *Nutr Res* 2014 34 143(Cinnamon may have therapeutic benefits on lipid profile, liver enzymes, insulin resistance, and high sensitivity C-reactive protein in non-alcoholic fatty liver disease patients)

25) Baruah A, Nath SC, Hazarika AK. *Indian Perfumer* 2010 54 21(Investigation of essential oils of *Cinnamonmum verum* Presl. grown at lower Brahmaputra valley of Assam)

26) Cabello CM, Bair WB, Lamore SD, et al. *Free Radic Biol Med* 2009 46 220(The Cinnamon derived Michael acceptor cinnamic aldehyde impairs melanoma cell proliferation, invasiveness and tumor growth)

27) Couturier K, Batandier C, Awada M, et al. *Arch Biochem Biophys* 2010 501 158 (Cinnamon improves insulin sensitivity and alters the body composition in an animal model of the metabolic syndrome)

28) Davis PA, Yokoyama W. *J Med Food* 2011 14(9) 884(Cinnamon intake lowers fasting blood glucose: meta-analysis)

29) Dvorackova E, Snoblova M, Chromcova L, Hrdlicka P. *Food Sci Biotechnol* 2015 24(4) 1201(Effects of extraction methods on the phenolic compounds contents and antioxidant capacities of cinnamon extract)

30) Frydman-Maron A, Levin A, Farfara D, et al. *PLoS One* 2011 6(1) e16564(Orally administration cinnamon extract reduces β-amyloid oligomerization and corrects cognitive impairment in Alzheimer's disease animal models)

31) Gurdi S, Sumitra M, Delampasona MP, Cesar AN. *Food Chem Toxicol* 2007 45

1650(A comparison of chemical, antioxidant and antimicrobial studies of cinnamon leaf and bark volatile oils, oleoresin and their constituent)

32) Hamidpour R, Hamidpour M, Hamidpour S, Shahlari M. *J Trad Complement Med* 2015 5 66(Cinnamon from the selection of traditional applications to its novel effects on the inhibition of angiogenesis in cancer cells and prevention of Alzheimer's disease, and a series of functions such as antioxidant, anticholesterol, antidiabetes, antibacterial, antifungal, nematicidal, acaracidal, and repellent activities)

33) Huang B, Yuan HD, Kim DY, et al. *J Agr Food Chem* 2011 59 3666(Cinnamaldehyde prevent adipocyte differentiation and adipogenesis via regulation of PPARr and AMPK pathways)

34) Jantan IB, Ayop N, Ali NAM, et al. *Flavour Fragr J* 2004 19 260(The essential oils of *Cinnamomum rhyncophyllum* Mig. as natural sources of benzyl benzoate, safrole and methyl(E)-cinnamate)

35) Jantan IB, Ayop N, Hiong AB, Ahmad AS. *Flavour Fragr J* 2002 17 212(Chemical composition of essential oils of *Cinnamomum cordatum* Kosterm)

36) Jantan IB, Valvema MF, Ayop N, Ahmad AS. *Flavour Fragr J* 2005 20 601 (Constituents of the essential oils of *Cinnamomum sintoc* Blume from a mountain forest of peninsular Malaysia)

37) Jayaprakasha GK, Rao LJ, Sakariah KK. *Flavour Fragr J* 1997 12 331(Chemical composition of the volatile oil from the fruits of *Cinnamamum zeylanicum* Blume)

38) Ka H, Park HJ, Jung HJ, et al. *Cancer Lett* 2003 196 143(Cinnamaldehyde induces apoptosis by ROS-mediated mitochondrial permeability transition in human promyelocytic leukemia HL-60 cells)

39) Kang BH, Racicot K, Pilkenton SJ, Apostolidis E. *Plant Foods Human Nutr* 2014 69(2) 155(Evaluation of the in vitro anti-hydroglycemic effect of *Cinnmonmum cassia* derived phenolic phytochemicals, via carbohydrate hydrolyzing enzyme inhibition)

40) Khan A, Safdar M, Ali Khan MM, et al. *Diabetes Care* 2003 26 3215(Cinnamon improves glucose and lipids of people with type 2 diabetes)

41) Kim H-K, Yun Y-K, Ahn Y-J. *Exp Appl Acarol* 2008 44 1(Fumigant toxicity of *Cassia* bark and cinnamon oil compounds to *Dermatophagoides farinae* and *D. pteronyssinus*)

42) Kim SH, Hyun SH, Choung SY. *J Ethnopharmacol* 2006 104 119(Anti-diabetic effect of cinnamon extract on blood glucose in db/db mice)

43) Koppikar SJ, Choudhari AS, Suryavanshi S, et al. *BMC* Cancer 2010 10 210 [Aqueous cinnamon extract(ACE-C) from the bark of *Cinnamomum cassia* causes apoptosis in human cervical cancer cell line(SiHa) through loss of mitochondrial membrane potential]

44) Kwak JS, Park MY, Kwon O. *J Nutr Health* 2017 50(5) 437(Effect of *Cassia cinnamon* intake on improvement of glycemic response: An updated meta-analysis; Focus on preparation of dehydrated powder and water extract)

45) Leach MJ, Kumar S. *Cochrane Database Syst Rev* 2012(9): CD007170(Cinnamon for diabetes mellitus)

46) Lee YK. *PhD Dessertation* Sookmyung Woman's Univ Seoul Korea 1995 (Identification and anti- microbial activity of cinnamon and clove extracts on food spolage microorganism)

47) Leela NK, Vipin TM, Shafeekh KM, et al. *Flavour Fragr J* 2008 24 13(Chemical composition of essential oils from aerial parts of *Cinnamomum malabatrum* (Burmanf.) Bercht & Presl.)

48) Lin C-T, Chen C-J, Lin T-Y, et al. *Biores Technol* 2008 99 8783(Anti-inflammation activity of fruit essential oil from *Cinnamomum insularimontaum* Hayata)

49) Mallavarapu GR, Chabdrashekhara RS, Rao BR, Bhattacharya AK. *Flavour Fragr J* 1995 10 239(Investigation of the essential oil of cinnamon leaf grown at Bangalore and Hyderbad)

50) Malsawmtluangi L, Nautiyal BP, Hazarika T, et al. *J Essent Oil Res* 2016 28(6) 551

(Essential oil composition of bark and leaves of *Cinnamonmum verum* Bertch & Presl from Mizoram east India)

51) Mina T, Robert A, Isak N. *J Ethmopharmacol* 1999 67 269(Cinnamon extract inhibition effect on *Helicobacter pylori*)

52) Mir SR, Ali M, Kapoor R. *Flavour Fragr J* 2004 19 112(Chemical composition of essential oil of *Cinnamomum tamala* Nees et Eberm. leaves)

53) Nath S, Baruah A, Kanjilal PB. *Flavour Fragr J* 2006 21 531(Chemical composition of the leaf essential oil of *Cinnamomum pauciflorum* Needs)

54) Nath SC, Pathak MG, Baruah A. *J Essent Oil Res* 1996 8 327(Benzylbenzoate, the major component of the leaf and stem bark oil of *Cinnamomum zeylanicum* Blume)

55) Park J-B, Kang J-H, Song KB. *Food Sci Biotechnol* 2018 27(1) 47(Antibacterial activities of a cinnamon essential oil with cetylpyridium chloride emulsion against *E. coli* 0157:H7 and *Sal. typhimurium* in basil leaves)

56) Pires RH, Montanari LB, Martins CHG, et al. *Mycopathologia* 2011 172 453 (Antibacterial efficacy of cinnamon oil against planktonic and biofilm cultures of *Candida parapsilosis* and *Candida orthopsilosis*)

57) Raina VK, Sricastava SK, Aggarwal KK, et al. *Flavour Fragr J* 2001 16 374 (Essential oil composition of *Cinnamomum zeylanicum* Blume leaves from little Andaman India)

58) Ranasinghe P, Pigera S, Premakumara GS, et al. *BMC Complement Altern Med* 2013 13 275[Medicinal properties of 'true' cinnamon(*Cinnamomum zeylamicum*):a systematic review]

59) Senhaji O, Faid M, Kalalou I. *Braz J Infect Dis* 2007 11 234(Inactivation of *E. coli* 0157:H7 by essential oil from *Cinnamonmum zeylanicum*)

60) Singh G, Maurya S, de Lampasona MP, Catalau CAN. *Food Chem Toxicol* 2007 45 1650(A comparison of chemical, antioxidant and antimicrobial studies of cinnamon leaf and bark volatile oils, oleoresins and their constituents)

61) Tabak M, Armon R, Neeman I. *J Ethnopharmacol* 1999 67 269(Cinnamon extracts inhibitory effect on *Helicobacter pylori*)

62) Wang R, Wang R, Yang B. *Innov Food Sci Emerg* 2009 10 289(Extraction of essential oils from five cinnamon leaves and identification of their volatile compound compositions)

63) Yuan AX, Tan L, Wei SX, Kang SH, Jiang DG. *Bull Chin Meteria Med* 1984 9 127 [Chemical constituents of Giuzi(*Cinnamomum cassai*) a traditional chinese medicine]

특허

1. 〈특허공개 10-2003-0095006호〉 황○○(식물병원체에 의한 병해로부터 작물을 보호하기 위한 육계나무 수피추출물)

2. 〈특허공개 10-2001-0055960〉 주식회사 코리아나 화장품(육계추출물을 함유하는 화장료 조성물)

〈조식제, 2, p734〉

5 고추

Capsicum annuum

가지과
(Solanaceae)

Red pepper(英)
Tokarashi(日)
蕃椒, 苦草(中)

원산지: 남아메리카

용도: 식용·약용 – 열매
식용 – 잎

역사

고추(red pepper)는 페루의 2,000년 이상 된 유적지에서 발견, 1493년 스페인 의사 Chauca가 Columbus와 서인도 향해 후, 이 식물에 대하여 기술하였고, 그 후 유럽에 전파, 헝거리에서 남러시아, 그리스로 전파되었다. 인도 아유르베다 의학과 중국, 일본, 한국의 전통의학에서도 고추를 관절염, 근육통 등 국소용 치료제, 또 혈액순환과 소화기질환들 치료에 사용하였다. 스페인과 포르투갈 사람들이 16세기 중엽부터 동양 각지에 전파하였고, 1614년에 일본에, 1710년에 중국에 도입된 이후에 동양 각지에서 고추를 재배하게 되었다. 우리나라에는 1592년경 일본에서 유입되었다 한다. 가장 많이 생산하는 나라는 인도와 멕시코이다. 열대 아메리카에 약 20종, 우리나라에는 양념용으로 1종을 재배한다(Herbs p153-155; Medicinal Herbs p209).

식물학적 특성

밭에 재배하는 1년초. 키 60-90cm, 전체에 약간 털이 있고, 잎은 호생, 잎자루는 길고, 난상 피침형, 양끝이 좁고, 가장자리는 밋밋하고, 흰색꽃은 엽액에 1송이씩 붙고, 열매는 수분이 적은 장과로 결실한다. 우리나라에 1종뿐이다(Lee YN, II, p178).

품종과 용도

*Capsicum annuum*계는 열대 미주 원산이고, 열대, 아열대 온대 지역에 널리 재배되며, Cayene pepper는 몸바사, 잔지바르에서 나며, African chillies라 하고, 기원식물은 *Capsicum frutescens* L.이며, 중국과 대만에서 재배되는 조천향초(朝天香椒)는 *C. annuum* L. var *faciculatum* Irish이고, 타바스코 페퍼(Tobasco pepper)는 *C. annuum* L. var *conoides* Irish로 구미 지역에서 널리 이용, 일명 Luisiana long pepper라고 한다.

산지와 종류에 따라 여러 형태가 있다. 동남아 지역에서 이용되는 칠리고추의 길이는 2cm 내외이나, *C. annuum*계의 고추는 크기가 10cm×1.0cm×1.5cm이며, 표면은 각질화되어 광택을 띠고, 성숙된 것은 적색-암적색이고 내부에는 황색의 동그랗고 평평한 종자를 저장하고 있다 .

고추는 적응성이 강하여 어느 풍토에도 잘 자라는 특성이 있고, 오래 재배되는 동안 여러 변종이 파생되어 약 50종에 이르며, 1년생의 *Capsicum annuum*계와 다년생의 키가 작은 목본의 *Capsicum frutescens*계로 크게는 두 계통으로 나누며, 또 *C. annuum*은 매운 것과 단 것 두 종류가 있다.

고추는 열대지방에서 다년생이나 온대지방에서는 일년생, 매우 변이가 많은 초본식물로 자방의 실수에도 차이가 있고, 과실의 형태도 다양하여 선형, 원추형, 난형, 구형 등이 있으며, 길이도 1-30cm에 달하고, 초록색 또는 보라색인 미숙 열매가 완숙하면 적색, 등색, 황색, 자색, 갈색 등 여러 가지로 변하며, 매운맛도 정도의 차이가 심하고, 열매도 아래로 처져 열리거나 곧추서, 1개 또는 여러 개가 한꺼번에 달리기도 한다. 꽃받침과 화병의 자극적인 냄새가 재채기를 유발케 하며 맛이 맵다. 고추는 매운맛과 건조

여부에 따라 청과(青果)용 고추와 건조용 고추의 두 가지로 나누며, 도입종은 아주 매운종과 맵지 않은 감미(甘味)종으로 분류되나, 재래종은 그 중간형이다 (Herbs p154; Medicinal Herbs p209).

성분

1) 영양성분

① **풋고추**(재래종 6027) 가식부 100g 중 열량 57.0kcal, 단백질 2.4g, 지질 0.5g, 당질 0.4g, 조섬유 12.70g, Ca 15.0mg, P 57.0mg, Fe 1.10mg, Zn 0.12mg, vitamin A 1350.0RE, β-carotene 8100.0μg, B_1 0.20mg, B_2 0.34mg, B_6 0.27mg, C 92.0mg, niacin 1.2mg, 엽산 15.8μg, E 0.69mg. 〈식이섬유 7.24g〉

② **풋고추**(개량종 6026) 가식부 100g 중 열량 19.0kcal, 단백질 1.6g, 지질 0.3g, 당질 3.6g, 조섬유 2.60g, Ca 13.0mg, P 38.0mg, Fe 0.50mg, Zn 0.19mg, vitamin A 52.0RE, β-carotene 312.0μg, B_1 0.10mg, B_2 0.05mg, B_6 0.27mg, C 72.0mg, niacin 1.1mg, 엽산 15.8μg, E 0.69mg. 〈식이섬유 4.76g〉

③ **붉은고추**(생것 6024) 가식부 100g 중 열량 39.0kcal, 단백질 2.6g, 지질 1.7g, 당질 5.3g, 조섬유 5.00g, Ca 16.0mg, P 56.0mg, Fe 0.9mg, Zn 0.12mg, vitamin A 1078.0RE, β-carotene 6466.0μg, B_1 0.13mg, B_2 0.21mg, B_6 0.27mg, C 116.0mg, niacin 2.1mg, 엽산 15.8μg, E 0.69mg. 〈식이섬유 7.06g〉

④ **붉은고추**(말린 것 6025) 가식부 100g 중 열량 221.0kcal, 단백질 11.0g, 지질 11.0g, 당질 28.6g, 조섬유 22.0g, Ca 58.0mg, P 230.0mg, Fe 6.80mg, Zn 0.31mg, vitamin A 4623.0RE, β-carotene 27735.0μg, B_1 0.300mg, B_2 0.10mg, B_6 1.48mg, C 26.0mg, niacin 12.5mg, 엽산 87.0μg, E 3.35mg.

⑤ **꽈리고추**(6313, 6314) 가식부 100g 중 열량 20.0kcal, 단백질 1.9g, 지질 0.4g, 당질 3.3g, 조섬유 2.10g, Ca 15.0mg, P 43.0mg, Fe 0.40mg, Zn 0.12mg, vitamin A 129.0RE, β-carotene 772.0μg, B_1 0.08mg, B_2 0.04mg,

B_6 0.27mg, C 67.0mg, niacin 1.3mg, 엽산 15.8μg, E 0.69mg.

⑥ **고추잎**(6031) 가식부 100g 중 열량 50.0kcal, 단백질 4.4g, 지질 1.4g, 당질 7.8g, 조섬유 1.50g, Ca 211.0mg, P 55.0mg, Fe 3.30mg, Zn 0.10mg, vitamin A 764.0RE, β-carotene 4581.0μg, B_1 0.18mg, B_2 0.32mg, B_6 0.21mg, C 81.0mg, niacin 2.3mg, 엽산 88.4μg, E 4.0mg. 〈식이섬유 6.56g〉

2) 특수성분

Antheraxanthin(9E, A-01866), Capsanthin(C-00319), Capsanthin 5,6-epoxide(C-00319), Capsaicin(C-00318), Capsianside A(C-00320), Capsicoside(F-00656), A_1, A_2, A_3, B_1, B_2, B_3, C_1, C_2, C_3, B_3(S-01131), Capsaicin (C-00318), Capsidiol(E-01338), Capsochrome(C-00322), Capsorubin (C-00323), Corticrocin(T-00312), Cucurbitachrome 1, Cucurbitachrome 2, Cryptocapsin(C-00319), α-Cryptoxanthin(C-02089), Cucurbitaxanthin A(C-02120), Cycloviolaxanthin(C-02432), Dihydrocapsenone(E-01338), 3,6-Epoxy-5,6-dihydro-5-hydroxy-β, k-caroten-6'-one(Capsanthin 5,6 epoxide, E-00483), Karpoxanthin(K-00080), 4-Methyl-8(14)-cholesten-3-ol(3β,4α,5α, M-00894), Mutatochrome(M-01841) 등이, Capsicosin(S-01068), Nonivamide, Capsolutein, Nordihydrocapsaicin, *Chlorogenic acid (C-00083), Cinnamic acid(P-01016), Rishitin(R-00296), cis-13-Capsanthin (C-00319), Vanillyl alcohol(D-01555), cis-13'-capsanthin(C-00319), Vanillylcaprylamide, cis-13-Zeaxanthin, Vanillylamine, cis-15-Zeaxanthin, Vanillyldeconamide, cis-9,10-Dihydrocapsenone(E-01338), Vanillyl octamamide, Dihydrochomocapsaicin I, II, Homocapsaicin, Homocapsaicin I, II, Homodihydrocapsaicin, Lactoxanthin, Dipropylamine, Nigroxanthin, N-Nitrosodimethylamine, N-Notropyrrolidine 등이 분리(DNP p462).

생리활성

Mini-review: 고추의 매운맛을 내는 주성분은 capsainoid라는 일군의 화합물로서 vanillylamine과 C_9-C_{10}의 측쇄지방산이 acid amide를 이룬다. 신미성분의 함량은 2-3%이고 여러종의 acid amide가 있으며 이를 총칭하여 capsaicinoids라 한다. *C. annuum*계는 capsaicinoids의 함량이 0.1-0.5%이고, *C. frutescens*계는 0.6-0.9%이다. Capsinoids에는 capsaicin I 70%, capsaicin II dihydrocapsaicin 20%, nordihydrocapsaicin 7%, homocapsaicin 1%, homodihydrocapsaicin minor 1%, N-(13-methyltetradecyl)acetamide 등이 있으며 carotenoids로는 capsanthin 35%, β-carotene 12%, violaxanthin 10%, capsorubin 6%가 있고, 그 외에 ascorbic acid, capicoside(bisdesmoside), 22-hydroxyfucostanol glycoside(씨)가 있다. 유지성분에는 capsacutin, capsicoside 등과 같은 alkaloid도 있다. Organic acid는 citric acid, tartaric acid, malic acid 등이 있다. 매운맛 성분인 capsaicin과 dihydrocapsaicin이 전체 capsaicinoid의 90%를 차지한다. Capsaicin 자체는 자극성이 강하고, 사람을 비롯하여 그 밖의 동물에 심한 통증을 일으키며, 장시간 사용하면 무감각해지며, 또 식용유의 항산화 효과도 있다. 최근 고추에 관한 연구에서 신미성분인 capsicin이 간(肝) microsomal enzyme인 cytochrome P_{450} 증가 효과가 보고되었다. Capsaicin와 capsinosides는 ACE-inhibitor이고, 진통작용, 항신경통, 강심작용, 호흡감지계(respirosensitizer) 물질이다(최춘언, 2002).

Capsaicin의 생리: Capsaicin은 감각신경 차단효과(sensory neuron blocking effect) 뿐만 아니라 진통 효과(analgesic effect)가 있고, capsaicin의 투여는 체온의 상승과 꼬리 혈관확장(Tail vasodilation, 동물시험)과 관계가 있고, 척추신경(spinal cord)에서 capsaicin은 신경의 탈분극(depolarization)으로 통각전달을 유도하며 *Bacillus cereus*와 *B. subtilis*에 항균(antibacterial), capsinosides는 ACE-저해 작용이 있다(Russell, LC, 1984).

체지방감소-Capsaicin①: 고지방식이로 체지방 축적을 일으킨 실험동물에 capsaicin을 투여한 결과, 체지방 감소 효과가 있었다. 체지방 감소기전을 알고자 β-adrenergic blocker인 propranolol을 capsaicin과 동시에 투여한 결과, 에너지 섭취량과 체단백질의 축적량은 변화하지 않으면서 capsaicin에 의한 체지방 감소 효과와 에너지 소비량 증가 효과가 완전히 억제되어, capsaicin에 의한 체지방 감소 효과는 β-adrenergic 활성의 증가에 의한 것으로 보였다. 이로서 capsaicin의 체지방 감소 효과는 capsaicin의 항비만효과가 β-adrenergic 활성의 증가로 야기되어, 에너지 소비량 증가에 기인한 것이며, 갈색 지방조직의 관여를 알 수 있다(주종재, 1999-533; Kawada, T, 1986-1272).

체지방감소-고추장②: 고지방 식이 동물에 고추장 투여가 항비만 효과, 고추의 매운 성분의 면역 증강 효과 및 항성인병 효과가 있고, capsicin은 장에서 흡수되어 혈중 adrenalin을 높여, 당질 소모를 촉진하는 등 신진대사를 원활히 하여, 열량소비를 증가시켜 비만을 방지하고, capsaicin이 체지방 감소 효과 등도 연구되었다(주종재, 2000-148; Lejeune, MPG, 2003).

체지방감소-고추장③: 고지방 식이 급여 흰쥐에 고추장의 체중, 지방조직 및 혈청지질 감소 효과를 알고자, 고지방식이에 식이무게의 9.5%를 고추장을 첨가 투여했을 때, 고지방 식이군보다 체중은 13%, 체지방 축적은 30% 감소되었으며, 에너지 소비량은 변하지 않았다. 고추의 신미성분 capsaicin에 갈색지방 조직의 활성화는 조직 단백질 함량의 증가에 의한 것으로, 고추장은 견갑골 갈색지방조직의 단백질 함량과 DNA 함량도 증가되었다. 이러한 결과는 고추장의 항비만효과는 고춧가루만의 효과는 아님을 의미한다. 고추장이나 고춧가루 모두 혈중 중성지방, 총 cholesterol, HDL-cholesterol 농도에 영향을 미치지 않았다(Yagi, N, 2000).

체중감소-고추장④: 발효된 고추장이 체중감소 효과가 컸고, 부고환 지방 및 신장 주위 지방의 총지방, TG, cholesterol의 함량도 감소 효과가 컸다. 고추 발효 추출물의 섭취가 체중, 혈당, 혈중지질의 농도에는 영향이 없었으나, 체지방 특히 복부지방 감소에는 유의적이었다. 이는 체중 감량 시 발생하는 기초대사량의 감소를 방지한 것으로 사려된다(이숙희, 2003).

지방분해-매운국⑤: 고춧가루를 첨가한 매운국이 체온, 혈압, 식욕 및 섭취

열량에 미치는 영향의 연구에서 소고기국과 매운국 식사의 섭취량은 각각 462.9kcal, 542.9kcal, 단백질, 지방과 탄수화물 섭취량은 소고기국은 26.5g, 13.1g, 64.3g, 매운국은 31.0g, 15.3g, 75.5g으로 매운국 식사에서 약 17% 열량 및 섭취량이었고, 체온상승이 더 오랫동안 지속되었으며, 소고기국 식사는 영양소 섭취량과 이완기 혈압간의 역상관성이 매운국 식사에서는 나타나지 않았다. 또 매운국에서 식후혈압과 체온이 더욱 빈번하게 비만관련 신체 계측치와 정상관계를 보인 것은 고추의 capsaisin에 의해 교감 신경계와 소비 에너지 대사가 항진됨을 의미하였다. 즉 매운국 식사에서 식욕이 항진되었고, 열량 및 영양소 섭취량이 많은 것은 고추 때문에 공복감과 만복감이 교환되었기 때문이다(김석영, 2003-870).

매운맛 선호도-혈청지질: 매운맛 선호도가 높은 남자 대상군은 육류와 당질 선호도가 낮은 군보다 적었으며, 여자 대상자는 매운맛 선호도가 높은 군은 육류 섭취량이 많았다. 매운맛 선호도가 높은 군은 고춧가루와 김치 섭취량이 많았다. 매운맛 선호도가 낮은 군은 평균 일일 영양소 섭취량이 부족하였으며 특히 항산화 vitamin이 부족하였다. 매운맛 선호도가 높은 군은 혈중 중성지질 및 총 cholesterol 수준은 약간 낮았고, 여성 매운맛 선호군에서 vitamin C 섭취가 많았으며, 남자는 vitamin A와 β-carotene이 많았다. 이 결과로 매운맛 선호도는 식품 섭취에 영향을 주며, 혈중 지질 및 항산화성 vitamin 섭취가 많은 것으로 나타났다(유리나, 1996-338).

지방간개선효과: Orotic acid(OA)-유발 지방간 흰쥐의 혈청 및 간장의 지질 농도, 임상 생화학 및 조직 형태학적 변화에 미치는 capsaicin(CS)의 영향을 조사하였다. 기본 식이에 OA 1%, CS 0.02% 및 OA 와 CS를 각각 1%와 0.02% 첨가, 4주간 급여한 결과, 간장의 중성 지방은 대조군보다 약 4.7배 증가가 유발되었으나, OA+CS 동시투여에서 간장 지방이 OA군보다 38% 감소, 지방간이 개선되었고, OA투여로 간장 cholesterol 농도가 증가하였으나, CS 동시투여로 감소하였다. CS 단독투여는 간의 중성지방과 cholesterol 농도에 영향이 없었다. 간기능 지표 효소인 혈청 GOT 및 GPT 활성은 각 실험군 간에 차이가 없었고, 간조직의 형태는 대조군과 CS군은

정상적이었으나, OA군은 소포성 지방 변성이 소엽 중심으로 나타났고, 크고 많은 지방세포가 균일하게 배열되어 있었으나, OA+CS군은 손상된 간세포가 재생되었고, 소포성 지방세포들의 크기와 수가 감소되었다. 이상에서 capsaicin 0.02%는 OA-유발 지방간의 개선 효과가 인정되었다(전방실, 2004-815).

Glycogen저장-Capsaicin: SD계 쥐를 고지방식이로 2주간 사육 후, 대조군(CON)에 고지방식, 실험군(CAP)에는 고지방식에 0.014% capsaicin (CAP) 혼합, 2주간 급여하였다. 실험기간 중 treadmill 운동(27m/min, 6℃)을 하고, 안정 시(0hr) 운동 1시간 후(1hr), 운동 2시간 후(2hr)에 단두도살 후, 간과 근육 glycogen을 분석하였다. 체중과 부고환 지방중량은 2주간의 CAP 투여로 감소하였고, 운동 전과 1시간 후 혈당은 저하하였다. 간과 가자미근의 glycogen은 운동 전후 모두 CAP군에서 감소하였고 비복근은 백근에서 CAP군은 감소하였으나 적근에서는 운동 2시간 후에 CON군보다 CAP군에서 약간 높아 CAP 섭취효과는 근육조직의 특성에 따라 달랐다. 즉 capsaicin은 조직의 glycogen 저장량을 감소시켰다(서혜정, 2001).

돌연변이유발저해①: *Samonella* assay system에서 고춧가루에 의한 aflatoxin B_1의 돌연변이 유발 저해 효과를 알고자, 매운 재래종(NHAS)과 고추가루 및 capsacin을 Ames mutagenicity test 결과, 모두 돌연변이 유발성은 없었고, MNNG가 존재할 때의 돌연변이 효과도 없었다. 또 rat S9 존재시 indirect 돌연변이도 없었다. 또한 capsaicin도 aroclor 1254, phenobarbital induced rat S9과 aroclor 1254 유도 hamster S9 등에서도 돌연변이효과는 없었으나, 각 고춧가루 추출물은 TA100에서 모두 aflatoxin B_1의 돌연변이 억제효과가 있었다(김소희, 1991).

항돌연변이·항암증진효과-김치부재료②: 부재료 첨가 배추김치 13종에 대하여 Ames test와 SOS chromo test 및 인체 위암세포(in vitro)에 대한 항암성을 검토한 결과, Ames test와 SOS chromo test에서 3배 마늘(5.2%) 첨가 배추김치에서, 또 고춧가루와 마늘을 각각 2배씩(7%, 2.8%) 첨가한 김치에서와 유기농 배추김치가 더 높은 항돌연변이 효과를 보였다. 또 위암세포(in vitro)에 대한 항암 효과에서도 고춧가루와 마늘 고농도 첨가군과, 초피첨가 김치 및 유기농 배추 김치가 높은 AGS 인체 위암세포 생존저해 효과가 나타나, 유기농 배추에 고춧가루와 마늘 고농도로 첨가하고, 초피를 첨가하면 배추김치의 기능성을 증진시킬 수 있음이 기대되었다(최선미, 1998-170).

항돌연변이효과-고추·고춧잎③: Aflatoxin B_1과 4-NQO에 대한 녹황색 채소류의 항돌연변이 효과를 알고자, 항돌연변이 실험 결과, *S. typhimurium* TA98과 TA100에 들깻잎, 상치, 브로콜리, 쑥갓, 미나리, 들미나리, 홍고추, 고추잎, 비름, 시금치, 무의 MeOH 추출물에서 강한 항돌연변이 원성율, 50% 저해 효과를 보였으나, direct mutagen인 4-NQO에 60% 이상 저해 효과(시료는 양배추, 케일, 상추, 브로콜리, 갓, 풋고추, 피망, 시금치, 비름, 콩나물, 애호박)를 보였다(최선미, 2001-108).

항산화효과-과피: 고추피의 Et_2O 추출물(시료)과 BHT, citric acid(CA), ascorbic acid(AA) 등의 유기산을 magarine에 첨가, 직사광선에 조사하고, 이때 과산화물과 산 형성 억제효과를 검토한 결과, 시료는 magarine에 항산화 효과를 보였고, 이 효과는 BHT보다 낮았으나, 시료 농도 의존적 항산화 효과를 보였다. CA와 AA 같은 유기산은 시료와 병용 시 항산화 효과와 상승효과는 없었다. 발효유 혼합 magarine에 첨가된 시료와 BHT는 과산화물가를 다소 억제하였으나, 산가의 증가억제 효과는 과산화물가보다 적었다(Materska, M, 2005).

효소유도효과: 고추가 백서의 간 microsome cytochrome P-450에 미치는 영향을 알고자, 고추 엑기스 급성 투여 시 hexobarbital 수면시간이 31.2%, hexobarbital 혈장 농도가 12.3% 증가하였고, 만성 투여 시 hexobarbital 수면시간이 27.5%, hexobarbital 혈중 농도가 23.0% 감소하였다. 고추 엑기스 만성투여 시 microsomal cytochrome p-450의 함량이 22.4%, microsomal protein은 25.2% 증가하였고, 고추 엑기스 만성 투여에 의해 간 약물대사 효소가 유도되며, 급성 투여에 의해 간 약물 대사효소가 억제되는 것으로 사료되었다(공영옥, 1979).

면역기능-체액성①: 흰쥐에 대조군과 2%, 5%, 10% 고춧가루 첨가 식이군을 27일간 실험식이로 사육하였다. 실험종료 10일 전에 각 군의 흰쥐를 면양 적혈구(SRBC)로 세 차례 면역시킨 후, 항체생성 세포수 및 혈청 중 항체농도 등 체액성 면역기능을 조사한 결과, 대조군보다 시료 첨가 식이군의 항체생성 세포수, 적혈구 응집반응 및 혈청 중 항체 농도가 높은 것으로 나타났으며, 이때 시료 식이군의 각 장기 조직 중 AsA 함량은 대조군보다 높게 나타났다. 이 결과로 고추성분은 체액성 면역기능의 활성화에 기여할 뿐 아니라, AsA 공급효과가 뛰어난 것이 확인되었다(유리나, 1995-143).

면역반응-Capsaicin②: 마우스에 Capsaicin(CAP) 100μg을 단 1회 피하주사로 면역반응은 면양 적혈구(SRBC)에 대한 지연성 과민반응(DTH), dinitrofluorobenzene(DNFB)에 대한 접촉성 과민반응, SRBC에 대한 혈구 응집소 반응, ConA, PHA 및 LPS에 대한 비장세포의 즉시반응, *Klebsiella pneumoniae* 03 LPS(K03 LPS)로 유도한 혈청 내 TNF-*α*반응 그리고 ovoalbumin(OVA)으로 유도한 능동적 전신성 anaphylaxis이었다. 그 결과 CAP 전처리 마우스의 SRBC에 대한 DTH 반응, DNFB에 대한 접촉성 과민반응, SRBC에 대한 혈구응집 반응을 유의하게 항진시켰다. 그러나 CAP 처리후 1-5주 후의 Con A, PHA 및 LPS에 대한 비장세포의 증식반응을 억제하였며(유의적), CAP는 KO3 LPS로 유도한 혈청 내 TNF-α 생산을 억제하였다. 본 실험 결과는 CAP 처리가 능동적 전신성 anaphylaxis를 억제하였고, anaphylaxis shock으로 인한 사망률이 유의적으로 억제되었다. CAP 감수성 원발성 지각 신경원이 세포매개성 과민반응과 전신성 anaphylactic shock의 변인에 있어서 중요한 조절 역할을 담당하고 있음을 시사하고 있다(유리나, 1994-65, 1995; 하대유, 1997; Nilsson, G, 1991).

평활근수축-Capsaicin①: Capsaicin과 그 유도체 KR-25018은 강력한 진통 작용이 있으며, 그 기전은 morphine이나 비마약성 진통제와는 다른 것으로 보고되고 있다. Guinia pig 기관지 평활근에 대한 capsaicin과 KR-25018의 직접적 작용을 관찰하였고, 실험 결과 prostaglandin이 크게 수축 반응에 관여치 않는 것으로 나타났다. 또한 capsaicin과 KR-25018의 반응은

capsazepine에 의해 경쟁적으로 길항됨을 알 수 있었다. 이 결과로, capsaicin과 KR-25018은 실험 동물의 기관지 평활근에서 농도 의존적으로 수축 반응을 일으키며, 특이적 수용체를 매개로 하여 수축 반응이 일어나는 것을 시사하였다(정미숙, 1994-163).

Protooncogene발현-Capsacin②: 식이 capsaicin(CAP) 투여가 동물 조직 중 proto-oncogene 발현에 미치는 영향을 ICR mouse에 CAP 0, 5, 20, 100ppm 4군으로 나누어 4주간 사육한 후, 주요 장기를 적출, 총 RNA를 분리하고 proto-oncogene(C-jun C-myc, H-ras, erb B, p53)의 발현정도를 slot blot hybridization assay로 관찰한 결과, C-jun proto-oncogene의 발현은 각 조직에 따라 다른 양상으로 나타났으며, 간과 신장에서는 CAP 농도 의존적 증가를 보였고, 위에서는 CAP 20ppm 까지는 C-jun의 발현이 증가, 100ppm에서 감소하였고, 비장에서는 CAP 농도와 반비례로 감소경향을 보였다. 한편 종양 억제 유전자 tumor suppressor gene인 p53 경우, 간에서만 CAP 20, 100ppm 처리 시 약하게 발현되었다. 이 결과로 식이 CAP에 의한 proto-oncogene의 발현은 CAP 투여량에 따라 그 정도를 달리하였으며, 그 발현정도는 조직 특이성을 나타내는 것으로 평가되었다(김정미, 1996-1024).

Nitroso화합물생성저해-Capsaicin③: 고추의 매운맛 성분 capsaicin (CAP) 및 그 대사 산물 vanilline의 nitrosation 저해 효과를 in vitro에서 조사한 결과, CAP 농도 의존적 NTPRO 생성은 저해하였으며, 100μm/mL 에서 약 56% 저해 효과를, NTPRO 생성은 CAP 100μm/mL에서 약 26%가 억제되었다. 또 CAP 대사산물인 vanillylamine 은 nitrosation 저해 효과는 없었으나, vanillyl alcohol은 농도 의존적 NPRO 생성을 저해하였다. CAP와 vanillyl alcohol의 nitrosoamine 저해 효과는 α-tocopherol보다 우수하였다(박정순, 1998-1015).

체내흡수·혈장반감기-Capsaicin④: 신미성분 capsaicin의 흡수와 혈장 반감기를 측정한 결과, 혈장 농도는 HPLC측정의 최저 혈장 농도는 2×10-7g/mL까지 정량이 가능하였고, 가토에 capsaicin 4mg/kg을 정맥 또는 경구투여 시 Kel=1.77±1.66(hr-1)(2.35-5.37hr-1), 혈장 반감기는 11.66±4.13min(7.74-

17.6min), vd=1890.9-2573.1mL(484.8-831.6mL/kg)이었다. 가토에 약 10mg의 capsaicin 투여 시 30분간 뇨로 배설된 capsaicin은 극히 미량으로 1μg정도였다(박찬용, 1980-39).

항균효과: 고추의 항균효과는 전반적으로 낮았으며, *Salmonella enteritidis*균에만 약간 높았고, *Vibrio parahaemolyticus*나 *Enterobacter cloacae*에 대해 매우 낮았다. 고추, 마늘, 생강, 양파 중 마늘이 가장 강한 항균효과를 보였고, 그중 *Vibrio parahaemolyticus*에 대해서는 시료 1% 이상 농도에서 거의 100% 항균효과를, 다른 균에서는 2.5% 농도에서 각 71.9-88.0%의 항균력을 보였다. 양파의 항균력은 마늘과 같이 *Sal. enteritidis*에 비교적 약하여 2.5% 농도에서 불과 28.5% 항균성을, *Staphylococcus aureus*와 *V. parahaemolyticus*는 같은 농도에서 50% 이상 발육이 저지되었다. 생강의 항균력은 전반적으로 양파와 비슷하였고, *Staphyl. aureus*와 *Enterobacter cloacae*에 대해 비교적 약하나, *Sal. enteritidis*와 *V. parahaemolyticus*에 50% 이상 생육억제 효과를 보였다. 고추의 항균효과는 전반적으로 매우 낮고, 마늘.양파와는 달리 다른 균에 비해 *Sal. enteritidis*에 약간 높고, *V. parahaemolyticus*나 *Enterobacter cloacae*에 매우 낮은 항균성을 보였다(서화중, 1999-94).

고춧가루살균효과-γ-선: 시중 유통되고 있는 고춧가루의 일반 세균은 3.83×6.68×10⁶/g이며, 대장균군이 양성인 시료도 있었다. γ-선 조사로 일반 세균은 6 KGy 조사로 1/2로 감소, 9 KGy로 완전살균, 3개월 이후에도 미생물이 전혀 없었다. 대장균은 3 KGy에서 불활성화되었다. 고추가루의 수분, 전당 및 환원당은 저장 중 크게 변치 않았으며, capsanthin은 조사 후 다소 감소 경향이 있었다(김동호, 2001; 이정혜, 1977).

Carotenoid, Capsaicin, Vitamin C함량-건조방법: Carotenoid 색소는 일광건조로 신선 고추보다 약 4% 증가, 60℃와 90℃에서 건조는 약 30% 감소하였고, capsaicin은 일광건조 고추가 신선 고추보다 약 2배 증가하였으며 60℃와 90℃ 건조에서도 증가경향이 있었다. Vitamin C는 각 처리구에서 모두 감소하였고 특히 일광건조 고추에서 89% 감소하였다

(박춘란, 1975-167). 또 붉은 고추를 25-28℃, 15일간 일광건조한 것의 총 amino acid 함량은 신선초와 차이가 없었으나 60℃와 90℃에서 건조한 것은 각각 24.9%, 67.4% 감소하였고, methionine 71.8% 감소, lysine, aspartic acid 73.3% 감소가 모두 감소하였다. 유리당은 glucose, fructose, sucrose가 동정되었고, 총 유리당은 모든 군에서 감소하였다. 특히 환원당 중 glucose가 현저히 감소하였다. 건조고추 적색 색소는 건조 온도가 높을수록 검은색으로 보이는 것은 carotenoid 색소 감소보다는 급격한 갈변물질의 증가에 기인한 것으로 이는 비효소적 갈변인 Maillard 반응에 의한 것으로 추측되었다 (박춘란, 1975-27).

고추씨성분①: 고추씨의 일반성분은 조지방 27.67%, 조단백 22.24%, 고추씨 기름에는 중성지질 95.41%, 복합지질 4.59%, 중성지질의 성분은 TG 85.60%, sterolester 4.99%, 유리지방산 3.39%, DG 2.45%, sterol 2.24%, MG 1.33%, 지방산 조성은 linoleic(57.11-75.39%), palmitic(13.87-21.31%), oleic acid(8.04-15.08%)가 주 지방산이었고, 당지질에는 1.74% linoleic과 myristic 및 arachidic acid가 소량이 함유, 단백질의 전기영동 결과 6개 band, 주 단백질의 수율은 약 62.2%, 아미노산 조성은 glutamic acid(19.88%)로 가장 많았고, glycine, alanine 순으로 많았으며, 염용해성 단백질 중 주 단백질의 분자량은 약 93,000이었다(윤형식, 1983). 한국산 각종 종실유의 지방산중에 고추씨의 총지질함량은 24.3%, 주 지방산은 linoleic acid로 64.6%, oleic acid는 17.5%였다(함태식, 1993).

고추씨기름-TG조성②: 청송, 영양산 고추씨기름의 TG(중성지방)조성을 비교한 결과, 청송산 고추씨기름은 14종 TG가, 영양산은 18종 TG가 구성되어 있었으며, 주요 TG는 청송산 고추씨기름이(3×C18:0)가 39.6%, (C18:0× C18:0)가 37.1% 이었고, 영양산의 고추씨기름 TG는(3×C18:0)가 41.0%, (C18:0×C18:0)가 36.3%였다(김동수, 1991; 최영진, 1990).

신미성분-태양초: 신미성분 capsaicin 및 dihydrocapsaicin량은 고추의 품종, 재배지역, 건조방법에 따라 함량의 차이가 큰 것으로 나타났으며, 특히 건조방법에 차이가 더욱 현저하여 태양건조가 기계건조보다 capsaicin이 최고 80%, dihydrocapsaicin은 최고 60% 정도 높았다. 70% EtOH, 60℃ 에서 1시간 처리가 가장 분석 전처리가 바람직하였다(최춘언, 2002).

휘발성향기성분-고추장숙성①: 시판 amylase와 protease 사용한 고추장 숙성과정 중 휘발성 향기성분을 GC-MS로 분석, 동정결과, alcohol 16종, ester 16종, acid 7종, aldehyde 4종, alkane 2종, benzene 1종, ketone 3종, alkene 1종, amine 2종, phenol 1종, 기타 1종 등 54종의 향기성분이 동정, 동정된 향기성분 수는 담금 직후 aldohol 7종, ester 6종, aldehyde 3종 등 총 23종이, 30일에 alcohol 4종, ester 1종을 비롯한 8종이 추가 총 31종이, 120일에 49종의 향기성분으로 증가되었다. 숙성 전과정 중 검출된 향기성분은 2-methyl-1-propanol, ethanol, 3-methyl-1-butanol 등 alcohol류 6종, ethylacetate, ethylbutyrate, isoamylacetate 등 ester류 5종, butanol, acetaldehyde 등 aldehyde 3종, 기타 6종 등 20종이었다. 향기성분의 면적비율은 숙성기간에 차이는 있으나 ethanol, ethylacetate, ethylbutyrate, ethanone, 2-methyl-1-propanol, 3-methyl-1-butanol 등이 많아 효소제 사용 고추장의 향기 주성분으로 나타났다. 담금 직후에 ethylacetate가, 90일에 3-methyl-1-butanol이, 이외의 기간에는 ethanol이 가장 많았다(최진영, 2003-207).

향기성분-재래고추장②: *Saccharomyces* 속 및 *Bacillus* 속을 접종한 한국 재래식 고추장의 향기성분을 동정한 결과 *Saccharomyces* sp는 tetra-hydrogenaniol, methoxy acetophenon, myrtanal이, *Bacillus* sp B-1과 B-2는 furfruyl-n-butyrate, *Bacillus* sp. B-3은 n-propylbenzene 등이었다 (안철우, 1987-3027).

동충하초고추장특성③: 황국균 고추장과 동충하초 코오지 고추장의 특성을 비교한 결과, 동충하초 코오지는 protease 활성이 우수하였으나, amylase의 역가는 낮았다. 황국균 코오지와 동충하초 코오지 이용 고추장의 맛, 색, 향, 전체적인 기호도는 동충하초 코오지와 황국균 코오지를 3:7 비율로 한 고추장에서 각각 단독 코오지 고추장보다 모두 좋은 관능평가를 받았다 (권동진, 2004).

고추장 맛성분-미생물·효소활성: 고추장 중의 혐기성 세균은 숙성 중 변화가 적으나 호기성 세균은 90일 숙성 후 증가하였다. 효모수는 숙성 60일경 증가, 이후 감소하였으나 호기성 세균은 금탑 고추장에 많았다. 전분 액화력은 숙성 중 감소하였으나 당화력은 60일경에 증가하였다. 산성 protease보다 중성 protease 활성이 높았고 숙성 중·후기에 증가하였다. 유리당은 maltose와 glucose가 대부분이며 주요 유기산은 succinic acid, formic acid, citric acid, lactic acid 순이며 succinic acid는 숙성 중 감소하였으나 formic acid와 citric acid는 증가하였다. 유리 아미노산은 serine, proline, glutamic acid, aspartic acid, alanine이 있고 핵산은 담금 초기에 CMP가 많았으나 숙성 90일에는 hypoxanthine이 증가하였다. Capsaicin은 숙성 중 점점 감소하였고 색과 향기는 유의적 차이는 없었다(신동화, 1997-1050).

기타연구: 신경통, 근육통에 외용, 신미성 건위, 식욕촉진, 발한 및 양모제(피부인적, 순환촉진) 등의 연구가 있다.

효능과 이용

1) 효능: 발한(發汗), 식욕증진, 회충구제.

2) 식용: 매운맛이 적은 감미종은 샐러드를 비롯 기타 음식 재료로 스윗 페퍼, 파프리카, 피멘토 등이 있고, 매운 청고추는 피클이나 향신료로, 적고추로 카이엔 페퍼 및 동남아시아의 칠리 고추가 있으며, 칠리 고추는 커피의 재료로 유명하다.

고추는 적색 색소물질, 비타민 A 전구체, 신미성분 및 기타 기름을 함유하고 있어 과피 또는 종자의 추출물에서 카로테노이드, 캡사이신, 기름 등을 분리, 착색제로 쓴다. 카로테노이드는 유지나 치즈 등에 착색용으로, 또 고추를 참기름에 담가 그 매운맛과 색소를 우려낸 중국 양념 고추기름(辣油)도 있고, 그 밖에 고추와 다른 향신료를 첨가한 커리 가루, 일본 혼합 향신료인 칠미(七味) 고추도, 진한 식초에 용해시킨 고추 소스(tabasco 이용)도 있다. 고추를 김치에 넣으면 향미를 돋구고 변질을 막아 준다.

3) 약용: 민간에서는 감기, 위통, 동상예방, 식욕증진, 개에게 물렸을 때 등에 또 국소 인적작용과 소량투여는 외분비선이 분비 촉진되고 장관의 운동 촉진, 혈관을 확대시킨다.

참고 문헌

1) 공영옥, 김창수, 김낙두, 조윤성. **생약학회지** 1979 10(1) 17(고추가 백서의 간 microsomecytochrome P-450에 미치는 영향:)

2) 권동진. **식품과학회지** 2004 36(1) 81(동충하초를 이용한 고추장의 품질 개선)

3) 김동수, 전선미, 정동윤, 등. **영양식량학회지** 1991 20(3) 225(청송, 영양산 고추씨 기름의 triglyceride 조성비교)

4) 김동한, 안병용, 박복희. **식품과학회지** 2003 35(3) 461(구기자를 첨가한 고추장의 숙성 중 이화학적 특성)

5) 김동한, 양성은. **식품과학회지** 2004 36(1) 97(부원료를 첨가한 저식염 고추장의 발효특성 변화)

6) 김동호, 육홍선, 연규춘, 등. **식품과학회지** 2001 33(1) 12(감마선 조사 고추장의 미생물 및 일반 품질 특성 변화)

7) 김석영, 김주영, 박경민, 장희애. **영양학회지** 2003 36(8) 870(고추가루를 첨가한 매운국이 체온, 혈압, 식욕 및 섭취열량에 미치는 영향)

8) 김소희, 박건영, 서명자. **영양식량학회지** 1991 20(2) 156(*Samonella* assay system에서 고춧가루에 의한 aflatoxin B1의 돌연변이 유발저해효과)

9) 김영수. **박사학위논문** 세종대학교 서울 1993(재래식 고추장 제조중 이화학적 특성 및 향기성분에 관한 연구)

10) 김정미, 한인섭, 김병삼, 유리나. **식품영양과학회지** 1996 25(6) 1024(식이 capsaicin, 마우스, protooncogenes expression)

11) 박원목, 김성환, 고영희, 윤경은. **원예학회 논문발표요지** 1989 7 42(성숙기에 따른 Peroxidase, polyphenoloxidase, protein pattern의 분석)

12) 박정순, 박건영, 유리나. **식품영양과학회지** 1998 27(5) 1015(Capsaicin 및 그 대사산물에 의한 in vitro 에서의 nitroso 화합물 생성 저해효과)

13) 박정순, 이진옥, 유리나. **식품산업과 영양** 1997 2 93(매운맛 성분 Capsaicin의 항산화 활성)

14) 박찬용, 김낙두. **생약학회지** 1980 11(1) 39(Capsaicin의 약동력학적 연구-흡수 및 혈장 반감기)

15) 박춘란. **영양학회지** 1975 8(1) 27(고추의 건조방법에 따른 성분 변화에 관한 연구)

16) 박춘란. **영양학회지** 1975 8(4) 167(건조방법에 따른 성분 변화-carotenoid, capsaicin, vitamin C)

17) 배태진, 최옥수, 박재림, 등. **식품영양과학회지** 1991 20(6) 609(향신재료를 이용한 oleoresin 제조에 관한 연구 2. 고추 oleoresin의 품질 안정성)

18) 서혜정, 임기원. **영양학회지** 2001 34(7) 748(캡사이신 첨가 고지방식이가 운동시 조직 글리코겐 농도에 미치는 영향)

19) 서화중. **식품영양과학회지** 1999 28(1) 94(마늘, 양파, 생강, 고추즙의 항균작용)

20) 손경희. **식생활 문화학회지** 1990 5(3) 391(조미향신료의 식품과학적인 측면)

21) 신동화, 김동한, 최웅, 등. **식품영양과학회지** 1997 26(6) 1050(고추 품종별 전통식 고추장의 숙성 중 미생물, 효소활성 및 맛성분의 변화)

22) 신동화, 안은영, 김용석, 오지영. **식품과학회지** 2000 32(6) 1350(양고추냉이와 겨자 분말을 첨가한 고추장의 발효 특성)

23) 안철우, 김종규, 성낙계. **식품영양과학회지** 1987 16(3) 3027(한국재래식 고추장의 향기성분 동정)

24) 유리나, 김정미, 한인섭, 등. **식품영양과학회지** 1996 25(2) 338(매운맛 선호도가 식품섭취유형, 혈중 지질 및 항산화성 비타민 수준에 미치는 영향)

25) 유리나. **면역학회지** 1994 16 65(Capsaicin 첨가 식이가 mouse의 체액성 면역반응에 미치는 영향)

26) 유리나. **식량영양학회지** 1995 24(6) 837(고춧가루 첨가식이, 흰쥐, 체액성 면역기능)

27) 유리나. **제2회 부산대학교 김치연구소 김치 심포지움** 1995 1 143(매운 성분의 면역 증강 및 항 성인병 효과, 고추종자유, 흰쥐의 간장, 뇌 및 고환 지질의

지방산 조성)

28) 윤형식, 권중호, 배만종, 황주호. **식품영양과학회지** 1983 12(1) 1046(폐기종실의 식량자원화에 관한 연구, 제4보: 고추씨의 화학적 조성)

29) 이성우. **식생활 문화학회지** 1990 5(3) 373(조미 향신료의 역사)

30) 이숙희, 공규리, 정근옥, 박근영. **식품영양과학회지** 2003 32(6) 882(고지방식이 섭취 흰쥐에서 고추장의 체중 및 지방조직과 혈청내의 지질 감소효과)

31) 이정혜, 최언호, 김영래, 이서래. **식품과학회지** 1977 9 199(고추가루의 저장성, 방사선 처리효과)

32) 임기원, 서혜정. **운동영양학회지** 1997 1 61(고춧가루 섭취, 운동선수 안정시 에너지대사)

33) 장은재, 김동건, 김진만, 등. **식품영양과학회지** 2003 32(3) 479(비만여대생을 대상으로 고추발효추출물의 체중감량 효과에 대한 연구)

34) 전방실, 차재영, 유기수, 조영수. **식품영양과학회지** 2004 33(5) 815(Orotic acid - 유발 지방간에 미치는 Capsaicin의 개선 효과)

35) 정미숙, 이부연, 공재양, 등. **식품위생안전성학회지** 1994 9(3) 163(캡사이신과 그 합성유도체의 기니픽 기관지 평활근에 대한 작용)

36) 정승용, 강정옥, 김성희, 등. **경상대학교 농업연구소보** 1990 24 131(고추종자유 식이, 흰쥐의 간장, 뇌 및 고환 지질의 지방산 조성)

37) 조재선. **동아시아식생활학회지** 2002 12(2) 156(한국에 있어서 고추의 식품학적 가치와 문화)

38) 주종재. **부산대학교 김치연구소** 2000 6 148(Capsaicin의 체지방 감소효과, 김치의 과학화 기술)

39) 주종재, 신현주. **영양학회지** 1999 32(5) 533(고지방식이 섭취 흰쥐에서 β-adrenergic 활성의 증가에 의한 capsaicin의 체지방 감소효과)

40) 최선미, 전영수, 정근옥, 박건영. **암예방학회지** 2001 6(2) 108(고추의 종류 및 부위에 따른 돌연변이유발 억제효과)

41) 최선미, 정근옥, 김소자, 등. **식품영양과학회 1998년 제44차 추계 학술발표회 및 정기총회**, pp. 170(항돌연변이 In vitro항암효과)

42) 최영진, 고영수. **가정학회지** 1990 28 31(고추씨 기름의 지질성분)

43) 최진영, 이택수. **응용생명화학회지** 2003 46(3) 207(효소제를 사용한 개량식 고추장의 숙성과정 중 휘발성 향기성분의 특성)

44) 최춘언, 한명숙. ㈜ **식품저널** 2002 p35(고추 매운맛의 과학,)

45) 표종옥, 한인설, 김병삼, 유리나. **식품영양과학회지** 1997 26(6) 1194(매운맛 선호도가 사람의 말초 혈액에서 분비한 면역세포 활성에 미치는 영향)

46) 하대유, 송원재, 박재승, 등. **면역학회지** 1997 19 229(매운맛 성분 capsaicin의 면역반응)

47) 함태식, 김인숙, 조미자, 오성기. **식량자원개발연구소 연구논문집(경희대학교)** 1993 14 17(고추 종실유의 지방산 조성에 관한 연구)

48) Buck, S H, Burks, T F. *Pharmacological Reviews* 1979 38 773(The neuropharmacology of casaicin: Review of some recent observations)

49) Do, M-S, Hong, S-E, Ha, J-H, et al. *J Food Sci Nutr.* 2004 9(1) 34[Increased lipolytic activity by hot-pungency red pepper extract(var. Chungyang) in rat adipocytes in vitro]

50) Kawada, T, Watanabe, T, Takaishi, T, et al. *Proc Soc Exp Biol Med* 1986 183 250 (Capsaicin-induced β-adrenergic action on energy metabolism in rats; Influence of capsaicin on oxygen consumption, the respiratory quotient and substrate utilization)

51) Ki, P, Negulesco, J A, Murnane, M. *IRCS Med Sci Libr Compend* 1982 10 446 (Decreased total serum, myocardial and arotic cholesterol levels followering capsaicin treatment)

52) Lejeune, M P G, Kovacs E M R, Westerterp-pantenga, M S. *Brit J Nutr* 2003 90 651(Effect of capsaicin on substrate oxidation and weight maintenance after modest body weight loss in human subjects)

53) Materska, M, Perucka, J. *J Agr Food Chem* 2005 53 1 750[Antioxidant activity of the main phenolic compounds isolated from hot pepper fruit(*Capsicum annuum* L.)]

54) Nilsson, G, Alvirg, K, Ahlstedt, S. *Int J Immunopharmac* 1991 13 21(Effect on immune reponses in rats after neuromanipulatiopn with capsaicin)

55) Russell, L C, Burchiel, K J. *Brain Research Review* 1984 8 165(Neurophysiological effects of capsaicin)

56) Watanabe, T, Kawada, T, Kurosawa, M, et al. *Am J Physiol* 1988 255 E23(Adrenal sympathetic efferent nerve and catecholamine secretion excitation caused by capsaicin in rats)

57) Yagi, N, Noguchi, T, Okada, A. *J Jpn Soc Nutr Food Sci* 2000 53 227(The effects of capsaicin on decrease of weight and consumption of energy in obesity rats by high-fat diet)

58) Yoshioka, M, Lim. K, Kikuzato, S, et al. *J Nutr Sci Vitamiol* 1995 41 647(Effect of red-pepper diet on the energy metabolism in men)

59) Yu, R, Choi, M A, Kawada, T, et al. *J Food Sci Nutr* 2002 7 67(Inhibitory effect of capsaicin against carcinogen-induced oxidative damage in rats)

6 관동화

Tussilago farfara

국화과
(Compositae, Asteraceae)

Colt's foot(英)

원산지: 북유럽

용도: 약용 – 꽃, 잎
염료 – 전초

역사

관동화(colt's foot)는 잎은 머위와, 꽃은 민들레와 비슷한 식물로 옛부터 진해제로 썼다.

학명 Tussilago는 라틴어의 'tussis(기침)'과 'agere(운반하다)'의 합성어로서 기침이 날아가 버린다는 뜻으로 진해제임을 말하며 종명 farfara는 옛 속명(屬名)으로 'far(곡물)'+'ferere(있다)'는 말로 잎 뒷면에 털이 밀생하여 하얗기 때문에 붙여진 이름이라 한다. 영명 colt's foot는 꽃봉오리와 꽃대(花莖)의 모양이 망아지(colt)의 발(foot) 같아 붙여졌고, 기침을 내몬다는 뜻으로 일명 cough out이라고도 한다.

약용 담배로도 피우던 식물이므로 '담배풀'이라고도 한다(Herbs p395-396).

식물학적 특성

키 8-20cm 내한성 다년생 초본 이른 봄에 잎보다 비닐처럼 포엽에 싸인 꽃대가 먼저 나와 서양민들레 같은 적은 노란 꽃이 한 송이씩 핀다. 머위 잎을 닮은 하트형의 잎이 잎자루 끝에 붙어, 여름내 무성하며 꽃이 지면 씨가 결실하며 바람에 날려 흩어진다(Herbs p396).

특수성분

성분은 사포닌, 탄닌, 점액, 칼슘, 칼륨, 아연, 알카로이드 등이 함유되어 있다.

특수성분으로는 Faradiol(T-00091)과 Tussilagine(T-03052)이 있다(DNP p851).

생리활성

기관지이완효과-천식치료: 관동화 구성약물이 guinea pig의 기관지 수축물질 histamine, acetylcholine, 5-hydroxytyramine, prostagandin $F_{2\alpha}$의 기관지 수축에 현저한 이완효과를 보여, 해소, 천식에 임상적 응용이 기대되었고(한대길, 1992; 한종현, 1996), allergy(이상과민증)성 천식 model 생쥐에 천식 및 면역에 미치는 효과는 관동화가 BALF 내에서 IL-4, IL-5, IL-13, IgE 생성을 감소, IFN-α 생산을 증진시켜, 호산구를 비롯한 면역세포와 allergy 관련 cytokine 분비 조절을 통한 천식치료에 효과적이라 생각되었다(곽상교, 2005).

항염활성: *Tussilago farfara* 꽃(관동화)에서 분리된 bisabolene epoxide는 1α,5α-bisacetoxy-3β, 4β-epoxy-bisalola-7(14)-10-dien-2-one이며 LPS-활성 대식세포(macrophage)에서 NO합성을 저해(Ryu J-H, 1999). 또 관동화는 nitrite와 nitrate 생성을 억제하여 LPS-유도 RAW264.7에서 IL-1β와 IkBa 인산화를 활성화. 또 iNOS와 COX-2 발현을 현저히 억제하여 이로써 관동화는 proinflammatory cytokine 생산과 염증 치료에 공헌할 것으로 생각되었다(Yoon TG, 2004). 또한 관동화에서 얻은 tussilagone(Tus)은 mRNA 발현없이 HO-1 protein을 발현. Tus-유도 HO-1 발현은 설치류 대식세포(murine macrophage)에서 LPS-유도 NO, PGE_2 및 TNF-α 생산을 상당히 협력. Tus에 의한 HO-1 유도는 Tus의 항염증 활성을 보여, 새로운 기전으로 생각되었다(Hwangbo C, 2009).

심혈관·호흡촉진: 관동화(*Tussilago farfara*)는 호흡기에 작용하는 약물로 중국 전통약이다. 근래 분리된(7R, 14R)-14-acetoxy-7-[(2'E)-3'-methylpent-2'-enoyloxy]-oplopanone은 강력한 심혈관 및 호흡 자극제로, 이를 tussilagone (Tus)으로 명명, 마취 cat(0.02-0.5mg/kg), rat(0.4-4mg/kg) 및 dog(0.02-0.3mg/kg) 정맥주사에서 농도 의존적 압력효과를 보였다. 이 압력효과는 dopamine과 유사하나 tachyphylaxis(속성내성)은 관찰되지 않았다. Tus의 심혈관에 대한 효과는 시험동물에서 호흡을 현저히 자극하였다. 급성독성은 정맥주사로 LD_{50} 28.9mg/kg(mice)이었다(Li Y-P, 1988).

비만·제2형당뇨치료효과-Buds: Diacylglycerol acyltransferase(DGAT)는 진핵 생물(eukaryotic organism)에서 triglyceride 합성 key enzyme으로 DGAT는 비만이나 제2형 당뇨병 치료에 효과 있을 것으로 생각되어, *Tussilago farfara* 꽃봉오리를 bioassay-guided 분획하여 4개 sesquiterpenoids; tussilagonone①, tussilagone②,7β-(3-ethyl-cis-crotonyloxy)-1α-(2-methylbutylryloxy)-3,14-dehydro-2-notonipetranone③ 및 8-angeloylxy-3,4-epoxy-bisabola 7, 10-dien-2-one④를 동정. $DGAT_1$ 저해활성은 rat liver microsome과 Hep G_2 세포 미소체(cell microsome)에서 실험. ②가 가장 강한 활성을 보여, triglyceride 합성을 강하게 저해. 이로써 tussilagone②는 비만이나 제2형 당뇨병 치료 효과가 강할 것으로 생각되었다(Park HR, 2008).

혈소판응집저해: 관동화 *Tussilago farfara*의 꽃봉오리 CH_2Cl_2 ex에서 L-652, 469, 14-acetoxy-7β-(3'-ethyl crotonyl)-notonipetranone(AENP)을 분리. 이는 혈소판 활성인자(PAF) 길항인자와[^{3}H] PAF와[^{3}H] nitrendipine 결합 저해에 K_I 값 1μM의 Ca^{2+} 통로 차단(channel blocker). L-652, 469는 gel-여과 토끼 혈소판 응집(PA_2; 5.79)을 강력히 저해하였다(Hwang S-B, 1987).

항산화·항용혈효과: 학슬과 관동화 EtOH ex는 DPPH와 ABTS radical 소거활성 및 환원력이 우수하였고, AAPH-유도 적혈구 용혈과 혈장의 지질과 과산화 물질의 최종 산물인 malondialdehyde의 생성을 우수하게 억제하였으며, GSH 산화에 대한 stress도 우수하게 억제하였다. 이로써 학슬과 관동화 추출물은 활성산소와 관련된 인체 질환 개선과 치료에 활용할 수 있는 좋은 소재라 판단되었다(강현주, 2013).

신경보호활성: 관동화 *Tussilago farfara* EtOAc 분획은 지방 과산화 저해활성과 항산화활성(DPPH)을 보였고, rat의 피질 세포(cortical cell) 1차 배양에서 신경세포 손상을 저해. 또 염증을 동반한 신경 퇴행성 질환 관리와 Aβ 독성 exitotoxicity와 산화적 stress에도 유용하며(Cho J, 2005), 활성화된 신경교세포 microglia는 신경 퇴행성 질병(Alzheimer's나 Parkinsons's disease 포함)의 원인이 될 수 있는 NO와 PGE_2 같은 다양한 신경독 인자를 생산. 시료의 EtOAc 분획에서 활성화된 microglia에서 NO저해활성을 감시하는 활성 물질로, tussilagone은 IC_{50} 8.87μM과 14.1μM로, LPS-활성화 microglia에서 NO와 PGE_2에 용량 의존적 저해를 보여 관동화는 NO와 prostaglandin G_2 생산저해로 신경 염증성 질병에 치료활성이 있다고 판단되었다(Lim HJ, 2008).

결장암세포독성·Apoptosis-꽃봉오리: 관동화 꽃봉오리(TF)는 동양에서 기관지염과 해소치료에 사용해 왔다. 본 연구에서는 TF MeOH ex가 HT-29 인간 결장암 세포에 세포독성과 세포소멸기전(apoptosis mechanism)에 대해 연구한 결과, TF MeOH ex가 HT-29 세포주에 농도 의존적 세포독성을 보였다. 이러한 효과는 MTT 환원 측정에서 LDH 유출분석과 colony 형성이었다. 흥미롭게도 우리는 Hoechst 염색으로 세포소멸체(apoptotic body)를 검색하였고 caspase-3/7 활성 분석으로 TF MeOH ex 유도 apoptosis가 caspase 회로에 포함됨을 알게 되었다. 이러한 결과로 관동화 꽃봉오리 MeOH ex는 화학 요법제로써 인간 결장암 치료에 강력한 후보로 생각되었다(Lee M-R, 2008).

발암활성: 어린 관동화 *Tussilago farfara* L. 를 ACI rats에 1군 32% 시료를 4일간, 그 후 16% 시료를 끝까지, 2군 8% 시료, 3군 4% 시료를 각각 600일간, 4군 정상식이(normal diet)로 600일간 사육. 1군은 380일 이상 생존. 12 rat 중 8 rat가 혈관내피육종(hemangioendothedial sarcoma, liver), 2군에서 10 rat 중 1 rat만 tumor가 발생. 3군은 tumor가 발생치 않았다. 이로써 관동화 어린 꽃은 발암 활성이 있고 가장 가능성이 큰 성분은 senkirkine으로 간독성 pyrrolizidine alkaloid라 생각되었다(Hirono I, 1976).

항산화활성-꽃봉오리: *Tussilago farfara* L.의 꽃봉오리를 EtOAc로 bioassay-guided 분획, 2개 flavonoids: quercetin 3-*O*-β-L-arabinopyranoside(Qa)와 quercetin 3-*O*-β-D-glucopyranoside(Qg)를 분리동정하였고, 이를 두 Qa와 Qg 배당체는 비배당체(aglycone)보다 높은 항산화활성과 NBT superoxide 소거활성을 보였다. 더구나 Qa는 GSH 함량증가와 rat 간 세포주에서 GSH 합성에 필요한 key enzyme인 r-GCL 함량을 증가시켰다. 항산화 반응 유전자는 Qa핵 내 Nrf_2와 reporter 활성을 증가시켜, r-GCL gene 유도에 협력하였다. 세포와 Qa를 24시간 incubation시켜, 배당체(glycoside)가 23% 비배당체(aglycone)인 quercetin이 되었으나, r-GCL은 23% quercetin에 의해 변하지 않았다. 이상의 결과로 두 Qa와 Qg는 직접적 항산화활성이 있었고, Qa는 세포 내에 r-GCL gene에 의해 세포 내 GSH량이 증가되었다. 이러한 새로운 quercetin glycoside의 효과는 *T. farfara*의 추정의 강력한 화학적 예방 효과만은 아닌 것으로 생각되었다(Kim M-R, 2006).

정유성분-꽃봉오리: *Tussilago farfara* 꽃봉오리로부터 16개 휘발성 성분과 함께 3개 새로운 olefins;(5Z)-1,5-undecadiene,(5Z)-1,5-tridecadiene,(5Z,8Z)-1,5,8-heptadecatriene을 분리동정하였다(Suzuki N, 1992).

Sesquiterpenoids-Notonipetranone형-꽃봉오리①: *Tussilago farfara* L. 꽃봉오리로부터 새로운 notonipetranone형 sesquiterpenoids; 7β-(3-ethyl cis-crotonoyloxy)-14-hydroxy-notonipetranone①, 14-acetoxy-7β-angeloyloxy-notonipetranone②, 14-acetoxy-7β-senecioloxy-notonipetranone③ 및 7β-(3-ethyl cis-crotonoyloxy)-1α-(2-methylbutyloxy)-3,14-dehydro-Z-notonipetranone④를 분리동정하였다(Kikuchi M, 1992).

Sesquiterpenoids-Oplopane형 꽃봉오리②: *Tussilago farfara* 꽃봉오리에서 oplopane형 sesquiterpenoid; 7β-senecioyloxyoplopa-3(14)Z, 8(10)-dien-2-one①, 7β-angeloyloxyoplopa-3(14)Z,8(10)-diene②, 7β-(4-methylsenecioyloxy) oplopa-3(14)E,8(10)-dien-2-one③, 1α-angeloyloxy-7β-(4-methylsenecioylocy) oplopa-3(14)Z,8(10)-dien-2-one④ 및 1α,7β-di(4-methylsenecioyloxy)oplopa-

3(14)Z,8(10)-dien-2-one⑤을 분리동정하였다(Yaoita Y, 1999).

Sesquiterpenoids-꽃봉오리③: *Tussilago farfara* L. 꽃봉오리는 중국에서 감기, 기관지염 및 해소 치료에 쓰여 왔다. 본 연구에서는 꽃에서 새로운 bisabolene형 sesquiterpenoid인(3R,4R,6s)-3,4-epoxy- bisabola-7(14), 10-diene-2-one①,(1R,3R,4R,5S,6S)-1-acetoxy-8-angeloyloxy-3,4-epoxy-5-hydroxy-bisabola-7(14),10-diene-2-one②와 새로운 oplopane-type sesquiterpenoid인 14(R)-hydroxy-7β-iso- valeroyloxyoplo-8(10)-en-2-one③를 기지물 3개와 함께 분리동정 및 화학구조를 결정하였다. (-)-Cryptomerion(④,(-)-spathulenol⑤ 및 hydroxytremetone⑥, ④-⑥은 모두 본 꽃에서 처음 분리동정되었다(Yaoita Y, 2001).

Triterpenoids-꽃봉오리: *Tussilago farfara* L. 꽃봉오리에서 새로운 triterpenoid인 bauer-7-ene-3β,16α-diol과 2개 기지 triterpenoid인 bauerenol 및 isobauerenol을 분리동정하였다(Yaoita Y, 1998).

Phenolics-꽃봉오리: *Tussilago farfara* 꽃봉오리로부터 새로운 물질 1,2-*O*-dicaffeoyl-cyclopenta-3-ol과 기지물질 quercetin 3-*O*-glucoside를 분리동정하였고, 이들의 화학구조는 FAB-MS, IR, UV 및 NMR data로 동정하였다(Liu K-Y, 2008).

효능과 이용

1) 식용: 어린 잎, 꽃봉오리는 전통적으로, 샐러드나 수프에 넣고, 차로 마시며, 꽃은 와인을 만들기도 한다.

2) 약용: Pleny 박사(AD 23-79)도 박물지에 천식, 감기, 기침에 이 잎을 태운 연기를 마시면 좋다고 권장하였고, 꽃은 약초로 알려졌고, 진정 치료를 겸한 거담제로 약 효과가 오늘날 인정되고 있으며 인후염, 기관지염 등 호흡기계 질환 치료에 잘 듣는다. 2천 년 전부터 관동화를 구주에서는 진해, 거담제 외에도 외과용으로 생잎을 궤양이나 종기에 붙여 진통 치료에 썼다.

★ 이 식물의 이용을 금하는 나라도 있다.

참고 문헌

1) 강현주, 김홍준, 정승인, 등. **본초학회지** 2013 28(3) 25(학슬 및 관동화 ethanol 추출물의 항산화 및 항용혈 효과)

2) 곽상교, 최선미, 박양춘. **동의생리병리학회지** 2005 19(3) 716(관동화가 천식모델 생쥐의 BALF 내 면역세포 및 cytokine에 미치는 영향)

3) 한대길, 한상항(桓). **한방내과학회지** 1992 13(1)(관동화산(散) 및 그 구성 약물이 기관지 평활근에 미치는 영향)

4) 한종현, 강성용, 유광성, 등. **한방내과학회지** 1996 17(1) 210(관동화 전탕액이 기관지 평활근에 미치는 영향)

5) Cho J, Kim HM, Ryu J-H, et al. *Biol Pharm Bull* 2005 28(3) 455(Neuroprotective and antioxidant effects of the ethylacetate fraction prepared from *Tussilago farfara* L.)

6) Hirono I, Haga M, Fijii M, Matsuura S, et al. *J Natl Cancer Inst* 1979 63 469 (Induction of hepatic tumors in rats by senkirkine and symphytine)

7) Hirono I, Mori H, Culvenor CCJ. *Gann* 1976 67 125(Carcinogenic activity of coltsfoot, *Tussilago farfara* L.)

8) Hwang S-B, Chang MNL, Han QQ, Huang L. *Eur J Pharmacol* 1987 141 281(L-652, 469-a dual receptor antagonist of platelet activating factor and dihydropyridine from *Tussilago farfara* L.)

9) Hwangbo C, Lee HS, Park J, et al. *Int. Immunopharmacol* 2009 9 1578(The anti-inflammatory effect of tussilagone, from *Tussilago farfara*, is mediated by the induction of heme oxygenase-1 in murine macrophages)

10) Kikuchi M, Suzuki N. *Chem Pharm Bull* 1992 40(10) 2753(Studies on the constituents of *Tussilago farfara* L. II. Structure of new sesquiterpenoids isolated from the flower buds)

11) Kim M-R, Lee JY, Lee H-H, et al. *Food Chem Toxicol* 2006 44 1299(Antioxidative effects of quercetinglycosides isolated from the flower buds of *Tussilago farfara* L.)

12) Lee M-R, Cha M-R, Jo K-J, et al. *Food Sci Biotechnol* 2008 17(2) 308(Cytotoxic and apoptotic activities of *Tussilago farfara* extract in HT-29 human colon cancer cells)

13) Li Y-P, Wang Y-M. *Gen Pharmc* 1988 19(2) 261(Evaluation of tussilagone: A cardiovascular respiratory stimulant isolated from chinese herbal medicine)

14) Lim HJ, Lee H-S, Ryu J-H. *Arch Pharm Res* 2008 31(5) 645(Suppression of inducible NO synthase and cyclooxygenase-2 expression by tussilagone from *Farfara Flos* in BV-2 microglial cells)

15) Liu K-Y, Liu H-J, Zhang T-J, Gao W-Y. *Nat Prod Res Dev* 2008 20 397(Novel phenolic compound from *Tussilago farfara*)

16) Masao K, Noriko S. *Chem Pharm Bull* 1992 40 2753(Studies on the constituents of *Tussilago farfara* L. II. Structure of new sesquiterpenoids isolated from the flower buds)

17) Park HR, Yoo MY, Seo JH, Kim IS, et al. *J Agr Food Chem* 2008 56 10493 (Sesquiterpenoids isolated from the flower buds of *Tussilago farfara* L. inhibit diacylglycerol acyltransferase)

18) Röder E, Wiedenfeld H, Jost E-J. *Planta Med* 1981 43 99(Tussilagine-a new pyrrolizidine alkaloid from *Tussilago farfara*)

19) Ryu J-H, Jeong YS, Sohn DH. *J Nat Prod* 1999 62 1437(A new bisabolene epoxide from *Tussilago farfara* and inhibition of NO synthesis in LPS-activated macrophages.

20) Suzuki N, Kikuchi M. *Yakugaku Zasshi* 1992 112(8) 571(Studies on the constituents of *Tussilago farfara* L. 1. On the components of the essential oil)

21) Wang CD, Takayanagi H, Mi CF, et al. *Yao Xue Xue Bao* 1989 24 913(Chemical studies of flower buds of *Tussilago farfara* L.)

22) Yaoita Y, Kamazawa H, Kikuchi M. *Chem Pharm Bull* 1999 47(5) 705(Structures of new oplopane-type sesquiterpenoids from the flower buds)

23) Yaoita Y, Kikuchi M. *Nat Med* 1998 52(3) 273(Triterpenoids from flower buds of

Tussilago farfara L.)

24) Yaoita Y, Suzuki N, Kikuchi M. *Chem Pharm Bull* 2001 49(5) 645(Structures of new sesquiterpenoids from farfarae Flos)

25) Ying BP, Yang PM, Zhu RH. *IUPAC*(Int Symp on Organic Chemistry of Medicinal Natrual products, Shanghai, 1985)

26) Yoon TG, Byun BH, Kwon TK, et al. *Kor J Orient Physiol Pathol* 2004 18(3) 908 (Inhibitory effect of *Farfarae Flos* water extract on COX-2, iNOS expression and NO production in LPS-activated RAW 264.7 cells)

7 금사매

Hypericum perforatum
Hypericum patulum

물레나물과
(Guttiferae)

St. John's wort(英)
金絲梅(금사매)(中)
Kishibai(日)

원산지: 서아시아, 유럽

용도: 식용·약용 – 씨, 꽃, 잎

역사

금사매(St. John's wort)는 영명과 같이 예수께서 세례를 주었던 세례 요한에게 바쳐진 꽃. 세례 의식에 쓰이는 것으로 알려져 있다. 잎에는 작은 반점(脂肪腺)과 뿌리에 빨간 반점은 세례 요한이 탄생(6월 24일)에 피어 목이 잘리던 날(8월 29일)에는 반드시 나타나 '세례 요한의 피'라 한다. 고대 그리스와 로마 의사들은 전쟁에서 부상, 화상, 타박상, 염증 등에, 그 후 십자군들에게도 같은 처방을 했다 한다. 17세기 후반, 미국에서 상처, 통증에 외용약으로, 신경성 우울증 불안에 내복약으로 처방했다고 한다(Medicinal Herbs p49).

학명의 *Hypericum*은 그리스어의 'hypo(사이)'+'erice(수풀)'의 합성어로 잡초가 우거진 수풀 사이에 난다는 것을 의미한다. 일설에는 '악마를 제어한다'는 고대 그리스어에서 비롯된 것이라고도 한다(Herbs p240).

식물학적 특성

30-60cm로 자라는 다년생 초본. 피침형 잎은 대생. 잎은 작고 검은 유점(지방선)이 많으며, 노랑색의 5판화가 많이 피며 꽃잎에도 유점이 있고 꽃진 후 작고 둥근 검은 씨가 들어 있는 열매가 결실한다. 씨와 꺾꽂이로 번식하며 개화 기간 중 꽃송이를 그늘에 빨리 건조 보관한다. 우리나라에 동속식물인 *H. erectum*(고추나물)과 *H. acyron*(물레나물) 등 7종이 있다(Lee, YN, I p436).

특수성분

Hypericum perforatum 금사매에서 Adhyperforin(A-00451), Emodin-anthranol(T-02355), Hyperforin(H-03219), *Hyperin(H-03226), *2-Methyloctane(M-01217), Protohypericin(P-01964) 등이 분리되었다(DNP p609).

생리활성

신경보호활성: 200여 종의 식물 추출물을 대상으로 prolyl endopeptidase (PEP) 저해활성을 측정, 이들 중 *Prunus mume* 95.3%, *Pyrola japonica* (노루발, 잎, 줄기, 93.2%), *Hypericum ascyron* 지상부90.2%, *Elaegnus umbellata*(보리수 잎, 줄기, 90.1%) 추출물 5ppm에서 PEP에 강한 저해를 보였고(김금숙, 2004), *H. perforatum* total ex 및 분획에서 neuroprotective 및 항산화활성이 풍부. Amyloid-β-peptide(25-35)-관련 신경 퇴화 예방에 중요하게 생각되었다(Silver BA, 2004). AchE(Acetylcholine esterase) 저해와 항산화활성 실험 결과, *H. undulatum*, *Melissa officinalis*, *Laurus nobilis*, *Lavandular penduncul*ata에서 높았다. *Hypericum undulatum* 등은 Alzheimer's disease(AD) 환자에 투여 시 AchE 저해와 항산화활성이 있어 신경보호 활성으로 AD 증상을 경감시켰다(Ferrcira A, 2006).

항우울활성: *Hypericum perforatum* 성분 및 정유성분이 임상에서 항우울증 실험에서 placebo보다 월등한 효과를 보여(Nahrstedt A, 1997) 이를 분석한

결과, flavonoid 분획에서 forced swimming test(FST)에서 뚜렷한 활성을 보여, 이 분획을 분석한 결과, hyperoside, isoquercitrin, quercitrin, miquelianin, aglycone quercetin과 astilbin이었고, FST에 활성을 보였다(Butterweck V, 2000). 또 *H. calycium*의 CNS에 대한 여러 행동 모델에서 수영 시간, locomotor activity, tail-flick 및 holeboard 실험에서 기존 항우울제 desipramine, trimipramine과 비교, 같은 효과를 보였다(Öztürk Y, 1996).

항미생물활성①: *Hypericum drummondii* 잎, 줄기 hexane ex에서 drummondin D①, isodrummondin D②, drummondin E③ 및 F④를 분리, 이들 모두 gram(+) bacteria인 *St. aureus*, *B. subtilis* 및 *Mycobacterium smegmatis*에 강한 항미생물활성을 보였고(Jayasuriya H, 1991), *H. brasiliens*에서 분리한 phloroglucinol인 japonicin A, uliginosin A, isouliginosin B 및 신물질 phloroglucinol(hyperbrasilol A)는 모두 *Bacillus subtillis*에 항균성을 보였고(Rocha L, 1995), *H. hiricium* MeOH ex가 *St. aureus*에 항미생물활성이 강하였다(Pistelli L, 2000). *H. canariense*, *H. glandulosum* 및 *H. grandifolium* 추출물에서 12종 미생물에 실험. gram(+)균, *B. cereus* var. *mycoides*, *Micrococcus luteus*, *St. aureus*, *St. epidermidis*와 gram(-)균인 *Bordetella bronchiseptica*에 *H. canariense* $CHCl_3$ 분획이 *M. luteus*, *St. aureus* 및 *St. epidermidis*에 항균성이 가장 강하였다(Rabanal RM, 2002).

항미생물활성②: *Hypericum maculatum* 정유성분 β-farnesene, n-undecane, β-caryophyllene, δ-cadinene 및 γ-muurolene은 *St. aureus*, *E. coli*, *Pseudomonas aeruginosa*, *Sal. enteritidis*, *Klebsiella pneumoniae*, *B. subtilis*, *Sarcina lutea*, *Aspergillus nigar* 및 *Candida albicans* 등에 항균성을 보였다(Gudzic B, 2002). *H. scabrum*, *H. scabroides*, *H. triquetrifolium* 정유는 80μg/mL에서 *E. coli*, *B. cereus*, *St. pyogenes*, *Pseudo aeruginosa*, *St. aureus*, *Candida albicans*에 항균성을 보였고(Kizil G, 2004), *H. hyssopifolium* var. *microcalycium*과 *H. lysimachioider* var.

lysimachioides 정유는 caryophyllene oxide가 주성분. 이 두 *Hypericum* 정유는 *B. brevis*, *B. cereus*, *St. pyogenes*, *Pseud aeruginosa*, *St. aureus* 및 *Candida albicans*에 60-80μg/mL에서 항균성을 보였다(Taker Z, 2006).

항진균활성③: *Hypericum hyssopifolium*(Hhy)와 *H. heterophyllum*(Hht)의 정유를 분석한 결과, 서로 확연히 달라 Hhy는 monoterpene α-pinene, β-pinene, limonene 및 α-phellandrene이 많았고, Hht에는 sesquiterpene인 isoyophyllene, α-pinene, δ-cardinene, γ-muurolene, n-decane, γ-cadinene, β-caryophyllene이 많았다. 두 정유의 항진균활성을 10종 병원성 진균, 5종 *Fusarium* sp. 및 5종 *Anastomosis*군에 실험한 결과, 10종 진균에 성장 저해를, β-caryophyllene oxide와 terpineol은 실험 모든 진균에 성장 억제를 보여 진균병으로부터 식물이 보호될 수 있다(Cukir A, 2004). 또 *H. calycinum* 지상부 석유 Et_2O ex에서 분리된 phloroglucinol은 *Cladosporium cucumerinum*에 항진균활성을 보였다(Docosterd L, 1991).

***Helicobacter pylori*-항균 Herbs④**: 40종 Herb를 대상으로 *H. pylori*에 항균물질 개발 일환으로 EtOH ex의 항균성을 검색한 결과, sage, rosemary, lavender, lemongrass, St. John's wort, rue, oregano 등 12종이 *H. pylori*에 항균성을 보였고, herb 추출물의 phenol 함량은 134.13-533.33μg/mL로 비교적 phenol성 물질 함량이 많았다(조영제, 2005-161).

항Virus활성⑤: *Hypericum* 속 식물에서 분리된 hypericin(A)와 pseudohypericin(B)는 aromatic polycyclic dione으로 anti-human immuno-deficiency virus(anti-HIV)를 포함한 강력한 antiretroviral activity 있으며 (A)가 (B)보다 강하였다(Takahashi I, 1989). 또 *Helicobacter pylori*에 대한 항균활성은 *H. perforatum* alcohol 추출물에서 100μg/mL와 150μg/mL에서 각각 11mm와 13mm의 clear zone을 보였다(조영제, 2005-65).

항Malaria활성⑥: Africa 식물 *Hypericum calycinum* 지상부, 석유 Et_2O 추출물에서 phloroglucinol과 그 유도체를 분리동정하였고, phloroglucinol 유도체에서 항malaria 활성을 보였다(Docosterd L, 1991).

상처치료효과-잎⑦: 상처 model rat에 *H. hookerianum*의 건조 잎과 줄기

MeOH ex를 5%와 10% ointment를 만들어 상처에 적용한 결과, wound contraction, wound closure time, tensile strength, tissue regeneration에 모두 효과적이었고, 표준 약물인 nitrofurazone ointment(0.2% w/w)와 같았고, 줄기보다는 잎이나 지상부 ointment가 효과적이며, 민속약으로써 가치가 있었다(Mukherjee PK, 2000).

대장·간·유방암억제①: *Hypericum revolutum* 근피 석유 Et_2O ex에서 Co-115 human colon carcinoma 세포주 성장억제 효과가 있었고, *H. perforatum*의 hyperforin 유도체 hypervolutin A와 B는 활성 물질. 또 *Hypericum* 추출물은 정상세포에 80% 생존율을, 0.5mg/mL에서 간암 세포주 Hep3H에 80% 이상, 위암 세포주 AGS에 75% 이상, 유방암 세포주 MCF-7에 80-90% 이상 암세포 생육억제를 보였다(박진홍, 2004).

HL-60완화②: *H. perforatum* 근피에서 HL-60 human promyelocytic leukemia 세포에 ①, ② 및 ④물질이 세포 활성을 현저히 감소시켰다[① 1,3,5,6-tetra hydroxy xanthone, ② 1,5,6-trihydroxy-3-methoxy xanthone, ④ basil xanthhone B](Li W, 2013).

Glioblastoma완화③: Human neuroblastoma 세포주 HNBC의 증식과 programmed death에 대한 실험에서 hyperin은 용량 의존적으로 HNBC의 성장 저해가 확연(MTT assay). Hypericin은 glioblastoma 신경교 성상세포종 치료에 임상적 평가로 neuroblastoma 치료제로 전망되었다(Zhang W, 1995).

항암활성-DNA손상보호④: *Hypericum scabroides*(HS)와 *H. triquetrifolium* (HT) EtOH ex가 단백질 산화와 DNA손상에 보호 활성을 연구하였다. Bovine serum albumin(BSA)으로 HS와 HT가 산화적 손상을 예방할 수 있는지 Fe^{3+}/H_2O_2와 ascorbic acid로 측정하였다. HS와 HT농도 50-100μg/mL EtOH ex가 ROS에 의한 DNA손상을 현저히 저해하였다(Kizil G, 2009).

항산화활성: *Hypericum hyssopifolium* subsp. *elongatum* var. *elongatum* 지상의 EtOAc 분획에 DPPH 활성이 있어 분석한 결과, 5개 flavonoid; 13,18-biapigenin①, quercetin②, Q-3-*O*-α-L-arabinofuranoside③, Q-3-*O*-β-D-galactopyranoside④, Q-3-*O*-β-D-galactopyranoside-7-*O*-β-Dglauctopyranoside⑤와 naphthodianthrone(hypericin)⑥이었고, 모두 항산화활성이 있었으며 ①과 ⑥이 가장 강하였다(Cakir A, 2003). *H. perforatum* EtOH ex에서 kaempferol 3-rutinoside와 rutinacetyl을 분리. 또 flavonoid와 caffeoylquinic acid가 항산화활성에 공헌하였다(Silver BA, 2005).

관상동맥질환완화①: *Hypericum perforatum*에서 분리된 quercetin과 그 유도체 및 flavonoid가 많아 항산화활성이 강하였다. 이러한 성질은 세포막이나 liposome 막의 지방 과산화를 방지, 또 superoxide anion radical 소거활성이 있는 식품 보조제나 drug는 여러 관상동맥 질환 치료나 예방에 도움이 되리라 생각되었다(Zou Y, 2004).

심혈관질환완화-동맥경화②: *Hypericum lysimachioides* EtOH ex 시료는 cholesterol 투여 rabbit에서 HDL-cholesterol을 증가시키고, 혈중 총 cholesterol(C)을 낮추며, LDL-C과 malondialdehyde(MDA)를 감소. 시료 농도 의존적으로 DPPH radical 소거활성이 증가. 시료 중 phenol 성분이 많아 항산화활성을 보였다. Hyperglycemia와 hypercholesterolemia는 vitamin E 투여로 동맥벽 지방 축적과 machrophage의 축적 감소로 사망률을 감소시켰다. 시료의 항산화활성은 vitamin E보다 강하였다. 이상으로 시료는 혈중 지방저하와 항산화활성 증가, 동맥경화와 심혈관 질환관리에 유용할 것으로 판단되었다(Hakimoglu F, 2007).

비만증예방: 난소절제 rat에서 *Hypericum perferatum* 추출물은 E_2(β-estradiol benzoate)보다 난소절제에 의한 hypercholesterolemia를 더 효과적으로 예방하였고, E_2는 난소절제 rat에서 자궁무게와 상피를 증식시켜, Sham 수술 동물 수준으로 전초 시료는 유지시켰다. 이상의 결과로 전초 시료는 자궁에 자극작용 없이 자궁절제로 인한 비만 등을 예방하는데 효과적이었다(You M-K, 2014).

약물대사: St. John's wort(*Hypericum perforatum*:시료) 장기투여는 간의 약물대사 효소 활성이 CYTP 450, CYTP3A isoform 발현에 현저히 또는 선택적으로 유도. Irinotecan 대사에 관여, 암환자에 시료와 약물을 함께 투여,

시료는 myelosuppression(골수억제)에 작용. 암환자에 irinotecan 치료시 시료투여는 삼가함이 좋고(Mathijissen RHJ, 2002), 또 시료는 CYP2C9, CYPIA2 및 CYP2D6 활성 변화는 없으나, CYP3A에 의해 대사된 약물의 치료 효과는 감소되었다(Wang Z, 2001). 또한 3-hydroxy 3-methylglutaryl coenzyme A reductase 저해제인 simvastin의 혈중 농도를 시료는 감소시켰으나, parastatin은 아니었다. 이는 simavastin은 CYP3A4에 의해 장막과 간에서 대사되기 때문이며(Sugimoto K-I, 2001). CYP3A4는 모든 약물의 50% 이상을 산화적으로 대사하기 때문이다(Moore LB, 2000).

특수성분: *Hypericum perforatum* L. MeOH ex EtOAc 분획에서 새로운 flavonoid인 I3, II8-biapigenin, flavonoid dimer로 aglycone은 kaempferol과 luteloin(Berghöfer R, 1987). *H. ascyron* 지상부에서 n-alkanols, fatty acids, methyl 4-hydroxy benzoate, quercetin, xanthone, 1,7-dihydroxy xanthone, betulinic acid, β-sitosterol, methyl 4-hydroxy benzoate, quercetin 및 kaempferol과 함께 신물질 6-*O*-palmitoyl-1,6-dihydroxy-5,7-dimethoxy xanthone을 분리동정하였다(채성욱, 2006).

고추나물 Hypericin 함량: *Hypericum* 동속식물 물레나물(*H. acyron*)에서는 hypericin이 확인되지 않았으나, 고추나물(*H. erectum*)의 꽃봉오리와 잎에서 다량의 hypericin이 확인. 자생 고추나물보다 병풍산 hypericin 함량이 더 많았고, 고도가 낮을수록 hypericin이 많았다. 병풍산 고추나물은 6월보다 7월에 많았고 지리산에서는 7월에 가장 많았다. St. John's wort의 hypericin은 2.22mg/L, 병풍산 고추나물은 3.2mg/L로 고추나물에 더 많았다(김선희, 2005).

정유성분-산지별

① Algery의 *H. perforlatum*의 지상부 정유에서 35물질을 동정. thymol 22.01%, T-cardinol 18.5%, 4,5-dimethyl-2-ethylphenol 13%이 주성분. 그 외 8,10,14-trimethyl-2-pentadecane 4.8%,(-)-spathulenol 4.5% 및 caryophyllene oxide 4.1%(Touafek O, 2005).

② Brazil의 *H. brasiliens* 정유의 주성분은 sesquiterpene 98.14%, β-caryophyllene 29.53%, oxygenated sesquiterpene 12.7%, caryophyllene oxide 9.95%, *H. perforatum* 성분과 유사하였다(Abreu IN, 2004; Ferreira A, 2006).

③ Greece의 *Hypericum perfoliatum*(Hp), *H. tetraterum*(Ht), *H. olymicum*(Ho)의 정유는 Hp에서 α-pinene 21%, 2-methyloctane 12.6%, Ht는 α-copaene(11.3%), α-longipinene 9.7%, Ho에 germacrene D 16.0%,(E)-caryophyllene 7.4%가 주성분(Pavlovic M, 2006).

④ Iran의 *Hypericum scabrum* flowering aerial part에서 85물질을 분리동정. 주요 물질은 α-pinene 45.3%, n-nonane 5.6%, thymol 5.3% 등이, 지상부 정유는 33 monoterpenoid 68.5%, 34 sesquiterpenoid 7.4% 및 18 non-terpenoid 12.5% 또 *H. androsaemum* L. 잎의 정유 주성분은 caryophyllene oxide 3.8%, ishwarane 30.5% 및 humulene epoxide H 5.6%, 꽃의 정유성분은 α-guaiene 40. 2%, caryophyllene oxide 28.0% (Morteza-Semnani K, 2005, 2006).

⑤ Italy Calabria의 *H. triquetrifolium* 꽃과 잎 정유성분은 n-nonane 8%, 15%, β-pinene 8%, 4%, α-pinene 13%, 10%, myrcene 16%, 5%, β-caryophyllene 5%, 11%, germacrene D 10%, 13%, sabinene 13%, 3% 및 caryophyllene oxide 5%, 12% (Bertoli A, 2003; Ferretti G, 2005)).

⑥ Serbia의 *H. hirsatum* 정유에서 27성분을 동정, non-terpene compound 46.6%로 가장 많았고, monoterpene 1.3%로 낮았다. 주성분은 n-undecane 32.2%, patchoulene 11.8%, caryophyllene oxide 9.3%(Gudzic BT, 2007).

⑦ Turkey의 *H. scabrum*(Hs)과 *H. perforatum*(Hp)의 지상부 정유는 Hs에서 α-pinene 71.6%, β-caryophyllene 4.8%, myrcene 3.8%, cadalene 3.4%, β-pinene 2.9%, Hp에서 α-pinene 61.7%, 3-carene 7.5%, β-caryophyllene 5.5%, myrcene 3.6%, cadalene 3.2%였다(Cakir A, 1997).

효능과 이용

1) 식용: 허브차로 마시면 상쾌해진다.

2) 약용: 향기가 있을 뿐 아니라 탄닌과 수지, 정유 등이 함유되어, 옛부터 베인 상처에 이용하였고 지금도 살균작용이 인정되어 잎과 꽃을 올리브유 등 식물유로 추출한 정유는 외용약으로 신경통, 특히 좌골 신경통에 바르며 타박상에도 이용한다. 씨를 달여 히스테리, 우울증, 신경통, 생리통, 위·장염, 불면증, 두통의 치료제, 이뇨제로도 쓰인다. 어린이의 야뇨증에도 효과 있다. 꽃은 강장 효과도 뛰어나 허브차로 감기, 기침, 폐렴 등에 복용한다. 또 우리나라에서도 유사식물인 물레나물이나 고추나물 등을 식용 및 민간 약으로 이용하고 있다.

3) 기타: 오늘날에는 꽃을 따서 치약, 화장수 등도 만들며 꽃은 적색 염료이나 크롬을 매염제로 쓰면 오렌지색의 염료가 된다. 꽃잎 즙은 외용 외에 적색 염료로, 화주(火酒)의 착색제로도 이용한다.

★ 만성우울증 환자에는 이용을 삼가한다.

참고 문헌

1) 김금숙, 이승은, 이희주, 등. **약용작물학회지** 2004 12(1) 1(식물자원의 prolyl endopeptidase 저해 활성 탐색-매실, 물레나물 노루발, 보리수 나뭇잎)

2) 김선희, 정영재, 안준철, 황백. **약용작물학회지** 2005 13(3) 101[고추나물(*Hypericum erectum* Thunb.)의 Hypericin 함량]

3) 박진홍, 김대호, 최근표, 등. **약용작물학회지** 2004 12(4) 304(고추나물의 면역활성)

4) 조영제, 천성숙, 윤소정, 김정환. **응용생명화학회지** 2005 48(1) 65[St. Jonh's wort(*Hypericum perforatum* L.)의 생리 활성 효과]

5) 조영제, 천성숙, 윤소정 등, **응용생물화학회지** 2005 48(2) 161(Herb 식물로부터 *Helicobacter pylori*에 대한 항균효과 탐색-lavender, sage, rosemary, lemon grass, rue, oregano, St. John's Wort 등 12종)

6) 채성욱, 이소영, 김주선, 등. **생약학회지** 2006 37(3) 162[물레나물(*Hyericum*

ascyron)의 성분]

7) Abreu IN, Reis MG, Marsaioli AJ, Mazzafera P. *Flavour Fragr J* 2004 19 80 (Essential oil composition of *Hypericum brasiliense* choise)-Brazil

8) Berghöfer R, Hölzl J. *Planta Med* 1987 53 216(Biflavonoids in *Hypericum perforatum* part 1, Isolation of I3, II18-Biapigenin)

9) Bertoli A, Menichini F, Mazzetti M, et al. *Flavour Fragr J* 2003 18 91(Volatile constituents of the leaves and flowers of *Hypericum triquetrifolium* Turra)

10) Butterweck V, Jürgenliemk G, Nahrstedt A, Winterhott H. *Planta Med* 2000 66 3 (Flavonoids from *Hypericum perforatum* show antidepressant activity in the forced swimming test)

11) Butterweck V, Bockers T, Korte B, et al. *Brain Res* 2002 930 21(Long-term effects of St. John's Wort and hypericin on monoamine levels in rat hypothalamus and hippocampus)

12) Cakir A, Duru ME, Harmandar M, et al. *Flavour Fragr J* 1997 12 285[Comparison of the volatile oils of *Hypericum scabrum* L. and *H. perforatum* L. from Turkey]

13) Cakir A, Mavi A, Yildirim A, et al. *J Ethnopharmacol* 2003 87 73(Isolation and characterization of antioxidant phenolic compounds from the aerial parts of *Hypericum hyssopifolium* L. by activity-guided fractionation)

14) Carnduff J, Hargreaves KR, Nechvatal A. *Phytochemistry* 1966 5 1029(Constituents of the *Hypericum androsaemum*)

15) Couladis M, Baziou P, Petrakis PV, Harvals C. *Flavour Fragr J* 2001 16 204 (Essential oil composition of *Hypericum perfoliatum* L. growing in different locations in Greece)

16) Cukir A, Kordali S, Zengin H, et al. *Flavour Fragr J* 2004 19 62(Composition and antifungal activity of essential oils isolated from *Hypericum hyssopifolium* and *H. heterophyllum*)

17) Decosterd L, Hoffmann E, Kyburz R, et al. *Planta Med* 1991 57 548(A new phloroglucinol derivative from *Hypericum calycium* with antifungal and in vitro

antimalarial activity)

18) Decosterd LA, Stoeckii-Evans H, Chapuis J-C, et al. *Helv Chim Acta* 1989 72 464 (New hyperforin derivatives from *Hypericum revolutum* Vahl. with growth-inhibitory activity against a human colon carcinoma cell line)

19) Ferraz ABF, Limberger RP, Bordignon SAL, et al. *Flavour Fragr J* 2005 20 335 (Essential oil composition of six *Hypericum* species from Southern Brazil)

20) Ferreira A, Proenca C, Serralheiro MLM, Araujo MEM. *J Ethnopharmacol* 2006 108 31(The in vitro screening for acetylcholinesterase inhibition and antioxidant activity of medicinal plants from portugal-Melisa, Lavender, Hypericum)

21) Ferretti G, Maggi F, Tirillini B. *Flavour Fragr J* 2005 20 295(Essential oil composition of *Hypericum richeri* Vill. from Italy)

22) Gudzic B, Djokovic D, Vajs V, et al. *Flavour Fragr J* 2002 17 392(Composition and antimicrobial activity of the essental oil of *Hypericum maculatum* Crantz)

23) Gudzic B, Dordevic S, Palic R, Stojamovic G. *Flavour Fragr J* 2001 16 201 (Essential oils of *Hypericum olympicum* L. and *H. perforatum* L.)

24) Gudzic BT, Smelcerovic A, Dordevic S, et al. *Flavour Fragr J* 2007 22 42 (Essential oil composition of *Hypericum hirsutum* L.-South-eastern Serbia)

25) Guedes AP, Amorin LR, Vicente MS. *J Agr Food Chem* 2003 51 1399(Essential oil from plants and in vitro shoots of *Hypericum androsaemum* L.)

26) Hakimoglu F, Kizil G, Kamay Z, Kizil M, Isi H. *Atherosclerosis* 2007 192 113(The effect of ethanol extract of *Hypericum lysimachioides* on lipid profile in hypercholesterolemic rabbits and its in vitro antioxidant activity)

27) Jayasuriya H, Clark AM, McChesney JD. *J Nat Prod* 1991 54(5) 1314(New antimicrobial filicinic acid derivatives from *Hypericum drummondii*)

28) Kizil G, Kizil M, Ceken B. *Food Sci Biotechnol* 2009 18(1) 130(Protective ability of ethanol extracts of *Hypericum scabroides* Robson & Poulter and *Hypericum triquetrifolium* Turra against protein oxidation and DNA damage)

29) Kizil G, Toker Z, Özen HC, Ayekin C. *Phytother Res* 2004 18 339(The antimicrobial

activity of essential oils of *Hypericum scabrum*, *H. scabroides* and *H. triquetrifolium*)

30) Li W, Sun YN, Yan XT, et al. *Food Sci Technol* 2013 22(4) 945[Isolation of xanthones from adventitions roots of St. John's wort(*Hypericum perforatum* L.) and their antioxidant and cytotoxic activities]

31) Mathijssen RHJ, Verweij J, de Bruijn P, et al. *J Natl Cancer Inst* 2002 94(16) 1247 (Effects of St. John's wort on Irinotecan metabolism)

32) Moore LB, Goodwin B, Jones SA, et al. *Proc Natl Acad Sci USA* 2000 97 7500(St. John's wort induces hepatic drug metabolism through activation of the pregnaney receptor)

33) Morteza-Semnani K, Saeedi M, Changizi S. *Flavour Fragr J* 2006 21 513(The essential oil composition of *Hypericum scabrum* L. from Iran)

34) Morteza-Semnani K, Saeedi M. *Flavour Fragr J* 2005 20 332(The essential oil composition of *Hypericum androsaemum* L. leaves and flowers from Iran)

35) Mukherjee PK, Suresh B. *J Altern Complement Med* 2000 6(1) 61(The evaluation of wound- healing potential of *Hypericum hookerianum* leaf and stem extracts)

36) Nahrstedt A, Butterweck V. *Pharmacopsychiat* 1997 30 129(Suppl.)(Biological active and other chemical constituents of herb of *Hypericum perforatum* L.)

37) Obach RS, *J Pharmacol Exp Ther* 2000 294 88(Inhibition of human cytochrome p450 enzymes by constituents of St. John's Wort an herbal preparation used in the treatment of depression)

38) Öztürk Y, Aydin S, Beis R, Baser KHC. *Phytother Res* 1996 10 700(Effects of *Hypericum calycinum* L. extract on the central nervous system in mice)

39) Pavlovic M, Tzakou O, Petrakis PV, Couladis M. *Flavour Fragr J* 2006 21 84(The essential oil of *Hypericum perforatum* L. *H. tetrapterum* Fries and *H. olympicum* L. growing in Greece)

40) Pistelli L, Bertoli A, Zucconelli S, et al. *Fitoterapia* 2000 71 S138(Antimicrobial activity of crude extracts and pure compounds of *Hypericum hiricinum*)

41) Rabanal RM, Arias A, Prado B, et al. *J Ethnopharmacol* 2002 81 287(Antimicrobial studies on three species of *Hypericum* from the Canary Islands)

42) Rocha L, Marston A, Potterat O, et al. *Phytochemistry* 1995 40(5) 1447 (Antibacterial phloroglucinols and flavonoids from *Hyperieum brasiliense*)

43) Santos PAG, Figueiredo AC, Barroso JG, et al. *Flavour Fragr J* 1999 14 283 (Composition of the essential oil of *Hypericum foliosum* Aiton from five Azoreani islands)

44) Silver BA, Dias ACP, Ferreres F, et al. *Neurotox Res* 2004 6(2) 119(Neuroprotective effect of *H. perforatum* extracts on β-amyloid-induced neurotoxicity)

45) Silver BA, Ferreres F, Malva JO, Dias ACP. *Food Chem* 2005 90 157 (Phytochemical and antioxidant characterization of *Hypericum perforatum* alcoholic extracts)

46) Stevinson C, Ernst E. *Eur Neuropsychopharmacol* 1999 9 501(*Hypericum* for depression an update of the clinical evidence)

47) Sugimoto K-I, Ohmori M, Tsuruoka S, et al. *Clin Pharmacol Ther* 2001 70 518 (Different effect of St. John's wort on the pharmacokeinetics of simastatin and paravastin)

48) Takahasi I, Nakanishi S, Kobayashi E, et al. *Biochem Biophys Res Com* 1989 165(3) 1207(Hypericin and pseudohypericin specifically inhibit protein kinase C: Possible relation to their anti- retroviral activity)

49) Taker Z, Kizil G, Özen HC, et al. *Fitoterapia* 2006 77 57(Compositions and antimicrobial activities of the essential oils of two *Hypericum* species from Turkey)

50) Touafek O, Nacer A, Kabouche A, Kabouche Z. *Flavour Fragr J* 2005 20 669 (Analysis of the essential oil of Algerian *Hyrpericum perfoliatum* L.)

51) Wang Z, Gorski JC, Hamman MA, et al. *Clin Pharmacol Ther* 2001 73 317[The effects of St. John's wort(*Hypericum perforatum*) on human cytochrome P450 activity]

52) You M-K, Rhuy J, Jeong KS, et al. *Nutr Res Proct* 2014 8(3) 292[Effect of St. John's wort(*Hypericum perforatum*) on obesity, lipid metabolism and uterine epithelial proliferation in ovariectomized rats]

53) Zhang W, Lawa RE, Hintona DR, et al. *Cancer Lett* 1995 96 31(Growth inhibition and apoptosis in human neuroblastoma SK-N-SH cell induced by hypericin a potent inhibitor of protein kénasec)

54) Zou Y, Lu Y, Wei D. *J Agr Food Chem* 2004 52 5032(Antioxidant activity of a flavonoid-rich extract of *Hypericum perforatum* L. in vitro)

8 꽃향유

Elsholtzia splenens

꿀풀과
(Labiatae)

Aromatic madder(英)
Hana-naginata-koju(日)

원산지: 서남부 아메리카

용도: 식용·약용·향료용 – 지상부

식물학적 특성

중부 이남에 키 50cm 자라는 1년초. 줄기는 네모. 가지가 많이 남. 잎은 대생. 잎자루가 길고, 난형. 가장자리에 둔한 톱니. 분홍 자주색 꽃은 줄기 한쪽에 몰린 빽빽한 이삭화서. 상순꽃잎은 오목하고 하순꽃잎은 3갈래. 열매는 소견과. 향유에 비해 꽃이 크고 아름다움.

동속식물로는 향유(*E. ciliata*)와 좀향유(*E. minima*)등 약 4종이 있다(Lee, NY, II, p165).

특수성분

꽃향유 전초에서 Furane, Pinene(P-01320), Elsholtzia ketone(E-00191), Elsholtzianic acid(E-00191), Furylmethylketone(H-01193), Furylpropylketone, Furylisobutylketone, *E. ciliate*에서 2-Acetyl-3-methylfuran(A-00251), Dehydroelsholtzione(E-00191), *E. cristata*에서 Elsholtzione(E-00191), *E.*

*decsa*에서 Elsholtzidiol(E-00191), *E. oldhami*에서 Dehydroelsholtzione (E-00191) 등이 규명.

향유에서 2-Acetyl-3-methylfuran(A-00251) Dehydroelsholtzione(E-00191)와 Elsholtzione(E-00191), β-Sitosterol(E-01661), α-Pinene(P-01320), Cineole(E-01060), Isobutylisovalerate(M-00836), Ursolic acid(H-03166), Camphor(C-00194), p-Cymene(I-00717), Isovaleric acid(M-00836), 꽃향유(*E. splendens*)의 정유성분은 Carvacrol(I-00737), Thymol(I-00735), p-Cymene(I-00717), γ-Terpinene(M-00476), α-Caryophyllene(C-00482), α-Phellandrene(M-00477), Elsholtzia ketone(E-00191)이 분리규명되었다 (DNP p543).

생리활성

일반생리활성: 향유와 꽃 향유의 생리활성을 검토한 결과, 진통작용(초산법)은 두 시료 모두 인정되었고, 부종억제, trypsin 저해활성 등은 향유보다 꽃 향유에서 더욱 강하였다. 해열 효과는 두 시료 모두 2, 3시간 후 나타났고, 항균 효과는 *Pseudomonas aeruginosa, Shigella flexnerion*에 강하였으며, *B. subtilis, St. arueus, Sal. typhi*에 약한 항균성을, *E. coli*와 *Shigella sonnei*에는 항균성이 없었으나, *Klebsiella pneumoniae*에 오히려 성장 효과가 있었다. 이러한 작용들은 향유보다 꽃 향유가 강하였다(Youn, JS, 1992).

기억력감소완화-정유: 향유의 정유를 분석한 결과, 21종 물질을 얻었고, 전반적으로 monoterpene류가 sesquiterpene보다 많았다. Monoterpene중 carvone(peak면적 26.180%), eucalyptol 0.680%, linalool 0.526%, camphor 2.304%, borneol 9.974%, dihydrocarveol 3.296%, carvone 26.180%, α-citral=geranial 4.025%, geranic acid 2.961% 등. Sequiterpene으로는 α-humulene 0.918%,(-)-spathulenol 0.974%, α-caryophyllene oxide 2.014%, globulol 1.362%, β-caryophyllene oxide 0.750% 등이 확인. 또 향유 정유의 특징성분은 1-octen-3-ol, acetophenone, butylated hydroxytoluene. 이 정유의 AChE와 BChE에 대한 억제 효과는 IC_{50}

42.37μg/mL, 121.34μg/mL로 Alzheimer 질환에서 기억력 감소를 어느 정도 회복시킬 수 있다 생각되었다. Acetylcholine(ACh)는 뇌내에서 기억에 필요한 신경전달 물질로 치매질환의 하나인 Alzheimer's disease는 이것의 부족으로 기억장애가 일어나는 질환. AChE 및 butylcholinesterase(BChE) 억제제를 검색, Alzheimer's disease 치료 약물로 개발에 유용성을 보였다 (Song, B-M, 2016-226)

DMBA 유도-산화 Stress보호효과: 꽃향유 꽃 EtOH(시료)의 DMBA-유도 산화적 stress에 대한 항산화 방어계에 대한 연구로, 시료를 흰쥐에 10mg과 50mg/kg(bwt)를 5주간 투여하였고 흰쥐에 DMBA(7,12-dimethylbenz[a] anthracene) 34mg/kg(bwt)을 주 2회 위내에 2주간 투여하였다. DMBA 단독투여군에서 산화 stress biomarker(TBAR치, carbonyl 함유량, 혈청 8-OH-dG)는 현저히 증가하였으나, 항산화 효소는 저하되었다. 시료는 TBAR치와 carbonyl함량 모두 현저히 재저장 되었고 증가된 8-OH-dG은 더 많은 량에서만 감소하였다. DMBA 유도로 catalase와 SOD활성은 ESE의 대조량에 근사하였다. GSH-px와 G-reductase 활성은 GSH/GSSG 비와 같이 고농도에서 시료에 의해 현저히 영향을 받았다. 시료는 DMBA 유도 산화 stress에 보호 역할을 하는 것으로 생각되었다(Choi, EJ, 2008-1341).

항산화 특성: 꽃향유 꽃 EtOH ex의 항산화활성을 chinese hamster ovary CHO-K1 세포에서 관찰하였다. 시료 12.5μg/mL의 저농도에서 세포증식을 촉진시켜 시료 1-20μg/mL에서 Cu/Zn-superoxide dismutase와 Mn-SOD의 mRNA expression이 현저히 농도 의존적으로 유도되었다. Catalase에서 시료는 반대작용을 보여 저농도에서는 감소, 고농도에서는 상승효과를 보였다. 이로써 시료의 성분들이 강력한 항산화성을 보였다(Choi, EJ, 2007).

항균·항산화활성-국산 꽃향유 정유특성①: 국내 8개 지역에서 수집한 꽃향유의 정유성분을 분석, 화학형으로 분류, 이들 화학형 성분이 항산화작용과 식품부패균 억제효과를 알고자 하였다. 정유성분 분석 결과, 3개의 화학형으로 구분. 제1화학형은 주성분 dihydrotaketone(DT type), 개화기를 기준하여 꽃향유의 개체에 따라 naginatketone(NK type)두 성분은 종자세대

후에도 KT type은 elsholtzia ketone(EK type)이 주성분으로, NK type은 제2화학형, EK type은 제3화학형으로 구분. 항산화 효과는 6mg/L에서 나타났고 동농도에서 DT〉NK〉EK순의 항산화능을 보였다. NK type은 *Streptomyces*와 *Bacillus*에서, EK type은 *Streptomyces*와 *Pseudomonas*에 강한 항균성을 보였다.

항염증활성①: 꽃향유는 북동아시아에서 민간약으로 감기, 두통 및 염증에 쓰였고, 근래에는 몇 동물 model에서 항염증과 통증에 대하여 연구되고 있다. 꽃향유 지상부의 75% EtOH ex가 arachidonic acid-유도와 같이 파두기름 유도 귀 부종을 현저히 억제하였다[croton oil-유도(400mg/kg)염증을 44.6% 억제]. 이 식물 물질은 3일간 아급성 염증 동물 model에서 phorbol ester와 복합처리로 귀 염증을 현저히 억제시켰다. 또 향유는 mouse의 식초산 유도 통증에 현저한 진통 효과를 보였으며(400mg/kg에서 50% 억제) 이는 indomethacin(5mg/kg)이 95% 억제와 같은 효과였다. 향유(5-100μg/ml)는 lipopolysaccharide-처리 RAW 264.7 세포의 cyclooxygenase-2 pre-induced에 의해 PGE2 생성을 현저히 억제함은 cyclooxygenase-2 억제가 세포의 항염 기전의 하나라 생각되었다(송송이, 2004; Kim, DW, 2003).

항균활성②: 향유 지상부에서 수증기 증류한 정유성분을 GC/MS로 분석, 43종의 화합물을 얻어 분석한 결과, dehydroelsholtzia ketone 56.81%, elsholtzia ketone 30.05%가 정유의 주성분이었다. 정유성분의 항균활성은 *Streptococcus pneumoniae*(Stp), *Staphylococcus aureus*(Sta), *Samonella enteritidis*(Sae) 및 *S. typhi*(St)에 대하여 활성을 보였다. MJCs 는 2mg/mL와 16mg/mL 사이로 실험 균에 대하여 현저한 억제활성을 보였다. 더구나 Stp와 Sta에 대해 Sae보다 강한 항균활성을 보였다(신승원, 2010).

생리활성-향기성분: 향유의 정유성분인 absolute 및 oleoresin을 추출 분리, 동정하였고, 지질 과산화 억제활성, 세포독성, 돌연변이 유발성 검정 및 거담효과 등 생리활성을 조사하였다. 향유의 정유성분 수율은 0.34%로 naginate ketone 29.73%와 elshotlizia ketone 14.37%가 가장 많았고, 향유의 absolutes의 수율은 11.33%, methyl linolenate 12.07%, palmitic acid

10.46%였다. 향유의 oleoresins의 수율은 15.24%, 9, 12, 15-octadecatrienoic acid가 18.62%로 가장 많았다. 세가지 지질 과산화 억제활성 시험에서 향유의 정유성분과 oleoresins을 200μg/mL에서 지질 과산화를 억제하였으나, absolutes는 같은 농도에서 지질 과산화를 억제하지 못하였다. 향유의 정유성분과 oleoresins은 24시간에서 EC_{50}이 25μg/mL 이하 농도에서만 약간의 세포독성이 있었으며, absolutes 와 oleoresins는 고농도에서도 돌연변이 유발성과 항균성이 나타나지 않았으나, 정유성분은 500μg/plate 이상 처리 시 돌연변이 유발성 뿐 아니라 항균성도 있었다. 향유의 정유성분과 oleoresins는 약간의 거담효과도 있는 것으로 판단되었다 (정재훈, 2004; Jeong, JH, 2005-500).

월경전 증후군완화-향유: 월경전 증후군은 가임기의 여성에게 대부분 나타나는 만성적 증상이다. 주 증상은 우울, 불안, 긴장, 조절의 결핍, 유방통이다. 월경전 증후군에 30명 중 20명에서 3개월 이상, 방향성 식이 꽃향유와 엉겅퀴섭취가 효과가 있었다. 꽃향유 캡슐 섭취군에서 엉겅퀴 캡슐 섭취군보다 우울, 불안이 현저히 감소되었다. 특히 꽃향유 캡슐 섭취군에서 월경전 증후군의 불안정성이 현저히 감소하였다. 이상의 결과로 꽃향유는 월경전 증후군 완화에 효과적인 물질로 생각되었다(Chung, MS, 2010).

지질대사·간독성-꽃향유: 꽃향유꽃 추출물(시료)의 혈청지질 양상과 간독성에 대하여 관찰하였다. ICR mice(♀)에 시료 10, 20mg/kg·bw를 50일간 경구투여한 결과, TG와 LDL-cholesterol이 용량 의존적으로 감소 효과가 있었다. 더구나, 시료는 LDL 산화를 연장시켰다. ICR mice에 시료 10, 50mg/kg·bw. 경구투여에서 혈청 asparatate aminotransferase(AST)와 lactic dehydrogenase(LDH)를 현저히 증가시켰으며, 총단백, 알부민, 크레아틴, alanine aminotransferase(ALT)도 증가되었으며, 총 bilirubin은 변화가 없었다. 그러므로 꽃향유 꽃 추출물은 간독성이 좀 있으나 인간 건강에 유용하리라 생각되었다(Choi, EJ, 2008-413).

휘발성향기성분-꽃: 꽃향유 꽃의 향기성분을 SPME로 추출, GC/MS로 분석한 결과, 1종 aldehyde, 5종 alcohol, 3종 hydrocarbon, 17종 terpene hydrocarbon, 3종 ketone, 기타 1종 총 30종이 확인, CAR/PDMS fiber 흡착법에 의한 향기성분은 SPME법과 큰 차이 없었다. 주요 향기성분은 elsholtzia ketone과 naginata ketone이었다(Lee, SY, 2005).

향기성분-꿀풀과 5종식물: 꽃 향유, 향유, 형개, 배초향, 들깻잎 5종을 SPME와 SDE로 분석한 향기성분을 비교하였다. 꽃향유의 향기성분은 48개 peak 중 40개가 확인, 그중 elsholtziaketone(52.48%). naginataketone(30.37%)가 주성분이었고, 들깻잎에서도 elsholtziaketone이 분리되었다. 5종의 꿀풀과 식물의 향기 구성 성분은 linanool, limonene, citrol, trans-geraniol 등의 monoterpene alcohol, monoterpene aldehyde 및 ketone과 trans-caryophyllene, δ-candinene 등의 sesquiterpene이 주였다.

휘발성 향기성분: 꽃향유의 휘발성 향기성분을 SDE 및 HS-SPME 법으로 추출 후, GC-MSD로 분석동정하였고, GC-O로 aroma-active compound를 확인하였다. SDE법으로 꽃에서 aldehyde 3종, alcohol 7종, hydrocarbon 11종, ketone 5종 기타 4종 등 30종이 확인되었다. PDMS fiber 사용 HS-SPME 법으로 꽃과 잎에서 aldehyde가 검출되지 않았으며, alcohol 3종, hydrocarbon 18종, ketone 3종 및 기타 2종의 총 26종이 확인. 잎에서 alcohol 7종, hydrocarbon 15종, ketone 7종, 기타 2종 총 31종이 확인되었다. 주요 향기성분으로 elsholtzaketone과 naginataketone은 SDE법과 HS-SPME법 모두에서 확인. 꽃과 잎 부위에서 상대적으로 양이 많았다. 향기성분 분석에서 SDE 및 PDME fiber 사용 SPME 법의 주요한 차이를 비극성인 SPME fiber에서 비극성물질 aldehyde가 확인되지 않은 점이다. 또 GC-O 분석으로 elsholtzaketone과 naginataketone이 강한 운향(rue-like)을 지니며, 톡쏘는 듯한 향신료의 향이 있는 것으로 확인되었다. 따라서 elsholtzaketone과 naginataketone이 꽃향유 특유의 향 발현에 기여하는 것으로 판단되었다(Lee, SY, 2005; Chung, MS, 2010; Choi, HS, 2008).

Flavonoids: 향유에서 apigenin, apigenin 7-glucoside, luteolin 7-glucoside, apigenin 4′-glucoside 등 flavonoid가 분리되었고, essential oil에서는 elshotziaketone이 동정되었다(Lee, YH, 1988; 박정희, 1985).

정유성분-조직배양: 향유의 정유는 꽃 1.50%, 잎 1.20%, 줄기 1.04%였고, 향유의 정유성분을 GC/MS 및 GC 로 분석한 결과, 주 정유성분은 naginata ketone 이었고, 꽃, 잎, 줄기의 정유성분 pattern 은 서로 비슷하였다. Callus 배양에서 NAA첨가는 2,4-D 첨가보다 성장이 빨랐고, 더 많은 정유를 얻었으나, 정유성분은 다른 성분 양상을 보였다. Callus와 모식물체의 공통 정유성분은 β-caryophyllene 이었다(Chi, HJ, 1992; 장정인, 1991).

효능과 이용

1) 효능: 해열, 발한, 수종(水腫), 엽병을 하제 수렴, 복통, 이뇨, 코피, 오심, 일사병 등에 효과.

2) 식용: 향미가 있어 어린잎을 나물, 튀김, 볶음, 국거리로, 꽃과 잎은 건강주를 담근다.

3) 약용: 한방에서는 복통, 신장병, 하리, 수종, 각기에 쓴다. 민간에서는 콜레라, 전염병, 설사, 위통, 빈혈, 황달에, 또 이뇨작용에도 쓰며 요통, 류머티즘에는 전초를 면포에 20-50g을 넣고 목욕하며, 위액분비 촉진, 해열작용이 있어 위염, 토사곽란, 오한, 발한, 지혈 등에도 쓴다.

4) 기타: 목욕제나 양치질의 향료로 이용된다.

참고 문헌

1) 박정희, 우원식, 신국현. **생약학회지** 1985 16 43(향유의 Flavonoid 성분 연구)

2) 송송이, 채영암. **약용작물학회지** 2004 12(6) 459(국내 수집종 꽃향유의 정유성분특성-항산화, 항균활성)

3) 신승원. **약학회지** 2010 54(2) 122(향유지상부의 정유의 수종 항생제 내성 병원성 균주에 대한 억제효과)

4) 장정인, 신순희, 지형준. **생약학회지** 1991 22(1) 69(향유의 정유분석 및 조직배양)

5) 정재훈, 임홍빈. **약용작물학회지** 2004 12(6) 463(향유의 향기성분 분석 및 생리활성 검정)

6) 정찬조. 자생식물보존회 1992 25 312[향유(*Elsholtzia ciliata*)]

7) Ateeque, A. Siddiqui, M S, Misra, L N. *Phytochemistry* 1988 27 1065(Composition of *Elsholtzia polystachya* leaf essential oil)

8) Chang, Y D, Song, J S, Lee, J S. *J Kor Soc Hort Sci* 2003 44 936(Effect of temperature and day length on growth and flowering of *Elsholtzia Splendens* 'Jahyang')

9) Chi, H J, Shin, S, Chang, J I. *Kor J Pharmacogn* 1992 23 77(Analysis of essential oils from *Elshultzia ciliata* and the production of essential oils by tissue cultures)

10) Choi E J, Kang, E J, Lee, Y S, Kim, G H. *7th International Conference and Exhibition Nutraceutical and functional Food* 2006 Nov. 5-8 Reno NY USA Worldnutra College Station TX USA[Pro-apoptotic activity of *Elsholtzia splendens* extract in human breast cancer MDA-MB-453 cells(abstract no. 59)]

11) Choi, E J, Kim, G-H. *Food Sci Biocheothnol* 2008 17(2) 413(Effect of *Elsholtzia splendens* extracts on the blood lipid profile and hepatotoxicity to the mice)

12) Choi, E J, Kim, T, Kim, G-H. *Food Sci Biotechnol* 2008 17(6) 1341(Antioxidant effects of *Elsholtzia splendens* extract on DMBA-induced oxidative stress in mice)

13) Choi, E J, Lee, Y S, Kim, G H. *Food Sci Biotechnol* 2007 16(3) 489(Antioxidative characteristics of extracts from aromatic herb *Elsholtzia splenders*)

14) Choi, H S, Min, K C. *Flavour Frag J* 2008 23 58(Aroma-active compounds of *Elsholizia splendens* using AEDA and HS-SPME-GC-O dilution analysis)

15) Chung, M S, Kim, G H. *Nutr Res Pract* 2010 4(4) 290(Effects of *Elsholtzia splendens* and *Cirsium japonicum* on prementrual syndrome)

16) Chung, M S, Lee, M S. *Kor J Soc Food Cookery Sci* 2002 18 455(Development of *Elsholtzia splendens* flavored oils and analysis of flavor pattern using electronic nose)

17) Chung, M S, Lee, M S. *Kor J Soc Food Cookery Sci* 2003 19 79(Analysis of volatile compounds in *Elsholtzia splendens* by solid phase micro extraction)

18) Dembitskii, A-D, Kalinkina, G-I, Bergaliev, E-S. *Chem Nat Compd* 1993 29 733(A

new triterpene ketone, a component of essential oil of *Elsholtzia ciliata*)

19) Dung, N X, Hai, P A. *J Essential Oil Res* 1986 8 107(Composition of the essential oils from the aerial parts of *Elsholtzia ciliata*(Thunb.) Hyland from Vietnam)

20) Jeong, J H, Lim, H B. *Anal. Sci. Technol* 2005 18 500(The Chemical composition and biological activities of volatile flavor components *Elsholtzia splendens*)

21) Jiang, L Y, Yang, X E, He, Z L. *Chemosphere* 2004 55 1179(Growth response and phytoextraction of copper at different levels in soils by *Elsholtzia splendens*)

22) Kim, D W, Son, K H, Chang, H W, et al. *Arch Pharm Res* 2003 26 232(Anti-inflammatory activity of *Elsholtzia splendens*)

23) Kim, H-Y, Yoo, J-S, Lee, H-S, et al. *Exp Biol Med*(Maywood) 2011 236 1070 (*Elsholtzia ciliata* inhibits mast cell-mediated allergic inflammation: role of calcium, p38 mitogen-activated protein kinase and nuclear factor-κB)

24) Kim, T-W, Kim, Y-J, Seo, C-S, et al. *Phytomedicine* 2016 23 331[*Elsholtzia ciliata*(Thunb.) Hylander attenuates renal inflammation and interstitial fibrosis via regulation of TGF-β and Smad3 expression on unilateral ureteral obstruction rat model]

25) Kobold, U, Vostrowsky, O, Bestman, H. J, et al. *Planta Med* 1987 55 268 (Terpenoids from *Elsholtzia* species, 2. Constituents of essential oils from a new chemotype of *E. crestata*)

26) Lee, B K, Bang, J K, Kim, J K, et al. *Treat Crop Res* 2000 1 425(Chemotaxanomy based on essential oil composition in *Elsholtzia ciliata* and *Agastsche rugosa* by SDE and head space)

27) Lee, B K, Bang, J K, Kim, J K, et al. *Kor J Intl Agr* 2000 13 71(Chemotaxanomy of essential oils in *Elscholtzia ciliata* and *Agastache rugosa*)

28) Lee, S Y, Chung, M S, Kim, M K, et al. *Kor J Food Sci Technol* 2005 37 339 (Volatile compounds of *Elsholtzia splendens*)

29) Lee, Y H, Lee, I R, Won, W S, et al. *Arch Pharm Res* 1988 11 247(Flavonoids of *Elscholtzia cristata*)

30) Ling, H, Lou, Y. *J Ethnopharmacol* 2005 101 169(Total flavones from *Elsholtzia blanda* reduce infarct size during acute myocardial ischemia by inhibiting myocardial apoptosis in rats)
31) Ling, H, Lou, Y, Wu, H, Lou, H. *Acta Cardiol* 2005 60 295(Total flavones from *Elsholtzia blenda* reduce infarct size and improve heart function during acelte myocardial infarction by inhibiting myocardinal apoptosis in canines)
32) Sohn, K H, Kim, K S. *J Kor Soc Hort Sci* 2003 44 939(Effect of pinching and short-day treatment for heigher, flowering, and essential oil content of potted *Elscholtzia ciliata* and *E. splendens*)
33) Sohn, K H, Song, J S, Chae, Y A, Kim K S. *J Kor Soc Hort Sci* 1998 39 809(The growth and essential oil of *Elscholtzia ciliata* thunb. hylander)
34) Sohn, K H, Song, J S, Chae, Y A, et al. *J Kor Soc Hort Sci* 1999 40 271(The growth and analysis of essential of *Elsholtzia splendens* Nakai)
35) Sohn, K H, Song, J S, Sun, S W, Kim, K S. *J Kor Soc Hort Sci* 2003 44 961(Effects of uniconazde on aromatic compounds of *Elscholtzia ciliata* and *E. splendens*)
36) Song, B-M, Choi, J-S, Park, H-J. *Kor J Pharmacogn* 2016 47(3) 226(Composition and anti-cholinesterase activity of the essential oil obtained from Korean *Elsholtzia ciliata*)
37) Song, J S. *Ph.D Thesis* Seoul Natl Univ Seoul Korea 2000[Chemotaxanomy based on essential oil composition and characteristics of native *Elsholtzia ciliata*(Thunb.)]
38) Song, J, Zhao, F J, Luo, Y M, et al. *Environ Pollut* 2004 128 307(Copper uptake by *Elsholtzia splendens* and *Silene vulgaris* and assessent of copper phytoavailability in contaminated soils)
39) Youn, J S. *J Herbology* 1992 7 33(Comparison study on beneficial effect of *Elsholtzia splendens* and *E. ciliata*)
40) Yun, K S, Hong, J H, Choi, Y H. *Kor J Food Preserv* 2006 13 623(Characteristics of *Elsholzia splendens* extracts on simultanous steam distillation extraction

conditions)

41) Zhu, Y Z, Huang, S H, Tan, B K, et al. *Nat Prod Rep* 2004 21 478(Antioxidants in chinese herbal medicines: a biochemical perspective)

특허

1. 〈특허공개 10-2009-0095156호〉 덕성여자대학교 산업협력단(꽃 향유 추출물을 함유하는 기능성 식품)

2. 〈특허등록 제 958344호〉 덕성여자대학교(자가 세포사멸 효과가 있는 꽃 향유 추출물 및 그의 용도)

3. 〈특허공개 10-2009-0069418호〉 덕성여자대학교(꽃 향유 추출물 및 그 용도)

4. 〈특허등록 제964723 호〉 ㈜사임당 화장품(야생화 추출물을 함유하는 화장료 구성물)

〈조식제, 2, p172〉

9 노간주나무 *Juniperus rigida*

측백나무과
(Cupressaceae)

Needle juniper(英)
Ne-Zu(日)
杜松, 老松(中)

원산지: 북반구

용도: 약용 – 열매
양주의 향료

식물학적 특성

양지바른 산기슭의 석회암 지대에 나는 상록 침엽 교목, 키 8m가량, 잎은 심형, 3개씩 윤생, 길이 12-20mm 세모지고, 표면에 흰색 기공선이 있으며, 횡단면은 삼각형, 수지도는 1개, 열매는 구과, 타원형, 지름 7-8mm, 흑자색.

우리나라에 향나무 *Juniperus chinensis* L., 서양노간주나무(곱향나무) *J. communis* L. 등 4종이 분포한다(Lee, YN, I, p189).

생리활성

Mini-review: *Juniperus oxycedrus* L. ssp *oxycedrus*의 잎과 열매의 정유를 supercritical CO_2로 추출, 잎을 90bar, 50℃에서 0.8% 주요 성분은 germacrene D 15.9%, manolyoxide 10.2% 및 1-epicubenol 5.4%, 열매를 같은 조건에서 수율은 0.45%, germacrene D 13.8%, α-pinene 10.5%, 및 β-myrcene 8.1% 100bar에서 최대 정유는 14.7%, 주요 성분 δ-cadinene, calamenene, cubenol 및 1-epicubenol, 수증기 증류에서 11.0% 정유를 얻었고, sesquiterpene hydrocarbone 감소, oxygenated sesquiterpene은 증가. 잎과 열매 ex는 세포독성, 항virus 및 항미생물활성을 보였고, 200bar 추출물은 single stranded RNA+ virus(poliovirus-1)에 활성을 보였으나, 항미생물활성은 보이지 않았다(Marongju B, 2003-390).

항Polio-virus활성-정유①: *Juniperus oxycedrus* ssp *oxycedrus* 잎과 berry를 supercritical CO_2 ex(SCE). 두 단계 분리, 첫 분리 90bar, -10℃, 둘째 단계 15bar, 10℃, 잎을 90bar, 50℃에서 SCE에서 germacrene D 15.9%, manoyl oxide 10.2%와 1-epicubenol 5.4%. berry oil은 같은 조건에서 germacrene D 13.8%, α-pinene 10.5%와 β-myrcene 8.1%, 기압의 증가에 따라 wood oil 증가, 최대 14.7%(100bar). 주성분은 δ-cadinene, calamenene, cubenol 및 1-epicubenol. 수증기 증류에서 정유는 11.0%. SCE보다 sesquiterpene hydrocarbon은 감소, oxygenated sesquiterpene은 증가. 생리활성의 변화는 항virus 활성은 200 bar에서 특히 RNA-virus인 Poliovirus-1에 활성이 컸으나 antimicrobial activity는 없었다(Marongju B, 2003-148).

항미생물활성-정유②: *Juniperus oxycedrus* L. ssp. *oxycedrus*, *J. phenoicea* ssp. *turbinata* 및 *J. communis* ssp. *communis*의 익은 또 설익은 열매와 잎의 정유를 GC-MS로 분석. 미생물에 대한 활성을 실험하였다. 정유 중 36성분을 동정, 주요 성분은 α-pinene, β-pinene, δ-3-carene, sabinene, myrcene, β-phellandrene limonene 및 D-germacrane을 동정. 정유와 주성분의 항미생물활성을 *Candida albicans*, *St. aureus*, *E. coli* 및 *Pseudomonas aeruginosa*에 대해 별 저해활성은 없었으나, *J. phoenicea*와 *J. oxycedrus*는 *C. albicans*와 *St. aureus*에 좋은 또는 약한 항미생물활성을 보였다(Angioni A, 2003).

항미생물활성-열매③: Juniper berry 정유를 GC/MS로 분석. 주성분은 α-pinene 29.17%, β-pinene 17.84%, sabinene 13.55%, limonene 5.52% 및 mircene 0.33%. 항미생물활성은 16종 bacteria, 7종 yeast-fungi, 3종 yeast 및 4종 dermatophyte strain에 대해 실험. Juniper 정유는 gram(+)와(-)

bacteria에 유사 활성을 MIC 값은 8과 70%, yeast에 대해 강력한 활성을 fungus, yeast 및 dermatophyt에 보였다. 강력한 항fungus활성을 *Candida* spp.에 MIC 0.78-2%, dermatophyte에 MIC 0.39-2% 활성을 보였다 (Pepeljnjak S, 2005).

치매방지-정유: Juniper volatile oil은 불안 완화와 항우울 효과가 있어 편도체에서 amyloid beta(1-42)주사로 oxidative stress를 완화시켜 신경보호 효과를 줄 수 있다. Juniper volatile oil 흡입은 Alzheimer's Disease와 유사한 정신치료가 필요할 때 대체적 또는 일시적 선택으로 예방될 수 있다(Hritcu L, 2014).

항산화활성-잎: 노간주나무 잎을 70% acetone으로 추출, hexane, CH_2Cl_2, EtOAc 및 H_2O로 분획, EtOAc와 H_2O 분획을 분리 정제하여 (+)-catechin, quercetin-3-*O*-α-L-rhamnopyranoside와 isoconiferin을 얻었고, 소량의 umbelliferone과 quercetin-3-*O*-β-D-rutinoside를 분리, 항산화활성을 DPPH radical 소거법으로 측정한 결과 (+)-catechin과 quercetin-3-*O*-α-L-rhamnopyranoside가 우수한 항산화성을 보였다(이상극, 2004).

면역활성비교-노간주나무·유향나무: 노간주나무 열매와 줄기 정유와 유향나무 열매 정유를 초임계 공법으로 추출한 정유의 면역 활성을 실험한 결과 각 정유의 면역 활성은 인체 면역 T세포 성장을 1.33배, 대조군에 비해 향상시켰고, 각 정유는 인체 암세포주(HepG2)에 강력한 저해 효과를 보였다. 인체 면역 세포주 성장과 같이 B세포에서 cytokines인 IL-6와 TNF-α 분비를 증가시켰다(문형철, 2004).

Juniper tar-중독증: Juniper tar(cade oil)은 *J. oxycedrus*의 가지와 목재를 증류, 이에 etheric oil, triterpene 및 phenol 물질들이 함유. 이는 민속약으로 쓰기 위해 만든다. 건강한 남자가 한수저 가득 섭취한 결과, 발열, 심한 저혈압, 신부전, 간중독 및 심한 안면 화상 증상완화 치료에 11일 후 개선되었다(Koruk ST, 2005).

화분민감성: 노간주나무 화분(ceder pollen)은 현저한 allergen으로 New York 서부에서 일반 수목으로 *J. virginiana*, *Thuja oxidentalis*, 피부검사에서

158명은 천식이나 비염 또는 모두, 102명은 skin test에서 양성 반응을 보여, 임상적으로 통계적 유의성을 보였다(Deane PMG, 2005).

지방흡수억제·지방분해효능: 노간주나무 추출물이 pancreatic lipase 활성 억제와, 지방 흡수 억제효과가 있었으며, phosphodiesterase 활성 억제를 통해 지방 분해를 유도하고 hormone senstive lipase(HSL)의 억제와 같은 부작용을 최소화하는 물질로 비만 개선에 효과적인 물질임을 확인. 이로써 노간주나무 추출물은 잠재적 비만 치료제로서 가능성이 충분하다고 판단되었다(이영섭, 2010).

미백효과: 사람 피부는 자외선, 오염된 공기, 화학 제품 등 환경에 노출된다. 특히 자외선은 피부에 다양한 형태로 영향을 주어, 주름, 피부거침, 건조, 등 피부노화를 유발. 노간주나무 열수 추출물(HWE)과 ethanol 추출물(EE)의 tyrosinase 저해활성은 각각 49.4%, 80.0%로 EE가 높았으며, EE는 B16F10(melanona cell)에 대하여 melanin 색소 생성 억제 및 tyrosinase, MITF, TRP-1, TRP-2의 억제 효과를 확인. 이상의 결과로 노간주나무 EtOH ex는 미백효과가 있음으로 미백효과 화장품 소재로의 가능성을 보였다(이수연, 2013).

정유성분-Berry: *Juniperus communis* L.(Greece 야생) berry의 headspace 분석에서 monoterpene hydrocarbon 73.5-93.7%, 수증기 증류 berry 성분은 α-pinene 40.3%, myrcene 10.0%, germacrene D 10.4%, sabinene 3.8%, β-pinene 2.8%, β-caryophyllene 2.6%, α-humulene 1.9%, δ-cadiene 19%이었고(Chatzopoulou PS, 2006). *J. communis*(북 Montenegro)의 잘 익은 berry를 수증기 증류, α-pinene 28.6-38.2%. sabinene 15.7-20.5% 및 myrcene 7.2-18.2%를 얻었다(Damjanovic B, 2006). Flavour fraction 수율은 SC-CO(90bar, 40℃) 추출이 flavour fraction 수율이 HD보다 많았다. 설익은 열매(*J. oxycedrus* ssp. *badia*) 성분은 α-pinene 65%, 중정도의 myrcene, limonene, germacrene D 및 γ-muurolene이었다(Salidio S, 2002).

Labdane diterpenes-열매: *Juniperus communis* L. 열매를 추출 HPLC-UV로 분석, 5개 diterpene을 분리. 새로운 labdane diterpene인 15,16-epoxy-

12-hydroxy-8(17), 13(16), 14-labdatrien-19-oic acid를 동정하였다(Martin AM, 2006).

정유성분-잎: 북인도 평야의 *Juniperus chinensis* 잎 정유는 94.8%, 33성분을 동정; 주성분은 sabinene 19.8%, elemol 18.6%, bornyl acetate 17.5% 및 limonene 14.2%(Raina VK, 2005). *J. communis* 잎 SFC로 추출, 분리동정한 결과, HD법에서 α-pinene과 3-carene이 SCF보다 많았고, SCF(200atm, 45℃) limonene이(350atm, 45℃), α-thoujone과 limonene이 많았고, β-phellandrene은 SFE에서 없었으나 HD에서만 동정되었다(Pourmortazavi SM, 2004). 또 *J. macropoda* 잎 정유 Himalaya의 Hindokhal(H)와 Mussorie(M)에서 H sample에서 β-elemene 42.5%, t-sabinene hydrate 8.8%와 α-cubebene 7.9%, M sample에서 α-thujone 22.6%, biformene 7.7% 및 sabinene 5.8% 분리하였다(Srivastava D, 2005).

정유성분-잎·열매·목재: 야생 *Juniperus communis* L. ssp. *nuda* willd.의 잎, 열매 및 나무의 정유를 HD와 SC-CO_2법으로 추출(90bar, 50℃). 잎 정유는 limonene 36.2%, β-selinene 15.2% 및 α-terpinyl acetate 5.3%, berry oil은 limonene 40.1%, germacrene D 17.2%, α-pinene 4.7%. wood에 limonene 8.9%, α-terpenil acetate 9.7% 및 germacrene D 8.6%, 수율은 잎, 열매, 목재는 각각 0.78 %, 0.70% 및 0.12%. HD 정유 수율은 SC-CO_2 수율과 큰 차이는 없었다(Maronglu B, 2006; Gonny M, 2006).

정유성분-Twigs: Madeira에서 자란 *Juniperus cedrus*의 twigs(작은 기지)의 정유를 GC, GC-MS 및 ^{13}C-NMR로 분석한 결과, monoterpene hydrocarbon 53.1-87.8%. 주요 성분 α-pinene 19.6-55.3 %, limonene 17.3-32.7% 및 △-3-carene 5.5-15.7%. sesquiterpenoid 분획 4.1-22.3%로 E-caryophyllene 1.6-7.4%. sandraracopimaradiene 0.1-6.1%, isoabienol 0.5-1.3% 및 trans-totarol 0.4-2.2% 주요 diterpenoid 2.2-11.9%. oct-1-en-3-ol 1.0-2.2%으로 non-terpenic fraction 1.3-2.7%의 주성분이었다(Cavaleiro C, 2002).

Podophyllotoxin함량: Eastern red ceder(*Jniperus virginiana* L.)에 podophyllotoxin을 함유. Male 미성숙과 성숙잎 및 성숙 female 잎(-1.45mg/

g)에 juvenile 잎(0.60mg/g)보다 현저히 많았다. 1월과 4월에 1.56과 1.45mg/g으로 2월과 6월에 1.06, 108mg/g보다 많았다. Podophyllotoxin은 제약계에서 항암, 류머티스 관절염, genital warts(생식기 표피종양), 건선 및 복합적 경화증(multiple sclerosis) 등의 치료제 생산에 쓰인다(Cushman KE, 2003).

효능과 이용

1) 효능: 거풍(祛風), 제습(除濕), 이뇨(利尿).

2) 약용: 풍습성으로 인한 관절염에 짓찌어 환부에 붙이고, 이뇨작용이 있어 전신에 부종이 있거나 통풍에, 요로 생식기 질환에 응용하며, 심장병이나 간장 질환에 의한 부종에 응용한다. 황색포도상구균을 억제, 또 대장균, 티푸스균, 이질균에 항균효과도 있다.

3) 식용: Juniper berry는 피클의 향료, sauerkraut, 햄, 돼지고기 요리에 향료로 쓰며, 진(gin), 맥주 및 리큐어(liquor)의 향료로, 육류 요리에도 응용한다(Herbs p248).

참고 문헌

1) 문형철, 박진홍, 김대호, 등. **약용작물학회지** 2004 12(3) 243(노간주 나무와 유향나무의 초임계 공법으로 추출한 정유의 면역 활성 비교)

2) 이상극, 김진규, 함연호, 배영수. **목재공학** 2004 32(1) 59[노간주 나무(*Juniperus rigida* S. et. Z.) 잎의 추출성분과 항산화성]

3) 이수연, 전혜자, 이인철, 이진영. **생명과학회지** 2013 23(12) 1445[Melanoma 세포(B16F10)에서 노간주 나무의 tyrosinase, MITF, TRP-1 및 TRP-2 발현 저해능]

4) 이영섭, 김정현, 김효준, 등. **생약학회지** 2010 41(3) 216(노간주 나무 EtOH 추출물의 지방 흡수 억제 및 지방 분해 효능)

5) Adams RP, Barrero AF, Lara A. ***J Essen Oil Res*** 1996 8 367[Comparison of the leaf essential oil of ***Juniperus phoenicea***, ***J. phoenicea*** subsp. ***eumediterranea*** Lebr. and Thiv. and ***J. pheonicea*** var. ***turbinata***(Guss.) Parl.]

6) Angioni A, Barra A, Russo MT, et al. *J Agr Food Chem* 2003 51 3073(Chemical composition of essential oils of *Juniperus* from ripe and unripe berries and leaves and their antimicrobial activity)

7) Angioni A, Barra A, Russo Mt, et al. *J Agr Food Chem* 2003 51 3073(Chemical composition of the essential oils of *Juniperus* from ripe and unripe berries and leaves and their antimicrobial activity)

8) Bello R, Moreno L, Beltran B, et al. *Phytother Res* 1997 11 161(Effects on aterial blood pressure of methanol and dichloromethanol extracts from *Juniperus oxycedrus* L.)

9) Cavaleiro C, Salgueiro L, Barroso JG, et al. *Flavour Fragr J* 2002 17 111 (Composition of the essential oil of *Juniperus cedrus* Webb & Berth grown on Madeira)

10) Chatzopoulou PS, Katsiotis ST. *Flavour Fragr J* 2006 21 492[Headspace analysis of the volatile constituents from *Juniperus communis* L. 'berries'(cones) grown wild in Greece]

11) Cushman KE, Magbool M, Gerard DD, et al. *Planta Med* 2003 69 477(Variation of podophyllotoxin in leaves of eastern cedar(*Juniperus* virginiana)

12) da Silva JA, Pedro LG, Santos PAG, Figueiredo C, et al. *Flavour Fragr J* 2000 15 31(Essential oils from seven population of *Juniperus brevifolia*(Seub.) Antonie, an endemic species of the Azores)

13) Damjanovic B, Skala D, Baras J, et al. *Flavour Fragr J* 2006 21 875(Isolation of essential oil and supercritical CO2 extract of *Juniperus communis* L. fruits from Montenegro)

14) Deane PMG. *Allergy Asthma Proc* 2005 26 352(Conifer pollen sensitivity in western New York; cedar pollens)

15) Filipowicz N, Kaminski M, Kurlenda J, et al. *Phytother Res* 2003 17 227 (Antibacterial and antifungal activity of *Juniper* berry oil and its selected components)

16) Giri A, Narasu ML. *Cytotechnol* 2000 34 17(Production of podophyllotoxin from *Podophyllum hexandrum*, A potential natural product for clinically useful anticancer drugs)

17) Gonny M, Cavaleiro C, Salgueiro L, Casanova J. *Flavour Fragr J* 2006 21 99 (Analysis of *Juniperus communis* subsp. *alpina* needle, berry, wood and root oils by combination of GC, GC/MS and ^{13}C-NHR)

18) Hritcu L, Hancianu M, Mihasan M, Cioanca O. *Flavour Fragr J* 2014 31 149 (Effects of inhaled juniper volatile oil in amyloid beta(1-42)-induced anxiety and depression in laboratory rats)

19) Iacoracci P, Atterni C, Barletta B, et al. *J Allergy Clin Immunol* 1998 101 755 (*Juniperus oxycedrus*: A new allergenic pollen from the cupressaceae family)

20) Kapchan SM, Hemingway JC, Jr Knox JR. *Pharm Sci* 1965 54 659(Tumor inhibitors VII podophyllotoxin, the active principle of *Juniperus virginiana*)

21) Knani BJ, Hejjaoui A, Ferrando R, et al. *Allergy* 1993 48 183(Heterogeneity of atopy I clinical and immunologic characteristies of paitients allergic to cypress pollen)

22) Koruk ST, Ozyilkan E, Kaya P, et al. *Clin Toxicol* 2005 1 47(Juniper tar poisoning)

23) Koruk ST, Ozyilkan E, Kaya P, et al. *Clin Toxicol* 2005 43 47(Juniper tar poisoning)

24) Marongju B, Porcedda S, Caredda A. *Flavour Fragr J* 2003 18 390(Extraction of *Juniperus oxycedrus* ssp. *oxycedrus* essential oil by supercritical CO_2: influence of some process parameters and biological activity)

25) Maronglu B, Porcedda S, Piras A, et al. *Flavour Fragr J* 2006 21 148(Extraction of *Juniperus communis* L. ssp. *nana* willd. essential oil by SC-CO2)

26) Martin AM, Queiroz ER, Marston A, Hostettmann K. *Phytochem Anal* 2006 17 32 (Labdane diterpenes from *Juniperus communis* L. berries)

27) Moreno L, Bello R, Beltran B, et al. *Pharmacol Toxicol* 1998 82 108 (Pharmacological screening of different *Juniperus oxycedrus* L. extracts)

28) Pepeljnjak S, Kosalec I, Kalodera Z, Blazevic N. *Acta Pharm* 2005 55 417 [Antimicrobial activity of juniper berry essential oil(*Juniperus communis* L.)]

29) Pepeljnjak S, Kosalec I, Kalodera Z, et al. *Acta Pharm* 2005 55 417[Antimicrobial activity of juniper berry essential oil(*Juniperus communis* L., Cupressaceae)]

30) Pourmortazavi SM, Baghaee P, Mirhosseini MA. *Flavour Fragr J* 2004 19 417 (Extraction of volatile compounds from *Juniperus communis* L. leaves with supercritical fluid CO_2: comparison with hydrodistillation)

31) Raina VK, Srivastava SK, Syamsundar KV. *Flavour Fragr J* 2005 20 57(Essential of composition of *Juniperus chinensis* from the plains of north India)

32) Salidio S, Altarejo J, Noyureras M, et al. *J Ethnopharmacol* 2002 81 129(Chemical studies of essential oils of *Juniperus oxycedrus* ssp. badia)

33) Shahmir F, Ahmadi L, Mirza M, Korori SAA. *Flavour Fragr J* 2003 18 425 (Secretory elements of needles and berries of *Juniperus communis* L. ssp. *communis* and its volatile constituents)

34) Srivastava D, Haider F, Dwivedi PD, et al. *Flavour Fragr J* 2005 20 460 [Comparative study of the leaf oil of *Juniperus macropoda* growing in Garhwal regions of uttranchal(India)]

특허

1. 〈특허등록 제941133호〉 주식회사 코스메카 코리아(방부활성과 항염활성을 가지는 카프릴릴 글라이콜, 에칠헥실글리세린과 노간주나무 추출물, 부추 추출물과 산들깨 추출물 및 이를 유효성분으로 함유하는 화장료 조성물)

〈조식제, 1, p116〉

10 라벤더

Lavandula angustifolia
Lavandula vera

꿀풀과
(Labiatae)

Lavender(英)

원산지: 지중해 연안, 인도, 프랑스 남부

용도: 정유 – 꽃, 잎
식용·약용 – 줄기

역사

라벤더(lavender)라는 이름은 라틴어의 'lavando' 즉 'lavare(씻는다)'에서 유래한 것으로 고대 로마 사람들은 이 꽃을 목욕제로 몸을 향기롭게 하였고, 널리 재배된 식물이다(Herbs p253).

식물학적 특성

Lavender는 관목같은 다년생 초본. 키 40-70cm 줄기는 곧고 밑쪽은 목질화. 잎은 대생 길이 약 4cm 폭은 좁고 가늘며 흰털이 난다. 꽃은 6-8월에 줄기 끝에 수상화서로 윤생하며 남색을 띈 짙은 보라색이 가장 많다. 꽃, 잎, 줄기에 정유가 있어 매우 향기롭다.

지금까지 약 28종이 발견되었으며, 그 대표적인 것을 소개하면 다음과 같다.

① Lavender vera(*Lavandula angustifolia* MILL)는 English lavender이며 원산지는 지중해 연안. 키는 약 1m. 흰털에 덮여 있다. 가지를 잘 치고 흰색을 띤 짙은 녹색 잎은 2-6cm로 가늘고 두껍다. 꽃은 보라색 꽃송이가 긴 것이 특징. Lavender 중 가장 좋은 향기의 정유를 함유. 원예종이 많으며 개화가 이른 것, 늦은 것, 왜성종 등이 있고 청색, 청자색, 핑크색, 흰색 등 색깔도 다양하다.

② Fringed lavender(*Lavandula dentata*)는 스페인 남동부가 원산지. 키는 40cm-1m 촛대모양으로 가지를 잘 친다. 잎은 1.5-4cm 길이의 두터운 피침형-장타원 선형 회록색 털이 덮였으며 둔한 거치가 있어 다른 lavender와 구별. 내한성이 없어 겨울에는 온실에서 재배. 더운 곳에는 1년내내 짙은 보라색 꽃이 피며 향기는 자극성. 잎이 녹색인 것은 Spanish 종, 회록색인 것은 French 종.

③ Lavender folgate blue(*Lavendula latifolia* L.)는 Spike lavender라고도 하며 지중해 연안, 포르투갈 등지가 원산지, 키는 60cm. 잎은 4-6cm로 두텁고 다소 넓은 피침형, 짙은 녹색 털이 덮여 있다. 꽃은 보라색으로 장뇌(camphor)가 섞인 향이 있다.

④ Wooly lavender(*Lavandula lanata*)는 스페인 산악지대가 원산지, 키가 30-60cm 흰 털이 밀생, 마치 양털과 같다. 잎은 다른 lavender보다 회백색을 띤 회백록색, 꽃은 밝은 보라색, 박하 같은 강한 향기가 있다.

⑤ Stoechas lavender(*Lavendula stoechas* L.)는 French lavender, 또는 Spanish lavender라 하며 스페인 중부, 동북 포르투갈이 원산지, 내한성, 키는 1m. 잎은 선형, 회색 털이 덮여 있고 회록색. 오렌지색 반점의 어두운 보라색 꽃, rosemary를 닮은 자극성 향기. 고대 로마, 그리스 시대부터 18세기까지 약용한 가장 일반적인 lavender.

⑥ Sweet lavender(*Lavendula heberophylla*) 키는 40-60cm 생육이 빠른 *Lavender dentata*와 *L. latifolia*의 교잡종. 흰털이 덮였으며 밝은 녹색 거치가 있는 것과 없는 것이 있다. 청자색은 자극성이 적고 향기가 좋은 꽃이 핀다.

⑦ Lavender royal purple 연보라색 꽃이 피며 내한성이 있고 꺾꽂이가 비교적 잘 된다.

⑧ Lavender loddonpink(*Lavendula latipolia* Vill) 연보라색 꽃이 피며 내한성. 꺾꽂이가 잘 된다.

⑨ Lavender nana alba(*Lavendula angustifolia* Mill) 왜성종, 키는 약 15cm 흰색꽃이 피며 화단의 선두르기에 적합. 씨와 꺾꽂이로 번식, 파종은 4월말부터 6월까지. 우리나라 기후에 적합하다(Herbs p252).

특수성분

Lavender 꽃에서 추출한 정유 lavender oil은 35-58%의 ℓ-linalyl acetate를 함유하고 그 밖에 linalool-ester, linalool, geraniol, ℓ-α-pinene, cineole, cumyl alcohol(I-00690), 3,4-dihydro-7-8- dihydroxy-5-methoxy-3,10-dimethyl-4-oxo-2H-naphto- 〔2,3-6〕 -pyran-3-butanoic acid(D-01156) 등이 분리.

*Lavandula*속 식물에는 *β-Caryophyllene(C-00482), *2-Methyl-3-buten-2-ol(M-00847), Phellandral(S, M-00532), *β-Phellandrene(M-00478)이 있고, 주요 성분은 라벤더의 22종, 1,8-cineol(25.02%), *β*-thyjone(25.02%), *β*-pinene(13.16%), borneol(12.20%), manool(16.02%)이 있다(DNP p631).

생리활성

Mini-review: Lavender 정유는 화장품과 치료제로 쓰여 왔고, *Lavendular* 속에는 *L. angustifolia*, *L. latifolia*, *L. stoechas* 및 *L. x intermedia* 등이 일반적으로 많이 쓰인다. Lavender oil은 항bacteria, 항진균, 구풍제(위장에 gas 제거, 불수의근 이완), 진정, 항우울, 화상 및 곤충에 물렸을 때 등에 쓰인다. 근래에는 신경 정신의학적 및 생리활성 parameter 및 항미생물제로도 연구되었다. 비록, 논쟁 중에 있으나 방법과 oil 동정 문제는 심각하여 *Lavandula* spp.에 대한 많은 치료적 연구의 특성평가가 신중하게 진행되고 있다(Wilkinson, JM. 2002).

진경·항경련활성: Lavender oil vapour는 pentetrazol-과 nicotine-유도 경련과 전기자극에 의한 mice에서 항경련 효과를 보였다(Yamada K, 1994). Lavender 주성분인 linalool은 정신 약리학적 평가에서 최면, 항경련 및 저체온 성질을 포함한 CNS에 현저한 진정 효과를 용량 의존적으로 나타내었으며, rat 대뇌피질에서 linalool glutamate 결합 저해 효과를 보였다(Elisabetsky E, 1995). 또 발작 동물 model에서 glutamate 발현의 행동과 신경 화학적 양상에서 CNS에 glutamate 결합, NMDA-유도 발작 및 quinolinic aicd 유도 발작에서 glutamate 활성화 발현이 조절되었다. *Lavandula stoechas* L. 꽃 MeOH ex의 항진경 및 항경련 활성 연구에서 pentyltetrazole(PTZ) 유도 발작을 감소시켰고, PTZ 치사율도 감소시켰다. 시료는 mice에서 최면성이 발견되지 않았으나, 둔해지고 조용히 쉬고 있었다. 진정 효과를 보였고, diazepam과 비슷하게 pentobarbital 수면시간을 연장시켰다. Rabbit 공장절편에서 시료 농도 의존적으로 수축이 이완되어 Ca-channel 차단으로 생각되었다(Gilani AH, 2000). *L. angustifolia*(La) 정유의 국소 마취 활성은 La 정유 물질인 linalool과 linalyl acetate의 마취활성을 rabbit의 결막 반사(conjuntival reflex) test와 rat 횡경막 신경-반측 횡경막에서 정유성분 linalool acetate와 linalool 반사가 일어났으나, *Lavandula*에서는 강력히 감소(농도 의존적). 쥐의 반측 횡경막 수축이 전기적으로 유발, linalylacetate와 linalool로 결막 반사 test에서 농도 의존적으로 증가하였다(Gholardin C, 1999).

회복효과-운동후: 20명 남성을 운동군과 비운동군으로 나누어 운동군은 2분 중정도의 운동 후 10분 쉬게 한 후, lavender 향기요법을 실시하고, 이완기와 수축기 혈압을 측정한 결과, 평균 동맥압과 heart rate 측정에서 이완기 혈압 평균 차이가 통계적으로 감소하였다. 더 많은 실험군의 실험이 요구되었다 (Romine IJ, 1999).

진정·진경활성-정유: Lavender는 전신적 이완제로 aromatheraphy에 사용되고, 구풍약. 항고장제 및 항결장제 성질이 있다. 진정 성질은 동물이나 사람에서 나타나며, 진경 작용은 guinea pig 회장과 rat 자궁(in vitro)에서,

rat의 횡경막 skeletal muscle에서 긴장을 감소시켰다. 진경 작용은 guinea pig 회장 평활근(in vitro)에서 실험한 결과, lavender oil은 cGMP가 아니고, cAMP가 관여하는 것으로 보였다. Lavender 주요 성분의 하나인 linalool이 작용하는 것으로, 이러한 lavender oil의 작용기전은 geranium과 peppermint oil과 유사하였다(Lis-Balchin M, 1999).

인식·기분-Aroma: Rosemary와 lavender 향기가 건강한 성인의 인식과 기분에 미치는 영향을 실험한 결과, 정유는 향기요법에서 약리학적 성질이 있어, 인식과 기분 모두에 서로 영향을 미치는 것으로 나타났다(Moss M, 2003).

교감신경계-후각: Grapefruit(G)과 lavender(L) 향의 후각 자극이 췌장-교감신경에 작용을 보였다. 이는 G가 고혈당 작용을, L은 저혈당 작용을 보여 냄새에 노출로 자율 신경 작용에 의한 변화로 생각되었다(Horii Y, 2015).

신경안정활성: Aroma 요법이 부교감 신경을 활성화 시키고, 교감 신경 활성화를 억제하면서 자율 신경계 균형을 유지. 자율 신경계 불균형 관련 증상은 두통, 홍조현상, 불규칙한 심장 박동, 신경 흥분, 우울, 불안 등으로 이를 완화시키는 lavender나 chamomile aroma 요법으로 향후 뇌졸중 환자에 활용이 기대되었다(신윤선, 2004). 불면증과 우울 여대생에 4주간 lavender aroma 요법에서도 개선되었고(이인숙, 2006), 수면 장애가 있는 20대 건강한 여성에서도 이 요법으로 수면 질이 개선, 긍정적 뇌기능을 확인하였다(Jung H, 2012). Lavender oil은 전두엽 피질과 선조체에서 serotonin 합성을 증가시켜 신경안정과 유사한 불안해소 활성을 보였으며(Tsang HWH, 2013), 1시간 구속시킨 mouse의 혈청 cortisol 농도가 상승, 체온 저하 및 혈중 중성지질이 상승된 후 lavender oil 10%를 30분 흡입시킨 결과, stress 완화 효과가 가장 양호하였다(양선아, 2010).

신경보호활성: Acetylcholine esterase(AchE) 저해와 항산화활성 실험 결과, *H. undulatum*, *Melissa officinalis*, *Laurus nobilis*, *Lavandular pendunculata*에서 높았다. *H. undulatum* 등은 Alzheimer's disease(AD) 환자에 투여 시 AchE 저해와 항산화활성이 있어 신경보호 활성으로 AD

증상을 경감시켰다(Ferreira A, 2006).

향기요법-가령현상①: 노인에 있어 피곤, 거동 불편, 말더듬증, 주위 산만 등은 가령 현상의 일부로 무시되어 왔으나, 적당한 수면은 이러한 증상을 회복. 그들의 독립과 삶의 질이 향상된다면 막대한 가치가 이루어질 것이며 낮에 기민 상태가 없는 수면으로 개선될 것이다. Lavender향요법을 노인들에 적용할 시, 긍정적 생활 개선이 보일 것이며(Hudson R, 1996). 수면장애가 있는 시설 노인에 lavender향 사용이 수면 개선 효과를 실험한 결과, 부분적 개선 효과를 보였으며, 특히 야간 수면에 주관적 수면의 질적 개선 효과를 보였다(이윤정, 2002; Nguyen, QA, 2008; Orhan, G, 2006).

향요법-치매노인②: 불안 행동이 있는 심한 치매 환자 15명에 2% lavender oil로 2시간마다 향요법을 시행, 60% 환자는 개선, 33%는 별 변화가 없었고, 9%는 나빠졌다. 특히 치매가 심한 불안행동 환자치료에서 적절한 효과를 보였고(Holmus C, 2002), 공격 행동 감소 효과도 보였다(이선영, 2005). 또 치매노인의 불안, 공격 행동에 lavender향요법과 손 마사지가 불안의 생리적 지수인 맥박수 감소와 공격 행동 감소에 효과적이었다(이선영, 2006). 치매 환자의 이상 행동 증후와 관련이 있는 혈중 신경 전달 물질(dopamin, norepinephrine, GABA, 5-HT)를 lavender oil 흡입 후, 우울과 불안정한 수면 변화와 관계있는 5-HT 농도만이 정상보다 1.9배 증가, 치매 환자의 이상 행동인 불안전 수면, 우울, 배회, 초조 등의 완화에 효과가 있었다(이경복, 2012). 또한 lavender 정유성분 nevrodane은 천연물로 acetylcholine esterase 저해제로 기억력 향상과 치매 치료에 쓰여 왔다. Alzheimer's 병의 신경독은 β-amyloid peptide 침착으로 생기며, necrodane은 β-amyloid peptide 생성을 감소시키나, 독성은 없었다. Necrodane 유도체는 다른 정유에는 없었다(Videria R, 2013).

치매행동완화-Aroma 흡입법·손마사지③: 라벤더, 카모마일과 grapefruit을 혼합, 1회/일, 15일간 실시한 결과, 근심, 걱정, 두려움, 공포, 우울, 수선한 행동, 저조한 행동, 수면장애 및 야간배회 행동 등이 개선되었다. 이로써 치매 노인에 aroma 요법이 삶의 질을 높일 수 있으므로 노인 요양 시설에서 활용하면 치매 노인의 심신 건강에 기여되리라 생각되었다(최승환, 2008).

AchE저해·항산화④: Portugal 10종 식물에 acetylcholinesterase(AchE) 저해와 항산화활성을 실험한 결과, *Hypericum undulatum*, *Melissa officinalis*, *Laurus nobilis* 및 *Lavandular penchlculata*에서 높았다(Ferreira A, 2006).

항염활성-Linalool①: 여러 향신료의 정유성분인 linalool과 linalyl acetate는 carrageenin-유도 edema(rat) model에서 강력한 항염활성을 보였다(Peana AT, 2002).

항염활성-지상부②: Croton oil-유도 mice 귀부종에 *Lavendula multifida* 지상부 EtOH ex와 H_2O ex를 실험한 결과, 항염활성은 EtOH ex가 H_2O ex보다 용량 의존적으로 항염성을 보였고, EtOH ex를 bioassay-guided fractionation하여 4개 triterpenic acids; oleanane series 4개, pimarane 및 1개 isopimarane diterpene, phenolic monoterpene carvacrol 및 이의 glucoside를 분리동정하였다. 이들 중 몇 물질은 indomethacin과 비교될 만한 항염활성을 보였다(Sosa S, 2005).

항염증·항산화성③: 염증 반응의 중요 작용 인자인 NO 저해율을 24종 식물 추출물에 대하여 25μg/L에서 조사한 결과, 가자, 라벤더, 정향이 우수. 최고농도 100μg/L에서 라벤더는 NO 생성량이 20-30 % 감소하였으며, RAW 264.7 세포주에 LPS로 처리, 염증을 유발시킨 후, NO 생성 및 pro-inflammatory cytokines인 TNF-α의 생성 저해활성을 보였으며, LPS 유도 염증 인자도 감소시켰다. 총 polyphenol 함량은 lavender 73.98μg/mg, flavonoid는 11.77μg/mg, RC_{50}은 17.25μg/mg이었다(채인경, 2011).

항산화활성④: *Lavandula lusitanica*(Ll), *L. stoeches* subsp *lusitanica*(Ls) 및 *L. virides*(Lv)(Ll × Ls)를 Portugal에서 채집. Ll에 1,8-cineole 26-34%, trans-α-necrodyl acetate 11-18%는 lavender 속에만 있고, Ls와 Lls에 fenchone 42-44%, camphor 35-36%, necrodane은 없어 Ls oil과 유사. Lv에 1,8-cineole 33%, camphor 20%. Ll 정유와 항산화활성(BHT, DPPH 및 TBAR)이 강하였고, 각각의 항산화활성은 BHT보다 낮았다(Matos F, 2009).

미백·항주름 활성-발효물: Lavender 추출물과 그 발효물의 EtOAc 분획의 항산화능은 발효물이 더 강하였고, 발효물이 미백 및 주름 관련 tyrosinase와 elastase 활성을 저해, 미백 및 주름과 관련 화장품 개발 가능성이 컸다. 발효물 성분은 rosmarinic acid가 많았고, caffeic acid, luteolin 등이 있었다 (안유진, 2009).

항Bacteria활성-정유①: *Lavendular dentata* 지상부 정유의 항bacteria 활성(22 strain, *Pseudomonas aeruginosa* 제외)이 강력한 활성을 보여 식품 저장과 제약 분야에 응용이 기대되었다. 정유성분은 분석 결과, 29성분; 1,8-cineole 41.28%, sabinene 13.69%, bicyclo[3,1,0] hexan-3-ol 7.1%, 4-methylene-1-(1-methylethyl) 6.76%, myrtenal 5.11% 및 α-pinene 4.05%이 주성분. 소량성분은 borneol, linalool oxide, linalool, myrtenol, bicyclo[3,1,1] heptan-2-one, 6,6-dimethyl-,(Ir) 및 pinocarvone이었다(Imelouane B, 2009).

항균활성②: 호주의 *Lavandula* spp. 정유의 항bacteria 활성은 *St. pyogens*, *St. aureus*, MRSA, *Citrobacter freundii*, *Proteus vulgaris*, *E. coli*, VRE 및 *Propionibacterium acnes*, *Pseudomonas aeruginosa*의 실험에서 정유만 유효적이었고, 추출물과 hydrosol은 효과가 없었다(Moon T, 2006). 또 methicillin-sensitive와 -resistant *St. aureus*(MSSA와 MRSA)에 *Lavandular angustifolia*, *L. latifolia*, *L. stoechas* 및 *L. luisieri*(nocrodan-rich)는 저해환 8-30mm로 시료농도 1-30mL 용량 의존적 활성을 보였다(Roller S, 2009). 특히 *L. stoechas*(Tunisia) 정유는 6종 bacteria와 2종 fungi 실험에서 *St. aureus*에 특히 큰 활성을 보여, 분석한 결과, fenchone 68.2%, camphor 11.2%가 주성분이었다(Bouzouita N, 2005).

항균활성-정유③: Iberia 반도에 자생하는 식물 *Lavandula luisieri*에서 4개의 새로운 비정상 monoterpenoid를 분리동정한 결과, 3,5-dimethylene-1,4,4-trimethyl cyclopentene ①, 5-methylene-2,3,4,4-tetramethyl cyclopent-2-enone ②, 3,4,5,5-tetramethyl cyclopenta-1,3-diene carboxaldehyde ③ 및 3,4,5,5-tetramethyl cyclopenta-1,3-diene carboxylic acid ④. *L. luisieri* 정유는 *Candida albicans*와 gram(+)균 *Staphylococcus aureus*와 *S.*

*pyogenes*에 좋은 활성을 보였다(Baldovini N, 2005).

Helicobacter pylori **항균-Herbs**④: 40종 Herb 대상으로 *H. pylori*에 항균 물질 개발 일환으로 EtOH ex의 항균성을 검색한 결과, sage, rosemary, lavender, lemon grass, St. John's wort, rue, oregano 등 12종이 *H. pylori*에 항균성을 보였고, herb 추출물의 phenol 함량은 134.13-533.33μg/mL로 비교적 phenol성 물질 함량이 많았다(조영제, 2005).

항진균활성⑤: 호주산 Lavender 정유와 수용성 물질의 항진균활성 시험에서 수용성 물질은 거의 활성이 없었고, 정유는 *Aspergillus nidulans*(An), *Trichophyton mentagrophytes*(Tm), *Leptoshaeria maculans*(Lm) 및 *Sclerotina sclerotiorum*(Ss)에 대하여 *Lavandular angustifolia*(La)와 *L.* × *intermedia*(Li) 정유는 An과 Tm에 가장 강하였고, *L. stoechas*는 농업 진균류인 Lm과 Ss에 특히 효과적(Moon T, 2007). 또 *L. stoechas L.* ssp. *stoechas*(Italy Sardinia산) 줄기, 잎 및 꽃 정유 분석 결과, fenchone이 잎에 52.6%, 꽃에 66.2%, camphor는 잎 13.13%, 꽃 27.08%, 만개 후 꽃 정유는 감소. 잎 정유는 그대로 남는다. 항진균 실험에서 *Rhizoctonia solani*와 *Fusarium oxysporum*에 활성이 없었으나, *Aspergillus flavus*에는 적었다. Fenchone, limonene 및 myrtenal은 *R. solani* 성장억제가 강하였다(Angioni A, 2006).

Psoroptes살충활성-정유: *Psoroptes cuniculi*(진드기의 일종)에 대하여 lavender 정유성분인 linalool은 직접 접촉함으로써 ectoparasites (외부기생충-숙주 몸 밖의)을 살충할 수 있어 살멸된 진드기의 Et_2O ex에서 linalool이 탐색되었을 뿐이었다. 본 연구에서 lavender 정유의 acaricidal propertis는 lavender 정유와 linalool 흡입으로 사멸시킬 수 있고 예방적 또는 치료 목적으로 가능함을 확인하였다(Perruci S, 1996).

여드름치료-피지생성억제①: Lavender EtOH ex(시료)의 피지 생성 억제 효과에서 인체 피지선 세포의 지질 합성에 미치는 영향을 실험한 결과, 시료는 세포 생존율을 농도 의존적으로 감소시켰으나, 세포의 형태학적 변화는 없었으며, testosterone에 의해 증가된 지방 소적의 형성을 현저히 억제하였다. 또 시료는 androgen에 의한 피지선 세포의 기능이 항진된 상태에서 항androgen 효과를 보였다. 이로써 lavender EtOH ex는 anti-androgen 효과를 보여 여드름 치료제로의 개발이 기대되었다(박시춘, 2006).

미백효과②: Lavender EtOH ex는 melanin 세포의 tyrosinase 효소 활성 감소와 수지상 가지 돌기의 형성 억제를 통해 melanin 생성을 감소시켰으며, α-MSH 유도에 의한 과색소 침착시 더욱 효과적으로 미백효능을 보였다. 따라서 lavender는 자외선이나 hormone 등에 의한 melanin 합성 기능 항진시 더욱 효과적으로 미백효과가 있을 것으로 생각되었다(김민호, 2008).

Tyrosinase inhibitor③: Lavender와 peppermint 수증기 증류 정유의 tyrosinase 저해활성을 측정한 결과, 정유 용량 의존적으로 mushroom tyrosinase 저해활성을 보여, lavender와 peppermint 정유는 임상적, 화장품 및 공업에서 탈색(미백)제로의 개발이 요구되었다(Fiocco D, 2011).

정유성분①: Spain의 *Lavandula luisieri*(Rozeira)의 정유를 GC와 GC/MS로 분리동정한 결과, 식물계에서는 드물게 많은 불규칙한 monoterpenoid, cyclopentane 구조, 즉 α-necrodylacetate(정유의 20-25% α-necrodol) 즉 3,4,4-trimethyl-2-cyclohexen-1-one ①, 3,4,4-trimethyl-5-hexen-2-one②,2,3,4,5-tetramethyl-2-cyclopenten-1-one ③,2,3,5,5-tetramethyl-4-methylene-2-cyclopenten-1-one ④,1,1,2,3-tetramethyl-4-hydroxymethyl-2-cyclopenten ⑤,2,4,5,5-tetramethyl-cyclopentadien-1-3 carboxylic acid ⑥ 및 selina-4,7(11)-diene ⑦이 신물질이며, 기지물질 중 주요 물질은 1,8-cineole과 lavandryl이었다(Lavoine-Hannequelle S, 2004).

정유성분②: Algeria의 *Lavandular dentata* L. var. *dentata*에서 55 정유 검체를 GC와 ^{13}C-NMR로 분석한 결과, *L. dentata* 정유는 cluster I. 1,8-cineole(평균 48% 이상), cluster II 1,8-cineole, β-pinene, trans-pinocarveol 및 linalool. 또 *L. dentata* 정유성분에 따라 ⓐ camphor-Morocco(50-72%)와 Saudi Arabia(54.6%), ⓑ borneol-Morocco(47%), ⓒ cineole-Spain(39-67%), ⓓ β-pinene-Spain(27.5-42.4%)과 함께 α-pinene(9.6-13.2%), trans-pinocarveol(5.8-9.8%), linalool(2-10%), Algeria의

*L. dentata*는 cineole/β-pinene이 chemotype에 속하였다(Bousmaha L, 2006).

정유성분-꽃③: Iran에서 자란 *Lavandula latifolia*의 신선 꽃(FF)과 건조 꽃(DF)을 수증기 증류 후, GC와 GC/MS로 분석한 결과, 주요 성분은 linalool로 FF와 DF에 31.9%, 30.6%, 1,8-cineole 18.8%, 20.9% 및 borneol 10.1%, 8.9%이었고, 다음(E)-β-farnesene 4.8%, 3.9%, camphor 4.4%, 4.5%,(Z)-β-oci-mene 3.4%, 4.2%(Barazandeh MM, 2002).

정유성분-꽃·잎·줄기④: Madeira에서 자란 *L. pinnata* L. fil. var. *pinnata*의 꽃, 잎과 줄기를 만개 시와 성장 시에 수집, 3종의 oil은 주로 monoterpene hydrocarbone이 37-80%로 주성분, 산소 함유 monoterpene은 2-4%, 주성분은 β-phellandrene 12-32%, α-phellandrene 6-16%, sesquiterpene 분획은 oil 13-22%로, β-caryophyllene은 각 oil의 11%로 주성분. 잎 oil의 phenylacetaldehyde 6-9%. lavender oil의 일반 주요 성분은 없었고, 있어도 소량뿐으로 잎과 줄기에 0.5% linalool과 1.3% camphor가 있을 뿐(Figuoiredo AC, 1995).

정유성분-잎⑤: *Lavandula. stoechas* ssp. *stoechas* 잎의 정유 주성분은 pulegone 40.4%, menthol 18.1%, menthone 12.6%였다(Gören AC, 2002).

정유성분변화-성장⑥: *L. stoechase* ssp. *stoechase*(Greece Crete섬 야생) 만개시 성분은 α-pinene, 1,8-cineole, fenchone, camphor 및 myrtenyl acetate 등은 성장에 따라 변화하였고, 이들 중 3개는 fenchone/camphor type과 1,8-cineole/fenchone type 1개. 잎과 꽃의 정유성분은 변화가 뚜렷. 모든 경우, 꽃은 fenchone, myrtenyl acetate와 pinene이 증가, 잎은 1,8-cineole과 camphor가 증가. 특히 꽃은 잎보다 정유 함량의 변화가 현저히 컸다(Skoula M, 1996).

정유성분-지상부⑦: *Lavandula stoechas* subsp. *stoechas* 지상부에서 longipinene 유도체 longipin-2-ene-7β,9α-diol-1-one ①, longipin-2-ene-7β,9α-diol-1-one 9-monoacetate ②(Ulubelen A, 1988), 지상부의 EtOAc 분획에서 acetylated glycoside ①, apigenin-7-*O*-glucoside ② 및 luteolin 7-*O*- glucoside ③을 동정하였다(Gabriel C, 2003).

New diterpenes-지상부①: *Lavandula multifida* 지상부에서 4개의 신 diterpene①-④와 기지의 glutinosin ⑤를 분리. 즉 15,16-dihydroxy-7,11-dioxopimar-8(9)-ene ①, 15s,16-dihydroxy-7-oxopimar-8(9)-ene②, 15,16,17-trihydroxy-7-oxopimar-8(9)-ene ③ 15,16,17-trihydroxy-pimar-8(9)-ene ④ 및 15s,16-dihydroxy isopimar-8(9)-ene(glutinosin) ⑤이었다(Politi M, 2002).

Longipinene 유도체-지상부②: *Lavandula stoechas* subsp. *stoechas* 지상부에서 2개 longipinene 유도체; longipin-2-ene-7β,9α-diol-1-one ①, longipin-2-ene-7β,9α-diol-1-one 9 monoacetate ②을 분리동정하였고, ②는 새로운 물질이었다(Ulubelen A, 1988).

효능과 이용

1) 식용: 신선한 꽃은 향기롭고, 달콤한 향기가 있어 잼, 아이스크림 등에, 다른 향신료와 같이 라벤더 식초를 만들기도 한다.
2) 약용: 신경정신 안정의 효과가 있고 살균 소독 방부 작용도 있다. 특히, 피로 회복과 숙면에 유효하며 취침 전 목욕재나 뜨거운 차로 이용, 화상, 자궁염, 동상, 벌레나 벌에 물렸을 때, 피부 질환 등에 외용, 근육통, 류머티스에 진통 효과가 있어 맛사지도 한다. 특히 *L. latifolia*는 거담제로 탁월.
3) 기타: 꽃을 그대로 포푸리(potpourris)로 이용할 수 있고 정유는 목욕제, 향수, 화장품, 비누 등의 부향제로, 증류하여 라벤더유를 만들기도 한다.

참고 문헌

1) 김민호, 장영미, 한규수, 등. **동의생리병리학회지** 2008 22(6) 1444(라벤더 ethanol 추출물이 α-MSH 유도 melanin 생성에 미치는 영향)
2) 박시춘, 김효민, 한규수, 등. **전통의학회지** 2006 15(1) 77(Lavender ethanol 추출물의 피지 생성 억제효과)
3) 신윤선, 조영숙, 정유진. **기초간호자연과학회지** 2004 6(2) 5(아로마 요법이

뇌졸중 환자의 자율 신경계와 stress에 대한 신체 저항도에 미치는 영향-lavender, chamomile)

4) 안유진, 원보령, 강명규, 김재현, 박수남. **화장품학회지** 2009 35(2) 125(Lavender 발효 추출물의 항산화 활성과 성분 분석)
5) 양선아, 전상경, 이은정, 등. **생명과학회지** 2010 20(6) 1230(라벤더, 실버퍼, 그레이프 후릇 정유 흡입이 마우스의 구속 stress에 미치는 영향)
6) 이경복, 강영숙. **약학회지** 2012 56(2) 86(라벤더 향 흡입후 치매환자의 혈장 중 신경전달 물질의 농도변화)
7) 이선영, 조순자, 이성옥, 등. **임상건강증진학회지** 2006 6(4) 235(라벤더 향요법 마사지가 치매노인의 불안 및 공격행동에 미치는 영향)
8) 이선영. **간호학회지** 2005 35(2) 303(Lavender 향요법, 손 마사지가 치매노인의 인지기능, 정서 및 공격 행동에 미치는 효과)
9) 이윤정, 박명자, 김은주, 김신미. **노년학** 2002 22(3) 159(라벤더 향이 시설노인의 수면에 미치는 영향)
10) 이인숙, 이경주. **간호학회지** 2006 36(1) 136(라벤더 향요법이 여대생의 불면증과 우울에 미치는 영향)
11) 조영제, 천성숙, 윤소정, 등. **응용생물화학회지** 2005 48(2) 161(Herb 식물로부터 *Helicobacter pylori*에 대한 항균효과 탐색-라벤더, 세이지, 로즈마리, 레몬그라스, 타임, 오레가노, 루, St. John's wort, 등)
12) 채인경, 유미희, 김혁일, 이인선. **생명과학회지** 2011 21(4) 561(가자, 라벤더, 정향의 항염증 및 항산화 활성 검색)
13) 최승완. **노년학** 2008 28(4) 1069(아로마 요법이 치매행동 심리증상에 미치는 영향-라벤더, 카모마일)
14) Afsharypuor S, Azarbayejany N. ***Iranian J Pharm Sci*** 2006 2(3) 169[Studied on the constituents of the flower essential oil of ***Lavandula officinalis*** from Isfahan (Iran)]
15) Angioni A, Barra A, Coroneo V, et al. ***J Agr Food Chem*** 2006 54 4364(Chemical composition, seasonal variability, and antifungal activity of ***Lavandula stoechas*** L. ssp. Stoechas essential oils from stem/leaves and flowers)

16) Babu G, Singh B. *Indian Perfume* 2007 51 50(Comparative chemical composition of direct, recovered and combined essential oils of *Lavandula angustifolia* Mill.)

17) Baldovini N, Lavoine-Hanneguelle S, Ferrando G, et al. *Phytochemistry* 2005 66 1651(Necrodane monoterpenoids from *Lavandula luisieri*)

18) Barazandeh MM. *J Essent Oil Res* 2002 14 101(Essential oil composition of *Lavandula latifolia* Medik from Iran)

19) Bousmaha L, Boti JB, Bekkara FA, et al. *Flavour Fragr J* 2006 21 368(Intraspecific chemical variability of the essential oil of *Lavandula dentata* L. from Algeria)

20) Bouzouita N, Kachouri F, Hamdi M, Chaabouni MM. *J Essent Oil Res* 2005 17 584(Volatile constituents and antimicrobial activity of *Lavendula stoechase* L. oil from Tunisia)

21) *British Pharmacopoeia* London, HMSO 1988 137[AQ]

22) Buchbauer G, Jirovetz L, Jager W, et al. *Z Naturforsch* 1991 46(11-12) 1067 (Aromatherapy: evidence for sedative effects of the essential oil of lavender after inhalation)

24) Cha JH, Kim M-J, Kim HS, Kim YI. *J Kor Biol Nurs Sci* 2010 12 133(Effects of aroma-theraphy in blending of basil, lavender, rosemary and rose on headache anxiety and serum cortical level in the middle-aged woman)

25) Chein LW, Cheng SL, Liu CF. *Evid Based Complement Altern Med* 2011 1(The effect on *Lavendula* aromatherapy on autonomic nervous system in midlife women with insomnia)

26) Danh LT, Han LN, Triet NDA, et al. *Food Bioprocess Technol* 2013 6 3481 [Comparison of chemical composition antioxidant and antimicrobial activity of lavender(*Lavandula angustifolia* L.)(essential oils extracted by supercritical CO2 hexane and hydrodistillat)

27) Dob T, Dahmane D, Tayeb B, Chelghoum C. *Int J Aromather* 2005 15 110 (Chemical composition of essential oil of *Lavandula dentata* L. from Algeria)

28) Elisabetosky E, Marschner J, Souza DO. *Neurochem Res* 1995 20(4) 461(Effects of

linalool on glutamatergic system in the rat cerebral cortex)
30) Ferreira A, Proenca C, Serralheiro MLM, et al. *J Ethnopharmacol* 2006 108 31.
31) Field T, Field T, Cullen C, et al. *Early Hum Dev* 2008 84 399(Lavender bath oil reduces stress and crying and enhances sleep in very young infants)
32) Figuoiredo AC, Barroso JG, Pedro LG, et al. *Flavour Fragr J* 1995 10 93 (Composition of the essential oil of *Lavandular pinnata* L. fil. var. *pinnata* grown on Madeira)
33) Fiocco D, Fiorentino D, Frabboni L, et al. *Flavour Fragr J* 2011 26 441(Lavender and peppermint essential oil as effective tyrosinase inhibitors: a basic study)
34) Gabriel C, Kokkalou E. *Pharmazie* 2003 58(6) 426(A new acetylated glucoside of luteolin and two flavone glucosides from *Lavandula stoechas* ssp. Stoechas)
35) Garikapati D, Babu K, Sharma A, Singh B. *J Essent Oil Res* 2016 28(6) 489 (Volatile composition of *Lavandula angustifolia* produced by different extraction techniques)
36) Gholardin C, Galeotti N, Salvatore G, Mazzanti G. *Planta Med* 1999 65 700(Local anesthetic activity of the essential oil of *Lavandula angustifolia*)
37) Gilani AH, Aziz N, Khan MA, et al. *J Ethnopharmacol* 2000 71 161(Ethno-pharmacological evaluation of the anticonvulsant, sedative and antispasmodic activities of *Lavandula stoechas* L.)
38) Gören AC, Topcu G, Bilsel G, Bilsel M. *Z Naturforsch* 2002 57 797(The chemical constituents and biological activity of essential oil of *Lavandula stoechas* ssp. Stoechas)
39) Hajhashemi V, Ghannadi A, Sharf B. *J Ethmopharmacol* 2003 89 67(Anti-inflammatory and analgesic properties of the leaf extracts and essential oil of *Lavandula angustifolia* Mill.)
40) Hanamanthagouda MS, Kakkalameli SB, Naik PM, et al. *Food Chem* 2010 118 836(Essential oils of *Lavandula bipinnata* and their antimicrobial activities)
41) Holmus C, Hopkins V, Hensford C, et al. *Int J Geriatr Psychiatry* 2002 17 305

(Lavender oil as a treatment for agitated behavior in severe dementia; a placebo controlled study)

42) Holmesn C, Hopkins V, Hensford C, et al. *Int J Gerialtr Psychiatar* 2002 17(4) 305(Lavender oil as a treatment for agitated behavior in severe dementia)

43) Horii Y, Maeda K, Shen J, et al. *Flavour Fragr J* 2015 30 282(Effect of grapefruit and lavender essential oil scents on pancreatic sympathetic nerve activity and plasma glucose in rats)

44) Hudson R. *Complement Thera Med* 1996 4 52(The value of lavender for rest and activity in the elderly patient)

45) Imelouane B, Elbachiri A, Ankit M, et al. *Int J Agr Biol* 2009 11(2) 113(Physico-chemical compositions and antimicrobial activity of essential oil of eastern Moroccan *Lavendula dentata*)

46) Jung H, Choi H. *J Life Sci* 2012 22(2) 192(Effects of *Lavandula angustifolia* aroma on electro-encephalograms in female adults with sleep disorders)

47) Lavoine-Hannequelle S, Casabianca H. *J Essent Oil Res* 2004 16 445(New compounds from the essential oil and absolute of *Lavandula luisieri* L.)

48) Lee KH, Park KM, Ryu MK. *J Kor Soc Matern Child Health* 2002 6 23(The effect of aromatheraphy with lavender essential oil on sleep disturbance and depression on middle-aged women)

49) Lee SH. *J Kor Acad Nurs* 2001 31 770(Effects of back massage with lavender essential oil on the stress response of the ICU nurses)

50) Lee YJ. *PhD Dissertation* Chungnam Natl Univ Daejeon Korea 2003(Effects of lavender aromatheraphy on sleep and depression of elderly)

51) Lin W, Chan WC, Ng BF, Lam LC. *Int J Geriatr Psychiatry* 2007 22(5) 405[Efficacy of aromatherapy(*Lavandula angustifolia*) as an intervention for agitated behaviors in chinese older persons with dementia; a cross-over randomized trial]

52) Lis-Balchin M, Hart S. *Phytother Res* 1999 13 540[Studies on the mode of action of the essential oil of Lavender(*Lavandula angustifolia* P. Miller)]

53) Maria L. *Lavender 1th Ed.* Taylor & Fransis Inc. London and New York 2002 268

54) Matos F, Miguel MG, Duarte J. *J Essent Oil Res* 2009 21 327[Antioxidant capacity of the essential oils from *Lavendula luisieri*, L. *stoechas* subsp. *Lusitanica*, L. *stoechas* subsp. *Lusitanica* x *L. luisieri* and *L. viridis* grown in Algarve(Portugal)]

55) Moon T, Wilkinson JM, Cavanagh HMA. *Int J Aromather* 2006 16 9(Antibacterial activity of essential oils, hydrosols and plant extracts from Australian grown *Lavendula* spp.)

56) Morris N. *Complement Ther Med* 2002 10(4) 223[The effects of lavender(*L. angustifolium*) baths on psychological well-being; two exploratory randomised control trials]

57) Moss M, Cook J, Wesnes K, Duckett P. *Int J Neurosci* 2003 113 15(Aromas of rosemary and lavender affect cognition and mood in healthy adults)

58) Moon T, Cavanagh HMA, Wilkinson JM. *J Essent Oil Res* 2007 19 171(Antifungal activity of Australian grown *Lavandula* spp. Essential oils against *Aspergillus nidulans*, *Trichophyton menta- grophytes*, *Leptosphaeria maculans* and *Sclerotinia sclerotiorum*)2016 28(5) 413(The effect of time and temperature on the shelf life of essential oils of *Lavandula officinalis*)

59) Neale L, Moss L, Moss M. *Intl J Clin Aromather* 2008 5 3(Lavender aroma moderates endocrine response to an acute psychological stress)

60) Nguyen QA, Paton C. *Intl J Geriatr Psychiatry* 2008 23 337(The use of aromatherapy to treat behavioural problems in dementia)

61) Orhan G, Orhan I, Sener B. *Lett Drug Des Discovery* 2006 3 268(Recent development in natural and synthetic drug research for Alzheimer's disease)

62) Park HK. *MS Thesis* Kyungnam Univ Masan Korea 2008(Antimicrobial activities of essential oils of *Rosmarius officinalis*, *Melaleuca altemifolis* and *Lavendula angustifolia*)

63) Park SM. *MS Thesis* Daejeon Univ Daejeon Korea 2004(Study on the effect of aromatherapy with lavender oil on stress and depression of middle-aged women)

64) Peana AT, D'A quila PS, Panin F, et al. ***Phytomedicine*** 2002 9 121(Anti-inflammatory activity of linalool and linalyl acetate constituents of essential oil)

65) Perruci S, Macchioni G. ***Phytother Res*** 1996 10 5(The activity of volatile compounds from *Lavandular angustifolia* against *Psoroptes cuniculi*)

66) Perry N, Perry E. *CNS Drugs* 2006 20 257(Aromatheraphy in the management of psychiatric disorders; clinical and neuron)

67) Pohanka M. *Expert Opin Ther Patents* 2012 22 871[Acetylcholinesterase inhibitors: patent review(2008-2012)]

68) Politi M, De Tommasi N, Pescitelli G, et al. *J Nat Prod* 2002 65 1742(Structure and absolute configuration of new diterpenes from *Lavandula multifida*)

69) Roller S, Ernst N, Buckle J. ***J Altern Complement Med*** 2009 15(3) 275[The antimicrobial activity of high-necrodane and other lavender oils in Methicillin-sensitive and resistant *Staphylococcus aureus*(MSSA and MRSA)]

70) Romine IJ, Bush AM, Geist C. ***Percept Mator Skill*** 1999 88 756(Lavender aromatheraphy in recovery from exercise)

71) Shiina Y, Funabashi N, Lee K, et al. *Intl J Cardiol* 2008 129 193(Relaxation effects of lavender aromatherapy improve coronary flow velocity reserve in healthy men evaluated by transthoracic doppler echocardiography)

72) Shin KR. *Ph D Dissertation* Columbia Univ New York USA 1992(The correlate of depressive symptomatology in Korean-American women in New York city)

73) Skoula M, Abidi C, Kokkalau E. *Biochem System Ecol* 1996 24(3) 255[Essential oil variation of *Lavandula stoechas* ssp. *Stoechas* growing wild in Crete(Greece)]

74) Sosa S, Altinier G, Politi M, et al. ***Phytomedicine*** 2005 12 271(Extracts and constituents of *Lavandula multifida* with topical anti-inflammatory activity)

75) Sugawara Y, Hara C, Tamura K, et al. *Anal Chim Acta* 1998 365 293(Sedative effect on humans of inhalation of essential oil of linalool: sensory evaluation and physiological measurements using optically active linalools)

76) Susan AT. *Ph D Thesis* Christopyer Newport Univ Newport USA 1992(The

effective and biological response to the inhalation of the essential oil lavender)
77) Tsang HWH, Lo SCL, Chan CH, et al. *Flavour Fragr J* 2013 28 168(Neurophysiological and behavioural effects of lavender oil in rats with experimentally induced anxiety)
78) Ulubelen A, Gören N, Olcay Y. *Phytochemistry* 1988 27(12) 3966(Longipinene derivatives from *Lavandula stoechas* subsp. *Stoechas*)
79) Venskutonis PR, Dapkevicius A, Baranauskiene M. *J Essent Oil Res* 1997 9 107 [Composition of the essential oil of Lavender(*L. angustifolia* Mil.) from Lithuania]
80) Videria R, Castanheira P, Graos M, et al. *Flavour Fragr J* 2013 28 380(A necrodane monoterpenoid from *Lavendula luisieri* essential oil as a cell-permeable inhibitor of BACE-1, the β-secretase in Alzheimer's disease)
81) Wilkinson JM. *Phytother Res* 2002 16 301[Biological activities of Lavender essential oil Review]
82) Yamada K, Mimaki Y, Sashida Y. *Biol Pharm Bull* 1994 17(2) 359(Anticonvulsive effects of inhaling Lavender oil vapour)
83) Zrira S, Benjilali B. *J Essent Oil Res* 2003 15 68(The constituents of the oil of *Lavandula stoechas* L. ssp. *atlantica* Br. -Bl and *L. stoechas* ssp. *Stoechas* from Morocco)

11 레몬그라스 *Cymbopogon citratus*

벼과
(Gramineae)

Lemon grass(英)
香芽(中)

원산지: 인도, 아시아, 아프리카, 중남미

용도: 식용·향료 – 잎

역사

레몬그라스(Lemon grass)는 벼과의 다년생 초본으로, 잎을 비벼보면 레몬 향이 나는 풀이라 하여 lemon grass라 한다. 학명의 *Cymbopogon*은 그리스어의 'cymbos'는 속이 비었다는 말과 pogon 수염이란 말의 합성어로 줄기 속이 비었고 잎은 수염처럼 가늘고 길며, 많이 군생하기 때문에 붙여진 이름이다. 종명의 *citratus*는 lemon 같은 향기가 있기 때문에 붙여진 이름이다.

India, Guatemala, Brazil, Madacascar 등에서 대량 재배한다(Herbs p187).

식물학적 특성

약 11.5m로 자라는 억새를 닮은 잎이 총생하는 향기 좋은 다년생 초본. 줄기는 짧고 마디가 땅속에 있다. 회록색 잎은 단단하고 길이가 50-60cm로 좁은 선형(線形), 밑쪽은 원통 모양 줄기를 감싸고 있다. 8-9월경 잎 사이 가느다란 원추화서로 나와 작고 많은 이삭을 내는데 억새이삭(꽃송이) 같다.

내한성이 없는 것이 결점이나 재배는 쉬우므로 겨울에는 분화초로 가꾼다.

우리나라에는 동속식물 *Cymbopogon tortilis*(개솔새) 1종이 있다(Lee, YN, II, p590).

특수성분

α-Camphorene(C-00195), Cymbopogone(C-02460), Cymbopogonol (C-02460), *Geranial(D-03180) 등과, 동속식물에는 Elemicin(T-02777), *1,2-Epoxy-p-menth-8-ene(E-01067), *p*-Metha-1(7), 8-dien-3-ol(M-00490), *p*-Mentha-2,8-dien-1-ol(1S, 4R)(M-00496), 3,4,6-Trimethoxybenzaldehyde (T-01959) 등이 *Cymbopogone citratus*에 있다(DNP p513).

생리활성

Mini-review: *Cymbopogon citratus*(lemon grass)는 전통 생약으로 항미생물, 항염, 진정제로 쓰여 왔다. 잎 정유는 식품, 향료, 비누, 화장품, 의약품 및 살충제 산업에도 쓰인다(Negrelle RRB, 2007). *Cymbopogon citratus* 잎(시료) MeOH, 80% EtOH 및 H_2O로 추출한 추출액의 항산화활성을 DPPH로 측정한 결과, infusion 시료가 가장 강력하였고, tannin, phenolic acid(caffeic, p-coumaric acid 유도체) 및 flavone glycoside(apigenin과 luteolin 유도체)를 동정하였고, tannin과 flavonoid 분획은 산화적 stress 과정에 가장 강하였다. Flavonoid 분획은 추출물 중 6.1%, 13개 물질(*O*-와 C-glycosyl flavones)을 HPLC로 동정. 이들 중 9개 물질은 본 식물에서 처음 동정되었으며, C-glycosyl flavone(mono-C; di-C 및 *O*-C-diglycosylflavones). 동정된 polyphenol은 신체 건강에 강력하고 보호가치가 있음을 보였다(Figueiriha A, 2008). 또한 항미생물, 항산화, 진정, 항염, 항암, 구토, 진통 등의 생리활성이 연구되어 앞으로 더 많은 용도가 기대되었다. 정유는 aromatherapy에 이용되며 성분으로는 주로 terpenes, alcohols, ketones, aldehyde 및 esters. 몇몇 report는 정유에 citral, α, β-nerol, geraniol, citronellal, terpinolene, geranyl acetate, myrecene 및 terpinol methylheptenone. 또 flavonoids, phenol compounds, luteolin, isoorientin 2′-*O*-rhamnoside, quercetin, kaempferol 및 apigenin 등이 보고되었고, 다양한 약리활성 즉 antiamoebic, antibacterial, antidiarrheal, antifilarial(항필라리아 사상충), antifungal 및 antiinflammatory 등이 보고되었으며, 그 외에 antimalarial, antimutagenicity, antimycobacterial, antioxidants, hypoglycemic 및 neurobehaviorial 등. 이러한 결과는 lemon grass가 앞으로 더 많은 연구로 또 다른 강력한 치료 효과가 있을 것으로 예상되었다. Lemon grass 정유 주성분은 citral(aldehyde geranial+neral)과 terpenes(myrcenemonoterpene 및 geranial-terpenic alcohol) 등이었다(Shah G, 2011).

항Bacteria활성-잎정유①: Lemon grass 잎 수증기 증류로 얻은 정유의 항bacteria 활성을 검색한 결과, 정유성분 중 α-citral(geranial)과 β-citral (neral)은 gram(+)와 gram(-) bacteria에 항균활성을 보였고, 정유성분 myrcene은 항균활성이 없었으나, α-citral과 β-citral의 항균활성을 돕는 것으로 보였다(Onawunmi GO, 1984).

항*Salmonella*활성-정유②: Lemon grass oil과 그 주요 성분 citral 84.30%이 antibiotic- susceptible과 -resistant strain *Sal. enteritidis*와 *S. typhimurium*에 대한 효과를 평가하였다. Lemongrass oil과 citral은 두 *Sal.* species에 모두 현저한 저해활성을 보였고(MICs는 0.5mg/mL-8.0mg/mL), lemon grass oil과 citral 혼합 효과는 [checkerboard microtiter 분석에서] lemon grass 정유와 citral은 *S. typhi*에 대하여 streptomycin 또는 kanamycin 병용에서 강력한 상승 효과 또는 첨가 효과를 보였다. 이로써 lemon grass나 citral과 streptomycin 병용은 *S. thyphi* 감염 치료에 항생제 요구량을 최소화 할 수 있을 것으로 생각되었다(Shin S, 2005).

항진균활성③: Lemon grass oil은 lemon grass 잎을 수증기 증류한 것. 4종 dermatophytes; *Trichophytor mentagrophytes*, *T. rubrum*, *Epidermophytes floccosum* 및 *Microsporum gypseum*에 대해 agar 희석법으로 측정. MIC와 MLC는 oil에서 citral보다 높았고, 가장 저항이 강한 균주는 *M. gypseum*, 다음 *T. rubrum*, *T. mentagrophytes* 및 *E. floccosum*. Lemon grass oil과

citral은 fungicidal effect가 있었다(Wannissorn B, 1996). Lemon grass oil 25-500ppm은 *Colletortrichum coccodes*, *Botrytis cirpras*, *Cladospertum hebarum*, *Rhizopus stolonifer* 및 *Aspergillus niger*에 항진균활성을 보였고 시험균에 대하여 시료 oil 대량에서 colony 발생이 현저히 감소. Fungal spore 생성도 시료 25ppm에서 70% 이상 감소되었다. 시료 최대량 500ppm에서 아포형성이 완전히 퇴화되었고, *C. caccodes*, *B. cinerea*, *C. herbarum* 및 *R. stolonifera*가 농도 의존적으로 아포 형성이 감소되었다. 시료 100ppm 이상에서는 *A. niger* 아포 형성이 촉진되었다. 이로써 병원균 확대를 막고, 식품의 대기 중 저장과 운반에서 아포 형성을 감소시켜 대체 식품 보존제로의 이용이 기대되었다(Tzortzakis NG, 2007).

항진균활성④: 피부 표면 진균은 가장 일반적인 피부 감염 중 대부분 yeast 및 사상균을 포함한 원인균이며 치료는 원인이 다양하여 새로운 약제가 필요하였다. 수많은 정유들을 in vitro와 in vivo에서 항진균활성을 시험한 결과, 몇몇은 항진균제로 대단히 강력하였다. Disk diffusion assay에서 lemon grass 정유와 citral이 *Candida* spp.인 *Candida albicans*, *C. glabrata*, *C. krusei*, *C. parapsilosis* 및 *C. tropicalis*에 항진균활성을 보였다. 이로써 lemon grass oil과 citral은 *Candida* spp.에 대해 강력한 효과를 알게 되었다. *C. tropicalis*와 *C. krusei*와 관련. 더구나 *C. parapsilosis*는 onychomycoses (손 발톱 백화 부후)와 관련이 있다(de Bona da Silva C, 2008).

항*Helicobacter pylori*-Herbs⑤: 40종 Herb 대상으로 *H. pylori*에 항균 물질 개발 일환으로 EtOH ex의 항균성을 검색한 결과, sage, rosemary, lavender, lemongrass, St. John's wort, rue, oregano 등 12종이 *H. pylori*에 항균성을 보였고, 이들 herb 추출물의 phenol 함량은 134.13-533.33μg/mL로 비교적 phenol성 물질 함량이 많았다(조영제, 2005-161).

항염활성①: Lemon grass의 항염활성을 LPS-유도 264.7세포에서 주성분 citral 3-12μg/mL이 LPS-유도 NO 생성을 현저히 용량 의존적으로 저해하였고(IC_{50} 6.5μg/mL), 더구나 citral은 iNOS의 전사와 발현을 효과적으로 저해. DNA 결합 활성을 강력히 억제, IkB 인산화와 같이

NF-kB의 핵 전이를 용량 의존적으로 억제. 이로써 citral의 항염 작용은 NF-kB 활성 억제를 통한 NO 생성 저해로 생각되었다(Lee HJ, 2008). 활성화된 염증 세포에서 다량으로 NO가 생산되어, 급성과 만성 염증의 병인이 되며, lemon grass의 flavonoid 분획이 피부 dendrite cell line에서 LPS-유도 NO 생산을 현저히 저하시켜 이를 분석한 결과, luteolin glycoside가 주성분. 이는 NO 소거활성과 iNOS 발현으로 염증성 질병 치료에 특히 소화기계에 치료 효과가 있었다(Figuerinha A, 2010). Lemon grass의 항염 기전은 proteosome 활성 저해로, 결과적으로 NF-kB pathway와 cytokine 발현으로 해명. 또 phenol성 물질, 특히 chlorogenic acid는 생리활성 물질로 새로운 항염성 천연물로 생각되었다(Francisco V, 2013). 항염증 활성은 aglycone과 배당체에 따라 생리활성이 달라져 실험 결과, luteolin보다는 glycoside인 luteolin-7-*O*-β-glycoside가 항염활성이 aglycone보다 컸다(Francisco V, 2014).

항염활성②: Lemon grass 수침 ex 시료가 BALB/c mice 대식세포에서 pro-inflammatory cytokine IL-1β, IL-6 생성을 실험하였다. Lemon grass 수침 ex 처리 mice 대식세포에서 IL-1β 생산을 저해하였으나, IL-6 생산을 유도하였고, lemon grass 정유는 cytokine 생산(in vitro)을 저해하였다. Linalool oxide와 epoxy-linalool oxide는 lemon grass 수침 ex의 주요 화합물, 정유의 주요 화합물은 neral과 geranial이었다. 이로써 이 천연 물질은 항염활성이 있음을 보였다(Sforcin JM, 2009).

항경련효과-Citronellol①: Monoterpene alcohol인 citronellol은 전압 의존적 Na+ channel을 통하여 주로 신경성 흥분의 감소에 의한 항경련 활성이 현저한 것으로 나타났다(de Sousa DP, 2006).

항경련활성-alpha-Terpineol②: Monoterpenoid alcohol인 α-terpineol도 이의 항경련 활성인 pentylenetetrazole 100, 200mg/kg에 의한 발작이 지연되었고, MES 농도 의존적으로 hindlimb 신장 extension이 감소되었다 (200과 400mg/kg)(de Sousa DP, 2007).

항경련효과-잎·정유③: *C. winterianus* 시료는 진통, 불안 제거 및 항경련제로

Brazil의 민간약. 본 연구에서는 시료의 잎 정유의 성분 분석과 동물실험을 시행하였다. 신선한 잎의 정유는 geraniol 40.06%, citronellal 27.44% 및 citronellol 10.45%이 주성분. 정유 100, 200 및 400mg/kg·ip에서 CNS에 현저한 억제 효과를 보였고, 정유 200, 400mg/kg ip에서 PTZ나 PIC유도 발작이 실험 동물에서 50%가 감소. 또 정유 100, 200 및 400mg/kg·ip는 STR-유도 간대성 발작을 지연시켰다. 이로써 시료의 정유는 항경련제로의 가능성을 보였다(Quintaus-Junior LJ, 2000).

최면·진통효과-Citronellal: 여러 향신자원의 정유에 함유된 cirotellal(CL)은 monoterpene으로 본 연구에서는 CNS와 진통 작용을 알고자 CL를 복강 내 주사한 결과, 보행 실조, 통각 실조 및 진정이 점진적으로 감소되었고, phenobarbital-유도 최면에서 CL 50, 100 및 200mg/kg·ip 투여로 수면 시간이 현저히 증가되었다. CL 동농도에서 writhing test에서 writhe 횟수가 66.4와 81.9% 감소 또 hot plate test에서 중추성 진통 효과가 있었다. 이 결과로 citronellal은 CNS 억제, 최면 및 진통 작용이 있음을 보였다(Melo MS, 2010).

항당뇨활성: Lemon grass의 주요 화합물은 C-glycosylflavone인 chlorogenic acid와 orientin과 isoorientin이며, 근래 isoorientin과 chlorgenic acid는 STZ-유도 당뇨 쥐에서 혈당 강하 효과를 보였다(Cheel J, 2005). Lemon grass의 신선한 잎 수침액 시료를 정상 Wistar rat(♂)에 매일 125-500mg/kg, 42일간 투여, 43일에 마취하에 cardiac puncture로 채취한 혈액으로 공복 혈당, 총 cholesterol, TG, LDL-C, VLDL-C, HDL-C를 측정, HDL-C는 상승했으나, TG는 별 변화가 없었다. 급성 독성량은 5,000mg/kg, bw/oral once로 급성 경구 독성은 낮아, 안전하였다. 이로써 시료는 제2형 당뇨 환자에 안전한 전통 약으로의 사용이 확인되었다(Adeneye AA, 2007).

Cholesterol저하-잎: 신선한 lemon grass 잎 EtOH ex의 cholesterol 저하 효과를 rat에서 실험한 결과, 달걀 노른자로 강화한 고cholesterol 사료를 albino rat에 14일간 시료 200mg/kg과 100mg/kg군에 4일간 투여, 시료 투여 전에는 체중이 증가하였으나, 시료 투여 후에는 감소, 시료 투여 전에는 증가되었던 cholesterol이 시료 투여 후에는 현저히 감소. 이러한 감소는 시료 농도 의존적. 이로써 시료는 cholesterol의 감소 활성이 있어 심장 질환 관리에 효과적이라 생각되었다(Agbafor KN, 2007).

유방암저해-Citral①: 몇몇 herbal plant의 정유성분 중 citral의 유방암 세포주 MCF-7에 대하여 암 세포 증식률, 세포주기 분포 및 apoptosis에 대해 실험한 결과, MCF-7 세포 성장을 세포주기 G2/M phase를 정지, apoptosis를 유도하였다. 더구나 citral 처리 후 48시간에 prostaglandin E_2 합성을 감소시켰다. 이러한 결과는 citral이 강력한 화학적 암 예방 효과가 있음을 보였다(Chaouki W, 2009).

항암활성-**정유**②: In vitro에서 12 human cancer cell line의 세포독성을 in vivo에서 Ehrlich 및 S-180 tumor model에 대하여 성장 저해에 lemon grass 정유의 차이가 있었고, HL-60 세포 주에서 정유 용량 의존적으로 apoptosis가 증가되었다. HL-60 세포주(in vitro)와 Ehrlich 및 S-180 tumor cell(in vivo)에서 정유처리는 apoptosis로 형태적 변화를 보였다. 이러한 결과로 *C. floxuosus* 정유는 암에 대한 혁신적 치료제 후보로 암의 새로운 화학 요법제로 개발이 기대되었다(Sharma PR, 2009).

기타 약리활성-**잎**: Lemon grass 잎 차를 매일 1회 2주간 투여한 결과, 혈액 및 소변 검사에서 또 EEG(뇌파)와 CPK에 별 변화가 없었으나 CNS-dependent effect가 의심스러웠으나 독성은 없었고, 최면이나 불안감은 없었다(Leite JR, 1986). 잎 10%, 20% 열수 침출액을 정맥주사에서 용량 의존적 혈압 강하와 경구투여 시 약한 이뇨 및 항염증 효과를 보였다(Carbajal D, 1989).

정유성분-**잎** *Cymbopogon citratus*①: Zambia에 자란 잎을 수증기 증류 후, GC 및 GC/MS로 분석에서 16성분을 얻었고, geranial 39.0%, neral 29.4% 및 myrcene 18.0%은 주성분. 소량의 geranial 1.7%와 linalol 1.3%도 검색되었다(Chisowa EH, 1998).

정유성분-*C. validus*②: Zimbabwe의 야생과 재배 *C. validus*의 성분을 비교한 결과, 야생의 정유는 myrcene 23.1-35.6%, (E)-β-ocimene 10.3-11.5%, geranil 3.4-8.3%, linalool 3.2-3.7% 및 camphene 5.2-6.0%, 재배의 정유는

myrcene 11.6-20.2%,(E)-β-ocimene 6.0-12.2%, borneol 3.9-9.5%. geroniol 1.7-5.0% 및 camphene 3.3-8.3%가 주성분. 야생 정유는 재배 정유에 비해 myrcene,(E)-β-ocimene 및 geroniol이 많았다(Chagonda LC, 2000).

정유성분-*C. olivieri*③: Iran산 *C. olivieri* 야생 시료를 수증기 증류. GC-MS로 분석, 성분을 동정한 결과 42성분, oil의 97.6%로 piperitone 53.3%, α-terpinene 13.6%, elemol 7.7%, β-eudesmol 4.4%, torreyol 3.3%, limonene2.9% 및 α-cadinol 2.1%가 주요 성분이었다. Cymbopogon은 양호한 상품 가치가 있어, citronella, lemon grass, palmarosa oil로 향수, 화장품, 비누 산업에 많이 쓰이며, 방부제 및 건위제로도 쓰인다(Norouzi-Arasi H, 2002).

정유성분-*C. winterianus*④: Brazil 남부에서 재배한 *C. winterianus*의 지상부를 수증기 증류 후, 분석한 결과, 정유는 oil의 96%로 31개 성분이 분석되었고, limonene의 enantiomer는 linalool, citronellal 및 β-citronellol 등이 동정되었다(Lorenzo D, 2000).

효능과 이용

1) 식용: 수프, 소스에도 넣고, 생선, 닭 같은 조류(鳥類) 요리에도 부향제로 쓰이며, 어린잎은 튀김하면 쌉쌀하고 상쾌한 향미가 있고 특히 인도나 동남아에서는 노란색의 아름답고 맛있는 차(茶)로 상용하며 소화기능 강화와 빈혈에도 효과가 있으며 냉차는 더욱 향미롭다. 말레이시아 지방에서는 말린 잎을 카레요리의 부향제로도 쓴다.

2) 약용: 민간에서는 소화불량, 열병 치료 진정제로 복용하고 또 방충, 옴, 구충(요충) 등에 외용한다.

3) 기타: 향기의 주성분은 레몬과 같은 시트랄로서 정유의 70-80%나 함유, 약품, 비누, 향수, 린스, 캔디 등의 부향제로, violet 향의 합성에도 쓰이며 말려서 포푸리나 목욕제로도 이용한다.

참고 문헌

1) 조영제, 천성숙, 윤소정 등. **응용생물화학회지** 2005 48(2) 161(Herb 식물로부터 *Helicobacter pylori*에 대한 항균효과 탐색-lavender, sage, rosemary, lemon grass, rue, oregamo, St. John's Wort 등 12종)

2) Adeneye AA, Agbaje EO. *J Ethnopharmacol* 2007 112 440(Hypoglycemic and hypolipidenic effects of fresh leaf aqueous extract of *Cymbopogon citratus* Stapf. in rats)

3) Agbafor KN, Akubugwo EI. *African J Biotechnol* 2007 6(5) 596[Hypocholesterolaemic effect of ethanolic extract of fresch leaves of *Cymbopogon citratus*(lemon grass)]

4) Carbajal D, Casaco A, Arruzazabala L, et al. *J Ethnopharmacol* 1989 25 103 (Pharmacological study of *Cymbopogon citratus* leaves)

5) Chagonda LC, Macanda C, Chalchat J-C. *Flavour Fragr J* 2000 15 100[The essential oils of wild and cultivated *Cymbopogon validus*(stapf) stapf ex Burett Davy and *Elionurus muticus*(spreng.) Kunth from Zimbabwe]

6) Chaouki W, Leger DY, Liagre B, et al. *Fundam Clin Pharmacol* 2009 23 549(Citral inhibits cell proliferation and induces apoptosis and cycle arrest in MCF-7 cells)

7) Cheel J, Theoduloz C, Rodriguez J, Schmeda-Hirschmann G. *J Agr Food Chem* 2005 53 2511[Free radical scavengers and antioxidants from Lemon grass(*Cymbopogon citratus(*DC.) Stapf)

8) Chisowa EH, Hall DR, Farman DI. *Flavour Fragr J* 1998 13 29(Volatile constituents of essential oil of *Cymbopogon citratus* staf grown in Zambia)

9) de Bona da Silva C, Guterres SS, Weisheimer V, Schapoval EES. *Braz J Infect* 2008 12 63(Anti-fungal activity of the Lemon grass oil and citral against *Candida* spp.)

10) de Sousa DP, Gonsalves JCR, Quintans-Jr L, et al. *Neurosci Lett* 2006 401 231 (Study of anticonvalsant effect of citronellol, a monoterpene alcohol in rodents)

11) de Sousa DP, Quintans LJr, de Almeida RN. *Pharmace Biol* 2007 45(1) 69

(Evolution of the anti-convalsant activity of α-terpineol)
12) Figueiriha A, Paranhos A, Perez-Alonso J, et al. *Food Chem* 2008 110 718 (*Cymbopogon citratus* leaves: characterisation of flavonoids by HPLC-PDA-ESI/MS/MS and an approach to their potential as a source of bioactive polyphenols)
13) Figuerinha A, Cruz MT, Francisco V, et al. *J Med Food* 2010 13(3) 681(Anti-inflammatory activity of *Cymbopogon citratus* leaf infusion in LPS-stimulated dendritic cells: Contribution of the polyphenols)
14) Francisco V, Coast G, Figueirinha A, et al. *J Ethnopharmacol* 2013 148 126(Anti-inflammatory activity of *Cymobopogon ciratus* leaves infusion via proteosome and NF-kB pathway inhibition: contribution of chlorogenic acid)
15) Francisco V, Figueirinha A, Coast G, et al. *J Func. Food* 2014 10 436(Chemical characterization and anti-inflammatory activity of luteolin glycosides isolated from lemon grass)
16) Lee HJ, Jeong HS, Kim DJ, et al. *Arch Pharm Res* 2008 31(3) 342(Inhibitory effect of ciral on NO production by suppression of iNOS expression and NF-kB activation in RAW 264.7 cells)
17) Leite JR, Seabra ML, Maluf E, et al. *J Ethnopharmacol* 1986 17 75(Pharmacology of lemon grass III. Assessment of eventual toxic, hypnotic and anxiolytic effects on humans)
18) Lorenzetti BB, Souza GEP, Sarti SJ, et al. *J Ethnopharmacol* 1991 34 43(Myrcene mimics the peripheral analgesic activity of lemon grass tea)
19) Lorenzo D, Dellacassa E, Atti-Serafini L, et al. *Flavour Fragr J* 2000 15 177 (Composition and stereo-analysis of *Cymbopogon winterianus* Jowitt oil from southern Brazil)
20) Mallavarapu GR, Rao BRR, Kaul PN, et al. *Flavour Fragr J* 1998 13 167(Volatile constituents of the essential oils of the seeds and herb of palmarosa(*Cymbopogon martinii*(Roxb.) wats. var. *motia* Buck))
21) Melo MS, Sena LCS, Barreto FJN, et al. *Pharmac Biol* 2010 48(4) 411

(Antinociceptive effect of citronellal in mice)

22) Negrelle RRB, Gomes EC, *Rev Bras PI Med Botucau* 2007 9(1) 80[*Cymbopogon citratus*(DC) stapf: chemical composition and biological activities-review]

23) Norouzi-Arasi H, Yavari J, Ghaftarzadeh F, Mortazavi M-S. *Flavour Fragr J* 2002 17 272[Volatile constituents of *Cymbopogon olivieri*(Boiss.) Bor from Iran]

24) Onawunmi GO, Yisak W-AB, Ogunlana EO. *J Ethnopharmacol* 1984 12 278 [Antibacterial constituents in the essential oil of *Cymbopogon citratus*(DC.) Stapf.]

25) Pandey MC, Sharma JR, Dikshit A. *Flavour Frag J* 1996 11 257[Antifungal evaluation of the essential oil of *Cymbopogon pendulus*(Nees ex Steud.) Wats. cv. Praman]

26) Pimsaeng K. *MS Thesis* Chiang Mai Univ. Chiang Mai Thailand 1993(Anti-micronucleus formation of lemon grass extract)

27) Puatanachokchai R, Kishida H, Deuda A, Murata N, et al. *Cancer Lett* 2002 183 9 (Inhibitory effects of lemon grass extract on the early phase of hepato-carcinogenesis after initiation with diethylnitrosamine in male Fischer 344 rats)

28) Puatanachokchai R. *MS Thesis* Chiang Mai Univ. Chiang Mai Thailand 1994 [Antimutagenicity cytotoxictiy and antitumor activity from lemon grass (*Cymbopogen citratus* Stapf.) extract]

29) Quintaus-Junior LJ, Souza TT, Leite BS, et al. *Phytomedicine* 2000 15 619 [Phytochemical screening and anticonvulsant activity of *Cymbopogon winterianus* Jowitt(poaceae) leaf essential oil in rodents]

30) Sforcin JM, Amaral JT, Fernandes A, et al. *Nat Prod Res* 2009 23(12) 1151(Lemon grass effects on IL-1β and IL-6 production by macrophages)

31) Shah G, Shri R, Panchai V, et al. *J Adv Pharm Technol Res* 2011 2(1) 3[Scientific basis for the therapeutic use of *Cymbopogon citratus* stapf(lemon grass)]-Review

32) Sharma PR, Mondhe DM, Muthiah S, et al. *Chem Biol Interactions* 2009 179 160 (Anticancer activity of an essential oil from *Cymbopogon flexuosus*)

33) Shin S. *Nat Prod Sci* 2005 11(3) 160(Anti-*Salmonella* activity of lemon grass oil

alone a in combination with antibiotics)

34) Thhumvijit S. *MS Thesis* Chiang Mai Univ Chiang Mai Thailand 1999(Effect of lemon grass extract on rat hepatic and intestinal xenobiotic-metabolizing enzymes)

35) Tzortzakis NG, Economakis CD. *Innov Food Sci Energing Technol* 2007 8 253 (Antifungal activity of lemon grass(*Cymbopogon citratus* L.) essential oil against key postharvest pathogens)

36) Wannissorn B, Jarikasem S, Soontorntanasart T. *Phytother Res* 1996 10 551 (Antifungal activity of lemon grass oil and lemon grass oil cream)

12 레몬밤 *Melissa officinalis*

꿀풀과
(Labiatae)

Balm, Lemon balm, Melisa(英)

원산지: 지중해 연안, 남유럽

용도: 식용·약용 – 전초, 정유, 잎

역사

17세기 프랑스의 갈멜 수도회가 처방한 '갈멜 워터'는 레몬밤(lemon balm)이 주성분이며 두통이나 신경통에, 또 노화방지 효과도 있어 지금도 생산되고 있다. 프랑스인들은 소화를 돕고, 식욕을 촉진하며 위장의 강장제로도 효과가 있어 lemon balm의 허브차를 식전 식후 음료로 즐긴다.

영명 Balm이란 향유(香油)를 뜻하나 성경의 향유(Balm: *Commiphragi leadensis*)와는 별개의 식물. 레몬향이 나는 *Melissa officinalis* L.에 향유의 이름인 Balm을 붙여서 Lemon balm이라고 이름 붙인 것이다. *Melissa*는 2,000년 전부터 재배해 온 오랜 밀원 식품이며 약초로도 가치가 높다.

학명의 *Melissa*는 라틴어의 '꿀벌'이란 뜻으로 이 꽃에 꿀이 많아 꿀벌이 많이 모이기 때문이며 Bee balm이라는 애칭도 있다. 노화 예방 효과도 뛰어나 불로장생의 영약으로 차를 매일 마신 "Glamorgan", "Llewelyn" 왕은 108세를 살았고 John Hussey란 사람은 116세까지 장수했다는 기록도 전해지고 있다.

고대 아랍인들은 *Melissa*를 불안이나 우울증에도 효과가 있어 약초로 평가하였다. 아랍인이 진정, 소화, 진경, 발한, 해열 등의 작용의 약효를 유럽에 전했다 한다. 전갈이나 독거미 등 독충에 물렸을 때 해독제로, 치통약으로, 이질에 잘 듣는 관장제로, 외과용으로는 궤양이나 관절염 통증제거 등 기원전 1세기 의약서에도 약효가 올라 있다 한다. 최근 연구에 따르면 Lemon balm이 장기 기억능력 향상과 정보의 학습 저장에 도움이 되는 것으로 밝혀져서 허브 의학 전문의들은 Alzheimer병, 치매, ADHD(주의력 결핍 및 과잉 행동장애)에 이를 처방하였다. 또 소화 불량이나 갑상선 기능 항진증에, 입술 포진에 바르기도 한다(Medicinal Herbs p35).

식물학적 특성

다년생 초본으로 40-60cm로 자라며 가지는 총생한다. 줄기에 네모진 잎은 대생, 잎과 줄기에 연한 털이 나 있으며 잎은 심장형으로 거치가 있다. 6-7월경에 줄기 끝의 엽액에 작은 유백색 꽃은 심형화로 윤생한다(Herbs p275).

특수성분

*Melissa officinalis*에서 rosmarinic acid(R-00385)가 분리동정되었다(DNP p660)

생리활성

Anti-HIV-1①: *Melissa officinalis*의 50% EtOH ex(M1), EtOH ex(M2), EtOAc ex(M3) 및 total H_2O ex(M4)를 *Herpes simplex* virus type-1(HSV-I)에 대하여 virucidal과 antiviral effect를 실험. Virus 사멸 효과는 MTC에서 M4처리 3시간과 6시간 내에 사멸하였고, 나머지 extract는 12시간과 24시간 내에 불활성화 되었다. M1-M3의 저해활성은 같은 virus에 대해 in vitro와 in vivo에는 없었다. 이러한 활성 물질은 caffeic acid, caffeic acid oxidation product 및 rosmarinic acid로 50μg/cm^3 농도에서 효과가 있었다(Dimitrova Z, 1993; Woelbing RH, 1994; Yamasaki, K, 1998).

Anti-HIV-2-정유②: *Melissa officinalis* 정유의 *Herpes simplex* type-2(HSV-2)에 항virus 효과를 정유농도 25, 50, 100, 150 및 200μg/mL에서 실험한 결과, HSV-2 세포에 100μg/mL까지는 독성이 없었으나, 100μg/mL 이상에서는 독성이 약하였다. 독성이 없는 농도에서 HSV-2의 복제가 저해되었다. 이로서 *M. officinalis* ex는 anti-HSV-2 물질이 있음을 알게 되었다(Allahverdiyev A, 2004; Cohen RA, 1964).

Anti-HSV-정유③: *Herpes simplex* virus(HSV)의 항virus 제제가 내성이 생기면서 HSV 치료제에 대한 새로운 약초 추출물과 정유에 대한 관심이 증가되었다. *Melisa officinalis*의 정유(시료)를 GC/MS로 분석. Monoterpene aldehyde인 citral a와 b 및 citronellal을 동정하였다. 시료를 HSV에 실험한 결과, HSV-1과 HSV-2를 원숭이 kidney cell(in vitro)에 plaque reduction assay에서 저해활성을 시료농도 0.0004%와 0.00008%(IC_{50})에서 virus plaque가 형성되었다. 정유의 세포독성이 없는 농도에서 HSV-1과 HSV-2에 각각 98.8%와 97.2% 활성을 보였다. 시료는 세포에 감염 이전에 전처리에 의해 HSV-1과 HSV-2에 현저한 저해 효과를 보였다(Schnitzler P, 2008).

항미생물·항산화활성-정유: 항미생물활성은 13종 bacteria strain과 6종 fungi에 대해 *Melissa officinalis* 정유에서 현저한 항미생물활성을 보였고, 항산화활성은 DPPH, Fe^{2+}/ ascorbate, Fe^{2+}/H_2O_2 system에서 정유가 강력한 지방 과산화에 보호활성을 보였다. 이로써 *Melissa* 정유는 flavor agent로, 항산화 및 항미생물활성이 있어 식품, 음료 및 약품 보존제로 유용성이 있었다. 가장 강력한 항산화 물질은 정유 중 monoterpene aldehyde와 ketone으로 neral, geranial, citronellal, isomenthone 및 menthone, 항bacteria 활성은 multi-resistant strain인 *Shigella sonei*에 가장 강하였고, 항진균활성은 *Trichophyton* 속에 현저히 강하였다(Mimica-Dukic N, 2004).

항산화활성-잎: *Melissa officinalis* 잎을 분석한 결과, hydroxy cinnamic acid 유도체와 flavonoids; caffeic acid, *m*-coumaric acid, eriodictyol-7-*O*-glucoside, naringin, hesperidin, rosmarinic acid, naringenin, hesperetin 등을 기기 분석으로 동정. 항산화활성은 in vitro에서 iron(III) reduction, iron(III) chelation, DPPH radical 소거, superoxide anion과 NO free radical 소거, β-carotene-linoleic acid bleeching 저해에서 시료 extract는 항산화활성을 보였다. 이로써 *Melissa*는 ex vivo와 in vivo에서 산화적 stress model에서 높은 항산화활성을 인정할 수 있었다(Dastmalchi K, 2008).

Alzheimer병-완화①: 오랜 유럽 medicinal herb reference book에서 *Salvia officinalis*(sage)와 *Melissa officinalis*(balm)는 기억력 개선 성질이 있고, cholinergic activity는 최근 밝혀졌다. 최근 Alzheimer's disease의 신경생물학의 이해에서 주요 발전은 소위 합리적으로 고안된 치료의 유효성으로 약물 개발에 있어 역사적 기록 재탐사에 적절한 시기로 생각되었다. 본 연구는 옛 기록을 현대 과학적 접근으로, 치매에 새로운 치료뿐 아니라, 질병 기전 이해에도 도움이 될 것으로 생각되었다. Alzheimer's disease에서 cholinergic dearrangement를 최근 생물학적 기초의 가설로 명백해졌다. Cholinergic antagonist를 함유한 식물은 기억 상실이나 치매 치료에 효과적이라 생각되었다(Perry EK, 1999; Kennedy DO, 2002, 2003).

기억력증진-*Melissa*②: 서 Europe 전통약 중 인지능력 증강에 사용해온 Laminaceae와 Asteraceae 식물에 대하여 실험. CNS-cholinergic receptor binding 활성을 위의 식물 extract를 적용한 결과, 몇 시료에서 nicotine receptor와 muscarine receptor에서 $[^3H]$-(N)-nicotine과 $[^3H]$-(N)-scopolamine과 인체 대뇌피질 세포막 homogenate에서 치환되는 시료를 발견하였다. 즉 *Melissa officinalis*, 3종의 *Salvia* 속, 및 *Artemisia absinthium*이 IC_{50}농도 〈1mg/mL에서 $[^3H]$-(N)-nicotine 치환 값이 0.033인 *M. officinalis*가 가장 높았고, *S. elegans*가 $[^3H]$-(N)-scopolamine에 가장 높았다. 이들은 Alzheimer's 병 같은 인식문제 질병을 완화시키는 데 도움이 되리라 생각되었다(Wake G, 2000; Kennedy DO, 2002).

신경보호활성③: Acetylcholine esterase(AchE) 저해와 항산화활성 실험 결과, *H. undulatum*, *Melissa officinalis*, *Laurus nobilis*, *Lavandular penduncculata*에서 높았다. *H. undulatum* 등은 Alzheimer's disease(AD) 환자에 투여 시 AchE 저해와 항산화활성이 있어 신경보호 활성으로 AD

증상을 경감시켰다(Ferreira A, 2006).

신경진정작용④: *Melissa officinalis* 10% alcohol ex가 mice 행동에 미치는 영향을 관찰하였다. *M. officinalis*의 전통적 응용에 저농도에서 신경 안정 작용이 있었고(staircase test와 TNO compartment test에서 감소하였고), 고농도에서 말초 진통 작용(writhing test)은 감소하였으며, hot plate test에서 중추 진통 물질에 의한 보호 효과는 없었다. 이러한 용량 의존적 진통 효과는 고용량에서만 현저하였다. 저용량과 중정도 용량에서는 진통 작용이 나타나지 않았고, 중추적 진통 작용보다는 진정 작용만 나타났다(Soulimani R, 1991).

수면개선효과: Valerian/lemon balm 혼합시료를 투여받은 건강한 자원자에서 수면 개선 효과가 현저하였다(불면증 환자는 제외). 수면 장애로 괴로움이 있는 환자에서 효과가 다를 수 있다. 불면 고통이 있는 환자에서 효과적인 이 혼합시료는 어떻게 작용하는지 흥미롭고 주요개선이 기대되었다. 이로써, 시료는 내성이 잘 생기나, 수면 질의 개선이 확인되었다(Cerny A, 1999).

미백활성-Tyrosinase저해①: Lemon balm 추출물(LE)과 발효 추출물(LEF)을 이용한 피부 노화 과정에 깊이 관여하는 활성산소인 $^{\cdot}O_2$으로 유도된 세포 손상에 항산화 보호 작용이나, 각종 ROS(H_2O_2, O_2^-, -OH 등)가 생성되는 계 Fe^{3+}, -EDTA/H_2O_2계에서 이들 ROS에 대한 총 산화능을 연구코자, LE와 LEF에 대하여 항산화활성과 미백관련 tyrosinase 활성 저해 효과 실험에서 발효 추출물의 EtOAc 분획이 LEF보다 효과적으로 나타났고, 이를 분석한 결과, caffeic acid와 rosmarinic acid임을 동정하였다(Yang HJ, 2009-47).

미백활성-Tyrosinase저해②: 야생 및 UV-조사 *Melissa officinalis* EtOH ex(MO ex, UV-MO ex)의 melanogenesis에 대해 실험, UV-MO ex는 강력한 항산화활성과 버섯 및 melanocyte tyrosinase 활성을 현저히 저해하여 세포 내 melanin B16-F1 melanocyte에서 800μg/mL 49% 감소시켰다. Tyrosinase, keygene, tyrosinase 관련 단백질 TRP-1과 TRP-2 발현이 200μg/mL UV-MO ex에서 TRP-1 73% 감소되었다. MO ex 주요 물질 myo-inositol은 arbutin 1mM보다 melanin 합성을 현저히 감소시켰다. MO ex와 UV-MO ex는 tyrosinase를 직접 저해하여, 또 melanogenesis에 gene-발현 감소로 melanin 합성을 현저히 감소시켰다. UV-조사는 항-melanogene 활성을 조금 개선시켰다. 이로써 UV-MO ex는 천연 melanin 합성 저해제로 기능성 식품과 화장품에 유용성을 보였다(Jun HJ, 2011).

정유성분-잎①: *Melissa officinalis* subsp. *officinalis*의 잎에서 luteolin 3′-*O*-β-D-glucuronide를 분리동정하였고 Greece의 *Melissa officinalis* 야생 잎을 GC, GC/MS로 분석 동정한 결과, 잎 정유에서 β-pinene 6.4-18.2%, sabinene 6.9-17.4%,(E)-caryophyllene 7.2-15.3% 및 caryophyllene oxide 12.6-24.4%가 주성분이나, citral과 citronellal은 없었다(Heitz A, 2000; Basta A, 2005).

정유성분-잎·꽃②: Turkey 남부 Icel 근처에서 *Melissa officinalis* ssp *indora*를 6월에 채집, 잎과 꽃을 수증기 증류, 수율은 0.099%(lemon향). 이를 분석한 결과, β-cubebene 15.41%, β-caryophyllene 14.24%, sesquiterpene alcohol 7.39%, α-cardinol 7.18%, geraniol(citral a) 6.62%, neral(citral b) 5.82%, trans-β-ocimene 3.96%, β-cardinene 3.62%, citronellal 2.92% 등이었다(Adinee J, 2008; Uyanik M, 2014).

정유성분③: GC/FID와 GC/MS로 herbage A와 B 분석에서 geraniol 43.4-44.8%, neral 26.8-30.3%, alloaromadendrene 8.5와 1.6%, geranylacetate 7.4와 5.7%, 6-methyl-5-hepten-2-one 3.5와 3.5% 및 β-caryophyllene 3.1와 2.3%였다(Adinee J, 2008; Mokhtarzadeh S, 2017).

정유성분-일조량④: *Melissa officinalis* genotype에서 정유성분은 온도와 일조량에 따라 차이가 많아, 특히 일조량이 α-bisalolol과 chamazulene 함량과 관련이 깊고, 주요 성분 neral과 geraniol 함량에 큰 영향을 받아 neral은 24.04% geraniol은 33.79%, 일조량이 적을 때는 neral이 4.59% geraniol은 6.27%(Seidler-Lozykowska K, 2017).

Aromatic, polyphenolic compound-Tea: *Melissa officinalis* L. subsp. *officinalis*(lemon balm) 건조 잎(tea) 정유성분은 0.32%, citral(neral+ geranial) 0.13%, 총 polyphenol 11.8%, 총 hydroxy cinnamic compounds 11.3%

(rosmarinic acid 4.1%) 및 총 flavonoid 0.5%였고, tea 10mg/L의 정유추출 수율 31%, 정유중 citral 74%, polyphenol은 93%. 추출 수율 약 1.07g/L로 많았다(Carnat AP, 1998).

정유품질-위도: 북 India에 해발 237과 1,158m에서 common chemotype *Melissa officinalis*를 재배한 결과, 해발이 낮은 곳에서 재배한 melissa의 정유가 더 품질이 좋았다. 즉 낮은 곳과 높은 곳의 정유성분 차이에서 geranial은 각각 44.9%, 42.3%, neral은 32.6%, 30.7%, nerol은 2.4%, 0.8% 등으로 해발이 낮은 곳에서 생산된 *Melissa*의 정유의 질이 양호하였다(Verma RS, 2015).

Flavonoids-잎: *Melissa officinalis* 잎에서 기기분석으로 6 flavonoid를 분리동정한 결과, ① luteolin, ② apigenin 7-*O*-β-D-glucoside, ③ luteolin 7-*O*-β-D-glucoside, ④ luteolin 7-*O*-β-D-glucopyranoside-3´-*O*-β-D-glucurono-pyranoside, ⑤ luteolin 7-*O*-β-D-glucuronopyranoside 및 ⑥ luteolin 3´-*O*-β-D-glucuronopyranoside이었다(Patora J, 2002; Thieme, H, 1973).

효능과 이용

1) 식용: 신선한 잎은 레몬향이 있어 특히 생선 요리나 육류 요리에 애용되며, 샐러드, 디저트 또 냉음료, 과자, 젤리, 셔벗, 요구르트, 생크림을 쓴 과일 펀치, 드레싱, 마요네즈 등 부향제로도 이용. 또 피로회복이나 체력소모가 많은 여름철의 청량음료로도 이용된다.

2) 약용: 잎에 함유된 정유는 우울증, 신경성 두통, 기억력 저하, 신경통, 발열 등에 효과가 있어 신경계, 호흡기계, 심장, 순환기계, 소화기계통의 약으로 쓰인다. 잎으로 만든 허브차는 뇌의 활동을 높여 머리를 맑게 하여 이해력, 기억력을 촉진, 수험생에 적합. 허브차는 오늘날에도 해열작용, 발한작용이 있어 감기에, 갑상선 항진증에도 효과.

3) 기타: 건조시키면 강한 향기가 오래가 목욕제나 포푸리로 이용하고, 진정 효과가 있으므로 안면용 베갯속 방향제로도 쓴다.

참고 문헌

1) Adinee J, Piri K, Karami O. *Am J Biochem Biotechnol* 2008 4 277[Essential oil component in flower of lemon balm(*Melissa officinalis* L.)]

2) Allahverdiyev A, Duran N, Ozguven M, Koltas S. *Phytomedicine* 2004 11 657 (Antiviral activity of the volatile oils of *Melissa officinalis* L. against *Herpes simplex* type-2)

3) Basta A, Tzakou O, Couladis M. *Flavour Fragr J* 2005 20 642(Composition of the leaves essential oil of *Melissa officinalis* S. I. from Greece)

4) Carnat AP, Carnat A, Fraisse D, Lamaison JL. *Pharm Acta Helv* 1998 72 301[The aromatic and polyphenolic composition of lemon balm(*Melissa officinalis* L. subsp. *officinalis*) tea]

5) Cerny A, Schmid K. *Fitoterapia* 1999 70 221[Tolerability and efficacy of valerian/ lemon balm in healthy volunteers(a double-blind placebo-controlled multicentre study)]

6) Cohen RA, Kucera LS, Herrman EC. *Proc Soc Exp Biol Med* 1964 120 431 (Antiviral activity of *Melissa officinalis* extract)

7) Cummings JL, Vinters HV, Cole GM, Khachaturian ZS, *Neurol* 1989 51 (suppl.1)(Alzheimer's disease-Etiologies, pathophysiology, cognitive reserve and treatment opportunities)

8) Dastmalchi K, Dorman HJD, Oinonen PP, et al. *LWT* 2008 41 391[Chemical composition and in vitro antioxidative activity of a lemon balm(*Melissa officinalis*) extract]

9) Dastmalchi K, Ollilainen V, Lackman P, et al. *Bioorg Med Chem* 2009 17 867 (Acetyl cholin- esterase inhibitory-guided fractionation of *Melissa officinalis* L.)

10) Dastmalchi K, Dorman HJD, Oinonen PP, et al. *Food Sci Biotechnol* 2008 41 391 [Chemical composition and in vitro antioxidative activity of a lemon balm(*Melissa officinalis* L.) extract]

11) Dimitrova Z, Dimov B, Manolova N, et al. *Acta Microbiol Bulg* 1993 29(5) 65

(Antiherpes effect of *Melisa officinals* L. extracts)

12) Ferreira A, Proenca C, Serralheiro MLM, et al. *J Ethnopharmacol* 2006 108 31(The in vitro screening for acetylcholinesterase inhibition and antioxidant activity of medicinal plants from Portugal)

13) Heitz A, Carnat A, Fraisse D, Carnat A-P, Lamaison J-L. *Fitoterapia* 2000 71 201 (Luteolin 3′-glucuronide, the major flavonoid from *Melissa officinalis* subsp. *officinalis*)

14) Jun HJ, Roh M, Kim HW, et al. *Food Sci Biotechnol* 2011 20(4) 1051[Dual inhibition of lemon balm(*Melissa officinalis*) ethanolic extract on melanogenesis in B16-F1 murine melanocytes: inhibition of tyrosinase activity and its gene expression]

15) Kennedy DO, Scholey AB, Tildesley NTJ, et al. *Pharmacol Biochem Behaiv* 2002 72 953[Modulation of mood and cognitive perfermonce following acute administration of *Melissa officinalis*(Lemon balm)]

16) Kennedy DO, Wake G, Savelev S, Tildesley NTJ. *Neuropsycho Pharmacol* 2003 28 1871[Modulation of mood and cognitive performance following acute administration of single doses of *Melissa officinalis*(Lemon balm) with human CNS nicotinic and muscarinic receptor-binding properties]

17) Koch-Heitzmann I, Schultze W. *Dtsch Apothek Ztg* 1984 124 2137(*Melissa officinalis* L. an old medicinal plant with new therapeutic actions)

18) Koch-Heitzmann I, Schultz W. *Z Phytother* 1988 9 77(2000 Jahre *Melissa officinalis*)

19) Koytchev R, Alken RG, Dundarov S. *Phytomedicine* 1999 6 225[Balm mint extract(Lo-701) for topical treatment of recurring *Herpes labialis*]

20) Kucera LS, Herrman EC. *Proc Soc Exp Biol Med* 1967 124(3) 865(Antiviral substances in plants of the mint family(Labiatae), Tannins of *Melissa officinalis*)

21) Lee J, Jung E, Koh J, et al. *J Dermatol* 2008 35 768(Effect of rosemarinic acid on atopic dermatitis)

22) Mimica-Dukic N, Biljane B, Merina S, Natasa S. *J Agr Food Chem* 2004 52 2485 [Antimicrobial and anti-oxidant activities of *Melissa officinalis* L.(Laminaceae) essential oil]

23) Mokhtarzadeh S, Demirci B, Goger G, et al. *J Essent Oil Res* 2017 29(4) 299 (Characterization of volatile components in *Melissa officinalis* L. under in vitro)

24) Mulkens A, Stephanou E, Kapetenadis I. *Pharm Acta Helv* 1985 60 276 [Heterosides a genines volatiles dans les feuilles de *Melissa officinalis* L.(Lamiaceae)]

25) Mukens A, Kapetanidis I. *Pharm Acta Helv* 1987 62(1) 19[Flavonoids of the leaves of *Melissa officinalis* L.(Lamiaceae)]

26) Patora J, Klimek B. *Acta Pol Pharm Soc* 2002 59(2) 139[Flavonoids from lemon balm(*Melissa officinalis* L.) Lamiaceae]

27) Perry EK, Pickering AT, Wang WW, et al. *J Pharm Pharmacol* 1999 51 527 (Medicinal plants and Alzheimer's disease: from ethnobotany to phytotherapy)

28) Riberio MA, Bernardo-Gill MG, Esquivel MM. *J Supercrit Fluid* 2001 21 51 (*Melissa officinalis* L: Study of anti-oxidant activity in supercritical residues)

29) Sarer E, Kökdil G. *Planta Med* 1991 57(1) 89(Constituents of the essential oil from *Melissa officinalis*)

30) Schnitzler P, Schuhmacher A, Astani A, Reichling J. *Phytomedicine* 2008 15 734 (*Melissa officinalis* oil affects infectivity of enveloped herpes viruses)

31) Seidler-Lozykowska K, Zawirska-Wojtasiak R, et al. *J Essent Oil Res* 2017 29(4) 351(Essential oil content and its composition in herb of lemon balm(*Melissa officinalis* L.) breeding strain)

32) Sentkowska, A, Biesaga, M, Pyrzynska, K, *Int J Food Prop* 2015 18 2009 (Polyphenolic composition and antioxidative properties of lemon balm(*Melissa officinalis* L.) extract affected by different brewing processes)

33) Sharopov FS, Wink M, Khalifae VH, et al. *Int J Trad Nat Med* 2013 2 86 (Composition and bioactivity of essential oil of *Melissa officinalis* L. growing wild

in Tajikistan)

34) Soulimani R, Fleurentin J, Mortier F, et al. *Planta Med* 1991 57(1) 105(Neurotropic action of the hydroalcoholic extract of *Melissa officinalis* in the mouse)

35) Thieme H, Kitze C. *Pharmazie* 1973 28 69(Occurrence of flavonoids in *Melissa officinalis*)

36) Tittel G, Wagner H, Bos R. *Planta Med* 1982 46 91(Chemical composition of the essential oil from *Melissa*)

37) Uyanik M, Gurbuz B. *Turkish J Agr Nat Sci* 2014 2 210[Chemical diversity in essental oil composition of leaf, herb and flower in lemon balm(*Melissa officinalis* L.)]

38) Verma RS, Padalia RC, Chauhan A. *J Ess Oil Res* 2015 27(5) 412[Evaluation of essential oil quality of lemon balm(*Melissa officinalis* L.) grown in two locations of northern India]

39) Wake G, Court J, Pickering A, et al. *J Ethnopharmacol* 2000 69 105(CNS acetylcholine receptor activity in Europe medicinal plants traditionally used to improve failing memory)

40) Woelbing RH, Leonhardt K. *Phytomedicine* 1994 1 25(Local theraphy of *Herpes simplex* with dried extract from *M. officinalis*)

41) Yamasaki K, Nakano T, Kawahata H, et al. *Biol Pharm Bull* 1998 21 829(Anti-HIV-1 activity of herbs in Labiatae)

42) Yang HJ, Kim EH, Park JO, Kim JE, Park SN. *J Soc Cosmet Scientists Kor* 2009 35 47(Antioxidative activity and component analysis of fermented *Melisa officinalis* extracts)

43) Zumpe O. *Inaugural Dissertation* Frankfurt/Main Deutchland 1979(Isolierung antiviraler stoff aus *Melissa officinalis*)

특허

1. 〈특허등록 제82335호〉 고려대학교 산학협력단(레몬밤 추출물을 유효성분으로 하는 피부

미백 개선용 조성물)

2. 〈특허등록 제123946호〉 주식회사 로얄네이쳐(식물성 추출물을 포함하는 아토피 피부염 완화용 화장료 조성물)

3. 〈특허등록 제899889호〉 전○○ 외 2(레몬 및 레몬밤을 함유하는 침출차의 제조방법 및 그로부터 제조한 침출차와 액상 추출차)

4. 〈특허등록 제1217710호〉 한림대학교 산학협력단(레몬밤 추출물을 함유하는 신경모세포 분화 촉진용 조성물)

5. 〈특허공개 10-2010-0130674〉 고려대학교 산학협력단(레몬밤 정유를 유효성분으로 함유하는 혈당강하용 조성물)

6. 〈특허공개 10-2012-0129599호〉 이○○(레몬밤, 베르가못, 박하잎, 한련초 및 지구자 추출물을 유효 성분으로 함유하는 여드름 예방, 개선 또는 치료용 화장용 조성물)

〈조식제, 2, p284〉

13 로즈마리 *Rosmarinus officinals.*

꿀풀과
(Labiatae)

Rosemary(英)
迷迭香(中)

원산지: 지중해 연안

용도: 식용·약용 – 잎

역사

로즈마리(rosemary)는 상록 관목으로 유럽이나 지중해 연안에 자생하는 방향성 식물로 향수나 약품의 재료로 널리 알려져 있다. 고대 이스라엘, 그리스, 이집트, 로마 등에서는 종교의식에 쓰인 성스럽고 귀중한 향료식물의 하나였으며 많은 전설과 일화를 남긴 역사가 오랜 식물 중의 하나다.

*Rosmarinus*라는 학명은 라틴어의 'Ros(이슬)'이라는 말과 'marius(바다)' 말의 합성어로 바닷가 벼랑에서 독특한 향기를 풍기면서 자생함에서 유래. 상큼하고 강렬한 향기가 있어 그리스인들은 향목(香木: dendro libanon)이라 하여 제단에 향으로 사용하였다.

1665년 런던에 흑사병이 돌자 이를 예방코자 로즈마리를 태웠고, 1987년 연구자들은 이어서 rosemaridiphenol을 천연식품 보존료로 특허를 받았다고 한다(Medicinal Herbs p221).

식물학적 특성

2m쯤 자라는 상록관목이나 우리나라에는 추위에 견디는 내한성 다년생 식물로 키는 약 1m 자라며, 더위에 강하며 병충해도 별로 없고 튼튼하다. 가지가 많으며 잎은 대생, 다소 굳은 침엽은 솔잎처럼 가늘며 광택이 나고 뒷면은 회백색 솜털이 있다. 엽액에 잔꽃이 총상화서로, 꽃잎은 청자색 연분홍과 흰색도 있고 씨가 갈색으로 익는다. 우리나라는 제주도나 남부지역 해안이나 도서지방에서 노지 재배가 가능하다.

품종은 곧게 자라는 rosemary(*R. officinalis*)와 옆으로 퍼지는 변종 creeping rosemary(var. *prostratus*)가 있으나 향이나 약효는 같다(Herbs p348).

성분

1) 영양성분

Rosemary 건조한 잎의 가식부 100g 중 대략적인 영양성분 함량은 탄수화물 64.1g, 지방 15.2g, 단백질 4.9g이고 무기질 영양은 Ca 1,280mg, Fe 29mg, Mg 220mg, P 70mg, K 955mg, Na 50mg, Zn 3mg이며 vitamin A는 3,128IU, niacin 1mg, ascorbic acid 61mg 함유되어 있다.

2) 특수성분

잎에는 2.5%의 정유가 함유되어 있다.

특수성분으로는 Carnosic acid(A-00063), Carnosol(C-00443), Cryptotanshinone(E-01090), Epi-α-Amyrin(U-00159), Epirosmanol(R-00383), Isorosmanol(C-00443), Luteolin(T-00771), Nepitrin(T- 00875), Rosmadial(R-00383), Rosmanol(R-00383), Rosmarinic acid(R-00385)가 있다(DNP p764).

생리활성

기억력증진효과①: 아로마 요법은 식물의 정제 정유를 이용. 인간의 신체적, 정신적, 심리적 건강을 유지, 증진시키는 일련의 치료방법이다. 본 연구는 2006년 간호학과 학생, 한국 아로마 협회에서 인증받은 CAHA 로즈마리 향초로 아로마 요법이 기억력에 미치는 효과를 실험한 결과, 단어학습 기억력이 증진되었고, 언어 기억 범위에서는 기억력이 증진되어 전체적으로 단기 기억력이 향상되었다. 이상의 결과로 로즈마리 아로마 요법이 기억력 증진에 부분적으로 효과가 있음을 확인하였다(정영해, 2006).

치매예방②: Portugal 향신료 fennel, mint(*M. spicata*), pennyroyal, rosemary 및 wild thyme의 항산화 및 acetylcholinesterase(AchE) 저해활성을 실험한 결과, AchE 저해활성은 rosemary가 가장 높아 IC_{50} 69.8μg/mL이었다(Mata AT, 2007).

신경보호활성-Isorosmanol③: β-amyloid(Aβ)로 유도된 신경독성은 Alzheimer's disease(AD)의 주요원인 중 하나로 synaptic loss와 이어 neuronal-death를 유도한다. 그러므로 Aβ-유도 신경독성은 손상된 synapse의 재생은 AD관리에 중요한 치료법이 될 수 있다. 본 연구에서는 isorosmanol(abietane-type의 diterpene)의 Aβ-유도 독성에 대해 PC_{12} 세포가 보호되었고, 더구나 isorosmanol을 neurite(축삭돌기, 신경돌기) 재생을 증진시켰다. Isorosmanol의 신경 자극효과는 신경성장인자(nerve growth factor)와 함께함으로써 증진되었다. 더구나 isorosmanol 유도 신경 성장은 F-actin 재분배와 neurofilament 발현을 증가시켰다. 이상으로 isorosmanol은 신경보호와 신경활성 효과 모두 AD관리에 유익할 것으로 생각되었다(Park S-Y, 2009).

신경퇴화질병예방-Carnosic acid④: Aβ-독성에 의한 단기 공간이나 학습기억 지수 손상을 carnosic acid투여로 현저히 개선될 수 있었다. 이러한 보호활성은 carnosic acid의 항산화, 항염증 및 신경자극 활성에 의한 것으로 생각되며, carnosic acid는 Alzheimer's disease 같은 신경 퇴행성 질병에 화학적 예방제로 생각되었다(Rasoolijazi, H, 2013; Azad, N, 2011).

성인병예방-Carnosic acid(Ca): Ca가 많은 rosemary ex는 고지방식이 mouse model에서 체중증가 제한과 혈청 지질 및 혈당을 개선시켰다. 이러한 결과는 대사이상에 대한 예방적 방책으로 강력하였다. 인체에 반복 발생되는 생리학적 활성 연구에 도움이 되리라 생각되었다(Ibarra A, 2011).

산화적Stress성질병완화-Phenolics: *Rosmarinus officinalis*의 phenolic compound는 항산화 효소 활성 증가와 thiobarbituric acid 반응물질을 감소시킴으로써, 또 항산화 효소 활성을 증가시킴으로써 고cholesterolemia-유도 산화적 stress에 대하여 보호 작용을 하였다. 또한 rosemary 수침 ex는 혈중 지질 양상을 개선할 수 있어 심혈관 질환 감소에 공헌할 수 있다. 나아가 rosemary phenol성 물질의 생리활성과 그들의 cholesterol homeostasis와 oxidative stress의 parameter에서 항산화 물질의 역할이 분명해지므로 산화적 stress 관련 질병들이 완화되리라 생각되었다(Afonso MS, 2013).

비알콜성지방간치료효과-Carnosic acid(Ca)①: Ca 섭취 mice는 체중이 현저히 감소하였고 복부지방도 감소하였다. 더구나 혈청 triglyceride(TG)와 cholesterol량도 감소하였다. 특히 Ca는 간 TG 함량이 감소됨으로써 혈청 alanine aminotransferase량이 감소되어 간에 극적 효과를 보였다. 더구나 Ca가 glucose 내성을 개선함이 intraperitoneal glucose tolerance test에서 확연히 밝혀졌다. 이로써 Ca는 비만관련 비알콜성 지방간에 새로운 치료제로 생각되었다(Wang T, 2011).

지방간억제-Carnosic acid(Ca)②: Rosemary의 성분 Ca 건강 보조제는 고지방식이-mice에서 간지방 측정과 과혈당, insulin 저항 및 혈중 지방 양상을 억제하였다. 또 Ca는 지방산 합성과 β-산화와 관련된 간 유전자 발현을 조절, 고지방식이 유도 지방간에 대해 유익한 효과를 보였다. 이러한 결과는 Ca가 강력한 식품 활성 성분으로서 고지방식이로 발생되는 지방간이나 이와 관련된 대사질환에 대해 보호하는 것으로 보였다(Park M-Y, 2013).

간보호활성-Carnosic acid③: LPS-유도 산화적 손상과 간독성에 대하여 carnosic acid(Ca)는 보호작용을 할 수 있었고, 이는 적어도 Ca 항염활성과 산화적 방어기전을 증가시킴으로써 가능할 것으로 Ca와 rosemary는 oxidative/nitrosative stress와 간 기능부전을 완화할 것으로 추정되었다(Xing

Q, 2013).

Allergy성기도염치료-1,8-Cineole①: Rosemary ex 중 휘발성 성분 1,8-cineole은 약 43%를 차지. Rosemary ex의 휘발성분은 lung IL-13 발현을 현저히 억제하였고, IL-13은 천식에서 기포 hyper -responsiveness의 병인의 필수요인으로 작용한다. 1,8-cineole은 carbamylcholine-유도 기도 반응을 잠재우는 것은 부분적으로 폐 IL-13 발현에 1,8-cineole의 진압에 의한 것으로 생각되었다. 이로써 1,8-cineole은 기관지 천식을 비롯한 allergy성 기관지병 치료 후보로 생각되었다(Inoue K-I, 2011).

폐렴예방-Diesel미세먼지②: Diesel 미세먼지에 의한 폐렴은 rosemary ex를 기관지 내(intratracheal) 투여로 예방할 수 있다. 폐 대식세포의 염증성 protein-1α, chemoattractant protein-1 및 keratinocyte chemoattractants가 diesel 미세먼지로 증진되는 폐 대식세포 발현을 억제함으로써 폐렴이 예방되었다. 이상에서 diesel 미세먼지로 야기될 수 있는 폐렴에 rosemary ex 흡입은 상당히 효과적이었다(Sanbongi, CH, 2003).

염증저하효과③: Carnosic acid(Ca)는 rosemary 잎의 한 성분으로 항비만 및 항염증 활성에 대해 잘 알려져 있으나, 항염증이 비만에 어떻게 기여하는 지는 알려지지 않아 본 연구에서는 3T3-L1 adipocyte에서 LPS에서 Ca가 Toll-like receptor 4(TLR-4) 회로에서의 효과를 연구하였다. 3T3-L1 adipocyte를 0-20μM Ca로 1시간 처리 후, 30분간 LPS처리하여, adipokine의 mRNA 발현과 TLR4 관련 분자 단백질 발현을 측정한 결과, LPS-자극 3T3-L1 adipocyte는 TNF-α, IL-6 및 monoyte chemoattractant protein-1의 mRNA 발현 상승을 보였으며, Ca는 adipokine gene 발현을 현저히 저해시켰다. 이상으로 Ca는 TLR4-MyD88-dependent signaling pathway를 직접 저해하여, adipocyte에서 염증 반응을 감소시켰다(Park M-Y, 2014).

염증·Insulin저항완화기전④: Rosemary의 carnosic acid의 염증 및 insulin 저항성 완화 mechanism은 NF-kB와 AP-1 회로 저하를 거쳐 TNF-α-mediated inflammation을, 또 3T3-L1 adipocytes에서 Akt-dependent Fox 01 신호를 거쳐 insulin 저항을 완화시켰다(Tsai CW, 2014).

망막퇴화완화-Carsonic acid: Carnosic acid(Ca)는 H_2O_2-유도 독성에 대하여 retina-derived cell line(ARPE-19와 661W)에 in vitro에서 현저한 보호활성을 보였다. Ca는 항산화 phase 2 enzyme을 유도하였고, 과산화 peroxiredoxin(Prx)$_2$ 형성을 감소시켰다. 유사하게, Ca는 빛에 의한 망막 퇴화(light-induced retinal degradation: LIRD)로부터 망막을 보호하였고, LIRD는 핵외막 두께와 electroretinogram(ERG) 활성에 현저한 개선효과를 보였다. 이로써 Ca는 retina 외막에 영향을 주는 질병 즉 노인성 황반(macular) 변성과 색소성 망막염(retinitis pigmentosa)에서 산화적 stress는 질병 이완 전에 완화효과가 있다고 생각되었다(Rezaie T, 2012).

동맥경화예방·치료: Cholesterol acyltransferase(ACAT)는 cholesterol에 장쇄 지방산 결합을 촉진하는 효소이며, ACAT 억제는 hypercholesterolemia나 atherosclerosis 치료에 유용한 방법으로 쓰이고 있다. ACAT 억제효과를 163종 식용식물의 MeOH ex에 대한 실험 결과, 100mg/mL에서 human ACAT에 50%이상 억제효과는 15종 중 계지, 소두구, 정향, 월계수, 육두구, 차조기, 로즈마리, 후추, 산초 9종이었다(이대영, 2008).

항산화증진-활성물질①: 항산화 물질을 최대로 추출할 수 있는 조건을 확립코자, 로즈마리 열수추출은 90℃, 30분 추출이 항산화력(IC_{50}값 0.49g DM/L)과 총 phenol량(28.30mg GAE/g, DM)이 가장 효율이 높았고, EtOH 추출은 50% EtOH 70℃, 10분이 항산화력(IC_{50}값 2.60g DM/L), 총 phenol량(40.28mg GAE/g, DM)이, MeOH 추출은 75% MeOH, 60℃, 30분 추출이 항산화력(IC_{50}값 2.31g DM/L), 총 phenol량(57.22mg GAE/g, DM)이 가장 수율이 좋았다(이창용, 2013). 시판 rosemary ex를 MHS-SPME-GC-FID에 의한 주 volatile compound 함량은 verbenone 356, borneol 190, camphor 136μg/g이 주성분, eucalyptol 58.3, thymol 43.7, caryophyllene 39.4, p-cymene 29.5, limonene 28.0, bornyl acetate 23.5, linalool 7.0μg/g 순으로 함유, 본 분석법이 항산화활성 물질 분석에 가장 좋은 방법으로 생각되었다(Carrillo JD, 2006).

항산화활성증진-γ-Ray②: 건조 rosemary 잎에 30KGy γ-ray 조사 후, MeOH,

EtOH, H_2O로 추출 항산화활성을 DPPH법으로 측정한 결과, EtOH ex와 H_2O ex에서 22% 증가하였다. Reducing power test EC_{50}값이 45%와 28% EtOH ex와 H_2O ex에서 증가하였으나, MeOH ex는 별 변화가 없었다. H_2O ex는 γ-ray 조사 후, 총 phenol성 물질이 35% 증가하였으나, MeOH ex와 EtOH ex는 같았다. MeOH ex는 가장 항산화활성이 높았고, 총 phenol성 물질도 가장 많았다(Perez MB, 2007).

항산화성③: 향신료의 휘발성 및 비휘발성 성분의 항산화력을 탐색코자, rosemary, sage, clove, nutmeg 등 4종의 휘발성 정유성분과 비휘발성 추출물을 수증기 증류와 용매 추출법으로 추출한 후, 항산화성은 lard를 기질로 rancimat으로 측정한 결과, 4종 향신료의 휘발성 정유성분은 항산화력이 없는 것으로 평가되었고, 비휘발성 정유성분은 같은 rancimat 법에서 항산화성이 증가되었다. 특히 rosemary와 nutmeg의 항산화성이 컸다(Lee, YC, 1993).

항산화활성-생산국별향기성분④: 국내 유통 중인 rosemary 정유(시료) 31점을 수집, GC로 유효성분 분석과 항산화활성을 실험한 결과, 성분 α-pinene, camphene, β-pinene, 1,8-cineole, verbenone 및 borneol이 동정되었고, 생산국마다 함량 차이를 보였으며, 프랑스산이 우수하였고, 국내 재배산도 우수하여 α-pinene과 camphene 함량이 높았다. ISO가 제시한 9종 성분함량 충족 제품은 시료 31점 중 5점(16%). 전자공여능은 4.8-96.0%로 현저히 차이가 있었으며, 60%이상 항산화활성 정유는 13%. 가장 항산화활성이 강한 것은 Swiss 제품이었다(Woo JH, 2010).

항산화성-휘발성·비휘발성 성분⑤: 향신료의 항산화력을 탐색코자, rosemary, sage, clove, nutmeg 등 4종의 휘발성 정유성분과 비휘발성 추출물을 수증기 증류와 용매추출법으로 추출. 항산화성은 lard를 기질로 측정한 결과, 4종 향신료의 rancimat법에서 휘발성 정유성분은 항산화력이 없는 것으로 평가되며, 비휘발성 정유성분은 같은 rancimat법에서 항산화성이 증가되었다. 특히 rosemary와 nurmeg의 항산활성이 컸다(이영춘, 1993).

항미생물활성-성분①: Rosemary supercritical CO_2 추출, 정유 중 33물질을

분리, 동정. 주성분은 α-pinene, 1,8-cineole, camphor, verbenone 및 borneol로 총 oil의 약 80%. 항미생물활성은 disc dilution 및 broth dilution법으로 6종 미생물; gram(+) bacteria; *St. aureus*, *B. subtilis*, gram(-) bacteria *E. coli*, *Pseudoaeruginosa*, yeast *C. albicans* 및 fungus *A. niger*로 실험한 결과, 저해환은 17-33mm, 저해농도 2.25-0.25mg/mL. α-pinene, 1,8-cineole, camphor, verbenone 및 borneol은 실험한 모든 미생물에 저해활성이 있었고, 가장 항미생물활성이 큰 성분은 camphor, borneol 및 verbenone이었다(Santoyo S, 2005; Pintore, G, 2002).

항균·항산화활성②: 로즈마리 추출물 TE와 각 용매 분획에 대하여 항균 및 항산화활성을 조사하였다. 항산화활성(DPPH)은 EtOAc 분획이 RC_{50}값 3.22μg/mL로 강하였고, MeOH 5.05μg/mL, hexane 분획 6.28μg/mL, $CHCl_3$ 5.42μg/mL, BuOH 5.74μg/mL로 강한 항산화능을 보였다. 시료의 rosmarinic acid, carnosic acid가 DPPH radical 소거능과 FRAP 활성에 유사한 경향을 보인 반면 ABTS radical 소거능은 rosmarinic acid만이 43.16μM에서 RC_{50}값을 보였다. 시료의 항균활성은 paper disc법으로 저해환과 MIC 최소저해농도를 측정한 결과, MeOH 추출물과 $CHCl_3$ 분획이 *S. aureus*와 *E. coli*에 컸으며 특히 MeOH ex의 hexane과 $CHCl_3$ 분획에서 높았다(유미희, 2011).

항미생물·항산화활성-정유③: *Rosmarinus officinalis* var. *typicus*(ty)와 var. *troglodytorum*(tr) 두 변종의 정유 주성분은 1,8-cineole 47.2-87.5%와 camphor 12.9-27.9%. 항미생물활성은 실험 8종의 bacteria에 낮거나 중간 정도의 활성이 있었으나, tr 변종은 ty 변종보다 강하였고, 정유의 항산화활성은 DPPH, FRAP 및 β-carotene bleaching test 결과, 비교적 높았다. tr 변종의 정유가 가장 강하였다(Zaouali Y, 2010).

Helicobacter pylori-**항균**Herbs①: 40종 Herb 대상으로 *H. pylori*에 항균물질 개발 일환으로 EtOH ex의 항균성을 검색한 결과, sage, rosemary, lavender, lemongrass, St. John's wort, rue, oregano 등 12종이 *H. pylori*에 항균성을 보였고, herb 추출물의 phenol 함량은 134.13-533.33μg/mL로 비교적

많았다(조영제, 2005).

Helicobacter pylori-**항균물질②**: 로즈마리 추출물(시료)의 phenol 함량은 25.7mg/g으로 매우 높았고, *H. pylori*(Hp)에 대한 항균효과는 clear zone이 100-200μg/disc의 phenol 농도에서 각각 11.12-14mm로 시료농도 증가에 따라 Hp에 대한 저해 효과가 증가하였다. 정제에 따라 Hp에 저해활성이 증가, 5종의 물질 compound A-E를 분리, 이들의 항균력이 우수하였다. 분리된 5종의 물질은 protocatechnic acid(A), coumaric acid(B), caffeic acid(C), chlorogenic acid(D), rosmarinic acid(E)로 동정되었다(Yoon SJ, 2011).

수종항생제감수성·내성균주억제효과①: 로즈마리 정유(시료)의 주성분이 *St. aureus*(Sa), *St. pneumoniae*(Sp), *Sal. enteritidis*(Se) 및 *Sal. typhimurium*(St) 균주에 항생제 감수성 및 내성에 대한 억제효과를 in vitro에서 관찰하였다. 시료의 주성분 1,8-cineole과 camphor는 본 실험에 사용된 균주에 대하여 대부분 억제활성(MICs 0.5mg/mL-16mg/mL)을 보였다. 총 정유분획이 주요 성분 1,8-cineole과 camphor보다 Sa균주에는 현저히 저해 효과가 높았으나, Se균주에는 뚜렷하지 않았다. SPCCA-RM 3523 균주에 norfloxacin, oxacilin 및 erythromycin에 내성은 항생제 내성 균주보다 실험 정유에 현저히 낮은 감수성을 보였다. 이 정유는 Se보다는 St에 더 강한 감수성을 보였다(Shin SW, 2005).

항균활성·내성유전자조절②: 42종 시료 중 세신, 호두, 골쇄보, 뽕잎, 로즈마리에서 *S. aureus* ATCC 25923 및 MIRSA KCCM 40511에 대해 우수한 항균성을 보였다. 이 시료 중 로즈마리가 가장 강한 항균성을 보여 순차 분획, 각 분획에 대해 MIRSA에 항균성을 보인 hexane(Hx)과 $CHCl_3$ 분획에서 항균활성을 보였고, Hx 분획이 가장 강하였다. 또한 SEM에서 형태학적 관찰로 MIRSA의 세포벽이 파괴됨을 관찰하였다. 로즈마리 MeOH ex와 Hx 분획에서 MIRSA KCCM 40511의 내성 단백질인 MecA와 MecA에 의해 합성되는 세포벽 단백질 penicillinase의 발현이 억제됨으로 내성균의 내성을 억제시키는 것으로 나타났다(최준혁, 2009-541).

충치예방효과: 충치균 *Streptococcus mutans*의 증식 억제 효과를 생약재와

향신료의 추출물 13종, 정유 27종에 대하여 실험한 결과, oregano, thyme, sage의 oregano thyme(백리향), sage(실비아), fennel(회향), nutmeg(육두구), rosemary, calamus(창포), *Cassia* cortex(계피)의 정유에서 생육억제 활성이 나타났고, 특히 oregano 정유가 MIC 0.05μl/mL에서 생육억제 활성이 가장 높았다. EtOH ex보다 정유가 충치균에 생육억제 효과가 더 높았다. 또한 oregano 정유는 당류에 작용하여 glucan의 형성을 억제하였다(유영선, 1993).

항균성정유: 카레에서 수증기 증류로 정유성분을 분리하고, gram(-)균과 gram(+)균, 효모 및 곰팡이에 대한 항균력을 검토하였다. 14종 향신료의 정유의 항균력을 agar diffusion법으로 실험한 결과, 항균력이 강한 5종, clove, cumin, nutmeg, oregano, rosemary를 선별하였으며, 이들의 최소 생육억제 농도(MIC)를 측정한 결과, 매우 낮은 농도 0.2-9mg/mL 이었고, 생육억제 효과는 gram(-)균보다 (+)균에 항균효과가 양호하였다(정창기, 1990)

항암활성-HeLa: 로즈마리(시료)의 hexane(Hx)와 $CHCl_3$ 층에 대해 인간 자궁암 HeLa 세포주에 대해 저해활성을 조사한 결과, 저해활성이 현저하였으며, 이는 apoptosis 유도와 연관성이 있었다. 시료의 Hx와 $CHCl_3$ 층이 apoptosis 억제에 관여하는 Bcl-2 단백질의 발현을 감소. apoptosis 유도에 관여하는 Bax 유전자 발현은 농도 의존적으로 증가되었다. 시료의 Hx와 $CHCl_3$ 분획의 apoptosis 유도는 caspase-3,7,9 및 PARP의 활성화와 관련이 있었다(최준혁, 2009-1008).

보행활성-1,8-Cineole: 0.5mL rosemary oil(14L-vapour) 투여는 1,8-cineole이 혈중 농도 11.15μL/g. 호흡 공기량에는 13.65nL/mL. 60분 호흡 후, 혈중 1,8-cineole은 즉시 사라진다. 혈중 반감기는 6분. rosemary oil이나 1,8-cineole 호흡이나, 경구투여로 운동(locomotor)활성은 1,8-cineole 7.8-11.7μl/g에서 locomotor를 자극하며 1,8-cineole은 rosemary oil의 39% 활성에 해당하였다(Kovar KA, 1987).

항여드름균-정유: *Propionibacterium acnes*(*P. acnes*; 여드름균)에 rosemary 정유를 투여한 결과, *P. acnes*의 형태와 크기의 변화를 atomic force microscopy로 관찰. 생물학적 변화 기전을 nanometer level에서 항미생물활성

물질에 의한 변화는 처음에는 정유농도 증가에 따라 bacteria균체가 심하게 손상, 여드름 길이, 넓이, 높이가 각각 42.56%, 92.00%, 41.58% 감소. 균체 원형이 파괴, 균 세포질이 나오고 균이 사멸되었다(Fu Y, 2007). 또한 rosemary EtOH ex(시료)는 여드름균-유도 염증을 in vitro와 in vivo에서 감소시켰다. 아직 시료의 항염증 활성 기전은 모르나, NF-kB 활성화와 TLR2 발현 저해가 포함된 것으로 생각되었다. 시료의 활성물질 rosmarinic acid, carnosol 및 carnosic acid가 *P. acnes* 유도 염증 cytokine 생산과는 다른 조절 효과가 있는 것으로 보였다(Tsai T-H, 2013).

광노화억제-Carnosic acid: UV에 피부가 노출되면 MMPs(matrix metalloproteinases)의 상승조절과 이어 세포 밖 matrix가 파괴되어 광노화가 일어난다. Rosemary의 phenolic diterpene인 carnosic acid(Ca)는 인체피부에서 UV-유도 MMP 발현에 대해 실험하였다. Ca의 molecular mechanism은 MMP 발현, ERK/AP-1 회로, KOS 역할 및 EGFR 활성 등을 실험하였다. 인체 dermal fibroblast(HDFs)와 정상 인체 표피 각질세포(HEKs)를 이용하여 Western blotting assay로 Ca의 항광노화 효과를 실험한 결과, Ca는 UVA-와 UVB-유도 MMP-1, MMP-3 및 MMP-9 발현이 Hs68 cell에서 농도 의존적으로 현저히 저해하였다. 결과적으로 Ca는 ROS 저해와 ERK/AP-1 활성화를 저해함으로써 인체 피부세포에서 UV로 상승된 MMPs를 저해, 광노화를 억제하였다(Park M, 2013).

정유성분-Portugal: Rosemary를 Portugal 남부 5곳에서 채집. 신선품에서 0.3-0.7%(v/w) 정유를 얻어, GC와 GC/MS로 분석한 결과, myrcene 16.6-29.5%, 1,8-cineole 8.3-14.5% 및 camphor 14.3-23.1%를 얻었다. 5곳에서 얻은 정유의 10 주요 성분은 현저한 차이를 보였다(Serrano E, 2002).

정유성분-계절별: Spain 남부 4곳의 계절에 따른 rosemary 정유를 GC와 GC/MS로 분석한 결과, 정유의 96.7-99.2%에서 53성분을 분리. chemotype의 모든 시료에서 α-pinene/1,8-cineole/camphor 주성분은 camphor 7.2-24.7%, α-pinene 10.2-21.6%, 1,8-cineole 12.1-14.4%, camphene 5.2-8.6%, borneol 3.2-7.7%, β-pinene 2.3-7.5%, verbenone 2.2-

5.8%, β-caryophyllene 1.8-5.1%, limonene 2.0-3.8%, α-terpineol 1.2-2.5%, myrcene 0.9-4.5%, p-cymene 0.2-3.4%, bonylacetate 0.2-2.3%, linalool 0.3-1.0% 및 terpinen-4-ol 0.4-0.9%로 추수기의 성분이었으며, fruiting period(여름)에는 정유수율이 1.6-1.8%로 가장 높았다. 겨울에 camphor가 가장 적고, α-pinene이 가장 많았으며 연중 1,8-cineole은 일정하였다(Salido S, 2003).

정유성분-생태적 차이: Tunisia에 *R. officinalis*는 14종 야생종 중 3 ecological area(sub-humid, semiarid superior 및 acid bioclimatic stage)에 대해 GC 및 GC/MS로 분석한 결과, 25성분 중 대표물질 93.68-98.77%, 1,8-cineole 20.34-45.79%, camphor 8.5-30.17%, α-pinene 6.53-13.1% 및 borneol 3.73-25%가 주성분, 이들 중 α-pinene과 1,8-cineole이 대부분의 *R. officinalis*의 주성분. Ecological group 사이 생태적으로 차이가 크다. Bioclamate의 대표식물 *R. officinalis* var. *troglodytorum*은 다량의 α-pinene, camphene 및 비교적 소량의 1,8-cineole이었다(Zaouali Y, 2010).

향성분변화-조리방법: Herb 중 rosmary와 majoram이 다른 시료에 비해 가열조리 시 열에 더 안정적, 가열 조리법에서 herb를 굽거나 끓일 때 향의 잔존율이 더 높았고, 튀겼을 때 거의 대부분 향이 소실되었다(천상덕, 2006).

인식·기분-Aroma: Rosemary와 lavender 향기가 건강한 성인의 인식과 기분에 미치는 영향을 실험한 결과, 정유는 향기요법에서 약리학적 성질이 있어, 인식과 기분 모두에 서로 영향을 미치는 것으로 나타났다(Moss M, 2003).

효능과 이용

1) 식용: 육류 요리 특히 이탈리아 요리에 많이 쓰며 우스타소스 향미 주성분의 하나. 잎은 장시간 조리해도 향이 남아 스튜, 수프, 소시지, 비스킷, 잼 등에도 향료로 이용한다.

2) 약용: 정유는 강장, 진정, 소화(지방), 수렴 등의 효과가, 구풍작용, 항균작용이, 특히 차나 와인은 두통, 감기 및 신경통 치료 효과가 있다. 간, 담낭을

자극, 소화를 돕고 병균을 파괴한다. 류머티즘, 관절염, 신경통, 근육통, 비듬 등에 외용한다.

3) 기타: 프랑스나 스페인에서는 잎에서 향료 rosemary oil을 추출하며, 중국에서는 미질향(迷迭香)이라 하고 정유를 미질향유(oleum Rosmarini)라 한다. 미용효과(노화방지)도 뛰어나 침출액은 화장수, 샴푸, 헤어 토닉(hair tonic), 린스, 오드코롱의 원료로, 목욕제, 사우나 등으로 피부의 윤기와 탄력 유지제로도 쓰며, 독일의 퀼른향수(eau de cologne)의 원료로 유명하다. 로즈마리의 향기가 오래 남아 장례식과 결혼식, 교회의 행사 등에 쓰였다.

★ 단 로즈마리의 과용은 금물이며 임신 중의 복용은 절대 피해야 한다.

참고 문헌

1) 권하택. **석사학위논문** 고려대학교 서울 1993(시판 대두유의 자동산화에 미치는 rosemary와 sage extracts의 항산화 효과 및 상승효과)

2) 유미희, 채인경, 정영태, 정연섭, 이인선. **생명과학회지** 2011 21(3) 375(로즈마리 추출물 및 분획물의 항균, 항산화 활성)

3) 유영선, 박기문, 김영배. **산업미생물학회지** 1993 21(2) 187(생약재 및 향신료의 *Streptococcus mutans* 증식억제 효과)

4) 이대영, 정태숙, 류하나, 등. **약용작물학회지** 2008 16(5) 341(식물추출물의 Human-ACAT 저해활성 검색-당귀, 계지, 소두구, 정향, 월계수, 육두구, 차조기, 로즈마리, 후추, 산초 등)

5) 이영춘, 윤종훈. **식품과학회지**, 1993 25(4) 351(Rosemary, sage, clove 및 nutmeg의 휘발성 및 비휘발성 성분의 항산화성)

6) 이창용, 김기명, 손홍석. **식품과학회지** 2013 45(4) 501(Polyphenol 함량과 항산화력에 따른 로즈마리의 최적 추출조건 확립)

7) 정영해, 김정숙, 조수인. **본초학회지** 2006 21(4) 207(로즈마리 아로마 요법이 기억력에 미치는 영향)

8) 정창기, 박완규, 유익제, 박기문, 최춘언. **식품과학회지** 1990 22(6) 716(카레

향신료 정유성분의 항균성- clove, cumin, nutmeg, oregano, rosemary)

9) 조영제, 천성숙, 윤소정, 등. **응용생물화학회지** 2005 48(2) 161(Herb 식물로부터 *Helicobacter pylori*에 대한 항균효과 탐색-라벤더, 세이지, 로즈마리, 레몬그라스, 타임, 오레가노, 루, St. John's wort, 등)

10) 천상덕, 이현자, 강근옥. **식품영양학회지** 2006 19(1) 38(조리 방법에 따른 허브의 향 성분 변화)

11) 최준혁, 김혁일, 이인선. **식품영양과학회지** 2009 38(8) 1008[로즈마리(Rosmarius officinalis L.) 분획물의 암세포에 대한 성장억제 및 세포사멸 유도효과]

12) 최준혁, 유미희, 황은영, 이인선. **식품영양과학회지** 2009 38(5) 541[로즈마리(*Rosmarinus officinalis* L.) 추출물의 항생제 내성균주(MRSA)에 대한 항균활성 및 내성 유전자 조절 효과]

13) Afonso MS, de O Silva AM, Carvalho EB, et al. *Nutr Metab*(London) 2013 10 19 (Phenolic compounds from rosemary attenuate oxidative stress and reduce blood cholesterol concentrations in diet-induced hypercholesterolemic rats)

14) Aludatt MH, Rababah T, Alhamad MN, et al. *J Essent Oil Res* 2017 29(5) 375 (Optimization, characterization and biological properties of phenolic compounds extracted from *Rosmarinus officinalis*)

15) Angioni A, Barra A, Cereti E, et al. *J Agr Food Chem* 2004 52 3530(Chemical composition plant genetic differences, antimicrobial and antifungal activity investigation of the essential oil of *Rosmarius officinalis* L.)

16) Azad N, Rasooligazi H, Joyhataie MT, Soleimani S. *Cell J* 2011 13(1) 39 (Neuroprotective effects of carnosic acid in an experimental model of Alzheimer's disease in rats)

17) Carrillo JD, Tena MT. *Flav Fragr J* 2006 21 626(Determination of volatile compounds in anti- oxidant rosemary extracts by multiple headspase solid-phase microextraction and GC)

18) Cha JH, Kim M-J, Kim HS, Kim YI. *J Kor Biol Nurs Sci* 2010 12 133(Effects of

aroma-theraphy in blending of basil, lavender, rosemary and rose on headache anxiety and serum cortical level in the middle-aged woman)

19) Cheung S, Tai J. *Oncol Rep* 2007 17 1525[Anti-proliferative and antioxidant properties of rosemary(*Rosmarinus officinalis*)]

20) del Bano MJ, Lorente J, Castillo J, et al. *J Agr Food Chem* 2003 51 4247(Phenolic diterpenes, flavones, and rosmarinic acid distribution during the development of leaves flowers, stems, and roots of *Rosmarinus officinalis* antioxidant activity)

21) Diaz-Maroto MC, Alanon Pardo E, Castillo-Munoz N, et al. *Flavour Fragr J* 2009 24 245[Effect of storage conditions on volatile composition of dried rosemary(*R. officinalis*) leaves]

22) Domokos J, Hethelyi E, Pálinkás S, et al. *J Essent Oil Res* 1997 9 41[Essential oil of rosemary(*Rosmarinus officinalis* L.) of Hungarian origin]

23) Faixova Z, Faix S. *Folia Vaterimria* 2008 52 135[Biological effects of rosemary(*Rosmarinus officinalis* L.) essential oil]

24) Fernandez L, Duque S, Sanchez I, et al. *Contact Dermatitis* 1997 37(5) 248 (Allergic contact dermatitis from *Rosmarinus officinalis* L.).

25) Fu Y, Zu Y, Chen L, et al. *Plant Med* 2007 73 1275(Investigation of antibacterial activity of rosemary essential oil against *Propionibacterium acnes* with atomic force microscopy)

26) Gaya M, Repetto V, Toneatto J, et al. *Biochim Biophys Acta* 2013 1830 3796 (Antiadipogenic effect of carnosic acid, a natural compound present in *Rosmarinus officinalis*, is expected through the C/EBPs and PPARr pathways at the onset of the differentiation program)

27) Giarrantana F, Muscolino D, Ragones C, et al. *J Essent Oil Res* 2016 28(6) 467 (Antimicrobial activity of combined thyme and rosemary essential oils against *Listeria monocytogens* in Italian mortadella packaged in modified atmosphere)

28) Hjorther AB, Christophersen C, Hausen BM, Menne T. *Contact Dermatitis*. 1997 37(3) 99(Occupational allergic contact dermatitis from carnosol, a naturally-

occurring compound present in rosemary)

29) Ibarra A, Cases J, Roller M, Chiralt-Box A, et al. *Br J Nutr* 2011 106 1182[Carnosic acid-rich rosemary(*Rosemarinus officinalis* L.) leaf extract limits weight gain and improve cholesterol levels and glycaemia in mice on high-fat diet]

30) Ibauez E, Kubatova A, Javier F, et al. *J Agr Food Chem* 2003 51 375(Subcritical water extract of antioxidant compounds from rosemary plants)

31) Inoue K, Takano H, Shiga A, et al. *Int J Mol Med* 2005 16 315(Effects of volatile constituents of a rosemary extract on allergic airway inflammation related to house dust mite allergen in mice)

32) Inoue K-I, Takano H, Shiga A, et al. *Basic Clin Pharmacol Toxicol* 2006 99 52 (Effects of volatile constituents of rosemary extract on lung inflammation induced by diesel exhaust particles)

33) Inoue K-I, Takano H. *Basic Clin Pharmacol Toxicol* 2011 108 295(Therapentic effects of inhaled 1,8-cineole on allergic airway inflammation)

34) Kovar KA, Gropper B, Friess D, Ammon HPT. *Planta Med* 1987 315(Blood level of 1,8-cineole and locomotor activity of mice alter inhalation and oral administration of rosemary oil)

35) Lee HY. *MS Thesis* Hankyong National Univ Gyeonggi Korea 2007(Antioxidant synergist effect of greentea and rosemary extract)

36) Lee, YC, Yoon, JH, *Kor J Food Sci Technol*, 1993, 25(4), 351(Antioxidative effects of voltile oil and oleoresin exracted from rosemary, sage, clove and nutmeg)

37) Lemonica IP, Damasceno DC, di-Stasi LC. *Brazil J Med Biol Res* 1996 29(2) 223 (Study of the embryotoxic effects of an extract of *Rosmarinus officinalis* L.)

38) Mata AT, Proenca C, Ferreira AR, et al. *Food Chem* 2007 103 778(Antioxidant and antiacetyl- cholinesterase activities of five plants used as Protuguese food spices)

39) Mengoni ES, Vichera G, Rigano LA, et al. *Fitoterapia* 2011 82 44(Suppression of COX-2, IL-1β and TNF-α expression and leukocyte in filtration in inflammed skin by bioactive compounds from *Rosmarinus officinalis* L.)

40) Moss M, Cook J, Wesnes K, Duckett P. *Int J Neurosci* 2003 113 15(Aromas of rosemary and lavender affect cognition and mood in healthy adults)

41) Nelson RR. *J Antimicrob Chemother*. 1997 40(2) 305(In-vitro activities of five plant essential oils against methicillin-resistant *Staphylococcus aureus* and vancomycin-resistant *Enterococcus faecium*[letter])

42) Nusier MK, Bataineh HN, Daradkah HM. *Exp Biol Med* 2007 232 809[Advers effects of rosemary(*Rosmarinus officinalis* L.) on reproductive funtion in adult male rats]

43) Oh J, Yu T, Choi SJ. *Mediators Inflamm* 2012 781375(Syk/src pathway-targeted inhibition of skin inflammatory respones by carnosic acid)

44) Ong, G, *MS Thesis*, Iowa State Univ., Ames. IA, 148(The Influence of packaging, temperature, and light on the color and flavor retention of paprika, rosemary, thyme and tarragon)

45) Park HK. *MS Thesis* Kyungnam Univ Masan Korea 2008(Antimicrobial activities of essential oils of *Rosmarius officinalis*, *Melaleuca altemifolis* and *Lavendula angustifolia*)

46) Park M, Han J, Lee CS, et al. *Exp Dermatol* 2013 22 336(Carnosic aicd, a phenolic diterpene from rosemary, prevents UV-induced expression of matrix metalloproteinases in human skin fibroblasts and keratinocytes)

47) Park M-Y, Mun ST. *Nutr Res Practice* 2014 8(5) 516(Carnosic acid inhibits TLR4-MyD88 signaling pathway in LPS-stimulated 3T3-L1 adipocytes)

48) Park M-Y, Mun S-Y. *Nutr Res Pract* 2013 7(4) 2911(Dietary carnosic acid suppresses hepatic steatosis formation via regulation of hepatic fatty acid metabolism in highfat diet-fed mice)

49) Park S-Y. *Z Naturforschung C* 2009 64 395(Neuroprotective and neurotrophic effects of iso- rosmanol)

50) Perez MB, Calderon NL, Croci CA. *Food Chem* 2007 104 585(Radiation-induced enhancement of antioxidant activity in extracts of rosemary(*Rosmerinus officinalis* L.)

51) Pintore G, Usai M, Bradesi P, et al. *Flav Fragr J* 2002 17 15(Chemical composition and antimicrobial activity of ***Rosmarinus officinalis*** L. oils from Sardinia and Corsica)

52) Rasoolijazi H, Azad N, Joghataei MT, et al. ***Scientific World J*** 2013 917082(The protective role of carnosic acid against β-amyloid toxicity in rats)

53) Rezaie T, McKercher SR, Kosaka K, Seki M, et al. ***Invest Ophthalmol Vis Sci*** 2012 53 7847(Protective effect of carnosic acid, a pro-electrophillic compound in models of oxidative stress and light-induced retinal degeneration)

54) Salido S, Altarejos J, Noguera M, Sânchez A. *J Essent Oil Res* 2003 15 10 (Chemical compo- sition and seasonal variations of rosemary oil from southern Spain)

55) Sanbongi CH, Takano N, Osakabe N, et al. ***Free Radic Biol Med*** 2003 34 1060 (Rosmarinic acid inhibits lung injury induced by diesel exhaust particles)

56) Santoyo S, Cavero S, Jaime L, et al. ***J Food Protect*** 2005 68(4) 790(Chemical composition and antimicrobial activity of ***Rosmarinus officinalis*** L. essential oil obtained via supercritical fluid ex- traction)

57) Serrano E, Palma J, Tinoco T, et al. ***J Essent Oil Res*** 2002 14 87[Evaluation of the essential oils of rosemary(Rosmarinus officinalis L.) from different zones of 'Alentejo'(Portugal)]

58) Shin SW. ***Kor J Pharmacogn*** 2005 36 252(In vitro inhibitory activities of essential oils from Rosmarinus officinalis L. against antibiotic-susceptible and resistant strains of some pathogenic bacteria)

59) Tsai CW, Liu KL, Lin YR, Kuo WC. ***Mol Nutr Food Res*** 2014 58 654(The mechanism of carnosic acid attenuates tumor necorosis factor-α-mediated inflammation and insulin resistance in 3T3-L1 adipocytes)

60) Tsai TH, Chuang LT, Lien TJ, et al. ***J Med Food*** 2013 16 324(***Rosmarius officinalis*** extract suppress Propionibacterium acnes-induced inflammatory respones)

61) Wang T, Takikawa Y, Satoh T, et al. ***Hepatol Res*** 2011 41 87(Carnosic acid

prevents obesity and hepatic steatosis in ob/ob mice)

62) Wijeratne SS, Cuppett SL. *J Agr Food Chem* 2007 55 1193[Potential of rosemary(***Rosmarius officinalis*** L.) diterpenes in preventing lipid hydroperoxide-mediated oxidative stress in Caco-2 cells]

63) Woo JH, Mok MG, Han KW, et al. *Kor J Hort Sci Technol* 2010 28 896(Aroma components and antioxidant activities of pure rosemary essential oil goods produced in different countries)

64) Xing Q, Liu Z, Wang Y, et al. *Food Chem Toxicol* 2013 53 1(Carnosic acid attenuates lipopolysaccharide-induced liver injury in rats via fortifying cellular antioxidant defense system)

65) Yoon SJ, Kim JS, Jo BS, et al. *J Appl Biol Chem* 2011 54 159[Isolation and identification of antimicrobiol compounds against Helicobacter pylori from rosemary(***Rosmarius officinalis*** L.) extracts]

66) Yun KS. *MS Thesis* Sun Moon Univ Asan Korea 2005(Analysis of essential oil of ***Rosmarius officinalis*** L.)

67) Zaouali Y, Bouzaine T, Boussaid M. *Food Chem Toxicol* 2010 48 3144(Essential oils composition in two ***Rosmarius officinalis*** L. varieties and incidence for antimicrobial and antioxidant activities)

14 마늘

Allium sativum

백합과
(Liliaceae)

Garlic(英)
Ninniku(日)

원산지: 유럽, 중앙아시아

용도: 식용·약용 – 뿌리, 줄기

역사

마늘은 유럽 원산으로 서부 아시아 또는 중앙아시아를 비롯, 고대에 지중해 연안으로 전파되었고 이집트 왕조(BC 3000년 이래) 피라미드 건축 노예에게 마늘을 많이 먹였으며, 그리스와 로마시대에도 병사와 운동가에게 많이 먹였다고 한다. 그리스에서 최초의 올림픽 선수들이 경기 전에 마늘 섭취로 경기력 향상에 도움이 되었다고 한다. 중국에는 BC 114년 도입되었고 현재 라틴 민족과 한 민족을 주로 하여 인도 및 기타 열대지방에서 재배 이용되고 있다. 고대부터 마늘은 유럽에서 만능약 또는 강장제로, 중국에서는 진정제(鎭靜劑)로 써왔고, 실제 살균력이 강하여 제1차 및 제2차 세계대전 때 전장에서 즉석 소독제로 썼다고 한다(Medicinal Herbs p153).

우리나라에서도 단군 신화의 마늘 설화를 비롯, 삼국사기 신라본기에 총(蒜) 자가 낀 지명이 나오며, 향약구급방의 대총항(大蒜項)에 "마늘이고 맛이 신온(辛溫)하며 유독하다"고 기록되어 있다. 간이총온방(簡易蒜溫方)에서도 오신(五辛)에 마늘을 포함시켰고, 동의보감에서는 마늘을 3종류로 나누어 마늘, 족지, 달랑피라 하였는데, 족지는 개성 지방에서 재배되었던 장신 마늘 또는 쉰쪽 마늘이라 하여 일반 마늘과 구별하였다. 또한, 허균(許筠)이 지은 도문대작(屠門大嚼)에는 "영월 마늘이 가장 좋고 먹어도 마늘 냄새가 나지 않는다"라 쓰여 있다.

식물학적 특성

재배하는 기호 식물 키는 60cm, 강한 냄새와 매운맛, 5-6개 쪽 다육질의 작은 뿌리 줄기 둥글게 한 켜로 늘어서고 연갈색의 껍질 잎에 싸임. 잎은 꽃 줄기에서 3-4장이 호생, 긴 피침형, 밑은 통모양의 엽초로 줄기를 감싼다. 연한 자주색, 담홍자색, 꽃 줄기 끝에 큰 산형화서 총포는 긴 부리 모양.

동속식용식물에는 양파(*A. cepa*)와 파(*A. tuber*) 등이 있다(Lee, YN, II. p425).

성분

1) 영양성분

① 마늘 구근 생것(6103) 100g 중 열량 120.0kcal, 단백질 9.2g, 지질 0.2g, 당질 24.2g, 조섬유 0.8g, Ca 14.0mg, P 199.0mg, Fe 1.0mg, Zn 0.9mg, vitamin A 1.0RE, β-carotene 3.0μg, B_1 0.20mg, B_2 0.1mg, B_6 0.96mg, niacin 0.5mg, C 9.0mg, 엽산 6.2μg, E 0.4mg. 〈식이섬유 10.12g〉

② 마늘 구근 열풍건조한 것(6104) 100g 중 열량 331.0kcal, 단백질 16.3g, 지질 0.7g, 당질 72.8g, 조섬유 0.50g, Ca 18.0mg, P 182.0mg, Fe 6.5mg, Zn 2.4mg, vitamin B_1 0.52mg, B_2 0.63mg, B_6 2.5mg, niacin 0.9mg, C 39.0mg, 엽산 16.2μg, E 1.04mg.

③ 마늘 구근 동결건조한 것(6105) 100g 중 열량 327.0kcal, 단백질 15.3g, 지질 0.5g, 당질 72.9g, 조섬유 0.8g, Ca 13.0mg, P 174.0mg, Fe 1.6mg, Zn 2.3mg, vitamin B_1 10.48mg, B_2 0.24mg, B_6 2.5mg, niacin 1.5mg, C 32.0mg, 엽산 16.0μg, E 1.03mg.

④ 풋마늘(6106) 100g 중 열량 40.0kcal, 단백질 3.5g, 지질 0.5g, 당질 7.6g,

조섬유 1.4g, Ca 32.0mg, P 46.0mg, Fe 1.0mg, Zn 0.77mg, vitamin A 282.0RE, β-carotene 169.0μg, B_1 0.13mg, B_2 0.12mg, B_6 0.96mg, niacin 0.8mg, C 81.0mg, 엽산 6.2μg, E 0.4mg.

⑤ 마늘쫑(6107) 100g 중 열량 51.0kcal, 단백질 2.6g, 지질 0.4g, 당질 11.5g, 조섬유 2.0g, Ca 24.0mg, P 64.0mg, Fe 0.9mg, Zn 1.16mg, vitamin A 47.0RE, β-carotene 281.0μg, B_1 0.26mg, B_2 0.22mg, B_6 0.96mg, niacin 0.5mg, C 56.0mg, 엽산 6.2μg, E 0.4mg. 〈식이섬유 4.95g〉

2) 특수성분

마늘에서 Ajoene(A-00613), *Allicin(A-01037), Allithiamine(S, A-01043), Alliin(R)c,(S)s,(A-01038), S-(Allylthio)cysteine(R, A-01074), Cycloalliin(C-02223), allixin, Glyceryl sulfoquinovoside, *Dimethyldisulfide(D-03095), Dimethyltrisulfide(D-03095), Di-2-propenyl disulfide(D-03431), Di-2-propenyl tetrasulfide(D-03433), Eruboside B(S-01069), N-γ-Glutamyl-S-allycysteine(G-00517), γ-Gluyamyl-S-allythiocysteine(L, G-00511), γ-L-Glutamyl-S-(2-carboxy-1-propyl)cysteinyl glycine(G-00515), γ-Glutamylmethionine(L, G-00523), γ-Glutamyl-phenylalanine(G-00524), N-γ-Glutamyl-S-propylcysteine(G-00517), *2-Propen-1-ol(P-01882), 정유로는 Citral(D-03180), Geraniol(D-03197), Linanool(D-03196), Ornithine(O-00509), α,β-Phellandrene(M-00477, M-00478) 등이 동정.

동속식물에서 N-γ-Glutamyl-S-(1-propenyl)cysteine(G-00517), 3,4-Dihydro-3vinyl-1,2-dithiin(D-01461), *Di-2-propenyl sulfide(D-03432), *Divinylsulfide(D-03502), *2-Propenyl propyl disulfide(P-01894), Sativoside R1, R2, *2,4,6-Trihydroxybenzoic acid(T-01964), Yuccagenin(S-01107), Sativoside, Scrodose, S-Ethyl-L-Cysteine sulfoxide(C-02499), S-Methylcysteine(C-02481), S-Methylcysteine sulfoxide(M-00920), S-Propylcysteine sulfoxide(P-01905), Thiamacornine,

Thiamamidine, Vitamin U(M-01145), Valeric aldehyde(P-00755), trans-Ajoene(A-00613) 등도 규명되었다.

생리활성

Allium속유황화합물-생리활성: 마늘, 양파 등 *Allium*속 식물은 다양한 유용성 생리기능의 작물로 함유황 유기화합물이 있고, 이 물질은 세포주 모델에서 암세포 증식을 억제한다. 동물 모델에서 ajoene, diallylsulfide류 및 S-allylcysteine 등은 7,12-dimethylbenz(α)anthracene, 1,2-dimethyl-hydrazine, N-nitroso-diethylamine, N-nitroso-methylbenzylamine 및 benzo(α)pyrene 등의 발암원의 발암성 대사산물 형성을 억제하거나 체외 배출을 촉진하여 암 발생을 억제한다. 또한 지질대사를 조절하여 혈중 cholesterol을 저하시키며 혈소판 활성화 저해로 인한 혈전생성 억제작용으로 심혈관 질환에 예방효과가 있다. Allicin, ajoene 등은 gram(±)균 및 곰팡이 생육저해 작용이 있다. 또한 S-allylcysteine을 포함한 함유황 유기화합물 등은 노화증상을 완화시킨다(김현정, 1999).

마늘 flavour: 마늘 flavour는 ak(en)yl-L-cysteine sulforide에 allinase가 작용하여 생성된 alk(en)yl thiosulfinate에 의한 것으로 alk(en)yl기는 주로 allyl기이다. 마늘 flavor 강도는 성숙도, 부위, 배양조건, 저장조건, 가공법에 따라 달라진다. 토양내 유황이 많을수록 alline 함량이 많아지므로, 무기질 조성(NS : NO_3-2 40%, SO_4-2 60%, NP : NO_2-2 62%, PO_4-2 38%)을 고려하고, 건조한 토양에서 alline 함량이 많아진다. 또 수확 후 flavor 손실을 막기 위해 저온 저습 저장, 예건처리, gas 치환, 발아 억제 등이 실행되고 있으나, 예건처리, 저온저습 조건에 저장이 비교적 양호한 것으로 나타났다. 가공 처리로 flavor 감소를 최소키 위해 진공건조, 동결건조도 이용되며, 50% 정도 감소되며 oil 이나 extract 등도 손실이 크다. 마늘 flavor 합성법은 thiosulfinate 합성법과, alk(en)yl-L-cystein sulfoxide-allinase 분해법, L-5-alkl(en)yl thiomethylhydantoin S-oxide 법에서 생마늘과 유사한 flavor를 얻을 수 있다(김미리, 1983).

뇌기능향상①: 노화의 한 요인으로 활성산소나 free radical 관여가 제기되면서, 항산화 물질 연구가 각광받고 있다. 특히 마늘(숙성마늘) 추출액이 항산화 효과가 명백해 지면서 노화에 따른 기억 학습능의 저하 억제와 관련있는 것으로 생각되며, 노화에 따른 혈류량이 저해되는데, 이 숙성마늘 추출액이 혈행 개선 작용에 효과가 규명되고 있다. 육체적, 정신적 stress에 대한 효과, 즉 stress를 저해한 면역기능 회복에 마늘이 효과 있는 것은 마늘이 serotonin 수용체, 특히 5-HT IB/ID 수용체에 serotonin의 결합을 억제하기 때문이다(김선민, 1999-59).

DNA손상억제-마늘·생강②: 생강과 마늘에서 추출한 항산화 성분을 각각 linoleic acid 와 pBR 322 DNA의 반응계에 첨가하여 37℃에서 반응시켜 경시적 DNA 손상 억제능을 조사하였다. 또한 linoleic acid와 생강 및 마늘 추출물의 반응계에서 경시적으로 생성되는 superoxide anion($-O^{2-}$)과 과산화수소(H_2O_2)를 측정하여 활성산소 소거능도 비교 검토한 결과, 생강과 마늘 추출물은 대조구보다 DNA 손상이 현저히 억제되었고, 생강 추출물의 DNA 손상 억제능이 전 농도에서 4일까지 유지. 555μg 이상에서 동일한 경향을 보이는 마늘 추출물보다 상당히 컸다. 이들 추출물은 linoleic acid의 산화과정에서 생성된 superoxide anion과 과산화수소 소거능이 활성산소종의 소거능의 차이에 기인한 것으로 보였다. 이들 추출물은 항산화력도 뛰어나 반응 4일까지 POV가 20meq/kg으로 활성산소 소거능뿐 아니라 과산화물 생성에 관여하는 각종 free radical 소거능도 큰 것으로 보였다(강진훈, 1988).

항당뇨활성-생마늘·흑마늘①: STZ-유도 당뇨 흰쥐에 생마늘(RG)과 흑마늘 추출물(BG) 건조물을 각각 1%와 3% 첨가 4주간 급이한 결과, 체중증가와 식이효율은 BG 1%군이 정상군과 유사한 당뇨에 의한 체중 감소 방지 효과가 있었고, RG와 BG 첨가 급이는 당뇨흰쥐 혈당은 대조군보다 낮았고, RG 1%군이 224.49mg/dl로 가장 낮았다. 당화 hemoglobin(당화 Hb)은 당뇨 유발로 정상군보다 증가하였으나, RG와 BG 급이로 감소하였다. 혈중 총지질과 cholesterol(C)은 RG와 BG 급이로 대조군보다 감소하였으나, 시료 용량 차이는 적었다. HDL-C은 BG1%군 제외 모든 실험군에서 당뇨 대조군에 비해 높았다. LDL-C와 VLDL-C은 RG 3%군에서 낮았고, 동맥경화 지수와 심혈관 질환 위험 지수도 같은 경향이었다. 혈중 GOT, GPT 및 γ-GTP 활성도는 대조군보다 감소하였다. 간 glycogen은 대조군보다 높았고, 정상군과도 통계적 차이는 없었다. 신장조직에서 지질 과산화물 량은 RG와 BG 3%군에서 각각 86.67과 81.04mmol/g wt kidney로 여타 실험군보다 낮아 정상군과 유사 범위였다. DPPH radical 소거는 혈액과 신장에서 당뇨 대조군보다 활성이 높았고, 시료 첨가량 증가에 따라 활성이 높았다. 이로서 생마늘과 흑마늘 추출 분말 급이는 혈당저하, 간 glycogen 유지 및 생체 내 지질 개선 효과가 있었고, 흑마늘보다 생마늘이 더 효과적이었다(Kang, M-J, 2013-432).

항당뇨활성-유산균발효②: 국내 전통 식물성 식품은 다양한 기능성과 강한 생리활성을 가지고 있어, 기능성 식품 재료로 사용이 가능하다. 본 연구는 유산균으로 고체 마늘을 발효, 생리활성을 조사하였다. 마늘 고체 발효를 위해 유산균을 한국 전통 발효식품인 젓갈에서 분리 및 KCTC에서 분양받아 사용하였다. 발효 유산균 선별은 MRS 고체 배지의 DISK법에서 마늘 착즙액에 저항을 보이며 증식하는 유산균을 선택 발효한 마늘 추출물의 총 polyphenol과 flavonoid는 각각 731.0-845.2 ug/g과 92.68-413.58 ug/g. 또 DPPH radical 활성과 SOD 유사활성은 양성 대조군인 vitamin C 50 ppm보다 높은 활성을 보였고, 또 항 당뇨 활성인 α-glucosidase 저해활성은 유산균 발효 마늘에서 양성 대조구인 acarbose 50 ppm보다 높은 저해활성을 보였다. 본 연구 결과, 유산균 발효 마늘의 생리학적 활성의 증대로 향후 항산화, 항 당뇨 활성이 있는 유산균 발효 마늘의 개발이 기대되었다(Lee J-B, 2016).

지방대사-마늘①: Lard와 alcohol첨가 식이군에서 체중과 식이 섭취량은 감소하였으나 마늘 투여로 식이효율이 증가하였다. Lard첨가 식이군에서 간장, 신장, 비장의 무게는 증가하였으나 다른 식이군에서는 변화가 없었다. 혈청 중 AST, ALT, LDH, ALP 활성은 lard와 alcohol 첨가군보다 감소하였다. 이상으로 lard 및 alcohol의 만성적 섭취는 실험동물의 간기능

손상이 유발하여 AST, ALT, LDH, ALP활성이 증가하였으나, 마늘 첨가군에서는 이들 효소의 활성이 감소하였다. 따라서 고지방식이 유도 고지혈증이 마늘 투여로 개선, 간조직의 손상 예방을 시사하고 있다(변부영, 1995).

지질대사-옥수수유·돈지②: 흰쥐에 마늘투여로 혈액 지질량과 그 외 혈액성분 변화를 알고자 성장기 흰쥐 사료에 지방원으로 옥수수유와 돈지를 쓰고 마늘을 사료의 1, 2% 첨가, 1개월간 사육 후 증체량은 옥수수유군보다 돈지군이 많았고 혈중 TG, total cholesterol, LDL-cholesterol은 옥수수군보다 돈지군이 증가하였으나, 혈중 지방 감소능은 2% 마늘군이 효과적이었다. 또한 혈중 GOT, GPT 활성도는 2% 마늘 투여에 영향을 받았다. 혈당은 마늘 투여량에 유의성 차이는 없었다(서화중, 1999-1339).

지질대사-간헐적운동·흑마늘③: 항산화 및 피로 회복 기능이 강화된 흑마늘 함유 음료를 개발코자, 흑마늘 추출물 5%와 생약재 5종(상황버섯, 황금, 단삼, 뽕잎, 작약)을 70:30(L/L) 비의 흑마늘 복합물(시료)를 제조. 시료는 성인 1일 100mL 시료 A와 300mL 시료 B를 기준, 실험 동물에 5주간 투여하면서 강제 운동에 따른 체내 지질 성분과 항산화 효소를 분석하였다. 시료의 총 phenol 함량은 시료 A가 B보다 높았고, 항산화활성은 총 phenol 함량 의존적이었다. 혈중 총 단백질 함량은 운동대조군과 시료 A, B 급이군 간 차이가 없었으나, albumin 함량은 운동+B군이 유의적으로 높았다. AST 및 ALT 활성은 시료 급이군이 운동 대조군 간 차이는 없었다. 반면에 중성지방과 총 cholesterol (TC), LDL-C, 및 HTR(TC/HDL-C) 수준은 B군이 운동 대조군보다 감소. 간 조직의 총 지질함량은 시료 급이군과 운동 대조군 간에 차이는 없었다. 반면에 중성 지방량과 TC 함량은 B군이 타 군에 비해 낮았다. 시료 급이에 따른 간 조직의 catalase 활성은 B군만 증가하였으나, SOD와 GSH-px 활성은 시료 농도 의존적으로 증가하였다. 간헐적 강제 운동을 한 흰 쥐에서 흑마늘과 생약제 복합물 급이는 체내 중성지방과 cholesterol을 낮추고, 항산화 효소 활성을 증가시켜 산화적 stress에 대한 생체 보호 가능성을 보였다(Lee SJ, 2013).

지질대사·고지혈증개선-마늘쫑④: 고지방식이-유도 고지혈증 흰 쥐에 마늘쫑 50%와 75% EtOH ex을 각각 200 및 400mg/kg·bw/day 투여, 혈중 및 간조직의 지질함량 변화를 비교, 혈청 총 지질 및 중성지방은 마늘쫑 75% EtOH ex 400mg/kg/day(GSB-2)에서 가장 낮았고, 총 cholesterol(TC)은 마늘쫑 50% EtOH ex 400mg/kg/day(GSA-2)와 75% EtOH ex 400mg/kg/day(GSB-2)군이 대조군보다 낮았다. HDL-cholesterol(HDL-C)은 실험군 중 GSB-2군이 정상군과 유사하였고, LDL-C 및 VLDL-C은 GSB-1 및 GSB-2군이 대조군보다 낮았다. Atherogenic index(AI) 및 cardiac risk factor(CRF)지수는 GSB-2에서 각각 0.58, 1.57로 가장 낮았다. 혈청 AST, ALT 및 ALP 활성은 GSA-2 및 GSB-2군에서 대조군보다 낮았다. 간 조직 중 지질함량은 모든 시험군이 대조군보다 낮았으나, 실험군 간 유의차는 없었다. 간 조직 중 TC 및 중성 지방은 GSB-2 군에서 가장 낮았다. 혈청 및 간 조직의 항산화활성은 GSB-2군에서 각각 40.16% 및 47.41%로 가장 높았다. 혈청 및 간조직의 지질 과산화물 함량은 실험군 중 GSB-2군이 가장 낮았다(Hwang C-R, 2015-276; Kang, MJ, 2012).

지질대사·Cholesterol저하-생마늘·흑마늘⑤: 생마늘(FG)과 흑마늘(BG) 열수 추출물을 각각 동결건조, SD계 수컷 흰 쥐를 정상식이군(N), 고지방, 고cholesterol(Chol) 섭취대조군(CG), 고지방 Chol + 1% 생마늘 열수추출물 급이군(FGEG), 고지방 고 chol + 1% 흑마늘 열수추출물(BGBG)로 나누고, 4주간 해당 식이 투여 후, 지질개선 효과를 조사한 결과, 생마늘 열수추출 분말(FGE) 및 흑마늘 열수추출 분말군(BGE)의 총 phenol 함량은 1319.99mg/100g, S-allyl-cysteine(SAC) 함량은 FGE보다 16.3% 높았다. 혈청 총 지질, 총 chol 및 중성지질 함량은 FGEG 및 BGEG에서 CG보다 낮았다. HDL-chol은 CG보다 FGEG 및 BGEG에서 더 높았고, LDL과 VLDL-chol은 FGEG 및 BGEG가 더 낮았다. 혈청 ALT와 AST 활성은 CG보다 낮았으며, 특히 BGEG가 더 낮았다. 간 조직의 총 지질 및 중성지질은 BGEG가 152.26 mg/g 및 64.59 mg/g으로 CG보다 각각 36% 및 14.3% 더 낮았다. 혈청 및 간 조직에서 TBARS 농도는 CG보다 낮았으며, FGCG와

BGCG는 차이가 없었다. 이상으로 마늘 추출물의 지속적 섭취는 생체 내 지질감소, 과산화물 생성억제 및 항산화활성이 증가, 생마늘보다 흑마늘 급여군이 더 효과적이었다. 생마늘보다 흑마늘에 총 phenol이나 갈변 물질 등 항산화활성 물질이 많기 때문으로 생각되었다(Kang M-J, 2021-37).

지질·단백질대사-마늘⑥: 식이 단백질과 지방의 종류 및 마늘이 흰쥐의 체내 대사에 미치는 영향을 알고자, 단백질 15%은 casein 이나 isolated soy protein, 지방 4%는 butter나 대두유를, 마늘 2%은 생마늘을 곱게 갈아, 실험동물 Wistar 계 흰쥐(♂)에 투여하고 4주간 사육하였다. 체중 증가량, 사료효율, 단백질 효율, 각종 장기 및 뒷다리 근육의 무게, 혈청과 각종 장기의 지방질 함량, 각종 장기 및 변의 총 cholesterol(TC), 간의 질소량, 질소 보유율 등은 단백질 종류에 따른 차이를 보였고, 심장의 무게, 변의 지방 함량, epididymal fat pad의 TC 량, 신장의 질소 함량 등을 지방의 종류에 의한 차이를 보였으며, 신장의 TC 량과 뒷다리 근육 및 변의 질소 함량 등은 마늘의 첨가 유무에 따라 차이를 보였다(신명화, 1983).

항균효과①: *E. coli* 0157:H7에 대한 마늘즙액(시료)의 항균성을 알기 위해 시료를 농도별로 처리하여 생균수를 측정한 결과 1% 시료 첨가군에서 *E. coli* 0157:H7의 생균수가 무처리군보다 감소하였으나 3%에서는 약 5 log, 5%에서는 6 log의 생균수가 감소하였다. 식육시료에 대해 마늘즙의 항균성은 3%, 6%, 10% 처리군에서 *E. coli* 0157:H7에 대한 농도별 항균성은 차이가 없었다. 마늘즙의 가장 현저한 저해 효과는 저장 9일에 나타나 약 2 log의 생균수가 감소하나 9일 후에 균수가 증가하였다(김연순, 1996; 김명희, 2003).

항균효과②: 마늘은 *Vibrio parahaemolyticus*에 1% 이상 농도에서 100% 항균효과가, 양파는 *Sal. enteritidis*에 2.5%에서 28.5% 항균력을, *Staphyl. aureus*와 *V. haemolyticus* 2.5%에서 50%이상 발육이 저지되었다. 생강은 양파와 비슷하여 *Staphyl. aureus*와 *Enterobacter cloacae*에 비교적 약하나 *Sal. eteritidis*와 *V. parahaemolyticus*에 50% 이상의 생육저해 효과가 있었다(Sato, A, 1993-63).

항균활성③: 마늘의 각종 추출물은 gram(-)균에 더 항균활성이 컸고, 효모에 대해서도 강한 항균성을 보였으며 특히 Et_2O 분획에서 강한 활성을 보였다. 생강도 Et_2O 분획에서 항균효과를 보였다. 마늘과 생강에서 각각 13종과 21종의 물질이 동정되었고, 마늘의 함황화합물이 가장 많은 종을, 생강에는 탄수화물이 가장 많은 종을 차지하였다. 마늘의 특징적 방향성분은 di-2-propenyl disulfide, methyl-2-propenyl disulfide, 2-vinyl-4H-1,3-dithiirane 및 3,3′-thiobis-1-propane 등이며, 생강의 방향성분은 α-zingibirene, β-phellandrene, β-sesquiphellandrene 및 camphene이었다(정일민, 1999-47).

항균활성-*Listeria*균④: 12종의 채소 $CHCl_3$ 추출물에 대하여 *L. monocytogenes* F-78에 항균성을 실험한 결과 마늘이 가장 강하였고, 다음 부추, 양파, 양배추였다(정종화, 1995).

생육억제-대장균⑤: 마늘 allin은 상처를 입으면 allinase의 작용으로 allicin이 되고 이는 항미생물 작용이 있다. *E. coli*는 1% 마늘즙액 함유 TSB(tryptic soy broth)에서 사멸되었고 농도 의존적 사멸속도가 증가되었다. 마늘의 항미생물 효과는 pH 7.2보다는 산성 5.2와 6.2에서 강하게 나타났으며 105CFU/mL 이하에서 저해 효과가 있고, SH기 함유 cysteine과 glutathione 첨가로 마늘의 *E. coli* 저해 효과를 해소시켰다. 마늘즙액의 *E. coli* 번식 저해 효과는 마늘즙액의 농도, pH, cysteine이나 glutathione 같은 SH 화합물 존재, 접종균수에도 영향을 받았다(김연순, 1996; 강윤정, 1996).

식중독균-증식억제⑥: 마늘과 생강분말을 물추출물(H_2O ex)과 EtOH추출물(EtOH ex)을 만들고 *E. coli* 0157:H7(ATCC 43895), *Staphyllococcus aureus* 196E(ATCC 1356)을 2-4시간 OD 0.5에 도달하였을 때 시료를 투여하여 항균성과 균체의 형태를 관찰한 결과, 마늘 분말과 EtOH ex는 0.5%가 최소 증식억제 농도였고, H_2O ex는 5% 이하에서는 거의 효과가 없었다. 생강분말은 0.2%에서, H_2O ex는 2% 이상에서, EtOH ex는 0.1%에서 증식이 현저히 저해되어 EtOH ex가 항균활성이 가장 컸다. 균체의 형태변화는 시료 투여 1-2시간 후 균체의 급격한 손상이 관찰된 바, 균체의 세포벽과 원형질막의 분리현상과 원형질막의 손상으로 균체 내부 물질이 빠져나와 사멸 양상을 보였으며 막구조물 변화로 균체가 사멸되는 것으로 판단되었다

(박찬성, 1997).

Influenza감염방어⑦: Influenza virus(AO/PR 8주)와 일본뇌염 virus(JaGar 01주)를 mouse 비강에 적하하고, 각각의 vaccine(Vc)을 피하 접종하였다. Influenza virus는 Vc 접종으로 감염 방어효과가 있었으며, 0.002ml/day 마늘 추출액(마늘 ex)처리(0.55±0.05)의 방어는 무처리구보다 효과가 있었으나(P〈.05), Vc 처리구보다는 효과가 적었다. 0.2ml/day 마늘 ex는 Vc 처리보다 약 10배 방어효과를 보였다. 일본뇌염에서 마늘이 Vc 접종보다는 효과가 없었으나, Vc 무처리 mouse에는 virus 감염 방어에 효과를 보였다 (P〈.05). 또 마늘 ex는 influenza에서 Vc 자극에 의한 중화항체 생산에 영향이 없었으나, 일본 뇌염 virus는 Vc 자극에 중화항체 생산이 촉진되었다. 이로써 마늘은 감기 virus 감염 방어에 상당한 효과가 증명되었으나, 일상적 마늘 섭취량으로는 효과를 거두기 어렵고, 적어도 10쪽 이상/일 섭취에서 어느 정도 효과를 볼 수 있겠으나, vaccine보다 더 큰 효과는 어려울 것으로 판단된다(영정승차, 2000).

항결장암효과①: 마늘의 돌연변이 유발 억제 효과와 사람의 HT-29 결장암 세포 성장저해 효과에 대해 검토한 결과, 마늘 MeOH 추출물은 첨가농도 2%(김치 제조 농도)에서 aflatoxin B1(AF B1)과 MNNG에 항돌연변이적 효과를 보였고, *Sal. typhimurium* TA98과 TA100에서 모두 AFB_1에 대해 돌연변이 유발 억제 효과가 증가되었다. 특히 비극성 분획 $CHCl_3$ 분획에서 더 큰 돌연변이 유발 억제 효과를 나타내었고, 마늘 $CHCl_3$ 분획은 사람의 HT-29 결장암세포의 성상을 FBS 농도 1%와 5%에서 모두 강하게 저해하였다 (박건영,1991).

항협낭암효과②: 마늘의 항암효과에 대한 햄스터의 협낭변화에 관한 연구에서 발암제인 DMBA(9,10-dimethyl-1,2-benzanthracene)로 햄스터 협낭에 암을 일으키고, 3% 마늘즙을 투여, 90일 후 대조군에 61개, 3% 마늘즙 투여군(3% G군) 28개 결절이 발생하였고, 협낭결절 용적은 대조군 평균 181.26mm^3, 3% G군 81.10mm^{3}으로 항암효과를 보였고, 위와 신장에는 병변이 없었으나 간장은 대조군이 호산성 과립상의 세포질 비대현상이, 비장은 심한 위축현상이 관찰되었다(김은실, 1993). 햄스터 협낭에 DMBA로 암을 유발시키고 마늘즙을 투여한 결과 암세포의 침윤증식상이 감소되었다. 또 bromodeoxy uridine(BrdU) 투여후 DMBA 발암현상에 대한 면역조직화학적 관찰에서 마늘 복용군에서 발암 개시전 기제 세포층의 증식성이 감소되어 마늘의 항암효과를 알 수 있다(백재은, 1994).

항인체혈구암-DT③: U937 인체 혈구암세포에 마늘 생리활성 물질 diallyl trisulfide(DT)의 암세포 증식 억제가 apoptosis와 apoptosis 및 cell cycle arrest 유발에 관련성을 연구하였다. U937 세포 증식은 DT의 농도와 시간 의존적 감소를 확인하였고, 이는 apoptosis에 의한 직접적 세포사와 CDK1 및 cyclin B1 발현 증가와 histone H3 인산화와 관련된 mitotic arrest와 연관되어 있음을 알 수 있었다. 또 DT처리 초기에 reactive oxygen species(ROS) 생성이 매우 증가되었으나, ROS scavenger(N-acetyl-l-cysteine)의 인위적 ROS 생성 억제는 DT의 apoptosis와 mitotic arrest를 완벽히 차단시켰다. 이는 U937 세포에서 DT-유도 apoptosis와 mitotic arrest가 ROS와 매개됨을 의미하며, 본 실험 결과는 DT가 인체 혈구암세포에서 세포 증식 억제와 관련된 항암기전, 이해에 기초자료로 유용성을 보였다(Park HS, 2013).

항암효과-SAC④: 숙성 마늘에서 유래된 수용성 유기 황화물인 S-allylcysteine (SAC)는 여러 유형의 암 세포에 항암효과를 보였다. 본 연구에서는 in vitro와 in vivo에서 SAC가 세포증식, 세포사멸, 세포주기 및 전이에 미치는 세포 신호전달 경로와 분자적 mechanism을 정리하였다. SAC는 Bax와 caspase-3을 포함 세포사멸 촉진 단백질을 활성화, Bcl-2 세포사멸 억제, 단백질군을 억제, mitochondria-매개 내인성 경로로 세포사멸을 촉진한다. 또 SAC는 PI3K/Akt/mTOR 및 MAPK/ERK 신호전달을 억제, NF-κB, cyclins, Cdks, PCNA 및 c-Jun 발현과 활성을 감소, 세포주기 억제 단백질 p16과 p21 발현을 증가시켜 세포주기를 억제, 세포증식을 억제하였다. 또 SAC는 GST같은 항산화 효소의 활성을 유도, 독성물질 유도 발암작용을 방지하였고, SAC는 MAPK/ERK 및 PI3K/Akt/mTOR/NF-κB 신호 경로 억제로 전사억제 조절인자 Id-1 및 SLUG 발현억제로 초래된 COX-2 발현 감소와 E-cadherin 발현 증가로 신생 혈관 생성과 EMT 억제를 유도 암세포의 침투와 전이를 억제하였다. 이로써 SAC는 암 예방과 치료에 잠재적 화학 요법제로 간주될 수 있다(Kong I-K, 2015).

항암상승효과-Vitamin C병용⑤: Hep G2, HT-29 및 HRT-18 암세포는 마늘 성분과 vitamin C 투여로 암세포 증식 억제 또는 사멸되었다. Hep G2(간암), HT-29(대장암), HRT-18(직장암)에 대해 마늘 단독보다 vitamin C 혼합 투여가 세포 증식 억제와 사멸이 현저히 상승 되었다. Hep G2의 세포주기가 시료 혼합투여로 G2/M 단계 세포가 증가, S단계 세포는 감소, 세포주기 진행이 G2/M 단계에서 지연되어 암세포 증식 억제 효과를 보였다. Sarcoma-180 접종 동물에 시료 혼합물 경구투여 시 암이 있는 동물 수명이 연장되었다. 이러한 병용투여는 in vitro와 vivo에서도 효과가 나타났다 (손향은, 2001).

항폐암전이⑥: 마늘 추출물과 순수 분리한 성분에 대한 암전이 억제 시험 결과, 마늘 추출물 또는 성분이 억제시켰으며, 역학조사에서도 마늘을 많이 섭취한 사람은 암 발생이 억제되는 것으로 보고되었다. 본 연구의 암전이 실험에서 C57BL/6 mouse 꼬리 정맥에 melanoma B16F10세포를 주사, 폐에 전이를 유도, 암세포 주사 1일 후에 마늘의 hexane ex(GHE) 50, 100 및 200mg/kg·bw를 2일 간격으로 21일간 구강 투여 후 암전이 억제 효과를 조사하였다. 미처리 대조구에서 폐에 암 colony가 97.4%로 대량 생성되었고, 마늘시료 50, 100, 200 mg/kg을 경구투여 시 암전이 빈도는 각각 6.93, 46.80, 50.53% 억제되었다. 또 100mg/kg·bw 경구투여 시 폐로 암전이 억제율이 약 53% 이상으로 매우 높았다. 폐에서 melanoma cell colony 발생율과 면적은 마늘시료 농도가 높을수록 감소하였다. 이로써 C57BL/6 mice 암전이 model에서 마늘 hexane ex의 경구투여는 폐에 암전이를 억제시켰다(Ko, MJ, 2016).

암발생억제-Nitrosamine생성억제⑦: 마늘 추출물은 산성 pH 조건에서 nitrosomorpholine 생성을 강력히 억제하므로 인체, 동물의 위에서 용이하게 생성되는 nitrosamine을 억제할 것으로 생각된다. Nitrosamine의 전구물질인 아질산염과 amine이 식품 중에 널리 있으므로, 이들이 함유된 음식물을 동시에 섭취하였을 때 위에서 nitrosamine 생성이 매우 높을 것으로 생각되었으나 본 실험 결과, 아질산염 소거능 및 nitrosamine 생성 억제 효과가 큰 것으로 나타난 마늘과 같은 향신료를 아질산염과 amine 함유 식품을 함께 섭취하면 현대 사회에 큰 문제인 암의 발생을 효과적으로 예방할 수 있으며, 특히 육류 가공이나 가정 조리 시에 마늘 추출물과 조리하여 가열 과정에서 각종 nitrosamine의 생성이 방지될 것으로 생각되었다(임경재, 2000).

항돌연변이효과⑧: 마늘 MeOH 추출물의 $CHCl_3$분획물중 allyl sulfide(6mg/kg)를 1일 간격으로 2번 복강주사하여, 3일째에 aflatoxin B1(AFB1, 7mg/kg)을 복강주사하고, 다시 24시간 후에, 간의 micorsome 분획물의 glutathione과 이를 포함한 nonprotein-SH 양은 마늘의 MeOH 추출물과 allyl sulfide 투여군에서 73-123%까지 증가하였다. 또 마늘의 MeOH 추출물의 $CHCl_3$ 분획물과 이에서 분리된 ASC 분획 2의 투여는 발암물질의 해독 효과 물질인 간의 glutathione-2-tranferase(GST)의 활성을 증가시켰으며, glutathione과 nonprotein-SH의 양도 증가시켰다. 또한 마늘 분획들의 첨가로 증가된 glutathione은 *Sal. typhimurium* TA98과 TA100에서 aflatoxin B1(1μg/plate)에 TA100에서 N-methyl-N1-nitro-N-nitro-guanidine(1μg/plate)에 강한 항돌연변이 효과를 보였다(김소희, 1994; 박건영, 1991).

피로회복효과: 건강한 남자 대학생 16명을 대상으로 14일간 마늘 90g/일(매끼 30g)을 섭취시켜 폐기능 중 산소섭취량, CO_2 생성량, 환기량, 혈중 지질, 당 등의 양상을 측정하였다. 자전거 ergometer를 이용 20분간 3분마다 50watt씩 증가하여 운동부하로 최대 운동검사를 실시, 폐기능을 측정하여 운동 전후의 혈액을 검사한 결과, 마늘 섭취군이 HDL-cholesterol(HDL)은 높았고, LDL-cholesterol(LDL)과 총 cholesterol은 낮았다. 또한 마늘 섭취군에서 젖산이 낮았고 lactic acid dehydrogenase(LDH) 활성은 높았다. 산소 섭취량, CO_2 생성량, 환기량, 호흡상은 마늘 섭취군과 대조군 간 차이는 없었다. 이상의 결과로 마늘 섭취군이 혈액 성분 중 HDL, LDL, 총 cholesterol, 젖산,

LDH에서 대조군보다 효과가 있었다(백영호, 1995).

CCl_4-유리기억제: 항산화작용이 인정된 생강, 마늘, 양파를 첨가한 식이로 2주간 SD계 수컷 흰쥐를 사육하고 CCl_4를 투여한 후, 호기중의 ethane 함량, 항산화효소 SOD의 활성도, 지질 과산물인 MDA량을 측정한 결과 3개 시료 첨가군 모두가 CCl_4 투여 대조군에 비해 감소하였고($p<.05$), 간조직의 SOD 활성도도 3개 시료군 모두가 CCl_4 투여 대조군에 비해 감소하였으며($p<.05$), 간조직 중 MDA함량은 마늘 첨가군만이 CCl_4 투여대조군보다 감소하였다($p<.05$)(조영선, 1999).

Hg중독-해독효과①: 수은($HgCl_2$) 중독 흰쥐에서 마늘즙의 antidotic effect를 검토하고자 흰쥐에 수은 2.5mg/주/kg 투여하고 마늘즙을 매일 식이의 2%를 투여하여 실험동물의 성장률을 조사한 결과 수은만의 투여군보다 30% 증가되었고, 마늘즙 투여군은 오히려 대조군보다 15%가 증가되어, 일반 tonic 효과를 보였다. 혈액은 수은 투여군(M)은 GPT, GOT 상승과 cholesterol, triglyceride, alkaline phosphate는 병적 감소를 보이고 무기수은 중독 초기기관인 신장기능 검사요목 BUN과 uric acid 및 creatinine은 수은 투여로 상승하였으나 마늘즙 투여군(MG군)은 이들 측정치를 감소시켰다. 혈액과 신장의 수은함량은 대조군(0.015, 0.02ppm)과 비교하면 수은 투여군이 각 0.46, 0.51ppm으로 상승하였으나 수은과 마늘즙 투여군은 각각 0.3, 0.33ppm으로 유의적 감소를 보였다. 따라서 마늘즙의 nonprotein sulfur amino acid가 수은에 대하여 antidotic effect가 있는 것으로 관찰되었다(서화중, 1994; 박재순, 1984).

Cd-신장·고환손상억제②: Wister계 SPF rat(♂)를 대조군, Cd 투여군($CdCl_2$ 20mg/kg), Cd+마늘유 투여군, Cd+vitamin A(retinolacetate 50,000IU/kg)군 투여한 결과, Cd 투여로 HSP70의 발현은 투여후 2-4시간 내에 나타나는 신속한 반응임을 알 수 있었고, 마늘유(diallyldisulfide) 투여는 Cd에 의한 신장손상을 촉진시키나, vitamin A 투여는 Cd에 의한 신장손상을 억제시키는 효과를 보였다. Cd에 의한 고환손상은 마늘유 혹은 vitamin A를 투여함으로 방어효과가 있었다(김성기, 1983; 김판기, 1998).

Pb중독-해독효과③: 납중독에 대한 마늘의 antidotic effect를 조사하기 위해 초산납 100mg/kg을 7일간 투여한 rat에 4% 마늘즙(식이의) 투여군(LG)과 초산납과 N-acetylpenicillamine(중금속해독제)을 100g/kg 매일 투여한 실험군(LP)은 초산납만을 투여한 실험군(L)보다 성장개선효과(13.3%-22.3%)가 있었고 장기(위, 간, 신장)의 병변이 매우 미미하였으나 GOT, alkaline phosphatase, blood uric acid, blood urea nitrogen, creatinine, bilirubin은 증가하여 납중독 장해를, 특히 신장기능이 저하되었다. 그러나 LG군과 LP군은 L군보다 저해 정도가 적었다. 특히 L군은 Pb 중독으로 hemoglobin량이 정상이하(10.37g/dl)로 감소되었으나 LP와 LG군은 거의 정상(12.32g/dl)을 유지하였다. L군의 혈액(0.281ppm), 간장(0.250ppm), 신장(0.403ppm)은 대조군보다 매우 높았으나 LG군과 LP군은 거의 유사하여 마늘이 rat 납중독에 미치는 N-acetylpenicillamine의 해독효과와 비교, 마늘의 해독효과가 우수함이 관찰되었다(서화중, 1996; Senapati, SK, 2001).

항응고활성-마늘①: 마늘 MeOH 시료를 platelet rich plasma(PRP), washed platelet(WP), washed platelet(WP)+Ca에 실험한 결과, IC_{50}이 각각 2,348μg/mL, 221μg/mL, 851μg/mL로 WP가 시료에 가장 민감하였다. 시료와 다른 기전으로 혈소판응집 억제효과를 보이는 menadione(vitamin K_3)과 propranolol은 같은 경향이었다. 혈소판 활성을 보이는 또 다른 지표인 granule secretion에 미치는 시료의 영향을 혈소판 분리 세 가지 조건에서 APT release로 검색한 결과, ATP relase를 50% 억제하는 시료의 용량이 PRP〉WP+Ca〉WP순으로 감소, 혈소판 응집실험과 같은 경향을 보여 이 실험 결과 albumin 농도 의존적임을 알게 되었다. 혈소판 응집과 혈소판 기능변화를 측정 지표인 혈소판 분비능으로 분비된 ATP를 luciferin-luciferase로 측정하였다. Thrombin에 의한 혈소판 ATP 유리에 미치는 영향을 위의 조건에서 실험한 IC_{50}을 비교한 결과, WP에서 가장 낮았고, PRP에서 가장 높아, 혈소판 응집억제 실험과 같은 결과를 보여 세 가지 혈소판 분리조건 중 WP가 식품에 의한 혈소판 기능 억제실험에 가장 효과적임을 보여, 그 주요 원인은 albumin 등 단백질 결합에 의한 유효 물질

농도 감소라 추정되었다(강정애, 1997; 류근호, 1994).

항응고활성②: 허브 추출물의 항응고 활성 검색(양파, 마늘, 정향, 울금등)-93종의 허브를 냉수(Fr-1), MeOH(Fr-2), 열수(Fr-3)추출물에 대하여 내인성 경로에 작용하는 항응고 활성은 수용성 획분인 Fr-1과 Fr-3에 대해 APTT (activated partial thromboplastin time)으로 검색한 결과, 양파, 마늘, 정향, 쑥, 울금 등이 높은 활성을 보였다(이종임, 2000).

면역조절효과-흑마늘: 생리활성 물질을 다량 함유한 발효 마늘인 흑마늘의 면역 활성을 검증코자 C57BL6 mouse 비장세포 활성화에 미치는 영향을 확인하였다. 흑마늘 추출물은 시판 남해 흑마늘 엑기스를 농축하여 사용하였다. 그 결과 IL-2가 흑마늘 추출물(시료)만 처리한 군에서 생성이 증가하였으며, LPS와 시료를 함께 처리시 IL-2와 TNF-α, IFN-γ 생성이 LPS만 처리한 군보다 증가하여 대식세포나 T-림프구 발현으로 생기는 세포성 매개 면역 활성화를 유도하는 Th1 세포 발현을 활성화하였다. 또 IL-6는 시료만 처리 시 후기 생성이 증가하였으며, LPS와 시료를 함께 처리 시 LPS만 처리군보다 IL-4와 IL-6 생성이 증가하였다. IL-10은 LPS와 시료 함께 처리 시 후기 생성물이 감소, 이는 B-림프구 활성화에 따른 항체 생성 면역을 활성화시켜, Th1 유도 세포성 면역 반응을 억제, 항체 유도 체액성 면역 반응으로 전환을 효과적 조절, 흑마늘 추출물은 mouse 비장 세포에서 T-lymphocyte 활성화로 Th1과 Th2 세포가 활성화, 면역계의 세포성 면역과 체액성 면역이 활성화, 면역 조절 효과를 나타내는 것으로 사료되었다(Seo MJ, 2013).

염증성질환예방-발효마늘: 마늘은 전통적으로 cycloalliin을 포함한 기능성 식품으로 널리 알려져 있다. 본 연구에서는 발효 마늘 추출물(시료)의 활성을 알고자, 내피세포의 단핵구 부착을 관찰한 결과, 시료는 부착을 억제하였다. 시료 0.1과 1mg/mL 농도 전처리에서 LPS로 촉발되는 소·대동맥 내피세포에 THP-1의 부착이 억제됨을 확인하였다. 염증 초기 단계에 진행되는 단핵구의 내피세포 부착이 시료가 혈관 염증을 저해함을 볼 수 있다. 또 세포 신호전달 물질의 활성 변화를 관찰한 결과, 시료가 소대동맥 내피 세포에서 eNOS와 Akt 활성을 유도함을 알게 되었다. eNOS의 인산화 반응은 시료 처리 10분 후에 최대로 상승되었고, 이와 유사하게 Akt도 시료의 NO 생성을 상승시켰다. NO 생성 저해 억제제 처리는 시료에 의해 나타나는 세포 부착 저해를 감소시켰다. eNOS와 Akt를 매개로 하는 LPS 유도 세포 부착 정도가 시료에 의해 억제됨은 NO가 세포 부착에 중요 매개물임을 의미한다. 이로써 발효 마늘 추출물은 염증 관련 질환 예방에 주요한 역할을 한다 생각되었다 (Kwon O, 2017).

흑마늘발효물·생리활성-발효균주: Probiotics로 흑마늘 발효물을 제조, 그 품질 특성과 생리활성을 확인코자 흑마늘 20% 첨가 배지에 9종의 probiotic를 각각 접종, 생육 정도 분석 결과, *L. rhamnosus*(Lr), *L. paracasei* subsp. *paracasei* (Lpsp), *L. casei*(Lc) 및 *L. plantarum*(Lp) 균주가 흑마늘 혼합 배지에서 성장이 우수하였다. 선발 4균주를 이용 흑마늘 10, 20 및 30% 첨가, 흑마늘 발효물을 제조, 제조 직후와 발효 12, 24, 48 및 72시간 후에 시료를 채취, 생균수, pH, 산도, S-allylcysteine(SAC) 함량을 측정하고, 발효 전과 발효 72시간 후 발효물을 동결건조한 시료를 RAW 264.7 세포에서 NO와 reactive nitrogen species 생성억제로 생리활성을 확인. Lp 발효 시 흑마늘 증가에도 높은 생균수를 유지, 발효 경과에 따라 pH가 감소, 산도는 증가, SAC 함량은 흑마늘 첨가량 증가에 따라 더 높아졌으며 발효 24-48시간에 증가 후 감소하였다. 흑마늘 30%를 첨가 Lpsp로 72시간 발효에 238.2mg/L로 SAC 함량이 가장 높았다. LPS-유도 RAW 264.7 세포에 염증을 유발, NO 생성 억제능을 확인한 결과, Lr 발효 시 다른 균 발효물보다 활성이 증가, 흑마늘 10% 첨가, 72시간 발효 시 LPS 처리구보다 약 53% NO 생성이 억제, 가장 활성이 우수. 생체 내 활성화 평가에서 H_2O_2로 유발된 ROS 생성억제능은 Lp발효물의 활성이 높았다. 이로서 발효균주에 따라 흑마늘의 특성이 상이하므로 원하는 활성에 따라 균주를 선택하는 것이 바람직하였다(Tak H-M, 2014).

흑마늘Wine-발효특성: 흑마늘 wine 발효 최적 균주를 선발, *Saccharomyces* sp. BCNU 6006 발효 특성과 항산화활성을 측정하였다. 효모는 막걸리, 과일 및 발효 식품에서 분리하였으며 분리된 균주는 β-glucosidase, glycosidase 및

protease 효소 활성과 ethanol 및 SO_2내성에 의해 선별, H_2S와 biogenic amine 생성 균주는 제외 총 9균주를 선별. 선별균주는 *K. sevazzii*와 *S. cerevisiae*의 subcluster에 속하는 균주로 확인. 최종 선발 균주는 *Saccharomyces* sp. BCNU 6006, 최적 발효 조건은 26 brix, 28℃, 10일이었다. 발효가 완료된 흑마늘 wine 성분은 ethanol 15.03%, 12 brix, pH 4.01로 측정, 총 polyphenol, 총 flavonoid, tannin 및 5-hydroxymethylfurfural(5-HMF) 함량은 각각 3.85, 0.51, 5.90, 0.07 mg/mL. DPPH, ABTS radical 소거능 및 환원력은 각각 90.77%, 95.20% 및 1.261로 측정되었으며, 흑마늘 진액보다 낮았으나 superoxide anion radical 소거능은 94.42%로 흑마늘 진액보다 높았다. *Saccharomyces* sp. BCNU 6006으로 제조한 흑마늘 wine은 효소 활성, 발효 특성 및 항산화 효능 등을 고려할 때 산업적 잠재성을 보였다(Ha SM, 2016).

향기성분-마늘①: 마늘 추출물의 향기성분은 GC/MS로 분석한 결과 열풍건조법보다 동결건조법에서, 마쇄한 것보다 세절 건조한 마늘에서 더 많은 향기성분이 동정되었다. 즉 세절 동결건조 시료에서 allylpropyl disulfied, 2-vinyl-1,3-dithian 30 vinyl-[4H]-1,2-dithiin, 1,2-Bis(allyl)disulfane 등이, 세절 열풍건조 시료에서 methylallyltrisulfide, 2,4-dimethylfuran 등이, 마쇄 열풍건조 시료에서 disulfide 등이 확인되었다. 마늘을 수증기 증류하여 ion chromatography와 GC/MS로 분석한 결과, 생마늘에서 21종의 성분을 얻었고, 가장 많은 성분은 diallyl disulfide 44.41%이며, diallyl trisulfide 30.17%, methyl allyl disulfide 3.83%, allylthiol 3.61% 순이며, 가장 적은 성분은 dimethyl sulfide 0.05% 및 2,4-dimethyl thiazol 0.06%였다(박철진, 1993).

향기성분-풍미유②: 마늘의 풍미유 제조는 Autoclaving method(AM), Evaporating method(EM)법으로 실험한 결과, 향기 보존이 길고, 효과적인 방법이었고, 주요 향기성분은 propane, pentane, diallyl disulfide, methylallyl trisulfide, diallyl trisulfide 등은 경시적으로 감소하였으나 pentanal과 hexanal은 증가하였다(구본순, 1994).

무취마늘-화학성분③: 생마늘을 소금물에서 100℃로 가열. 급냉하여 만든 무취마늘과 생마늘의 일반성분, 유리당, 아미노산, 지방산 및 색도의 변화를 조사한 결과, 조섬유, 조지방, 회분의 함량은 거의 변화가 없었으나, 환원당은 약 15%, 조단백질은 약 27% 감소되었고, 유리당은 glucose가 증가하고 sucrose와 maltose는 감소하였다. 총 아미노산은 30% 감소하였고 그중 arginine, isoleucine 등이 감소되었다. 생마늘에 가장 많은 지방산은 linoleic acid 59.53%였고, oleic acid 10.05%, lauric acid 0.24%(가장 적음)였으며, 무취마늘에서 linoleic acid 39.74%, behenic acid 10.05%, lauric acid 0.37%였다. 색도는 L, b값은 거의 변화하지 않았으나 a값은 약간 감소하였다. 무취마늘에서 22종의 화합물이 확인, 가장 많은 성분은 diallyl trisulfide 25.65%이고, palmitic acid 16.76%, diallyl disulfide 10.01% 및 methyl linoleic acid 0.04%순이었다. 가장 적은 성분은 acetaldehyde 0.03% 및 methyl palmitate 0.04%, 특히 무취 마늘에만 있는 성분은 2-vinyl-4H-1,3-dithiin, eugenol, 2-methoxy-4-vinylphenol, myristic acid, dodecanamide 및 methylanthranile이었다(이종원, 1997-451).

기능성분감소-저장중: 생마늘과 가열 마늘 추출액의 저장 중 기능성분을 조사코자 40, 60, 80, 100, 120℃로 가열 처리 가열 마늘과 생마늘을 EtOH 50%로 추출, 4, 25, 50℃에서 30일간 저장하면서 추출액의 전자공여능, 아질산염 소거 작용과 총 thiosulfinates 함량을 측정하여, 저장 중 기능성 변화를 조사하였다. 기능성 물질 중 총 thiosulfinates 함량은 가열 온도와 저장 온도 증가에 따라 급격히 감소, 가열온도 100℃와 120℃에서의 가열시 검출되지 않았고, 전자공여능은 가열온도 80℃ 이상의 추출액은 거의 초기의 1/2 수준으로 감소한 반면 아질산염 소거능은 완만히 감소하였다. 저장 온도 증가에 따라 전자공여능과 총 thiosulfinates 량은 저장 온도 25℃와 50℃에서 11일 후에 전혀 검출되지 않았다. 따라서 마늘 성분의 추출은 마늘을 60℃보다 낮은 온도로 가열하여 EtOH 50%로 추출 후, 냉장 온도 4℃에서 저장이 마늘의 기능성 성분이 오래 유지될 것으로 판단된다(장현세, 1998-123).

마늘순-영양성분·향기성분: 마늘순의 수분 86%, 조단백 2%, 조지방 0.4%,

지방산은 linoleic, palmitic, linolenic acid 가 확인, 불포지방산의 비율은 67-74% 로 높았다. 구성 유리당은 glucose, sucrose, fructose, arabinose 및 sorbitol이 확인, 총 아미노산은 glutamic acid, valine, serine, alanine, threonnine 및 methionine 함량이 많았고, 유리 아미노산은 serine, glutamic acid, alanine, aspartic acid가 많았다. GC와 GC/MS로 향기성분을 분석한 결과, disulfide류 3종, trisulfide류 1종 및 2-vinyl-1, 3-dithiane과 2-vinyl-4H-1, 3-dithiin을 동정하였고, 그중 diallyl disulfide가 가장 많았다(김미연, 1997-61).

Allinase: 한국산 마늘에서 allinase를 분리, 특성을 살펴본 결과, 7.6배 정제품의 specific activity는 116.6unit/mg, 23%의 회수율을 보였다. 전기영동(SDS) 결과, 한개의 band를 보여 비교적 순수한 allinase로 보였으며, 분자량은 42KD, Vmax는 2.27μmol/mg·min, Km값은 S-ethyl-L-cysteine sulfoxide에 10mM. 최적 pH는 6.5, 최대 활성은 40℃, activation energy value(E)는 4.6kcal/mole이었다(김미리, 1994-376).

우육조직변화: Casein을 기질로 향신료의 단백질 분해 효소능을 실험한 결과, 마늘〉무우〉생강〉양파 순이었다. 연육소 처리 우육의 조직은 collagen과 elastic fiber, 근섬유 등으로 분해되었고, 이 정도는 향신료 처리로도 부분적으로 분해되었다. 관능 검사 결과, 향신료 처리 우육의 유연성도 인정되었다(류홍수, 1991).

녹변마늘-성분변화: 녹변 마늘의 일반 성분, 가용성 고형분, pH, 유기산 산도 및 총당 등에는 큰 차이가 없었다. 유기산 중 pyruvic acid는 137.7-160.6mg%(총 유기산 687.9-733.9mg%)이었고, 유리당은 sucrose〉fructose〉glucose, 1-kestose, 1-nystose, 1-F-fructosyl nystose 등이 다소 함유되어 있다. 녹변 마늘의 allicin은 613.8mg%(control 647.9mg%), 향기성분은 GC/MSD로 분석 결과, 녹변 마늘 32종(control 32종), sulfite계 성분 11종, acid 5종, aldehyde 3종, 기타 13종이었다. Sulfide 면적은 disulfide(di-propenyl), 2-thiophene methanethiol, thiophene, 3,4-dihydro-3-vinyl-1,2-dithiin, 2-vinyl-4H-1,3-dithiin 순이며, control보다 높았다. Dipropenyl disulfide 등은 수용성 pectin 질이 축적되었다가 마쇄로 allinase가 작용하여 녹변 색소가 생성되는 것으로 사료되었다(황진봉, 2004; 김동만, 1990).

Sterol 성분: 마늘의 sterol 성분 중 hypocholesterolemia effect가 강한 β-sitosterol이 *Allium*속 식물 중 많은 70.55%이었고, allithiamin은 B_1작용, 고기냄새가 난다(한용봉, 1991).

일상섭취량: 익힌 마늘 3%, 생마늘 3% 첨가식이를 실험동물에 6개월간 투여한 후 체중과 식이섭취량, 식이효율은 대조군과 별 차이가 없어 마늘 3%가 일상적 섭취량으로 여겨지며, 익힌 마늘과 생마늘의 생리효과는 유사하였다(정건섭, 2003).

기타연구: 마늘 추출물에서 감기 virus(Influenza) 감염에 방어효과 등이 보고되었으며, 간의 GSH-transferase와 glutathion reductase 작용, 노화억제 효과, 혈중 cholesterol, TG, 혈소판 응집에 마늘의 영향 등도 연구되었고 그 외에 diallysulfide의 해독효과, N-acetyl pencillamine의 Pb중독(rat) 해독효과 등도 보고되었다. 간의 xanthin oxidase 활성에 미치는 영향과 마늘의 수침액이 purine 대사에 미치는 효과도 연구되었다.

효능과 이용

1) 효능: 인경 – 건위, 발한, 구충, 이질, 항균, 항혈전, 거담.

2) 식용: 남부유럽, 중국, 한국 등 마늘을 즐겨 먹는 곳에서는 마늘에 대한 기호적 식습관으로 많이 소비되며, 수육(獸肉)이나 어육(魚肉)의 보존과 냄새 제거로, 또 조미료로 많이 이용하고 있다. 현재는 조미료로 건조분말(garlic powder), 마늘소금(garlic salt)등 편리한 상품이 있고, 식품 공업에서는 소시지(특히 살라미 소시지), 소스, 케첩 등의 제조에 쓰이며 마늘 잎, 줄기도 식용되고 있다.

3) 약용: 동의치료에서는 건위, 발한, 이뇨, 정장, 살균, 항균, 구충, 동맥경화, 류머티즘, 당뇨병, 고혈압증 치료 등 노인성 질환에 유효하며 건위작용과 유정에도 효과적이다.

민간에서는 진통, 지혈, 치질, 어깨결림, 치루, 냉증 등에 이용된다.

참고 문헌

1) 강윤정, 백재은, 이윤경, 김은실, 전희정. **식품영양과학회** 1996년도 추계 학술대회 pp54(Allicin의 균증식 억제 효과)

2) 강정애, 강정숙. **영양학회지** 1997 30(2) 132(마늘이 체내 콜레스테롤, 중성지방 수준, 혈소판 응집에 미치는 영향)

3) 강진훈, 안방원, 이동호, 등. **식품과학회지** 1988 20 287(마늘 및 생강 추출물의 DNA 손상억제작용)

4) 구본순, 안명수, 이기녕. **식품과학회지** 1994 26(5) 520(풍미유의 휘발성 향기 성분)

5) 기준성. **신비의 마늘 요법** 국일문화사 1994 p68

6) 김동만, 김길환. **식품과학회지** 1990 22(1) 50(마늘의 녹변현상에 관한 연구)

7) 김명희, 김소영, 신원선, 이준수. **식품과학회지** 2003 35(4) 752(마늘즙의 *Escherichia coli* 0157:H7에 대한 항균작용)

8) 김미리, 송명주, 지옥화, 안승요. **조리과학회지** 1994 10(4) 376(한국산 마늘 allinase의 분리 및 특성)

9) 김미리, 안승요. **식품영양과학회지** 1983 12(2) 2176(마늘 flavor-총설)

10) 김미연, 김창배, 이숙희, 정신교. **식품영양과학회** 1999년 제46차 추계 학술발표회 초록집 pp. 133(마늘껍질의 항산화성, 아질산염소거능)

11) 김미연, 정신교. **식품저장유통학회지** 1997 4(1) 61(마늘순의 영양적 성분 및 향기성분 분석)

12) 김선민. **식품 산업과 영양** 1999 4(3) 59(21세기에 필요한 Brain food-마늘의 뇌기능 향상 효과에 대하여)

13) 김성기, 배은상, 차철환. **고대환경연구소지** 1983 65(마늘이 rat의 Cd 중독에 미치는 영향)

14) 김소희, 김정옥, 이숙희, 등. **영양식량학회지** 1991 20(3) 253(마늘의 클로로 포름 분획에서 동정된 항돌연변이물질)

15) 김소희, 박건영, 서명자, 정해영. **식품영양과학회지** 1994 23 436(Glutathione S-transferase 활성, Glutathione 생성)

16) 김연순, 박경숙, 경규항, 등. **식품과학회지** 1996 28(4) 730(마늘즙액의 대장균 생육 저해 작용)

17) 김윤수. **생화학회지** 1964 1(1) 47[Allicin의 약리학적 및 생화학적 작용에 관하여 실험(1)]

18) 김은실, 전희정. **영양식량학회지** 1993 22(4) 398(마늘이 헴스터 협낭에서 DMBA 발암성에 미치는 항암효과-체중, 색조, 모세혈관의 변화)

19) 김판기. **식품위생안전성학회지** 1998 13(2) 171[마늘유(diallyldisulfide)와 vitamin A (retinol acetate)가 카드뮴 투여 랫드에 미치는 영향]

20) 김현정, 전향숙. **식품영양과학회지** 1999 28(6) 1412(*Allium*속 식물 유래 함유황 유기화합물의 생리적 유용성)

21) 노숙령, 한지혜. **식품영양과학회지** 2000 29(5) 870(인체 폐암세포주에 대한 마늘과 양파 메탄올추출물의 세포독성)

22) 류근호, 이주영, 조연숙, 등. **식품위생안전성학회지** 1994 9(1) 23[자연식품 (마늘)에 의한 혈소판 응집억제능의 효율적 검색]

23) 류홍수, 문정혜, 이강호. **영양식량학회지** 1991 20 447(쇠고기에 첨가한 마늘의 소화효소)

24) 박건영, 김소희, 서명자, 정해영. **식품과학회지** 1991 23(3) 370(마늘의 돌연변이유발 억제 및 HT-29 결장암 세포의 성장저해 효과)

25) 박난숙. **식품영양학회지** 2002 15(3) 191(마늘의 allicin이 사람 단핵세포의 사이토카인 생산 유전자의 발현에 미치는 영향)

26) 박재순. **고재의대논문집** 1984 21(3) 49(마늘이 백서의 수은중독에 미치는 영향에 관한 연구)

27) 박찬성. **조리과학회지** 1997 13(3) 330(향신료가 식중독세균의 증식에 미치는 영향)

28) 박철진, 김상덕, 오성기. **식품과학회지** 1993 25(6) 593(마늘 추출물의 향기성분에 관한 연구)

29) 박해린, 서정민, 박경숙, 장항석. **유방암학회지** 2001 61(2) 119(마늘 성분인 Diallyl Disulfide의 유방암 세포주(MCF-7)에 대한 세포사멸 유도기전)

30) 백영호. **식품영양과학회지** 1995 24(6) 970(장시간 운동시 마늘 섭취가 항피로 및 피로 회복에 미치는 영향)
31) 백재은, 전희정, 김은실. **영양식량학회지** 1994 4 23(1) 44(마늘의 항암효과에 대한 햄스터의 협낭변화에 관한 연구)
32) 변부형, 김석환, 정혜광, 등. **식품위생안전성학회지** 1995 10(3) 163(마늘성분이 Lard와 Alcohol을 섭취한 흰쥐 혈청 중 효소활성에 미치는 영향)
33) 변평화, 김우정, 윤석권. **식품과학회지** 2001 33(5) 507(추출조건이 마늘 추출액의 기능성에 미치는 영향)
34) 서화중, 김영수, 김경수, 정두례. **영양식량학회지** 1994 23(6) 908(마늘즙 투여가 흰쥐의 수은독성에 미치는 영향)
35) 서화중. **식량영양과학회지** 1996 25(1) 27(마늘즙 투여가 납중독 Rat에 미치는 효과를 N-Acetyl pencillamine 해독효과)
36) 서화중. **식품영양과학회지** 1999 28(6) 1339(흰쥐에 마늘투여로 혈액 지질량과 그 외 혈액성분변화 고찰)
37) 서화중. **식품영양과학회지** 2000 29(3) 485(마늘, 미역이 마늘 즙 투여 흰쥐의 체중, 장기 및 혈액 성분)
38) 손향은, 이지영, 김동청, 황우익. **식품영양과학회지** 2001 30(2) 372(마늘 추출물과 비타민 C 혼합물에 의한 암세포증식억제의 상승효과)
39) 손홍수, 황우익. **영양학회지** 1990 23(2) 135(마늘 지용성 성분의 암세포증식 억제효과)
40) 송종태, 최진남, 송상익, 이종섭, 최양도. **농화학회지** 1995 38(1) 55(한국마늘 Potex virus의 cDNA 유전자 분리)
41) 신동빈, 석호문, 김지현, 이영춘. **식품과학회지** 1999 31(2) 293(국내산 마늘의 향미성분)
42) 신명화, 김미경. **영양학회지** 1983 16(4) 311(단백질과 지방의 종류 및 마늘이 흰쥐의 체내대사에 미치는 영향)
43) 신성희, 김미경. **영양학회지** 2004 37(8) 633(마늘 육질과 껍질의 건분 및 에탄올 추출물이 노령 흰쥐의 항산화능에 미치는 영향)

44) 신정혜, 이현지, 강민정, 등. **식품영양학회지** 2010 39(7) 933(흑마늘 용매 분획물의 항산화활성)

45) 영정승차(Nagai Katsui), 박무현, 하상도, 김건희. **식품영양과학회지** 2000 29(1) 128[감기 바이러스(influenza) 감염에 대한 마늘의 방어 효과]

46) 유희중. **고려대자연자원논집** 1995 35(2) 15(마늘의 조리 과정 중 Allicin 성분 변화)

47) 이종원, 이재곤, 도재호, 성현순. **농화학회지** 1997 40(5) 451(생마늘과 무취마늘의 화학성분 비교)

48) 이종임 외. **식품영양과학회지** 2000 29(2) 335(식물성 식품의 혈액 항응고 활성)

49) 임경재, 이시경, 박동기, 등. **농화학회지** 2000 43(2) 110(마늘 추출물이 Nitrosamine 생성반응에 미치는 영향)

50) 장진훈, 안방원, 이동호, 변한석, 김선봉, 박영호. **식품과학회지** 1988 20 287 (마늘 및 생강 추출물의 DNA 손상억제작용)

51) 장현세, 홍경훈. **식품저장유통학회지** 1998 5(2) 123(마늘의 저장 온도에 따른 이화학적 품질 변화)

52) 장현세, 홍경훈. **식품저장유통학회지** 1998 5(2) 191(마늘의 생리조절 기능 특성과 평가에 관한 연구 고찰 -총설)

53) 전희정, 백재은. **식품영양과학회지** 1997 26(1) 103(처리법을 달리한 마늘 첨가식이, 자발성 고혈압쥐의 혈액)

54) 정건섭, 김지연, 김영민. **식품과학회지** 2003 35(3) 540(생마늘즙과 열처리 마늘즙의 항균활성비교)

55) 정일민, 백수봉. **분석과학** 1999 12 47(마늘 추출물의 항균활성물질 동정)

56) 정종화, 김동술, 조태웅, 등. **식품위생안전성학회지** 1995 10(1) 7[채소추출물 (양파, 마늘, 부추, 양배추 등)이 Listeria monocytogenes의 생육에 미치는 영향]

57) 조영선, 송재철, 양차범. **식품과학회지** 1999 31(4) 1084(생강, 마늘, 양파의 사염화탄소 유발 유리기 억제효과)

58) 조현주, 최미자. **식품영양과학회지** 2002 31(1) 98(고콜레스테롤 식이 섭취 시 1% 마늘가루 첨가가 혈액 및 간조직 중 지질과 혈중 유리 아미노산 농도에 미치는

영향)

59) 지은정, 정갑영, 박미경. **전북의대논문집** 1999 57 1(한국인이 식품으로 사용하는 생리적 농도에서의 마늘의 항암효과)

60) 채희정, 박동일, 이성철, 등. **식품영양과학회지** 2011 40(5) 660(효소처리와 유산균 배양에 의한 흑마늘의 항산화활성 향상)

61) 한용봉, 변지영. **고려대학교 사대논집** 1991 16 75(*Allium*속 식물의 sterol성분)

62) 황우익, 이성동, 손흥수, 등. **영양식량학회지** 1990 19(5) 494(마늘 성분에 의한 증강 및 항암효과)

63) 황진봉, 하재호, 박완수, 이영춘. **식품과학회지** 2004 36(1) 1(녹변된 마늘의 성분 변화)

64) Ahmed, N, Laverick, L, Sammons, J, et al. *Anticancer Res* 2001 21 3519(Ajoene, a garlic-derived natural compound, enhances chemotheraphy-induced apoptosis in human myeloid leukemia CD34-positive resistant cells)

65) Ali, M, Thomson, M. *Prostaglandins Leukotriens Essent Fatty Acids* 1995 53 211 (Consumption of a garlic clove a day could be beneficial in preventing thrombosis)

66) Apitz-Castro, R, Badimon, J J, Badimon, L. *Thromb. Res* 1994 75 243(Effect of ajoene, the major antiplatelet compounds from garlic on platelet thrombus formation)

67) Chung JY, Kim CS. *J Kor Soc Food Sci Nutr* 2008 37 972(Antioxidant activities of domestic garlic(*Allium sativum L.*) stems from different areas)

68) Ha SM, Choi HJ, Shin GY, et al. *J Life Sci* 2016 26(7) 796(Fermentation of black garlic wine and its characteristics)

69) Hwang C-R, Kang J-R, Kang M-J, et al. *J Life Sci* 2015 25(3) 276(Effects of garlic shoot extract on lipid metabolism in hyperlipidemic rats fed a high-fat diet)

70) Hwang C-R, Shim J-H, Kang J-R, et al. *J Life Sci* 2015 25(6) 663(Effect of garlic enzymatic hydrolysates and natural color resource composites on lipid metabolism in rat fed a high fat diet)

71) Ide, N, Lau, B H. *J Pharm Pharmacol* 1997 49 908(Garlic compounds protect vascular endothelial cells from oxidized low density lipoprotein-induced injury)

72) Kang M-J, Lee SJ, Sung NI, Shim J-H. *J Life Sci* 2013 23(2) 432(The effect of extract powder from fresh and black garlic on main components in serum and organs of STZ-induced diabetic rats)

73) Kang M-J, Shin JY, Lee SJ, Shim JH. *J Life Sci* 2021 31(1) 37(Effects of fresh and black garlic hot water extract powder on the lipid composition of hyper-cholesterolemia rats)

74) Kang MJ, Yoon HS, Shim JH. *J Agr Life Sci* 2012 46 129[Chemical properties and biological activities of garlic(*Allium sativum L.*) shoots]

75) Kim RJ, Lee SJ, Kim MJ et al. *J Agr Life Sci* 2010 44 159(Effects of fresh, red and black garlic powder on lipid metabolism of obese rats induced by high fat diet)

76) Ko, MJ, Rajasekar S, Wang Z, et al. *J Life Sci* 2016 26(2) 259(Anti-metastatic effect of garlic hexane extract on lung metastasis induced by melanoma B16F10 cells in mice)

77) Kong I-K, Kim HH, Min G. *J Life Sci* 2015 25(11) 1331(Anticarcinogenic effect of S-allylcysteine)

78) Kong, E-Y, Cho, Y-O. *J Food Sci Nutr* 2004 9(1) 39(Effects of *Allium* vegetables on energy stores and utilization in exercising rats)

79) Kwon O, Song J, Yu HJ, Park H. *J Life Sci* 2017 27(5) 553(Effect of fermented garlic extract on adhesion of THP-1 cells to bovine aortic endothelial cells)

80) Lee J-B, Joo W-H, Kwon G-S. *J Life Sci* 2016 26(4) 446(Biological activities of solid-fermentation garlic with lactic acid bacteria)

81) Lee SJ, Kim IS, Lee HJ, et al. *J Life Sci* 2013 23(12) 1436(Effect of black garlic and herb formulas on lipid profiles and antioxidant status in rats by interval running training)

82) Liu Z, Li M, Chen K, et al. *Mol Med Rep* 2012 5 439(S-allylcysteine induces cell cycle arrest and apoptosis in androgen-independent human prostate cancer cells)

83) Mayeux, P R, Agrawal, K C, Tou, J S H, et al. *Agents and Actions* 1988 25 1/2 182 (The pharmacological effects of allicin, a constituent of garlic oil)

84) Munagami, Y, Sato, Ohnishi, S T. *Neurochem Int* 1996 29 135(Attenuation of rat ischemic brain damage by aged garlic extracts: a possible protecting mechanism as antioxidants)

85) Na HK, Kim EH, Choi MA, et al. *Biochem Pharmacol* 2012 84 1241(Diallyl trisulfide induces apoptosis in human breast cancer cells through ROS-mediated activation of JNK and AP-1)

86) Nagourney, R A. *J Med Food* 1998 1 13(Garlic : medicinal food or nutrious medicine)

87) Ng KT, Guo DY, Cheng Q, et al. *PLoS One* 2012 7 e31655(A garlic derivative, S-allylcysteine, suppresses proliferation and metastasis of hepatocellular carcinoma)

88) Pagliei B, Aquilano K, Baldelli S, Ciriolo MR. *Biochem Pharmacol* 2013 85 335 (Garlic-derived diallyl disulfide modulates peroxisome proliferator activated receptor gamma co-activator 1 α in neuroblastoma cells)

89) Pai MH, Kuo YH, Chiang EP, Tang FY. *Br J Nutr* 2012 108 28(S-Allylcysteine inhibits tumour progression and the epithelial-mesenchymal transition in a mouse xenograft model of oral cancer)

90) Park DJ, Kim SG, Yoon MK et al. *Kor J Hort Sci Technol* 2010 28 39(Effect of extracts from raw and black garlic on anticancer, antioxidant, anti- inflammatory and whitening)

91) Park HS, Lee JH, Son BY, et al. *J Life Sci* 2013 23(5) 622(Induction of mitotic arrest and apoptosis by diallyl trisulfide in U937 human leukemia cells)

92) Sato, A, Terao, M, Ishibashi, M. *J Food Hyg Soc Japan* 1993 34 63(Antibacterial effects of garlic extracts of food poisoning bacteria on *Vibrio parahaemolyticus* in fish meat)

93) Schivendra, V S, Su, S P, Sanjay, K S, John, L O. *Biochem Biophys Res Commun*

1998 244 917(Differential induction of NAD(P)H quinone oxidoreductase by anticarcinogenic organosulfides from garlic)

94) Senapati, S K, Dey, S, Dwivedi, S K, Swarup, D. *J Ethnopharmacol* 2001 76 229 [Effect garlic(*Allium sativum* L.) extract on tissue lead level in rats]

95) Seo MJ, Kang BW, Park JU, et al. *J Life Sci* 2013 23(1) 63(Effect of black garlic extract on cytokine generation of mouse spleen cells)

96) Srivastava, S K, Hu, X, Xia, H, et al. *Cancer Lett* 1997 118 61(Mechanism of differential efficacy of garlic organosulfides in preventing benzo(a)pyrene-induced cancer in mice)

97) Sundaresan S, Subramanian P. *Mol Cell Biochem* 2008 310 209(Prevention of N-nitrosodiethylamine-induced hepatocarcinogenesis by S-allylcysteine)

98) Tak H-M, Kim K-H, Kim J-S, et al. *J Life Sci* 2014 24(5) 549(Quality characteristics and biological activity of fermented black garlic probiotics)

99) Tang FY, Chiang EP, Chung JG, et al. *J Nutr Biochem* 2009 20 1013(S-allylcysteine modulates the expression of E-cadherin and inhibits the malignant progression of human oral cancer)

100) You, W C, Blot, W J, Chang, Y S, et al. *J National Cancer Inst* 1989 81 162 (*Allium* vegetables and reduced risk of stomach cancer)

15 몰약

Commiphora myrrha

감람나무과
(Burseraceae)

myrrh, bola(英)
沒藥(中)

원산지: 소말리아, 에티오피아, 케냐

사용 부위: 수지, olea-resin

역사

AD 600년경 Chines medical texts에 기술되었고, 몰약(myrrh)의 수지 guggul은 Ayurvedic medicine에서 항염 및 혈중 cholestrol 저하에 *C. mukul*을 썼으며, 노인의 골격, 관절 또는 신경 통증(nerve pain)에 썼다 한다. 원산지는 소말리아, 에티오피아, 케냐 일부로 야생에서 채취하며 수세기 동안 사용해 왔다. 사용 부위는 쓴맛이 없는 oleoresin으로 수지에서 유출되는 천연품. 수목에 상처를 내면 더 많이 얻을 수 있다. 활성성분으로는 정유 3-6%로 β-elemene, δ-elemene같은 sesquiterpene과 elemen-, eudesmen-, guaien- 및 germacren-type의 furanosesquiterpene을 함유. 주성분은 furanoeudesma-1,3-diene(약 50%)이 있다. *Commiphora* 속에서 *C. molmol*이 가장 중요하며, 국소 자극제, 소독제, 구강 세정제 등에 썼으며, uterine stimulant, emmenagogue (월경촉진)에, mouth ulcer, pyorrhea(화농), pharyngitis(인두염) 및 sinusitis (부비동염) 등 감염에 사용하였으며, 제1형과 제2형 당뇨병에 효과가 있고

강력한 항혈전 활성(antithrombotic activity)이 있으며, 소화제로 식품과 구강건강에 사용이 FDA에서 승인되었다. 외과적으로는 화장품, 모발건강(비듬치료) 등에도 쓰인다. 중국에서는 통증, 부종, 만성위염, 소화불량, 후두염 등에 쓴다(Deni Bown, New Ercyclopedia of Herbs and Their uses, 2001 p177)

특수성분

Commiphora 속 식물에는 180 species가 있고, 그중 *C. molmol*, *C. mukul*, *C. myrrh*가 유명하다. *C. molmol*의 주성분은 5-Acetoxy-2-methoxy1(10)E-franogermacraen-6-one(E-00549), 2-Methoxyfranogermacra-1,10(14)-diene-6-one(E-00843), 2-Methoxyfranogermacra-1(10)-en-6-one(E-00845) 등이, *C. mukul*에서 8,12-Epoxy-1(10),4,7,11-germacratetraen-6-one (E-00709), 8,12-Epoxy-1(10),7,11-germacratrien-6-one(E-00709), Z-Guggulsterol(H-02920), Guggulsterol I(H-02920), II(C-01208), III(D-01-633), IV(H-01393), V(C-01171), VI(H-02937), Guggulsterone(E, P-01746),(Z-, P-01746), *20-Hydroxypregn-4-en-3-one(20R, H-02938),(20S, H-02938), Mukulol(C-00705), Sesamin(+, S-00634) 등이, *C. myrrh*에서 Commiferin(H-01762), 8,12-Epoxy-1(10),4,7,11-germacratetraen-2-ol (E-00706) 및 2-Methoxyfranodiene(E-00706)이 분리동정되었다(DNP p496).

생리활성

Mini-review: *Commiphora* 여러 종의 stem 성분을 의학적으로 사용, 정유성분은 Yesin과 gum에 있으며, myrrh는 꽤 좋은 항미생물활성이 있고, 여러 질병 치료에 쓰인다. 고대 이집트에서 광범하게 쓰였으며 myrrh의 뜻은 Arabic과 Hebrew 낱말 'mur'로 뜻은 '쓰다'이다. Meetiga는 Arabia myrrh의 상품명, 맛은 쓰며, acrid, balsamic odor, 성분은 2-8% volatile oil(myrrhol), 23-40% resin(myrrhin), 40-60% gum 및 bitter principle 10-25%. Myrrh species는 *C. myrrha*를 비롯 180여 종. 정유성분은 cadinene, elemol, eugenol, cuminaldehyde, 여러 furanosesquiterpene를 비롯, resin, sterol 및

gum 성분 등이 있다. 근육이완, spasm, 해열, 위장 장애, 부종, 항염, fungal pathogen, dog bite, 설사 등에 이용. Guggulipid는 *C. wightii*의 성분으로 hypocholesteolemic, antiseptic, antipathogenic, antiparasitic, nonspecific diarrhoea와 dysentery에 사용한다(EL-Ashry ESH, 2003).

항암활성-Ehrlich ascites①: *C. molmol* 125-500mg/kg oleo-gum resin을 정상세포와 Ehrlich ascites carcinoma(Swiss albino) mice에 투여한 결과, clastogenicity는 없었으나, nomal mice에서 높은 세포독성을 보였고, Ehrlich ascites carcinoma mice에서 표준 세포독성 약물 cyclophosphamide와 동등한 세포독성 및 항종양 활성이 있었고, *C. molmol*은 돌연변이가 없고, 항산화활성과 세포독성이 강하였다. 이 세포독성은 성분 중 sesquiterpene, steroid 및 eugenol과 관련이 있었다(Qureshi S, 1993; Al-Harbi MM, 1994-337).

세포독성②: *C. molmol*(시료)의 anticlastogenic(염색체 이상 없음)과 생화학적 활성을 Swiss albino mice에서 cyclophosphamide(control)와 비교, 시료 125-500mg/kg 투여에서 돌연변이는 없었고, femoral cell에서 용량 의존적으로 mitodepressant effect와 간세포에서 RNA 감소가 현저하였다. 이로써 시료는 염색체 이상 유발은 없었으나, 강력한 천연 세포독성을 나타내었다(Al-Harbi MM, 1994-77).

항암활성-성분③: 몰약과 유향의 항암 성분과 항암활성을 실험코자, 수증기 증류 후 GC/MS로 분석한 결과, 각각 76 및 99성분이 분리되었고, 몰약과 유향의 주성분은 2-cyclohexane-1-one, 4-ethynyl-4-hydroxy-3, 5,5-trimethyl- 및 n-octyl acetate가 각각 12.01, 34.66%. 두 정유의 MCF-7, HS-1, $HepG_2$, HeLa 및 A549 세포주에 대해 실험한 결과, MCF-7과 HS-1 세포주에 몰약과 유향의 항암성이 뚜렷하였고, 특히 MCF-7 세포주에 apoptosis가 주효한 것으로 보였다(Chen Y, 2013).

고지혈·동맥경화 예방①: *Allium sativum*, *A. cepa* 석유 Et_2O ex와 *Commiphora mukul* EtOAc ex를 albino rat에 경구투여 한 결과, 혈청 cholesterol과 혈청 중성지방량을 현저히 감소시켜, 이들은 동맥경화 식이로

인한 동맥경화 발생을 현저히 예방할 수 있었다(Saxena LS, 1991).

혈중지질저하-신사구체병②: 2차적 신사구체병(glomerulopathy) 환자에서 고지혈증은 동맥경화, 관상동맥 질환, 뇌혈관 고혈압에 의한 사고 및 신정맥 혈전 및 신부전을 야기하는 혈전증 등에 의해 예후의 관리에 대한 지식이 부족하다. Guggulsterone를 매일 75mg와 함께 고단백 식이를 8주간 투여에서 이뇨와 조혈제로 작용. 총 혈청지질, 총 cholesterol, triglyceride, 인지질, HDL, LDL 및 VLDL 4주와 8주 치료로 부작용 없이 정상화되었다(Beg M, 1996).

혈중지질저하-Guggulsterone③: Gugglipid 활성성분 guggulsterone(Gs)이 triton과 cholesterol 투여 고지혈 rat에서 지방 저하 활성을 관찰한 결과, 혈중지질은 Gs 50mg/kg·bw투여로 triton WR-1339 유도 고지혈 동물에서 혈중지질이 감소, Gs 25mg/kg·bw 30일 투여에서 지방과 VLDL과 LDL이 동물 model에서 서서히 감소하였다. Gs는 혈청과 간에서 지방 분해효소를 활성화하고, LDL 분해작용을 유도하였다. 약물의 혈중지질 저하는 간의 cholesterol 생합성을 저해하였고, bile acid를 변으로의 배설을 증가시켰으며, 또 혈청 lecithin 대 cholesterol acyltransferase 활성 비를 증가시켜 혈중지질을 감소시켰다(Chander R, 1996).

항위궤양활성-수지①: *Commiphora molmol* 수지의 현탁액의 80% EtOH, 25% NaCl, 0.2M NaOH, indomethacin 및 indomethacin-EtOH로 인한 위궤양에 대한 위 점막 보호 효과를 시료 250, 500 및 1,000mg/kg 투여에서 시료농도 의존적으로 보호하였다. 또한 indomethacin이나, EtOH와 함께 일으킨 점막 손상에도 보호활성을 보였다. 핵산과 비단백성 sulfhydryl 농도 증가로 점막생산에 기여하는 것으로, 또 free radical 소거, thyroid 자극 및 prostaglandin-유도성 등으로 점막 형성에 기여하였다(Al-Harbi MM, 1991).

항염활성-수지②: Burseraceae과의 *Boswellia dalzielli*(Bd), *B. carteri*(Bc), *Commiphora mukul*(Cm) 및 *C. incisa*(Ci) resin의 항염활성을 실험한 결과, Bd, Ci 및 Cm은 carrageenan-유도 rat paw edema에 6시간 항염활성을 현저히 보였다. Octanordammarane triterpenes(Ot), mansumbinone(Mo) 및

mansumbinoic acid(Ma)는 Ci resin에서 분리되었고, 예방적으로 투여한 Ma은 indomethacin과 prednisolone CA-유도 rat paw edema 저해는 20배 낮았으나 Ma 활성은 indomethacin과 prednisolon과 비슷. Ma의 항염활성은 1.3×10-5과 2.5×10-4mL/kg에서 용량 의존적 항염성을 보였다. Ma single dose 1.5×10-4mL/kg에서 관절염 rat의 관절 부종을 현저히 감소시켰다 (Duwiejua M, 1993).

급성췌장염완화③: Cerulein-유도 급성 췌장염에 몰약 물 추출물(시료)은 췌장 손상억제, 췌장/체중 비율 감소, 소화효소(amylase, lipase) 분비억제 및 호중구 침윤을 억제함으로써 염증을 효과적으로 억제, 급성 췌장염 완화효과를 보였다(김동구, 2014).

항염활성-Granuloma④: *Commiphora molmol*의 oleo-gum resin 석유 Et_2O ex(시료) 500mg/kg에서 carrageenan-유도 염증과 cotton pellet granuloma에 현저한 저해 효과를 보였고, 또한 mice에 현저한 해열 효과를 보였다(Tariq AM, 1985). 또 Guggul-gum resin의 triterpene인 myrrhanol A와 myrrhanone A는 신물질로 ajuvant-유도 air-pouch granuloma(mice)에 침출성 낭 침출액, 혈관 형성과 granuloma 무게에 대해 강한 항염활성을 보였고, 이런 작용은 hydrocortisone과 50% 시료의 수용성 MeOH ex보다 강하였다. Myrrhanol A는 강력한 항염제로의 우수한 후보로 생각되었다(Kimura I, 2001).

항염활성⑤: *Commiphora erythraea* hexane ex는 croton oil-유도 ear edema(mice)에 현저한 항염활성을 보였고, 항산화활성(DPPH 법)도 보였다. Bioguided 분리법으로 hexane ex를 분석한 결과, fruranosesquiterpenoid 1과 2로 규명. 이들은 약한 항진균활성을 보였으며, 3-5 물질의 항산화활성은 EC_{50} 4.28, 2.56 및 1.08mg/mL, 항염활성은 각각 30, 26 및 32% 감소시켰다 (Frantenale D, 2011).

치은염·치근막염치료: 치은조직에서 섬유아세포는 IL-6와 IL-8같은 cytokine 생산을 통하여 국소염증에 관여할 수 있다. Myrrh oil(시료)은 이들 proinflammatory cytokine의 섬유아세포 생성을 감소시켜 치은염과 치근막염과 함께 치은 염증에서 이들 세포와 함께 치은염에서 이들 세포의 침전을 감소시켰다(Tipton DA, 2003).

항염증효과-퇴행성뇌질환완화: 몰약 물 추출물의 EtOAc 분획을 각종 column chromatography를 실시. sesquiterpene계 물질, 1β, 6α-dihydroxyeudesm-4(15)-ene(DE)을 분리, 동정. LPS-자극 BV_2 미세아교세포에서 DE는 전염증 매개체인 NO와 PGE_2의 생성을 각각 농도 의존적으로 감소시켰으며, 이는 iNOS와 COX-2 단백질 발현을 감소시킴에 기인하는 것으로 추정. 따라서 몰약 성분인 DE는 퇴행성 뇌질환 원인 중 하나인 과도한 염증 반응을 억제할 수 있는 물질이라 판단되었다(김동철, 2015).

진통효과①: Myrrh의 두 sesquiterpene은 naloxone의 차단으로 진통 효과를 보인다. Brain opioid 기전과 상호작용으로 나타나며 이는 myrrh가 예전에 통증 완화제로 사용되었음을 설명해 준다. 그 후 opium 유도체가 대신하였고, myrrh를 잘 모르거나 기대치 않는 약리작용이 있을 수도 있다. Myrrh의 성분 furanoeudesma -1,3-diene은 비록 중추적 opioid 회로가 실제 이용이 제한되기는 하나 몇몇 약물에서 효과가 있기도 하였다(Piero D, 1996).

항염·진통 활성②: *Commiphora myrrha* EtOH ex(EE)는 formalin-유도 paw swelling을 현저히 저해시켰고, petroleum ether ex(PEE) 100mg/kg는 formalin 주사 4시간 후, paw edema에서 염증인자 PGE_2를 현저히 감소시켰다. EE 200mg/kg과 100mg/kg에서 acetic acid-유도 writhing mice를 현저히 감소시켰다. PEE는 100mg/kg에서 현저한 진통작용을 보였으며, EtOAc ex(EEA)에서도 같은 활성을 보였다. PEE성분 분석 결과, sesquiterpene, diterpene, 및 diterpenic acid이었다. 이상으로 myrrh의 EtOH ex와 석유 ether ex는 염증성 통증 관련 질병 치료에 전통요법에서와 같이 성능이 있음을 증명하게 되었다(Su S, 2011).

평활근이완효과-T-Cadinol①: Sesquiterpene인 T-cadinol은 60mM K^+ 농도 의존적으로 분리된 rat arota를 이완시켰다. Dihydropyridine Ca antagonist nimodipine(NP)은 T-cadinol보다 약 4,000배 이상 강하였다. T-cadinol-유도 이완과 NP K^+-수축 동맥은 완전히 Ca-channel 활성제 Bay K8644에 의해 역전되었다. 고농도 T-cadinol($10^{-3.5}$M)은 현저히 최대 반응을 감소시켰다.

비록 T-cadinol과 NP가 구조적 차이는 확연하나 그들의 약리작용 양상은 유사, T-cadinol은 Ca-길항제로 Ca-channel에 대해 dihydropyridine 결합 site와 상호 작용이 가능할 것으로 생각되었다(Claeson P, 1991-173).

동맥평활근이완효과②: Scented myrrh 시료에서 모든 sesquiterpene 7성분, cadinane, guaiane, oplopane 및 eudesmane skeleton 2성분은 신물질이고, 2물질은 기지물질. 주성분 T-cadinol은 평활근 이완작용이 있고, rat 동맥에서 sesquiterpene 중 이완작용이 컸다(Anderson M, 1997).

장과다분비억제-Cholera: *Commiphora guidotti*: resin을 EtOAc으로 분획. sesquiterpene인(+)-T-cadinol을 ^{1}H and ^{13}C-NMR로 동정하였다. T-cadinol은 분리 guinea pig 회장에서 농도 의존적으로 이완 효과를 보였고, cholera toxin-유도 mice의 장 과다분비를 농도 의존적으로 저해하였다 (Claeson P, 1991-352)

통풍치료효과: Monosodium urate-유도 통풍성 관절염에 몰약 추출물(시료)의 영향을 관찰한 결과, 관절 크기의 변화율, ESR, WBC의 결과는 시료가 급성 통풍성 관절염의 염증억제에 대한 효과가 있음이 판단되며 uric acid의 감소와 xanthine oxidase activity 억제는 유의적 통풍 발생억제와 예방에 효과 있을 것으로 판단되었다(정대호, 2006).

갑상선자극작용-Z-Guggulsterone: *Commiphora mukul*의 oleo-resin에서 ketosteroid인 4,17(20) trans-pregnandiene 3,16-dione(=Z-guggulsterone)을 분리동정(UV, IR, NMR, MS). 이물질은 albino rat에서 강력한 thyroid 자극작용을 보였고, 1mg/100g(b.w) 투여 시 thyroid의 iodine 흡수가 증가, thyroid peroxidase와 protease 활성을 높였고, 또 적출 liver slice와 muscle biceps에서 산소 소비량을 높였다(Tripathi YB, 1984).

항미생물활성-Sesquiterpene①: *Commiphora mukul* sesquiterpene 분획을 정제 furanodien-6-one과 methoxyfuranoguaia-9-ene-8-one mixture의 항미생물활성을 *E. coli*, *St. aureus*, *Pseudomonas aeruginosa* 및 *Candida albicans*에서 보였고, MIC는 0.18-2.8μg/mL. 또 이들은 포유류 세포막 내로 Na 유입을 차단함으로써 국소마취 효과도 보였다(Dolara P, 2000).

간흡충살충효과②: *Commiphora molmol*의 oleo-gum resin을 fasioliasis(간흡충증) 환자(7명)에게 투여한 결과, 부작용 없이 완전한 기생충증이 현저히 개선되었다(Massoud AM, 2004)

항주혈흡충증-Oleo-gum③: Schistosomiasis(주혈흡충증)는 광범한 기생충증으로 praziquantel 구충제를 사용. Myrrh 줄기에 있는 oleo-gum resin을 204 환자에 10mg/kg/day 3일 투여에서 91.7%가 치료, 6일 투여에서 99.09% 치유. 치료 6개월 후 20 case에서 생존 기생충란이 발견되지 않았다(Sheir Z, 2001).

진드기박멸활성: *Commiphora myrrh* gum exudate로부터 새로운 2개의 furanosesquiterpenoid인 2-*O*-acetyl-8,12-epoxygermacra-1(10),4,7,11-tetraene과 2-*O*-methyl-8,12-epoxygermacra-1(10)-4,7,11-tetraene을 분리동정. 이 두 물질과 함께 *C. erythraea*에서 분리된 기지물질 furanodienone과 함께 *Rhipicephalus appendiculatus* tick(진드기) ixodicidal activity(찰진드기 박멸활성)을 보였다(Maradufu A, 1982).

독성시험-Resin: *Commiphora molmol*(oleo-gum resin)의 급성(24h)과 만성(90일) 독성(경구)을 mice에서 실험, 급성 독성 용량 0.5, 1.0 및 3g/kg와 만성 독성은 100mg/kg/day 경구투여에서, 외견, 생화학적 및 혈청학적 변화와 체중 및 생체기관 무게를 측정한 결과, 급성과 만성 시험에서 대조군과 특별한 차이가 없었고, 실험 종료 후, 대조군과 같이 체중이 증가하였다. 시료 처리 군에서 꼬리 부고환과 정낭이 현저한 증가를 보였다. 시료 처리군에서 생화학적 변화는 없었다. 혈청학적 조사에서 대조군에 비해 RBC와 hemoglobin은 시험군에서 현저한 증가를 보였다. 시료 처리군에서 어떤 정자 독성효과도 보이지 않았다(Rao RM, 2001).

정유성분: Myrrh의 정유로부터 2개의 furanoeudesmane 즉 furanoeudesma-1,3-diene와 furanoeudesma-1,4- diene-6-one를 분리동정하였다(Brieskorn CH, 1983).

Oleogum-SFE추출①: *Commiphora myrrha*의 수지 정유를 supercritical CO_2 추출(SFE)(9.0 MPa, 50℃, CO_2 1.5kg/h)한 결과, 수율은 수증기 증류

2.8%, SFE 3.2%, SFE oil 주성분은 GC-MS에서 furanoeudesma-1,3-diene 34.9%, lindestrene 12.9%, curzerene 8.5% 및 germacrone 5.8%, 미지물질 4.8%, 8-hydroxy-isobornyl isobutyrate 3.6%, 6-hydroxy isobornyl isobutyrate 3.5%, β-elemene 3.0%, 수증기 증류와 SFE의 차이는 curzerene 8.5%와 17.5%, germacrone 2.8%와 5.8%로 컸으나, 다른 물질은 별로 큰 차이가 없었다(Marongiu B, 2005).

Oleogum-**일반추출**②: *Commiphora myrrha*(Ness) Engl. var. *molmol*의 oleo-gum의 정유를 GC와 GC/ MS로 분석. 32물질을 분리동정, curzerene 40.1%, furanoeudesma-1,3-diene 15.0%, β-elemene 8.4% 및 2-*O*-acetyl-8,12-epoxygermacra-1(10,4,7,11-tetraene), isomer I 6.5% 등이 주성분 (Morteza K, 2009).

Sesquiterpene①: 남 Somalia에서 야생하는 *Commiphora guidotti*에서 7개 sesquiterpene hydrocarbon 즉 car-3-ene, α-santalene, β-santalene, epi-β-santalene, β-bergamotene, β-farnesene, α-bisabolene 및 β-bisabolene과 furanosesquiterpenoid인 furanodiene을 GC-MS로 분리동정하였다 (Cravairo A, 1983). *Commiphora sphaerocarpa* 수지에서 새로운 furanosesquiterpene인(1E)-8,12-epoxygermacra-1,7,10,11-te- traen-6-one③을 분리. 또 기지물질 curzerenone①, furanodienone②,(1E)-3-methoxy-8,12-epoxy-germacra- 1,7,10,11-tetraen-6-one④, [1(10)E, 2R, 4R]-2-methoxy-8,12-epoxygermacra-1(10),7,11-trien-6-one⑤ 및 dihydropyrocurzerenone⑥도 분리동정하였고, 또 *C. sphaerocarpa*, *C. holtziana*, *C. kataf* 및 *C. myrrha*도 수증기 증류 및 NMR, GC, GC-MS로 분리동정하였다 (Dekebo A, 2002). *C. myrrha*로부터 방향성 sesquiterpene을 NMR로 분리동정하였고, 이들 중 새로운 furanosesquiterpenes은 myrrhone①으로 약한 꽃 향과 비교적 강한 동물냄새가 있고, epicurzerone(germacrane 골격의 furanosesquiterpenoid)②, furanogermacra-1E,10(15)- dien-6-one③, 2-methoxyfuranogermacra-1(10),4-dione④, T-cardinol⑤, 3α-hydroxy-T-cadinol⑥ 등은 잘 알려진 sesquiterene이며 eudes- 4(15)-ene-1β,6α-diol⑦

등이 동정. ⑦은 동물과 castoreum ordor, ③은 floural, ④는 약한 꽃 냄새였다(Zhu N, 2003).

Furanosesquiterpenoids-수지②: *Commiphora myrrha* gum에서 6개 sesquiterpenoid를 분리동정하였고, 이들 중 2개의 furanosesquiterpenoid인 rel-1S,2S-epoxy-4R-furanogermacr-10(15)-en-6-one①과 rel-2R-methyl-5S-acetoxy-4R-furanogermacr-1(10)Z-en-6-one②, 및 4개의 기지물질 furanosequiterpenoid; rel-3R-methoxy-4S-furanogermacr-1F,10(15)-dien-6-one③, rel-2R-methoxy-4R-furanogermacr-1(10)E -en-6-one④, 1(10)Z,4Z-dien-6-one⑤ 및 curzerenone[6,7-dihydro-5β-isopropenyl-3,6β-dimethyl-6-vinylbenzofuran-4(5H)-one]⑥. ③, ④는 기지물질로 본 식물에서는 처음 보고되었으며, ①은 MCF-7(breast tumor cell)에 세포독성이 약하였고, 다른 물질들은 세포독성이 없었다(clonogenic assay)(Zhu N, 2001).

수지성분③: Kenya의 *Commiphora kua* resin으로부터 새로운 bisabolene인 2-methyl-5-(5′-hydroxy-1′,5′-dimethyl-3′-hexenyl)phenol①과 함께 기지의 bisabolene인 xanthorrhizol② 및 furanosesquiterpenoids인 2-*O*-acetyl-8,12-epoxygermacra-1(10),4,7,11-tetraene③ 및 2-*O*-methyl-8,12-epoxygermacra-1(10),4,7,11-tetraene④를 *C. kua* gum exudate로부터 분리동정하였다. ④는 본 식물에서 처음 보고되었다(Manguro LOA, 1996).

효능과 이용

1) 효능: 활혈지통(活血止痛), 소종생기(消腫生肌).

2) 약용: 부인의 생리통, 무월경, 산후복통, 복부통증에 쓰며, 타박상으로 혈액이 울체시, 풍습으로 인한 사지마비동통, 관절염 치료에, 피부궤양, 피하출혈, 안저출혈(안덕균, p568; Herbs p177).

참고 문헌

1) 김동구, 배기상, 최선복 등. **본초학회지** 2014 29(6) 15(몰약 물 추출물의 급성 췌장염 보호효과)

2) 김동철, 윤치수, 고원민 등. **생약학회지** 2015 46(1) 12(몰약으로부터 분리된 1β, 6α-dihydroxyeudesm-4(15)-ene의 LPS로 유도된 BV_2 미세아교 세포에서의 항염증효과)
3) 안춘제. **석사학위논문**, 경희대학교 서울 1994(현호색, 유향 및 몰약약침 자극이 진통효과에 미치는 영향)
4) 유덕열. **석사학위논문**, 경희대학교 서울 1980(유향, 몰약이 진통 소염작용에 미치는 영향)
5) 정대호, 장선규, 조충식, 김철중. **한방내과학회지** 2006 27(3) 721(몰약이 monosodium urate로 유발된 백서의 통풍에 미치는 영향)
6) Al-Harbi MM, Qureshi S, Ahmed MM, et al. *Ain S Chin Med* 1994 22(1) 77[Effect of *Commiphora molmol*(oleogum resin) on the cytological and biochemical changes induced by cyclophosphamide in mice]
7) Al-Harbi MM, Qureshi S, Raza M. *Exp. Chemothera* 1994 40 337(Anticarcinogenic effects of *Commiphora molmol* an solid tumors induced by Ehrlich carcinoma cells in mice)
8) Al-Harbi MM, Qurshi S, Raza M, et al. *J Ethnopharmacol* 1991 55 141(Gastric antiulcer and cytoprotective effect of *Commiphora molmol* in rats)
9) Anderson M, Bergendorff D, Shan R, et al. *Planta Med* 1997 63 250(Minor components with smooth muscle relaxing properties from scented Myrrh(*Commiphora guidetti*)
10) Asif Saced M, Sabir AW. *Fitoterapia* 2004 75 204(Antibacterial activities of some constituents from oleo-gum resin of *Commiphora mukul*)
11) Avlessi F, Alitonou GA, Sohounhloue DK, et al. *J Essen Oil Res* 2005 5 569 (Aromatic plants of tropical west Africa, Part XV. Chemical and biological evaluation of leaf essential oil of *Commiphora africana* from Benin)
12) Badria F, Abou-Mohamed G, El-Mowafy A, et al. *Pharm Biol* 2001 39(2) 127 (Mirazid; A new schistosomicidal drug-Mirazid; myrrh 수지함유 주혈흡충 살충제)

13) Beg M, Singhal KC, Afzaal S. *Indian J Physiol Pharmacol* 1996 40(3) 237(A study of effect of guggulsterone on hyperlipidemia of secondary glomerulopathy)

14) Ben-Erik van WyK, Michael Wink. *Medicinal Herbs* Timber press, Portland London 2004 111(*Commiphora myrrh*)

15) Brieskorn CH, Noble P. *Phytochemistry* 1983 22(1) 187(Two furanoeudesmanes from the essential oil of myrrh)

16) Chander R, Khanna AK, Kapoor NK. *Phytothera Res* 1996 10 508(Lipid lowering activity of guggulsterone from *Commiphora mukul* in hyperlipidemic rats)

17) Chen Y, Zhou C, Ge Z, et al. *Oncology Lett* 2013 6(4) 1440(Composition and potential anticancer activities of essential oils obtained from myrrh and frankincense)

18) Claeson P, Andersson R, Samuelsson G. *Planta Med* 1991 57 352(T-cadinol; a pharmacologically active constituent of scented Myrrh: introductory pharmacological characterization and high field 1H and 13C-NMR data)

19) Craveiro A, Corano S, Proietti G, Strappaghett G. *Planta Med* 1983 48 97 (Constituents of essential oil of *Commiphora guidotti*)

20) Dekebo A, Dagne E, Sterner O. *Fitoterapia* 2002 73 48(Furanosesquiterpenes from *Commiphora sphaerocarpa* and related adulterants of true myrrh)

21) Dolara P, Corte B, Ghelardini C, et al. *Planta Med* 2000 66 356(Local anesthetic, antibacterial and antifungal properties of sesquiterpenes from myrrh)

22) Duwiejua M, Zeitlin IJ, Waterman PG, et al. *Planta Med* 1993 59 12(Anti-inflammatory activity of resins from some species of the plant familiy Burseraceae)

23) EL-Ashry ESH, Rashed N, Salama OM, Saleh A. *Pharmazie* 2003 58 3 (Components, therapeutic value and uses of myrrh - Review)

24) Francis JA, Raja SN, Nair MG. *Chem Biodivers* 2004 1 1842(Bioactive terpenoids and guggulsteroids from *Commiphora mukul* gum resin of potential anti-inflammatory interest)

25) Frantenale D, Sosa S, Ricci D, et al. *Fitoterapia* 2011 82 654[Anti-inflammatory, antioxidant and antifungal furanosesquiterpenoids isolated from *Commiphora erythraea*(Ehrenb.) Engl. resin)]

26) Kalariya NM, Shoeb M, Reddy AB, et al. *Invest Ophthalmol Vis Sci* 2010 51(10) 5105(Prevention of endotoxin-induced uveitis in rats by plant sterol guggulsterone)

27) Kimura I, Yoshikawa M, Kobayashi S, et al. *Bioorg Med Chem Lett* 2001 11 985(New triterpenes, myrrhanol A and myrrhanone A, from guggul-gum resins, and their potent anti-inflammatory effect on adjuvant-induced air-pouch granuloma of mice)

28) Leeman-Neill RJ, Wheeler SE, Singh SV, et al. *Carcinogenesis* 2009 30(11) 1848 (Guggulsterone enhances head and neck cancer therapies via inhibition of signal transbucer and activator of transcription-3)

29) Manguro LOA, Mukonyi KM, Glthloml JK. *Plant Med* 1996 62 84(Bisabolenes and frano- sesquiterpenoids of Kenyan *Commiphora kua* resin)

30) Maradufu A. *Phytochemistry* 1982 21(3) 677(Furanosesquiterpenoids of *Commiphora erythraea* and *C. myrrh*)

31) Marongiu B, Piras A, Porcedda S, Scorciapino A. *J Ag Food Chem* 2005 53 7939 [Chemical composition of the essential oil and supercritical CO2 extract of *Commiphora myrrh*(Ness) and of *Acorus calamus* L.]

32) Massoud AM, El-Ebiary FH, Abou-Gamra MM, et al. *J Egypt Soc Parasitol* 2004 34 1051(Evaluation of schistosomicidal activity of myrrh extract: parasitological and histological study)

33) Matsuda H, Morikawa T, Ando S, et al. *Bioorg Medicin Chem* 2004 12 3037 (Absolute stereo-structures of polypodane and octanordammarane-type triterpenes with nitric oxide production inhibitory activity from guggulgum resins)

34) Meselhy MR. *Phytochemistry* 2003 62 213(Inhibition of LPS-induced NO production by the oleogum resin of *Commiphora wightii* and its constituents)

35) Morteza K, Saeedi M. *J Essent Oil Res* 2009 15 50[Constituents of the essential oil of *Commiphora myrrha*(Ness) Engl. var. *molmol*]

36) Piero D, Cristina L, Carla G, et al. *Nature* 1996 379 29(Analgesic effects of myrrh)

37) Qureshi S, Al-Harbi MM, Ahmed MM, et al. *Cancer Chemother: Pharmacol* 1993 33 130(Evaluation of the genotoxic, cytotoxic and antitumor properties of *Commiphora molmol* using normal and Ehrlich ascites carcinoma cell-bearing Swiss albino mice)

38) Rao RM, Khan ZA, Shah AH. *J Ethnopharmacol* 2001 76 151(Toxicity studies in mice of *Commiphora molmol* oleo-gum resin)

39) Saxena LS, Bhasin KK, Saxena V, et al. *J. Postgraduated Med* 1991 37 135 (Beneficial effects of *Allium sativum*, *A. cepa* and *Commiphora mukul* on experimental hyperilipidemia and atherosclerosis-a comparative evaluation)

40) Sharma PK, Sharma JD. *Curr Sci* 1996 71 68(Potent amoebicides from plant extracts-An in vitro assessment with the gum-oleoresin of *Commiphora wightii*)

41) Sheir Z, Nasr AA, Massoud A, et al. *Am J Trop Med Hyg* 2001 65(6) 700(A safe, effective, herbal antischistosomal theraphy derived from myrrh)

42) Shen T, Lou HX. *Chem Biodivers* 2008 5 540(Bioactive constituents of myrrh and frankincense, two simultaneously prescribed gum resins in chinese traditional medicine)

43) Shen T, Lou HX. *Nat Prod Res Develop* 2008 20 360(Chemical constituents from resin of *Commiphora* species and their biological activities)

44) Shen T, Wan WZ, Yuan HQ, et al. *Phytochemistry* 2007 68 1331(Secondary metabolites from *Commiphora opobalsamum* and their antiproliferative effect on human prostate cancer cells)

45) Shoemarker M, Hamilton B, Dairkee SH, et al. *Phytother Res* 2005 19 649(In vitro anticancer activity of twelve chinese medicinal herbs)

46) Siddiqui MZ, Thomas M, Prasad N. *Indian J Pharm Sci* 2013 75 368 [Physicochemical characterization and antioxidant activity of essential oils of

Guggul(*Commiphora wiqhtii*) collected from Madhya Pradesh]

47) Su S, Wang T, Duan J-A, Zhou W. *J Ethnopharmacol* 2011 134(2) 251(Anti-inflammatory and analgesic activity of different extract of ***Commiphora myrrha***)

48) Tariq AM, Ageel AM, AL-Yahya MA, et al. *Agents Act* 1985 17 3(Anti-inflammatory activity of ***Commiphora molmol***)

49) Tipton DA, Lyle B, Babich H, Dabbous KKH. *Toxicol. in Vitro* 2003 17 301(In vitro cytotoxic and anti-inflammatory effects of myrrh oil on human gingival fibroblast and epithelial cells)

50) Tripathi YB, Malhotra OP, Tripathi SN. *Planta Med* 1984 50 78(Thyroid stimulating action of Z-guggulsterone obtained from ***Commiphora mukul***)

51) Ubillas R, Mendez CD, Jold SD, et al. *Planta Med* 1999 65 778(Antihyperglycemic furanosesquiterpenes from ***Commiphora myrrha***)

52) Wang TJ, Ou YZ, Su SL, et al. *Trad Chin Drugs Res Clin Pharmacol* 2009 3 225 (Anti-dysme- norrheic effects of active components extract from myrrha on mice primary dysmenorrheal model)

53) Wu XS, Xie T, Lin J, et al. *J Pharmacol* 2009 61 1653(An investigation of the ability of elemene to pass through the blood-brain barrier and its effect on brain carcinomas)

54) Zhan YH, Liu J, Qu XJ, et al. *Asian Pac J Cancer Prev* 2012 13 2739(β-Elemene induces apop- tosis in human renal-cell carcinoma 786-O cells through inhibition of MAPK/ERK and PI3K/Akt/m TOR signalling pathways)

55) Zhu N, Kikuzaki H, Sheng S, et al. *J Nat Prod* 2001 64 1460(Furano-sesquiterpenoids of ***Commiphora myrrha***)

56) Zhu N, Sheng S, Sang S, et al. *Flavour Fragr J* 2003 18 282(Isolation and characterization of several aromatic sesquiterpenes from ***Commiphora myrrha***)

57) Zygmunt PM, Larsson B, Sterner O, et al. *Pharmacol Toxicol* 1993 73 3(Calcium antagonist properties of the sesquiterpene T-cardinal and related substances: structure-activity studies)

16 물냉이 *Nasturtium officinale* *Rorippa nastrutium-aquatium*

십자화과
(Cruciferae)
배추과
(Brassicaceae)

Watercress(英)

원산지: 유럽, 중앙 아시아

용도: 식용·약용 – 잎

역사

크레송(cresson)은 물냉이의 프랑스 이름이며, 유럽에서는 14세기부터 재배하였고, 지금은 프랑스, 이태리, 독일, 영국, 북미, 중국 등에서 재배하고 있다. 쌉쌀하고 매운맛이 있어 water cress보다 더 잘 알려진 향신 채소이다. 이는 유럽인이 가는 곳마다 재배할 정도로 그들에게는 고기 요리에 귀중하게 쓰였다. 우리나라에도 선교사를 따라 귀화하였으며 이제 서서히 이용이 늘고 있다. 우리의 갓냉이와 동속, 식물 도감에는 학명을 *Rorippa nasturtium Beck*으로 표기하고 물냉이라 한다. 일명 양갓냉이 또는 후추풀이라고도 하며 향긋하면서 톡 쏘는 매운맛과 쌉쌀한 상쾌한 맛이 일품이다.

학명인 *Nasturtium*은 라틴어의 'nasus(코)'와 'tortus(비틀어지다)'의 합성어로, 성스러운 향료식물 9가지 중의 하나이며 프랑스에서는 대머리의 발모제로 널리 알려져 있었다(Herbs p287).

식물학적 특성

다년생 수생 식물, 미나리처럼 마디에서 뿌리가 나와 번식. 잎은 냉이 잎과 흡사하여 '물냉이'라 한다. 키는 30-50cm, 짙은 녹색 잎은 호생, 원형의 기수우상복엽 짧은 잎자루가 있다. 근경은 굵고 옆으로 기듯 뻗고 잎, 줄기는 맵다. 흰색 잔꽃이 총상화서로 4-5월경에 개화 원주형의 삭과가 결실, 그 속에 갈색의 잔씨가 있다, 추위에는 강하나 더위에 약한 편, 석회분이 많은 알카리수에서 생육이 왕성하다.

우리나라에는 개갯냉이 *Rorippa indica*와 구슬갓냉이 *R. glabosa* 등 4종이 분포한다(Lee, YN, I, p469).

성분

1) 영양성분

물냉이 cresson의 영양성분으로는 비타민A는 상추의 20배, 비타민 C는 11배나 되며, 단백질, 칼슘, 철분, 요오드가 풍부하며 비타민 B_1, B_2, E 등이 다량 함유되어 영양가 높은 채소.

2) 특수성분

*Nasturtium officinale*에서 Gluconasturtiin(P-00987), Rorifone(M-01362), Hirsutin+(R, I-00864), 9-(Methylthio)nonanenitrile(M- 01402), 8-(Methylthio) octanenitrile(M-01404)가 동정되었고, cyanogenic compound인 rorifone이 있다(DNP p678).

생리활성

항폐암활성-PEITCD①: 항암활성이 있는 천연 phenthyl isothiocyanate (PEITC)의 분포와 대사에 대하여 A/J mice에서 5μM[14C] PETIC(2μCi/mouse) 투여 후 1, 2, 4, 8, 24, 48 및 72시간 후 희생시켜 비장, 폐, 신장, 뇌, 뇨 및 대변을 분석, NNK-폐 종양을 PEITC가 폐 목표 조직을 저해하여 4 및 8시간

후에 최대 저해 효과를 보였다. 총 방사능의 50%는 24시간 내에, 80% 방사능을 분뇨에 24시간 후에 배설되었다. PEITC 투여량의 약 28%가 cyclic mercaptopyruvic acid 결합체로, N-acetylcyslenine 결합체로 10% 배설되었다. 이러한 결과로 PEITC의 뇨 대사 산물이 이러한 천연 항암 물질로 강력하고 유용한 측량계가 될 것으로 생각되었다[NNK: 4-(methylnitrosamino)-1-(3-pyridyl)-1-butanone](Eklind KI, 1990).

항폐암활성-Isothiocyanates②: A/J mice 폐에 NNK-유도 *O*-6-methyl-guanine으로 종양을 유도하고, *Nasturtium officinale*의 isothiocyanate인 phenylisothiocyanate(PEITC)를 투여한 결과, NNK-종양 생성을 효과적으로 저해하였다. BITC(benzyl isothiocyante)와 PITC(phenyl isothiocyante)는 NNK-유도 종양에 아무런 효과가 없었다. PEITC의 저해활성은 A/J mouse의 폐 microsomes에서 NNK 대사에 저해 효과와 관련이 있었다. 이들 결과로 PEITC는 설치류에서 NNK 폐종양 생성에 효과적 저해제임을 확인하였다(NNK; nitrosamine 4-(methylnitrosamino)-1-(3-pyridyl)-1-butanone)(Morse MA, 1992).

항폐암활성-PI③: 십자화과 채소 성분인 phenethyl isothiocyante(PI)는 강력한 연초 특수적 tobacco-specific 발암성 nitrosamine을 동물실험에서 폐종양 발생을 저해하는 것으로 나타났다. PI 식이로 흡연에 의한 폐암을 감소시킬 것으로 생각되었다. Gluconastrum이 많은 물냉이를 아침식사에 먹게하고 24시간 뇨를 모아, 뇨 대사물을 분석, PI와 acetylcysteine 결합물을 동정하고, 합성 대조물과 비교 확인하였다. 이 결합물 배설은 용량 의존적이었다. 이로써 물냉이 섭취에 따라 PI가 유출됨을 알 수 있었다. 이로써 PI와 N-acetylcysteine 결합은 용량 의존적이므로, 항암제로의 개발이 기대되었다(Chung FL, 1992).

폐암예방-PICT, BICT④: A/J mice 폐에 NNK-유도로 폐종양을 유도하고, *Nasturtium officinale*의 PITC(phenethylisothiocyanate)를 투여한 결과, NNK-종양 생성을 효과적으로 저해하였고 연초-특이적 발암성 nitrosamine을 동물시험에서도 PITC는 폐종양 발생을 저해하였다(Chung FL, 1996). 또한

물냉이의 isothiocyanate는 발암 물질의 배설 증가, 해독 작용 및 발암성 DNA 상호 작용의 저하 등으로 암 예방 작용을 하였다. 특히, PEITC와 benzyl-isothiocyanate(BITC)는 흡연중, 즉 폐암 발생 물질인 NNK와 benzo(α)pyrene을 흡연 중독에서도 설치류에서 암발생을 저해하였다(NNK:[(4-methylnitrosamino)-1-(3-pyridyl)-1-butanone])(Hecht SS, 1995-877).

식도암예방-Isothiocyanates: N-nitrosomethyl benzylamine(NMBA)-유도 식도암 F-344 rat에서 benzyl isothiocyanate(BITC), phenethyl ITC, 3-phenylpropyl ITC 또는 4-phenylbutyl ITC의 저해활성을 비교한 결과, PPITC〉PEITC〉PBITC〉BITC 순의 식도암 저해활성을 보였다(Wilkinson JT, 1995). 또 NNN(N′-nitrosonornicotine) 대사를 F-344 rat의 식도에서 isothiocyanates(ITCS)가 저해하였다. NNN-유도 식도종양 생성에 ITCS의 예방효과를 측정한 결과, 3-phenylprophyl ITC(PPITC)가 식도암 발생을 95%이상 저해, 이는 NNN-유도 식도암 model에서 확실한 예방제임을 보였다(Stoner G-D, 1998).

결장암예방-Glucosinolate: 십자화과, *Brassica* 배추속 채소는 생리활성과 영양 활성이 모두 있어, 건강 식품의 하나로, *Brassica* 채소를 섭취하는 사람에는 대장암 발생이 적다. *Brassica* 채소 소비는 확실히 양성 선상피 용종(adenomatous polyps)의 성장을 늦출 수 있었다. *Brassica* 채소 성분인 isothiocyanate는 항암 성분으로 암세포의 고사(apoptosis) 유도와 밀접한 관계가 있기 때문이다(Smith TK, 1998).

Nicotine대사: 물냉이 소비는 nicotine 대사를 혼란시킨다. Cotinine과 trans-3-hydroxycotinine의 glucuronidation을 현저히 증가시켰고, 후자는 NNAL의 glucuronidation과 특별한 상관관계가 있음을 보였다. 물냉이의 phenethylisothiocyanate(PEITC) 또는 다른 성분과의 관계인지 확실치 않았다. Nicotine 대사에 대해 어떠한 다른 특이성이 보이지 않았다. 물냉이의 소비는 P_{450} 2A6 또는 다른 효소에 의해 산화적 nicotine 대사에 대한 효과는 없었다고 생각되었다. 다만 본 연구에서 뇨로 7개 nicotine 대사 산물이 배설됨을 알게 되었다(Hecht SS, 1999).

Isothiocyanate대사: 십자화과 채소의 주요 성분 isothiocyanate(ITCS)는 설치류에서 종양 발생을 저해. 식이성 glucosinolate는 조리에 의해 myorinase 불활성화하여 ITCS로 변한다. Glucosinolate 섭취후, 24시간 뇨를 분석한 결과, ITCS-conjugate 5.6-34.8μm(섭취량은 475μmol)로 1.2-7.3%, 전 실험에서 ITCS섭취량의 0-50%가 중합체로 배설. 이는 미량이 in vivo에서 glucosinolate가 ITCS로 변하였다. 조리하지 않은 물냉이 150g이 ITCS 중합체로 17.2±7.7%가 배설, 이 결과로 glucosinolate는 인체에서 조리한 물냉이가 소화된 후 ITCS로 변하였으나 조리하지 않은 물냉이는 적은 양만이 ITCS로 변하였다(Getahun SM, 1999).

Acetoaminophene배설억제: 물냉이 50g 투여 후, acetoaminophene(Aa)을 경구투여 1g과 Aa만 투여 시를 비교한 결과, 물냉이는 혈청 cysteine-Aa농도와 시간 곡선에서 Cys-Aa 28%와 21%가 Cys-Aa형성이 55%와 52%로 되어 총 Cys-Aa는 24시간 내에 뇨로 배설이 감소. 물냉이 처리로 Aa, Aa-glucuronide 및 Aa-sulfate 뇨로 배설에 현저한 변화는 없었다. 이 결과로 물냉이는 Aa산화 대사 산물의 량이 감소 되었다. 이는 아마도 약물의 산화적 대사를 저해하는 것으로 보였다(Chen L, 1996).

골격이완활성-대사저해: 골격 이완제 chlorzoxazone(Cz)의 대사에 물냉이의 영향을 알고자, 10명의 건강한 지원자에 Cz투여 전후, 50g의 물냉이 균질물을 주고, isoniazid(Iz): 300mg/day, CYP2E1 저해제를 1주간 투여한 결과, 물냉이 혹은 Iz는 Cz 경구투여에 흡수에는 아무런 영향이 없었다. Cz 혈중농도와 시간 곡선을 물냉이 섭취 후 56%까지 현저히 증가, Iz처리로 135%까지 증가하였고, Cz 배설 반감기는 물냉이 53%와 Iz 104% 투여로 연장되었다. 이상의 결과로 물냉이 단회 투여는 Cz, CYP2E1(in vivo)의 수산화를 저해, 즉 대사를 저해하였다(Leclercq I, 1998).

상호적질병효과: *Rorippa selvestrica*의 Et_2O ex의 중성 분획은 상추 *Lactuca sativa* 씨 발아를 방해하는 allelopathic effect가 있었다(Kawabata J, 1989).

Thionitril compounds: 물냉이 *Nastrurium officinale*의 방향 성분으로 8-methylthiooctanonitrile과 9-methylthiononanonitrile을 합성하여 동정하였다.

Matthiola 속 *bicornis*(향무), *Cheiranthus allioni*(부싯깃고사리)의 씨 추출물에 있고, glucosinolate 전구체로 천연에는 단지 *Arabis*(장대나무속), *Sibara* 및 *Nasturtium*(물냉이속)에만 존재하였다(McLeod AJ, 1977).

효능과 이용

1) 식용: 유럽에서는 14세기경부터 재배하였고 지금은 프랑스, 영국, 독일, 이탈리아, 북미, 중국 등에서 쌉쌀하고 매운맛이 있는 향신 채소로 재배되며, 녹즙으로도 이용한다. 주로 생채로, 샐러드 외에 스테이크, 햄버거 등 육류 요리나 생선 요리에도 파슬리처럼 곁들이고, 튀김이나 나물, 또 국거리로도 이용된다.

   씨는 gluconasturtin를 함유하고 가수분해하면 겨자유가 생겨 겨자와 같은 용도로 쓴다.

2) 약용: 항암 효과도 있다 하며 부종, 기관지염, 감기, 류마티즘, 빈혈, 담낭병에 효과가 있으며, 또 해독, 해열, 이뇨, 건위, 소화, 흥분 작용이 있다. 당뇨병, 신경통, 통풍, 정혈, 거담 등에도 효과가 있으며, 니코틴의 해독 작용도 있으나 가열하면 약효가 소멸된다.

참고 문헌

1) Adam-Rodwell G, Morse, MA, Stoner GD. *Cancer Lett* 1993 71 35(The effects of phenethyl isothiocyanate on benzo[α] pyrene-induced tumor and DNA adducts in A/J mouse lung)

2) Block G, Patterson B, Subar A. *Nutr & Cancer* 1992 18 1(Fruit, vegetables, and cancer prevention: A review of the epidemiological evidence)

3) Chen L, Mohr SN, Yang CS. *Pharmacol Ther* 1996 60 651(Decrease of plasma and urinary oxidative metabolites of acetaminophen after consumption of watercress by human volunteer)

4) Chung FL, Kelloff G, Steele V, et al. *Cancer Res* 1996 56 772(Chemopreventive efficacy of arylalkyl isothiocyanates and N-acetylcysteine for lung tumorigenesis in

Fischer rats)

5) Chung FL, Morse MA, Eklind KJ, Lewis J. *Cancer Epidemiol Biom Prev* 1992 1 383 (Quantitation of human uptake of the anticarcinogen phenethyl isothiocyanate after a watercress meal)

6) Eklind KI, Morse MA, Chung FL. *Carcinogenesis* 1990 11(11) 2033(Distribution and metabolism of the natural anticarcinogen phenyl isothiocyante in A/J mice)

7) Getahun SM, Chung FL. *Cancer Epidemiol Biomark Prev* 1999 8 447(Conversion of glucosinolates to isothiocyanates in humans after ingestion of cooked watercress)

8) Greenberg S, Ortiz EL. *The Book of Spices* Times Book International Singapore 1983, 8

9) Guo Z, Smith TJ, Wang E, et al. *Carcinogenesis*(London) 1992 13 2205(Effects of phenethyl isothiocyanate, a carcinogenesis inhibitor, on xenobiotic-metabolizing enzymes and nitrosamine metabolism in rats

10) Hecht SS, Carmella SG, Marphy SE. *Cancer Eipidemiol Biomark Prev* 1999 8 907 (Effects of watercress consumption on urinary metabolites of nicotine in smokers)

11) Hecht SS, Chung F-L, Richie JP, Jr. et al. *Cancer Epidemiol Biom Prev* 1995 4 877 (Effects of watercress consumption metabolism of a tobacco-specific lung carcinogen in smokers)

12) Hecht SS. *Environ Health Persp* 1997 105(Suppl. 4) 955(Approaches to chemoprevention of lung cancer based on carcinogens in tobacco smoke)

13) Jiao D, Eklind KI, Choi CI, et al. *Cancer Res* 1994 54 4327(Structure-activity relationships of isothiocyanates as mechanism-based inhibitors of 4-(methylnitrosamino)-1-(3-pyridyl)-1-butanone-induced lung tumorigenesis in A/J mice)

14) Kawabata J, Fukushi Y, Hayashi R, et al. *Agr Biol Chem* 1989 53(12) 3361 (8-Methyl sulfinyloctyl isothiocyanate as an allelochemical candidate from *Rorippa sylvestris*)

15) Leclercq I, Desager J-P, Horsmans Y. *Clin Pharmacol Ther* 1998 64 144(Inhibition of chlozoxazone metabolism, a clinical probe for CYP2E1, by a single ingestion of watercress)

16) Lin JM, Amin S, Trushin N, Hecht SS. *Cancer Lett* 1993 74 151(Effects of isothiocyanates on tumorigenesis by benzo[α]pyrene in murine tumor models)

17) McLeod AJ, Mac Leod G. ***Phytochemistry*** 1977 16 907(Synthesis and natural occurrence of 8-methylthiooctanonitrile and 9-methylthiononanonitrile)

18) Morse MA, Amin SG, Hecht FL. *Cancer Res* 1989 49 2894[Effects of aromatic isothiocyantates on tumorigenicity, *O*-6-methylguanine formation and metabolism of the tabacco-specific nitrosamine 4-(methylnitrosamino)-1-(3-pyridyl)-1-butanone in A/J mouse lung]

19) Morse MA, Eklind KI, Amin SG, Chung F-L. *Cancer Lett* 1992 66 77(Effect of frequency of isothiocyanate administration on inhibition of 4-(methylnitrosamino)-1-3-pyridyl-1-butanone induced pulmonary adenoma formation in A/J mice)

20) Murphy SM, Heiblum R, King PG, et al. *Carcinogenesis*(London) 1991 12 957 (Effect of phenethyl isothiocyanate on the metabolism of tabacco-specific nitrosamines by cultured rat oral tissue)

21) Smith TK, Lund EK, Johnson IT. *Carcinogenesis* 1998 19(2) 267(Inhibition of dimethyl hydrazine-induced aberrant crypt foci and induction of apoptosis in rat colon following oral administration of the glucosinolate sinigrin)

22) Stoner G-D, Adams C, Kresty LA, et al. *Carcinogenesis* 1998 19(12) 2139 (Inhibition of N′-notrosonornicotine-induced esophageal tumorigenesis by 3-phenylpropylisothiocyanate)

23) Sugie S, Okamura A, Tanaka T, Mori H. *Jpn J Cancer Res* 1993 84 865(Inhibitory effects of benzylisothiocyanate and benzylthiocyanate on diethylnitrosamine-induced hepatocarcinogenesis)

24) Wilkinson JT, Morse MA, Kresty LA, Stoner GD. *Carcinogenesis* 1995 16 1011 (Effect of alkyl chain length on inhibition of N-nitrosomethyl benzylamine

induced esophageal tumorigenesis and DNA methylation by isothiocyanates)
25) Zhang Y, Talalay P. *Cancer Res* 1994 54(Suppl.) 1976s(Anticarcinogenic activities of organic isothiocyanates: chemistry and mechanism)

17 바질 *Ocimum basilicum* L.

꿀풀과
(Labiatae)

Basil, Sweet basil(英)

원산지: 인도, 열대 아시아, 아프리카

용도: 식용·약용 – 전초, 정유, 씨, 잎, 꽃송이

역사

바질은 정향(clove)을 닮은 달콤하고도 강한 향기가 있어 스위트바질이라고도 하며 잎을 뜯을 때도 향기롭다. 인도에서는 바질의 일종인 홀리 바질은 포기 전체에서 정향 같은 강한 향기가 공기를 맑게 하여 힌두교에서 신께 바치는 성스러운 향초로 툴라시(Tulasi)라 부르며 천국의 문을 연다 하여 망인의 가슴에 이 잎을 한 장 올려놓았고, 이란이나 이집트에서는 묘에 심었다.

학명 *Ocimum*은 그리스어의 'Ozein' 즉, '향을 즐긴다'는 말에서 왔다. 인도에서 BC 356-323년경 알렉산드로스 대왕이 유럽에 전하였으며 고대 그리스에서의 어원은 'basileus' 즉, 왕(王)을 뜻한다. 왕궁에 어울리는 훌륭한 향이며 왕실의 약물, 고약 등에 넣어 쓰기도 하였다(Herbs p290).

식물학적 특성

대표적인 것이 스위트바질로 열대아시아, 아프리카, 태평양의 여러 섬이 원산지인 1년생 초본으로 학명은 *Ocimum basillcum* L.라 한다. 키는 60cm 정도, 가지가 많다. 줄기는 네모 잎은 대생 난형 길이 5-10cm로 선록색 매끄럽고 광택이 있다. 꽃은 줄기 끝에 흰색의 잔꽃이 총상화서로 윤생. 7-9월에 개화. 씨는 갈색, 가늘고 잘다(1-2mm). 바질은 더위에 강하나, 건조와 추위에 약하다(Herbs p291).

바질의 종류

① Dark opal basil: 스위트바질의 원예종 1년생 초본, 잎은 자주색. 줄기나 악편모두가 자주색, 꽃빛도 중심부는 붉은 자주색, 꽃잎은 분홍-흰색 매우 아름다우며 향기는 스위트바질보다 더 좋다.

② Lemon basil: 1년초, 키가 30cm 흰꽃이 피고 레몬 같은 향기가 난다.

③ Cinnamon basil: 잎은 녹색, 꽃의 중심부는 자주색, 꽃잎은 분홍 계피 같은 향기가 더 강하다.

④ Bush basil: 1년생 초본, 키가 약 20cm 왜성종. 가지가 밀생, 동그랗게 되며 잎은 밝은 녹색, 매끄럽고 광택이 있다. 잘고 가늘어서 분화초로 적합하다. 또한 요리의 장식용으로도 쓰이고 꽃은 흰색이며 스위트바질과 같은 향기가 난다.

⑤ Lettuce leaf basil: 1년생 초본 키가 50cm정도 상추잎처럼 주름진 7.5-10cm의 큰 잎이 나므로 샐러드용으로 많이 이용, 스위트바질과 같은 향기가 나고 흰꽃이 핀다.

⑥ Holy basil: 인도 및 동남아가 원산지. 학명은 *Ocimum sanctum*, 일명 sacred basil(영명)이라고도 한다. 키는 60cm쯤 자라는 관목 같은 다년초. 가지를 잘 치며 밑쪽은 늙으면 목질화한다. 줄기 전체에 연한 털이 있다. 잎은 타원형 끝이 뾰족하고 잎자루가 길며 잎의 앞·뒷면 모두에 연한 털이 있다. 꽃은 잘고 자주색이며 윤생. 15cm 길이의 이삭이 된다.

꽃이 피기 직전의 잎이 가장 향기롭고 달콤한 향기와 약간의 쓴맛과 매운맛이 있어 좋으며 베어낸 줄기는 그늘에서 빨리 건조시켜 밀폐용기에 보관한다(Herbs p291-293).

성분

1) 영양성분

신선한 바질의 100g 중 탄수화물 61.0g, 단백질 14.4g, 지방 4.0g이며 무기질은 Fe 42mg, Mg 422mg, P 490mg, K 3,433mg, Na 34mg, Zn 6mg이고 vitamin A 9376 IU, vitamin B_1 0.1mg, vitamin B_2 0.3mg, niacin 6.9mg, vitamin C 60.2mg을 함유하고 있다.

2) 특수성분

스위트바질에는 다량의 Linanool(D-03196)과 Methyl cinnamate(P-01016), Methyl chavicol(P-01891), 소량의 Citral(D-03180), Geraniol(D-03197), Camphor(C-00194), Eugenol(M-00754) 및 1-Epibichosesquiphellandrel (C-00051)이 있고, *Ocimum*속 식물에서 *Thymol(I-00735)이, *O. americannum*에서 7(11)-Copaen-4,12-diol(C-01758), 4(15)-Copaen-11-ol (C-01761), 11-Copaen-4-ol(C-01765), 4-Copanol(C-01765), Ocimin (B-00569) 등이, *O. gratissimum*에서 Citronellal(R, D-03229), Gratissimene (B-00468), Perilla alcohol(S, M-00494), *O. kili-mandscharicum*에서 Charibetol(M-00756), *O. rubrum*에서 α-Ocimene(E, D-03225)(Z, D-03225), *O. sanctum*에서 Molludistin(M-01629), *O. gratissimum*에서 2,5-Dimethylbenzoic acid(D-03045)가 분리되었다(DNP p686).

생리활성

생리활성탐색: 바질은 수분 5-7%, 정유 0.2-0.4%, 조지방 3-4%, 전회분 13-17%, 조섬유 18-21%, 단백질 10-12%, 향기성분 methylsabicol(anise향), linalool(백합향)이 있다. 바질의 총 phenol 함량은 열수 추출물(HWE)이 286.0μg/mL, 알코올 추출물(EE) 250.0μg/mL. 시료의 항산화 효과는 DPPH가 HWE와 EE에서 각각 87.0, 93.9%, antioxidant protection factor는 각각 0.7, 1.2, ABTS는 HWE 96.8%, EE 94.7%로 높았고, TBARS는

0.2×10-3μM, 0.6×10-3μM로 대조구 2.9×10-3μM에 비해 malonaldehyde와 thiobarbituric acid가 반응, 생성복합체 TBARS값이 낮아 추출물이 지방산화에 영향을 줌을 알 수 있었다. ACE 저해 효과와 XOase 저해 효과는 EE에서 각각 96.6%, 100%로 HWE 각각 39.9 %, 54.7%보다 높았고 HPLC 분석 결과, EE에서 rosmarinic acid가 가장 많았다. 이 결과로 바질은 합성 항산화제의 단점을 보완할 수 있는 천연 항산화제 등 통풍저해와 항고혈압 기능을 겸한 기능성 소재로의 개발이 기대되었다(김정환, 2005).

진통·흥분작용: *Ocimum gratissimum*(basil) 수침 ex의 토끼 12지장, rat 위절편에서 약리활성과 mice에서 진통작용을 실험한 결과, 토끼 12지장에서 점진적 윤동운동(pendular movement)은 시료 농도 의존적으로 저해하였고, acetylcholine-유도 수축의 봉쇄효과는 최대 수축이 억제되었으며, 평행 shift는 curve에서 관찰되어 rat 위절편에서 비경쟁적이었다. 진통 연구 결과는 독성 징조가 전혀 없이 20분 이상 관찰에서 작용시간이 85% 증가되었다. 이로써 진통 및 흥분 작용이 있는 것으로 생각되었다(Aziba PI, 1999). 또한 바질은 진통작용은 있으나, carrageenan과 dextran model에서 현저한 항염증 활성은 없었다(Lino CS, 2005).

항미생물활성①: *Origanum vulgare*, *O. dictamus* 및 시판 *Origanum* oil을 분석한 결과, carvacrol, thymol, γ-terpinene 및 cymene이 각각 73.7, 92.8 및 87.78% 함유, 이들을 gram(+) 및(-)균, 8종에 대해 항균활성이 높았다. 3가지 정유 중 carvacrol과 thymol이 항미생물활성이 가장 높았고, 이들의 생합성 전구물인 γ-terpinene과 p-cymene은 활성이 없었다. *O. vulgare* 정유 4×10^{-3} 희석액에서도 bacteria가 사멸, 5×10^{-3} 희석액에서 bacteria 성장이 억제되었다(Sivropoulou A, 1996). 바질 정유 중 basil sweet linalool(BSL)과 basil methyl chavicol(BMC)를 gram(+)와(-) bacteria, yeast 및 mould에 대하여 모두 *Clostridium sporogenes*, *Flavimonas orizihabitaus* 및 *Pseudomonas* 3종 외에는 항미생물활성이 있었다. *Aeromonas hydrophila* (Ah)와 *Psedomonas fluorescens*(Pf)에 BMC와 MIC는 0.25와 2%(v/v). BMC는 Ah와 Pf에 bactericidal 효과를 보였다. 신선한 상추(lettuce)에

0.1또는 1% BMC 세척효과는 125ppm chlorine 효과가 있었다. 야생 Amazon basil *O. micranthum*의 주성분은 eugenol 46.55%, β-caryophyllene 11.94% 및 β-elemene 9.06%, 소량의 linalool 1.49%. 항bacteria 활성은 정유에서 gram(+)와(-) bacteria, 병원균이나 식품 부패 효모에도 시료 농도 의존적으로 antifungal activity가 있었다(Sacchetti G, 2004).

여드름균치료효과②: *Ocimum* oil 2% 제제와 benzoyl peroxide 10% lotion 및 placebo를 제조, 126명 여드름균이 있는 대학생을 대상으로 매일 아침과 저녁에 세안 후 4주간 바르게 한 결과, 50%가 감소. *Ocimum* oil을 ethanol에 용해, 2% ocimum oil을 cetomacrogol blend base에 넣어 만든 lotion이 benzyl peroxide 10% lotion보다 acne 관리에 더 효과적이었다(Orafidiya LO, 2002).

항진균활성③: *Ocimum basilicum*(chemotype) 정유성분이 *Fusarium oxysporum* f. sp. *vaginfectum*(외이진균)과 *Rhizopus nigricans*에 저해 효과를 보였고, 이는 정유 주성분 cineol, linalool, methylchavicol 및 eugenol에 의하며(Reuveni R, 1984), 또 *O. basilicum* 정유 1.5ml/L에서 mycotoxin 생산 *Aspergillus flavus*(aflatoxin 생산) 및 *A. parasiticus* 포함 22종 fungi의 mycel 성장을 완전히 저해하였다(Dube S, 1989). *O. gratissimum* 정유는 5종의 chemotype이 있고, Indian chemotype에 ethyl cinnamate가 풍부. 피부병 skin mycosis(진균병), *Scopulariopsis brevicaulis*와 손톱 진균증 *Crytococcus neoformans*에, 또 강아지 외이염균 *Malassezia pachyder-matis*에도 항균활성이 있었다(Dubey NK, 2000).

위궤양치료효과: 냉해(CRU), aspirin(ASP), alcohol(AL), pyloric ligation(PL)-유도 위궤양 SD rat model에서 또 histamine-induced duodenal(HST) 궤양 guinea pig model에서 궤양, acetic acid-유도(AC) 만성 위궤양 model에서 *Ocimum sanctum*(시료)은 치료 효과를 보였다. 시료는 궤양 발생을 감소시키고, 궤양치료를 높였다. 시료 100mg/kg에서 CRU 65.49%, ASP 63.49%, AL 53.8%, PL 62.06% 및 HST 61.76%로 궤양 model에서 현저히 증상을 감소시켰으며, 총산도와 peptic 산도를 각각 72.58%, 58.63%, 57.6%

감소시켰고, mucin 분비를 34.6% 증가시켰다. 또 AC model에서 시료는 20일 이내에 완전히 치료되었다. 시료는 항 분비 활성보다는 세포보호에 의한 항궤양 효과가 있는 것으로 판단되었다. 이로써 시료의 강력한 항궤양 효과는 위궤양 치료 효과와 같이 peptic ulcer에 대해 강력한 치료 효과가 있는 것으로 보였다(Dharmani P, 2004).

당뇨병치료-잎: 바질 잎 분말을 사료에 1% 첨가, 한 달간 사육 후, 공복혈당, uronic acid, 총 amino acid, serum과 tissue lipid를 측정한 결과, 현저한 감소 효과를 보였고, 간에서 총 cholesterol과 triglyceride 및 총 지질은 현저히 낮아졌다. 또 신장에서 총 지방도, 심장에서 총 cholesterol과 인지질도 현저한 감소를 보였다. 이로써 당뇨쥐에서 바질 잎 분말은 혈당강하 및 지방 감소 효과가 있었다(Rai V, 1997). 또 *O. sanctum* 잎 ex(시료)는 생리적 회로를 거쳐, β-cell에서 insulin 분비에 대해 탁월한 자극효과를 보였고, in vivo에서도 시료는 제2형 당뇨 rat에서 혈당감소와 혈중 insulin을 증가시켰다 (Hannan JMA, 2006).

암예방효과-잎: *Ocimum sanctum* 신선잎 paste(P), 수침 ex(WE), EtOH ex(EE)를 0.5%를 DMBA-유도 buccal pouch muscosa에 투여한 결과, papillomas와 squamous cell carcinoma 발생을 현저히 감소시켰으며, 시료 paste와 경구투여도 현저히 생존율을 높였다. 이로써 *Ocimum sanctum*은 암 발생 초기에 예방효과가 있다 생각되었다(Karthikeyan K, 1999). 또 *O. sanctum* 잎 추출물은 mouse skin GST 활성과 산용성 sulfhydryl량 조절 영향이 있었으며, DMBA-유도 피부 유두종(skin papilloma genesis)에 화학적 예방작용을 보였다. 이는 처음 발견이었다(Prashar R, 1994).

간보호활성-잎: Paracetamol(P)-유도 간손상에 *Ocimum sanctum* 잎 ex (시료)의 효과에 대한 실험에서 시료는 P에 의한 혈중 효소량 증가가 현저히 감소되었다. 조직 병리학적 검사에서 대조군과 비교, P와 함께 시료 투여군에서 지방변화에 있어 현저히 감소함을 보였다. 시료 처리군은 P로 인한 간세포 손상에서 부분적으로 보호되었음을 보였다(Chatopadhyay RR, 1992).

방사선보호-잎: *Ocimum sanctum*(Basil) 잎 추출물(시료)은 방사선 조사에 의한 쥐 골수 염색체 변형을 현저히 감소시켰다. 이는 쥐의 골수 세포사에 대한 보호를 설명할 수 있다. Free radical 소거는 시료에 의한 보호기전으로 보였고, 또 GSH도 포함되어 방사선에 의한 손상을 수선하는 것으로 보였다. 독성이 없는 시료량에서 방사선에 대해 현저한 보호를 보였다(Ganasoundari A, 1997). 바질 잎 flavonoid 성분인 orientin과 vicenin의 방사선에 대한 보호 효과를 쥐에서 실험, 방사선 11Gy에 온몸이 노출되기 전 orientin과 vicenin 주사(ip) 시 골수증과 함께 소화기계증 사망에 대하여 보호활성을 보였다. 보호에 대한 최적용량은 50μg/kg(bw). 두 물질 모두 100mg/kg에서도 급성 독성은 없었고, 최대 보호용량은 방사선 조사 30분 전 주사(ip)가 최대 보호 효과를 보였다. 약물투여나 투여 간격(ip)이 보호 효과를 감소시켰다. 방사선 조사 후 약물투여는 효과가 없었고, 3일 생존에 vicenin이 orientin보다 양호하였다(Uma Devi P, 1999).

항산화활성: 생체 내에서 활성산소로 과산화 지질이 생성, 생체막의 인지질의 산화로 막의 구조 변화, 파괴 등으로 질병 발생원인이 된다. 생체 내에 발생되는 활성산소 제거능이 있는 식물 중 polyphenol이 주목. 이는 항산화, 항균 등 활성이 다양, 향신체 중 바질의 polyphenol 중 생리활성물질은 protocatechuic acid, caffeic acid, chlorogenic acid, coumaric acid, rosmarinic acid, quercetin 등이 있고, 특히 rosmarinic acid 함량이 높다. Rosmarinic acid는 polyphenol 물질 중 하나로 항산화, 항염, 관절염 억제, 심장보호 등의 활성이 vitamin E보다 항산화력이 높아, 세포손상, 노화억제 효과도 뛰어나, 건강보조제나 화장품 원료로도 쓰인다. 바질은 8품종; bush, dark-opal, geno, greek, holy, lemon, lettuce, sweet에 함유된 총 polyphenol 함량과 DPPH, FTC(Fe2+/ascorbate), TBA법으로 항산화활성을 측정한 결과, 총 polyphenol 량은 dark-opal〉lettuce〉bush〉greek〉lemon〉sweet〉geno〉holy 순. Dark-opal은 173.3mg으로 가장 많았고, holy는 49.85mg으로 최소. DPPH radical 소거능은 dark-opal이 약 51%로 가장 높았고, polyphenol 함량순이었다(서봉순, 2010).

살충효과-잎①: 스위트바질 잎 추출물을 adult mosquito에 aerosol이나

mosquito coil에 사용한 결과, 각각 93%, 95%의 살충효과가 있었다. 살충효과는 훈증시간에 달렸고, piperonyl butoxide와 함께 하면 상승효과가 있었다. 식물 대신 합성 살충제 사용은 부작용이 있을 수 있다(Umeria S, 1998).

구충활성-정유②: *Ocimum gratissimum* L.(시료)정유와 주성분 eugenol을 tween20 0.5%에 희석, 작은 반추동물 소화기계 기생충인 *Haemonchus contortus*에 대하여 ovicidal activity를 실험. 실험적으로 감염된 염소 변에서 *H. contortus* 알이 부화하였다. 시료정유와 eugenol 0.5%에서 maximum eclobility 저해를 보였다(positive control은 1.0% thiabendazole). 이로써 시료정유는 작은 반추동물의 소화기 내 기생충 관리에 유용성을 보였다. 시료의 정유에서 14물질이 동정되었고, 주성분은 eugenol 43.7%과 1,8-cineole 32.71%였다(Pessoa LM, 2002).

정유성분-부위별: 바질(*O. micranthum*)의 잎, 꽃 및 줄기 정유는 강한 향기의 1년초로 지방 음료나 생약으로 중부 및 남아메리카나 서인도에 자생하는 나무로, 본 연구가 최초이며, 잎, 꽃, 및 줄기 신선 풀에서 1.54, 0.63 및 0.8%의 정유 함유. 정유성분 20개 물질 중 1,8-cineole, eugenol, β-caryophyllene, β-selinene 및 element 이성체들이 주요 성분으로 동정되었고, 정유성분은 부위별 차이를 보였다. Eugenol은 잎의 주성분이나, 꽃과 줄기에는 흔적만 있을 뿐. β-selinene은 잎의 소량 성분이나 꽃과 줄기에는 주성분. 정유의 총 sesquiterpene 량은 잎, 꽃 및 줄기에 48.4, 85.8 및 78.5%. *Ocimum* 속의 첫 번째 보고로, 1,8-cineole과 β-selinene이 많았다(Charles DJ, 1990).

정유성분분류①: *Ocimum basilicum* L. var. *purpurascens*, *O. sanctum* L. green, *O. sanctum*, purple, *O. americanum* L.(citral type)과 *O. americanum* L.(camphor type)은 Bangladesh에서 자라는 식물로 GC, GC/MS로 분석한 결과, *O. basilicum* L. var. *purpurascens*는 monoterpene alcohol type으로 monoterpene alcohol 함량이 64.5%, *O. sanctum* L. green은 eugenol/sesquiterpene-type으로 eugenol 41.7%, susquiterpene 45.9%, *O. sanctum* L., purple은 citral type, neral 27.9%, geranial 37.7%, camphor 38.6%로

분류(Mondello L, 2002).

정유성분-분류②: *Ocimum gratissimum*(Bangladesh) fresh weigh의 0.75% 정유, 24개 물질을 확인. 주성분은 thymol 58.2%, γ-terpinene 12.3% 및 p-cymene 7.7%. 총 phenol 물질은 59.5%, monoterpene hydrocarbon 28%, alcohol 2.8%, thymol-type oil, Bangladesh 정유 0.72%, 29개 물질. Eugenol 66.5%.(Z)-β-ocimene 18.1%, 2개 sesquiterpene hydrocarbone germacrene-D 2.9%, β-caryophyllene 2.1%, eugenol/ocimene type(Yusuf M, 1998).

정유-Chemotype①: *Ocimum basilicum*(I), *O. basilicum* var. *minimum* L.(II) 및 *O. basilicum* var. *purpurascens*(III)은 브라질 북동쪽에 자라며, 이들의 화학성분을 분석한 결과, (II)는 true estragole chemotype이고, (I)과 (III)은 linalool chemotype으로 분석되었다(de Vasconcelos Silva MG, 2003).

정유성분-New chemotype②: *Ocimum basilicum* L.(Nigeria)을 수증기 증류 GC, GC/MS로 분석한 결과, 총 24물질, 총 oil의 95%. Methylchavicol 60.3%, linalool 10.8% 및(Z)-methylcinnamate 6.3%가 주성분. 그 외 1,8-cineole 3.1%, β-pinene 2.1% 및 α-pinene 2.7%, 이로써 본 식물은 제3 chemotype으로 생각되었다(Kasali AA, 2005).

화학적분류: 바질(*Ocimum* spp.)은 30여 종이 있고, 이들 분류에는 형태적 분류보다는 정유성분의 분류가 적합한 것으로, ① citral-spathulenol accessions, ② linalool-rich accessions, ③ methylchavicol rich accessions, ④ linalool-methylchavicol accessions, ⑤ methyl(E)-cinnamate rich accessions으로 분류하고 있다(Vieira RF, 2006).

휘발성분-한국산: 바질 중 sweet계 basil 4품종(anise, darkopal, lettuce, sweet)과 휘발성분을 GC/MS D로 확인. Alcohol계 11종, carbonyl 화합물 6종, terpene계 19종, ester 화합물 5종. 주요 화합물은 1,8-cineole 2.86-5.04%, camphor 1.07-1.87%, α-bergamotene 2.05-5.40%, methyl chavicol 0-25.49%, eugenol 3.55-13.55% 등. Carbonyl 활합물과 linalool 28.52-36.5%, bornyl acetate 0.48-2.79%, methyl cinnamate 0-23.12%, 등.

Alcohol과 ester류; cis-ocimene 1.15-2.02%, β-cubebene 2.77-4.80%, cadinene 1.08-1.70% 등의 terpene류가 확인. Darkopal, lettuce, sweet basil은 linalool 30.09-36.50%, methyl chavicol 8.09-25.49%가 주성분, anise basil은 linalool 28.52%, methyl cinnamate 23.12%가 주성분, 바질의 주성분으로 알려진 chavicol은 검출되지 않았다(이재곤, 1999).

휘발성향기성분비교-수경재배: Sweet basil(*Ocimum basilicum*), purple basil(*O. basilicum purpura-cens*), bush basil(*O. minimum*)를 수경재배, 성분을 비교한 결과, sweet basil은 정유함량이 가장 많았고, bush basil은 가장 적었다. Sweet basil은 sesquiterpene보다 monoterpene이 가장 많았고, purple basil과 bush basil은 갈수록 sesquiterpene 함량이 많았다. Vitamin C는 sweet basil에 가장 많았고, nitrate는 가장 낮았다. Bush basil은 K 함량이 가장 많았다(서은주, 1999).

정유증량효과-UV-B: 온실에 자라는 sweet basil(*Ocimum basilicum*)에 UV-B를 조사한 후, 정유량을 실험, 이른 아침에 2주간 UV-B를 조사한 결과, 주요 휘발성 물질 phenylpropanoids(eugenol, methyleugenol)과 terpenoids 특히 linalool, 1,8-cineole 및 trans β-ocimene이 모두 증가하였다. Phenylpropanoids가 terpenoide보다 성장초기에 UV-B 조사에 민감하였다. 이로써 UV-B 효과는 oldest plants 실험에서 거의 4배 자극효과를 보였다(Johnson CB, 1999).

급성·아만성독성-정유: *Ocimum* oil 경구투여와 복강 내 동량투여에서 LD_{50}과 LD_{100} 값이 동종에서 심각한 독성은 없었다. 복강 내 133mg/kg과 213mg/kg 정유투여 동물에서 20일과 30일 사이 20%, 60% 사망, 133mg/kg 경구, 80mg/kg 복강 내 투여에서 사망은 없었다. 시료투여 없는 대조군은 30일이 subchronic test 기간이었다(Orafidiya LO, 2004).

효능과 이용

1) 식용: 요리에도 중요한 향신료. 특히 토마토 요리에는 뺄 수 없는 부향제. 닭고기, 어패류, 채소와 샐러드, 스파게티, 피자, 파이, 스튜, 수프,

소스 등의 요리에 널리 쓰인다. 건조 바질은 신선한 것보다 풍미나 향기가 다소 떨어진다.

2) 약용: 스위트바질(전초)은 건위, 진정, 진경(鎭痙), 구풍작용이 있고 불면증에 좋으며, 채유작용이 있고 구내염에도 쓴다. 스위트바질의 향기는 환경에 따라서 다르나 달콤하면서도 정향과 생강이 혼합된 상쾌한 향기가 있다. 옛날에는 바질을 신경장해, 류머티스의 약으로, 가루를 코담배(Snuff)로 향기를 흡입했다. 이 향기는 두통을 없애는 약효가 있어 차(茶)로 마시면 신경과민이나 구내염에 효과가, 강장효과도 있어 널리 애용. 열매는 백내장, 눈시림, 수정체 흐림에 효과가 있다.

3) 기타: 바질의 잎에서 추출한 정유는 향수로 이용. 달고 상쾌한 향은 포트포프리, 꽃다발 등에 쓴다.

참고 문헌

1) 김정환, 윤소정, 이경환 등. **응용생명화학회지** 2005 48(2) 173(Basil 추출물의 생리 활성 탐색-*Ocimum basilicum* L.)

2) 서봉순, 박명희. **동아시아식생활학회지** 2010 20(1) 54(바질의 항산화 물질 측정에 관한 연구)

3) 서은주, 박권우. **원예과학학술지** 1999 40(2) 188(수경 basil 품종 내 휘발성 향기 성분 비교)

4) 안대진, 이재곤, 김미주, 이종철. **약용작물학회지** 2001 9(2) 130(국내 재배 바질의 품종간 부위별 휘발성 성분 비교)

5) 이재곤, 안대진, 곽재진 등. **식품영양학회지** 1999 12(5) 513(한국산 바질의 휘발성분)

6) 임정교, 박인경, 김순동. **식품조리과학회지** 2004 20(2) 144(바질 물 추출물을 첨가한 두부의 품질특성)

7) 최수근, 김동석, 이연정. **식생활문화학회지** 2006 21(1) 76(Basil 첨가한 Demi-glace sauce의 품질 특성에 관한 연구)

8) 최은영, 주나미. **식생활문화학회지** 2005 20(1) 61(반응표면분석법을 이용한

바질 첨가한 홈메이드 파스타 제조의 최적화)
9) Adler, P R, Simon, J E, Wilcox, G E, *Hort Sci* 1989, 24, 789(Nitrogen from sweet basil growth and essential oil content and composition)
10) Agrawal, P, Rai, V, Singh RB. *J Clin Pharmacol Ther* 1996 34(9) 406(Randomized placebo-controlled, single blind trial of holy leaves in patients with noninsulin-dependent diabetes mellitus)
11) Aziba PI, Bass D, Elegbe Y. *Phytother Res* 1999 13 427(Pharmacological investigation of *Ocimum gratissimum* in rodents)
12) Chagonda LS, Makanda CH, Chalchat J-C. *Flavour Fragr J* 2000 15 23[The essential oils of *Ocimum canum* Sims(basillic camphor) and *O. uricifolia Roth* from Zimbabwe]
13) Charles DJ, Simon JE, Wood KV. *J Agr Food Chem* 1990 38 120(Essential oil constituents of *Ocimum micranthum* Wild)
14) Chatopadhyay RR, Sarkar SK, Ganguly S, et al. *Indian J Pharmacol* 1992 24 163 (Hepatoprotective activity of *Ocimum sanctum* leaf extract against paracetamol induced hepatic damage in rats)
15) Chung H-J. *J Food Sci Nutr* 2004 9(1) 1(Effects of basil and majoram essential oils with or without ascorbic acid on color and oxidative and microbial stability of beef patties)
16) de Vasconcelos Silva MG, de Abreu Matos FJ, Machado MIL, Craveiro AA. *Flavour Fragr J* 2003 18 13(Essential oils of *Ocimum basilicum* L., *O. basilicum* var. *minimum* L. and *O. basilicum* var. *purpurascens* Benth. grown in north-eastern Brazil)
17) de Vasconcelos Silva MG, Dos Santos RN, Abreu Matos FJ, Machado MIL. *Flavour Frag J* 2003 18 303(Volatile constituents from leaf, inflorescence and root oils of *Ocimum americanum* L. grown in north-eastern Brazil)
18) Dharmani P, Kuchibhotla VK, Maurya R, et al. *J Ethnopharmacol* 2004 93 197 (Evaluation of anti-ulcerogenic and ulcer-healing properties of *Ocimum sanctum* L.)

19) Dube S, Upadhyay, Tripathi SC. *Canadian J Botany* 1989 67 2085(Antifungal, physicochemical, and insect-repelling activity of essential oil of *Ocimum basilicum*)

20) Dubey NK, Tiwari TN, Mandin D, et al. *Fitoterapia* 2000 71 567[Antifungal properties of *Ocimum gratissimum* essential oil(ethylcinnamate chemotype)]

21) Fyfe L, Armstrong F, Stewart J. *Inter J Antimicrobial Agents* 1997 9(3) 195 (Inhibition of *Listeria monocytogenes* and *Salmonella enteriditis* by combinations of plant oils and derivatives of benzoic acid: the development of synergistic antimicrobial combinations)

22) Ganasoundari A, Uma Devi P, Rao MNA. *Mut Res* 1997 373 271(Protection against radiation- induced chromosome damage in mouse bone marrow by *Ocimum sanctum*)

23) Grayer RJ, Kite GC, Goldstone FJ, et al. *Phytochemistry* 1996 43(5) 1033 (Infraspecific taxonomy and essential oil chemotypes in sweet *Ocimumicum*)

24) Hannan JMA, Marenah L, Ali L, et al. *J Endocrinol* 2006 189 127(*Ocimum sanctum* leaf extracts stimulate insulin from perfused pancreas, isolated islets and clonal pancreatic β-cells)

25) Hasegawa Y, Jajima K, Toi N, Sugimura Y. *Flavour Fragr J* 1997 12 195 (Characteristic components found in the essential oil of *Ocimum basilicum* L.)

26) Johnson CB, Kirby J, Naxakis G, Pearson S. *Phytochemistry* 1999 51 507 [Substantial UV-B mediated induction of essential oils in sweet basil(*Ocimum basilicum* L.)]

27) Karthikeyan K, Ravichandran, Govindasamy S. *Oral Oncol* 1999 35 112 (Chemopreventive effect of *Ocimum sanctum* on DMBA-induced hamster buccal pouch carcinogenesis)

28) Kasali AA, Eshilokun AO, Adeola S, et al. *Flavour Fragr J* 2005 20 45(Volatile oil composition of new chemotype of *Ocimum basilicum* L. from Nigeria)

29) Keita SM, Vincent C, Schmit J-P, Belanger A. *Flavour Fragr J* 2000 15 339

(Essential oil composition of *Ocimum basilicum* L., *O. gratissimum* L. and *O. suave* L. in the republic of Guinea)

30) Lino CS, Gomes PB, Lucetti DL, et al. *Phytother Res* 2005 19 708(Evaluation of antinociceptive and anti-inflammatory activities of the essential oil of *Ocimum micranthum* wild from northeast Brazil)

31) Mondello L, Zappia G, Cotroneo A, et al. *Flavour Fragr J* 2002 17 335(Studies on the essential oil-bearing plants of Bangladesh. Part VIII. Composition of some *Ocimum* oils *O. basilicum* L. var. *purpurascens*; *O. sanctum* L. green; *O. sanctum* L. purpule; *O. americanum* L., citral type; *O. americanum* L., camphor type)

32) Orafidiya LO, Agbani EO, Iwalewa EO, et al. *Phytomed* 2004 11 71(Studies on the acute and subchronic toxicity of the essential oil of *Ocimum gratissimum* L. leaf)

33) Orafidiya LO, Agbani EO, Oyedele AO, et al. *Clin Drug Invest* 2002 22 313 (Preliminary clinical tests on topical preparations of *Ocimum gratissimum* L. leaf essential oil for the treatmet of *Acne vulgaris*)

34) Özek T, Beis SH, Demircakmak B, Baser KHC. *J Essent Oil Res* 1995 7 203 (Composition of the essential oil of *Ocimum basilicum* L. cultivated in Turkey)

35) Pessoa LM, Morais SM, Bevilaqua CML, Luciano JHS. *Veterin Parasitol* 2002 109 59(Anthelmintic acivity of essential oil of *Ocimum gratissimum* L. and eugenol against *Haemochus contortus*)

36) Prashar R, Kumar A, Banerjee S, Rao AR. *Anticancer Drugs* 1994 5 567 (Chemopreventive action by an extract from *Ocimum sanctum* on mouse skin papillomagenesis and its enhancement of skin glutathione S-transferase activity and acid soluble sulfhydryl level)

37) Rai V, Iyer U, Mani VU. *Plant Foods Human Nutr* 1997 50 9[Effect of Tulasi (*Ocimum sanctum*) leaf powder supplementation on blood sugar levels, serum lipids and tissue-lipids in diabetic rats]

38) Reuveni R, Fleischer A, Putievsky E. *Phytopath Z* 1984 110 20(Fugistatic activity of essential oils from *Ocimum basilicum* chemotypes)

39) Sacchetti G, Medici A, Maietti S, et al. *J Agr Food Chem* 2004 52 3486 (Composition and functional properties of the essential oil of Amazonian basil, *Ocimum micranthum* wild, Labiatae in comparison with commercial essential oils)

40) Sanda K, Koba K, Nambo P, Gaset A. *Flavour Frag J* 1998 13 226(Chemical investigation of *Ocimum* species growing in Togo)

41) Singh, S, Majumdar, DK, *Indian J Exp Biol* 1997 35(4) 380(Evaluation of antiinflammatory activity of fatty acids of *Ocimum sanctum* fixed oil)

42) Sivropoulou A, Papanikdaou E, Nikolaou C, et al. *J Agr Food Chem* 1996 44 1202 (Antimicrobiol and cytotoxic activities of *Origanum* essential oil)

43) Uma Devi P, Ganasoundari A, Rao BSS, Srinivasan KK. *Radiation Res* 1999 151 74(In vivo radioprotection by *Ocimum* flavonoids: survival of mice)

44) Umeria S, Asano H, Anyasoro L. *Bioresour Technol* 1998 64 237(Insecticidal potentials)

45) Upadhyay R, Nachiappan G, Mishra HN. *Food Sci Biotechnol* 2015 24(6) 1951 (Ultrasound assisted extraction of flavonoids and phenolic compounds from *Ocimum tenuiflorum* leaves)

46) Vasconcelos Silva MG, Cravelro AA, Machado MIL, et al. *J Essent Oil Res* 1998 10 77(Essential oils from leaves and inflorescences of *Ocimum micranthum* from northeastern Brazil of *Ocimum basilicum* leaf extract)

47) Vieira RF, Simon JE. *Flavour Fragr J* 2006 21 214[Chemical characterization of basil(*Ocimum* spp.) based on volatile oils]

48) Yin, MC, Cheng, WS. *J Food Prot* 1998 61(1) 123(Inhibition of *Aspergillus niger* and *Aspergillus flavus* by some herbs and spices)

49) Yusuf M, Begum J, Mondello L, d'Alcontres IS. *Flavour Fragr J* 1998 13 163 (Studies on the essential oil bearing plants of Bangladesh, Part VI. Composition of the oil of *Ocimum gratissimum*)

18 박하

Mentha spp.

꿀풀과
(Lamiaceae)

Mint(英)

원산지: 세계 각지

용도: 향료 – 잎

역사

박하는 크게는 동양종과 서양종으로 나누며, 동양종은 박하뇌(薄荷腦: menthol)를 생산하는 약초인 박하(*Mentha arvensis* L.)를 말하며 서양종은 자극성의 풍미가 후추를 연상케 하는 pepper mint(*M. piperita*)로 향료나 향미료 등에 주로 사용하는 서양 박하이다. *Mentha* 종은 25여 종이 있으나, 교배종은 2,300가지 이상의 변종이 있다.

박하의 속명(屬名)인 *Mentha*는 로마 신화에서 지옥의 하신(河神) Cocytus의 딸인 Mentha를 Pluto 왕이 사랑했으나 이를 질투한 그의 처 Persephone이 Mentha를 박하풀로 만들어 버렸다는 이야기가 있다.

BC 1200-600년 이집트 고분에서 발견된 것과 같이 인류가 애용하였던 박하의 역사는 대단히 오래다. 고대 그리스나 로마 사람들도 박하를 대단히 선호하였다. Pliny는 "박하의 향기는 기분을 상쾌하게 하여 식욕을 증진시킨다"고 하였다.

처음에는 야생을 이용했으나 AD 9세기경부터 수도원에서 재배되었다, 약초로 채유 목적으로, 본격적인 재배가 시작된 것은 18세기부터라 한다 (Herbs p275; Medicinal Herbs p171).

식물학적 특성

들이나 습지에 자생 교잡으로 변종이 많다. 줄기는 네모 잎은 대생, 거치가 있다. 흰색이나 보라색꽃은 7-9월에 수상화서로 개화. 파종한 다음해부터 꽃이 피고 잎 뒷면에 방향(芳香)을 발하는 다수의 유점(油點)이 있고, 정유의 주성분은 menthol. 내한성은 강하나 고온과 건조에는 약하다(Herbs p275).

동속식물의 종류와 효능

① Pepper mint(*Mentha piperita*) 일명 서양박하, 가장 역사가 오래고 수요도 가장 많다. 후추같이 톡 쏘는 향미 때문에 라틴어의 piper(후추)에서 비롯된 *Mentha piperita* L.라는 학명을 얻었다.

Pepper mint는 유럽이 원산지인 다년생 초본 키 30-90cm로 동양박하 *P. arvensis*와 비슷하나 전체에 털이 없다. 잎은 타원형 끝이 뾰족하여 잎과 줄기가 녹색인 것과 자주색 두 종류가 있다. 흰색 꽃도 있으나 일반적으로 연보라색이며 원추형의 수상화서로 약 6cm 정도. 정유 중의 menthol이 동양종보다 적으나 향미는 월등하며 쓴맛도 없다. Pepper mint oil 생산에 큰 비중을 차지하며 여러 나라의 약전(藥典)에 있는 귀중한 약이다. 1696년 영국 들판에서 발견 후, 재배가 시작되었고, 1721년 정식으로 London Pharmacopoeia(런던약전)에 수록되었고, 1790년 미국 Messachusetts주 서부에서 상업적 mint의 재배가 시작되었다. Pepper mint oil은 과자나 jelly, gum, liquor주에도, 화장품, 치약 등에도 쓰이며 지성(脂性)머리의 rinse에도 적합하다. 또한 옛날부터 비듬 방지 목적으로 식초와 섞어서 이용했다. 또 쥐는 mint 냄새를 싫어하므로 식품창고 등에 구서에도 쓰인다.

② Spear mint(*Mentha spicata L.*) Pepper mint와 함께 수요와 경제성이 가장 높은 서양박하로 약 2000년 전부터 이용되었다. 유럽 원산 다년생 초본. 키

30-60cm 포기전체가 녹색, 꽃이 수상화서 흡사 창(槍)과 같다하여 spear라는 이름이 주어졌다. Spear mint는 동양 박하로 pepper mint와는 전혀 다른 달콤하고 강한 상쾌한 향기를 낸다. 고대 그리스인들은 생잎이나 spear mint oil을 목욕물에 넣어 신경이나 근육 이완에 진정, 진통 효과를 이용하였다. 또 딸국질을 멎게 하는 데, 통풍제, 소화불량 및 배멀미와 메스꺼운 데도 진정 효과를 나타내었다. 잎의 즙은 상처, 벌에 쏘인 데, 입안이 헤졌을 때 손발이 튼 데 약용하였고 또 담배의 냄새를 없애는 향유(mint otto)의 원료로도 썼다.

식용으로는 육류, 생선, 야채 등의 요리에 부향제로 쓰며 뜰에 심어두고 이용하므로 garden mint, pea mint, fish mint 등 별명이 많다. 특히 양고기 요리에는 필수적이며 mint sauce는 과일, salad, liquor주, 과자, syrup, gum, jelly, vinegar, potpourri 등 용도가 다양하다.

③ Eau de cologne mint(*Mentha piperita* var. *citrata*) 자주색을 띤 짙은 녹색의 매끄러운 심장형의 잎이 특색. 약용보다 화장품, 목욕재, 포플리 등 주로 향료로 많이 쓰인다.

④ Pennyroyal mint(*Mentha puleqium* L.) 포복경이 뻗어 향기로운 잔디 대용으로 쓰인다.

⑤ Apple mint(*Mentha suaveolens* roundfolia) 사과와 박하를 섞은 듯한 순한 향기가 나고 잎이 타원형으로 연한 흰털이 나있다. 고기, 생선, 계란 요리의 향료로, 또 sauce, jelly, vinegar 등에 쓰인다. 이 밖에 서양박하에는 pineapple mint, ginger mint, cool mint, vergamot mint, sun mint 등 많은 품종이 있다.

⑥ North mint 또는 Japanese mint(*Mentha arvensis* L. var *piperascens* MALIV.) 동아시아 즉, 한국, 일본, 중국, 시베리아, 사할린, 코카서스 등지에 자생하는 다년생 초본. 포기 전체에 짧은 털이 있고, 다른 박하보다 잎이 엷지만 menthol의 함유량은 가장 많다. 박하뇌를 결정체로 분리시켜서 약용, 화장품, 과자 등에 이용하고 남은 박하유는 향료로 이용한다. 다만 꽃이 피기 시작하면 정유 함량이 감소된다. 요리용으로 생잎을 쓸 때는 수시로 이용할 수 있고. 줄기는 목욕재로 이용한다.

성분

1) 영양성분

Spear mint 생엽 100g 중 탄수화물 8.0g, 단백질 4.8g, 지방 0.6g, 무기성분 1.6g, 비타민 A 2700IU, 비타민 C는 50mg 함유되어 있다.

2) 특수성분

정유는 뿌리를 제외한 식물의 약 1%이며 주성분은 ι-Menthol이고 그외에 ι-Menthone, Camphene, ι-Limonene, Isomenthone, Piperitone, Pulegene등이며 배당체 ι-Menthol-β-*O*-glucoside등이 있다.

*M. arvensis*에 ε-Cadinene(C-00041),(-) Carvomenthone(M-00518), 4,8-Epoxy-p-menthan-3-one(E -01064),(+)-Isomenthone,(-)-Isomenthone (M-00519), 2-Isopropylcyclopentanone(I-00694), Linalool(R, D-03196), p-Menthane-2,5-diol(M-00509), *3-Octanone(O-00221) 등이 있다.

*M. piperita*는 β-Betulenol(C-00487), ε-Bulgarene(B-01030), ω-Cadinene (C-00033), *Caryophyllene α-oxide(E-00377), Demethylnobiletin(H-00743), 5,6-Dihydroxy-3',4',7, 8-tetramethoxyflavone(H-00743), Demethoxy-sudachin(P-00581), Eriocitrin(T-00734), Geranylacetone(D-03309), Hymenoxine(D-02830), Isomintlactone(M-01563), Menthofuran(R, M-00577), *(-)Menthol(M-00513), Menthoside(C-01921), Mint-lactone(M-01563), Mintsulfide(M-01564), Piperic acid(M-00995), Piperitoside(C-01921), Rosmarinic acid(R-00385), Sideritiflavone(H-00743), Sudachitin(T-02693), Xanthomicrol(P-00581) 등이 있다.

*M. pulegium*에는 (-)Isomenthone(M-00519), *3-Methycyclohexanol (M-00909), Pulsepenone(M-00501), 2, 4, 4-Trimethylcyclopentane (T-02807). *M. rotundifolia*에는 Buchucamphor(H-02212), Lippiaphenol (H-02207), Rotundifolone(E-01071) 등이. *M. spicata*에서 Pulegol(1R, 3R, M-00564) 등이 분리되었다(DNP p661-2).

생리활성

I. *Mentha arvensis* L.(동양종)

AchE저해활성-Monoterpenoid①: 17종 Monoterpenoids(hydrocarbons, alcohols 및 ketones), p-menthane 골격을 갖은 물질의 acetylcholinesterase (AchE) 활성을 colorimeter로 측정. Terpene ketone이 terpene alcohol보다 더 강력한 저해활성을 보였고, terpene hydrocarbon compound는 terpene alcohol이 있으나 α-terpenene과(+)-p-menth-1-ene은 terpene ketone과 같이 강력한 저해활성이 있었다. Monoterpenoid는 경쟁적 저해물질임을 밝혀졌다. AchE 저해활성 물질은 Alzheimer's disease 치료에 쓰인다 (Miyazawa M, 1997).

AchE저해효과-정유②: *Mentha* 정유의 acetylcholinesterase 저해 효과를 실험하였다. *Mentha aquatica*(watermint)에 함유된 sesquiterpene alcohol은 AchE 저해활성이 IC_{50} 26μg/mL로 가장 강하였고, 또 몇 *Mentha* 즉 *M. aquatica*, *M. gentilis*(Fukuyama-hakka), *M. gentilis*(Akita-hakka) 및 *M. arvensis*(Nihon-kakka)는 AchE의 강력한 저해활성을 보여 IC_{50} 28-32μg/mL. Viridiflorol과 elemol은 *Mentha* oil의 주성분으로 terpenoid 중 가장 강력한 저해활성을 보였다. 정유보다 더 강력한 저해활성을 보인 것은 없었다 (Miyazawa M, 1998).

AD치료-Linarin③: *Mentha arvensis* 와 *Buddleja davidii*에서 분리된 linarin은 천연 flavanol glycoside로 anti-acetylcholinesterase(AchE) 효과가 있다. 본연구는 배양 rat PC12 cell의 Aβ25-35 유도 신경독에 대해 신경보호 효과가 있는 linarin의 가능한 활성기전에 대하여 실험하였다. 또한 PC12 cell이 linarin 0.1, 1.0 및 10μM 농도에서 Aβ25-35 유도 신경독성에 대해 실험한 결과 AchE에 대해 linarin 농도 의존적으로 MTT assay에서 신경세포 apoptotic cell을 감소시켰다. 또한 linarin은 glycogen synthase kinase-3β의 인산화를 촉진시켰다. 더구나 anti-apoptotic protein Bcl-2 발현이 linarin 처리로 증가되었다. 이로써 linarin은 Aβ25-35 유도 신경독성을 예방하여

AchE 저해와 신경보호로 Alzheimer's disease(AD)에 강력한 치료 물질로 생각되었다(Lou, H, 2011).

진정효과-Monoterpene alcohols①: 여러 정유와 monoterpene은 이완제나 신경안정 치료제로 쓰인다. 본 연구에서는 구조적 관련이 있는 monoterpene alcohol 즉 정유의 중추신경계에 약리적 작용을 mice에서 실험하였다. 즉 isopulegol①, neoisopulegol②,(±)-isopinocampheol③,(-)-myrtenol④,(-)-cis-myrtanol⑤,(+)-p-menth-1-en-9-ol⑥ 및(±)-neomenhthol⑧이 phenobarbital-유도 수면 test에서 진정작용(sedative)을 실험한 결과, menthol⑦,(+)-dihydrocarveol⑨ 및(±)-isoborneol⑩이 본 실험에서 효과가 없었다. 이들 psychoactive monoterpene 들은 진정작용이 있고 이 약리적 효과는 분자의 구조적 특징과 관련이 있었다(de Sousa DP, 2007).

정신적긴장완화-향기②: 박하 *Mentha arvensis* L. *piperascens*에서 정유(최적 회수율은 70℃, 200 bar) 2.38% 얻어, 향기 화합물 분석(HS-SPME/GC-MS)에서 총 32종 화합물; alcohol류 6종 67.11 %, hydrocarbon류 13종 17.05%, ester류 9종 11.50%, ketone류 2종 7.16%, oxide 1종 2.77% 및 aldehyde 1종 0.56%, 박하정유의 주 향기성분은(Z,Z,Z)-9,12,15-octadecatrien-1-ol 50.06%, 2-hydroxy-4-methoxyacetophenone 7.50% 및 3,4-dihydro-8-hydroxy-3-methyl-1H-2-benzopyran-1- one 6.60%을 얻어, 총 남녀 20명 피험자에 박하 정유향기 흡입 전과 흡입 중에 뇌파분석, 향기흡입 중 흡입 전과 비교, relative fast α wave spectrum이 증가, 반면 γ-power spectrum과 spectral edge frequency 90% 지표는 감소하였다. 이 결과로 박하 향기성분이 정신적 긴장을 완화시킴을 알게 되었다(조해미, 2013).

진통작용-Menthol:(-)-Menthol은 하나의 cyclic terpene alcohol로 central kappa-opioid system을 활성화시켜 진통작용을 나타내었다(Galeotti N, 2002).

혈압강하효과①: *Mentha × villosa* 정유의 혈압 강하효과는 혈관의 평활근에 직접 작용. 혈관이완 작용에 의한 혈압 강하효과(Lahlous S, 2001)이며, *M. villosa* 정유에 menthol(*M. piperita* 주성분)을 찾을 수 없었으나, monoterpenoid인

piperitone oxide(55.4%)가 주성분. 이는 Ca-길항작용(antagonistic activity)이 있고, 혈압저하 및 혈관이완 활성을 *M. villosa* oil에 있었다. *M. piperita* 정유 주성분 menthol은 Ca-channel blocking activity가 있다(Guedes DN, 2004-490).

혈관이완-Rotundifolone②: *Mentha vilosa* 정유의 주성분 rotundifolone (RDT)은 63.5%을 함유하며 이는 rat 동맥에서 혈관이완 효과를 유발시켰다. 적어도 부분적으로 ⓐ voltage-dependent Ca^{2+} channel에, ⓑ 세포 내 Ca^{2+} 유출은 선택적으로 inositol 1,4,5-triphosphate 활성화시킴으로써 혈관을 이완시켰다(Guedes DN, 2004-1881).

자궁경부암치료-CAM①: 박하 MeOH ex에서 자궁경부암 virus가 생산하는 발암 단백질 기능을 억제하는 물질을 분리동정한 결과, caffeic acid methyl ester(CAM). CAM을 ELISA 상에서 E6AP-E6 결합에 60%이상 저해. SRB assay에서 SiHa와 CaSKi같은 HPV 16형의 세포주 성장을 저해하여 세포독성을 확인. 이상의 결과로 박하에서 분리된 CAM은 HPV-16형 virus가 생산하는 E6 발암 단백질에 작용, 암세포 성장을 특이적으로 저해하는 것으로 생각. HPV-유도 자궁경부암 치료에 유효할 것으로 생각되었다(HPV; Human Papilloma Virus)(백태웅, 2004).

항암효과-TRAIL · Luteoiln병용②: TRAIL과 luteolin 병용처리는 SK-Hep1 간암세포에서 TRAIL이나 luteolin 각각의 작용에 비해 세포독성이 증가, 병용에 의한 세포독성 증가는 apoptosis와 관련이 있음을 annexin V(+) 세포 비율의 증가를 통해 확인. Apoptosis 하위 단계인 단백질 변화로도 알 수 있다. 이와 관련된 기전으로 death receptor apoptotic pathway가 관여하는 것으로 보이며, DR4 및 DR5 활성화가 TRAIL과 luteolin 병용에 의한 항암효과에 중요한 역할을 담당(TRAIL-TNF-related apoptosis inducing ligand)(김은영, 2012).

항종양효과-잎정유③: 박하 잎 정유(MEO)와 5-fluorouracil(5-FU) 병용, sarcoma 180 종양세포에 투여한 결과, MEO(50, 100mg/kg/day)와 5-FU(10mg/kg/day)에서 종양세포 성장억제율이 58.9%, 65.7%로 5-FU

단독사용 시(30.2%)보다 강하였으나, 5-FU(25mg/kg/day) 고용량 단독사용 시 leukemia에서 효과가 낮았다(Amaral RG, 2016).

항피부암효과④: Benzoyl peroxide(BPO)-유도 피부암 murine에 spearmint *Mentha spicata*가 미치는 영향을 실험한 결과, spearmint 용량 의존적으로 피부암 저해 효과를 보였다. 이로써 spearmint는 BPO-유도 피부 산화적 stress, 독성 및 암세포의 과증식을 억제하는 효과적 화학요법제로 생각되었다 (Saleem M, 2000).

항미생물활성-정유①: *Mentha pulegium*과 *M. spicata*의 정유를 gram(+)와 (-)균 8종에 대하여 최고(1/100), 최저(1/1000) 농도에서 항균활성을 측정한 결과, 시료 농도 의존적으로 항균활성을 보였다. 정유의 주요 성분 p-menthane에 대한 항균활성은 다양하였다. 사용 미생물은 *E. coli*, *Pseudomonas aeruginosa*, *Sal. typhimurium*, *Stap. aureus*, *Rhizohium leguminosarum* 및 *B. subtilis* 등(Sivropoulou A, 1995).

항미생물활성-Limonene-Carvone②: *M. spicata*를 수증기 증류 후, GC와 1H- 및 13C-NMR로 분석한 결과,(S)-(-)-limonene 27.3%와(S)-(-)-carvone 6.6%를 *Anethum sowa*에서는(R)-(+)-limonene 21.4%, dihydrocarvone 5.0%,(R)-(+)-carvone 50.4% 및 dillapiole 17.7%. Carvone은 광범한 spectrum이 있어 인체 병원성 fungi와 bacteria에 대한 항미생물활성을 보였다.(R)-(+)-limonene과(R)-(+)-carvone은 bacteria와 피부병 fungi에 anti-infective agent로 (R)-(+)-isomer가 활성이 강력하였다. *M. spicata* oil은 *A. sowa* oil과 비교에서 더 강력하며, 서로 상승 또는 *M. spicata* oil minor 성분의 생물활성이 증가하였다. *M. spicata* minor 성분이 특히(S)-(-)-isomer는 활성 상승에 있어(S)-(-)-limonene을 치료제로 병용 시 효과적임이 밝혀졌다(Aggarwal KK, 2002). Algeria Bejaia 지방에서 수집한 *Mentha spicata* 잎(2013년)을 증류, 분석한 결과, 98.9% 정유에서 50성분을 얻었고, 그 주성분은 carvone 48.5%, limonene 20.7%, 1,8-cineole 5.4%. 이 정유는 특히 *Candida albicans*에 14.3-44.3mm 저해환의 강한 항균활성을 보였고, 항산화활성은 중정도였다. *Rhyzopertha dominica* 성충(밀, pest)에

2μl/mL에서 14.0-34.5% 살충효과가, 또 30분에 56.2% 퇴치효과가 있었다(Brahmi F, 2016).

항미생물활성-정유③: *Mentha* × *villosa*의 정유성분 rotundifolone, limonene oxide 및(+)-pulegone은 *S. aureus*와 *C. albicans*에 유사한 항미생물활성을 보였고, limonene oxide와 carvone epoxide는 가장 약하였으며, *E. coli*와 *P. aeruginosa* gram(-)균에 항미생물활성을 보인 물질은 없었다(Arruda TA, 2006).

항산화활성: *Mentha viridis*와 *M. piperita*의 항산화활성. 총 phenol 함량 및 수율을 분석. Superoxide radical 및 DPPH radical 소거능은 Mv가 Mp보다 우수, ascorbic acid보다 우수. Mv MeOH ex가 α-tocopherol과 유사. 인체의 LDL 산화 저해활성은 Mv가 Mp보다 우수, linoleic acid 산화 저해활성은 Mv가 Mp보다 높았고, 총 phenol 함량은 Mv(MeOH ex 17.95%, H_2O ex(10.18%)가 Mp(15.44%, 9.19%)보다 많았다. 이상으로 *M. viride*가 *M. piperita*보다 항산화성이 높았다(Lee SE, 2005-255).

항알레르기활성: 총 20종 생약의 물추출물에 대해 치사율을 측정하여 항알레르기활성을 검토한 결과, 형개와 박하, 자소엽이 강한 활성을 보였다. 이 중 박하의 활성은 물추출물이 compound 48/80 및 anti-DNP. IgE에 유도된 비만세포에서 histamine 방출을 억제하였으며, 비만세포에 관여 즉시 항알레르기 반응인 전신성 anaphylaxsis를 억제시켰다. 이로써 박하는 각종 알레르기 질환 예방제로의 유용성이 기대되었다(Shin TY, 1998).

항염증효과-한국·중국산 비교: 한국산(*Mentha arvensis* L. var. *piperascens* Mal.: Ma)과 중국산(*M. haploxalys* Brig.: Mh)의 항염증 효과를 비교. LPS-자극 RAW 264.7 세포에 Ma와 Mh 추출물 투여로 모두 NO, PGE_2, TNF-α 생성 억제효과가 있었으며 TNF-α와 IFN-γ로 자극한 HaCaT 세포에 Ma와 Mh 추출물 투여로 Ma-5와 6이 Mh-6 추출물 투여로 macrophage derived chemokine(MDC/ CCL 22) 생성이 억제되었으나, Ma와 Mh의 다른 추출물은 억제효과가 없었다. Ma와 Mh 추출물 모두에서 regulated on activation normal T-cell expression과 secreted(RANTES/CCL5) 생성을 억제하였다. 이상의 결과로 한국산과 중국산 박하의 항염증에 대한 차이는 크지 않았다

(임혜선, 2012).

향기특성·추출법①: 충북 청원에서 재배되는 applemint(*Mentha rotundifolia* Huds)의 향기성분을 SDE, SFE, head space으로 추출, GC, GC/MS로 동정, GC-sniffing test로 향기특성을 조사한 결과, 총 67개 화합물이 동정되었고, SDE(39개)와 head space(16개) 법에서는 terpene 화합물이 SFE(42개)법은 hydrocarbone 류가 추출되었다. SDE와 SFE 추출의 주성분은 piperitenone oxide, germacrene D, trans sabinene hydrate 등으로 유사하였으나, headspace 추출에서 3-octanol, 1,8-cineole, camphene, benzene acetaldehyde 등으로 다른 경향. Sniffing test로 향기특성과 강도 및 화합물을 동정한 결과, SDE법에서 주된 향기특성은 상큼한 단내와 사과냄새 ethyl 2-methyl butanoate, 단내와 과일내 α-thujene, 생버섯내 1-octan-3-ol, 3-octanol, 쓴약초향 δ-cadidene. Head space 추출의 향기특성은 alcohol 냄새, 상큼한 단내와 사과냄새, 화학적이고, 불쾌한내 및 쓴약초와 풀내 camphene으로 나타났다(Min YK, 1999).

향기성분②: 꿀풀과인 박하의 향기성분은 SPME와 SDE법으로 분석한 결과, limonene(SMPE/SDE; 2.07 /1.02),(-)-menthone(20.60/13.83), isomenthone (2.78/1.78), methyl acetate(4.67/2.81), trans-caryophyllene;(1.47/1.46),(-)-menthol(57.39/72.94), 1-dodecene(2.47/1.47)이었다(unit%)(송영은, 2002).

정유성분-Brazil·China·India①: 1986-1991년에 Brazil, China 및 India에서 생산된 cornmint oil(*Mentha arvensis*)를 분석한 결과, hydrocarbon 21%, alcohol 24%, aldehyde 6%, ketone 12%, acid 7%, ester 21%, N-comps 3%, S-comps 1%, ether/epoxide 9%, phenol 1%, 평균 Brazil oil, Chinese oil 및 Indian oil은 각각 monoterpene hydrocarbone 6.84, 5.50, 6.00%, menthone 14.80, 11.13, 6.05%, menthol은 65.08, 72.10, 75.52% isomenthone 4.14, 3.97, 2.71%, neomenthol 2.60, 2.61, 2.82% 등이었다(Boelens MH, 1993).

정유성분-*Mentha* L.②: Yugoslavia 북동쪽 Danube 강가에서 *Mentha* 야생 3종을 채취. 정유를 GLC로 분석한 결과, piperitone, linalool, menthol, geraniol, limonene, carvone, pulegone, caryophyllene, menthone, isomenthone, neoisomenthone, p-cymene, borneol, piperitone을 분리동정하였다(Dukic NM, 1991).

정유성분-부위별③: *Mentha arvensis* L.의 shoot stem, shoot leaf, stolon stem, stolon leaf의 정유를 분석, shoot leaf 0.62%로 가장 많았고, stem에는 0.02%로 매우 적었다. 모든 부분의 주요 물질로 menthol이 가장 많아, shoot stem oil 78.16%, stolon(runner) stem oil에 가장 적어 43.7%. β-caryophyllene oxide는 shoot(stem, leaf)에, α-phellandrene과 terpinolene은 stolon(stem과 leaf)에서 동정. Shoot oil보다 stolon(stem과 leaf)에 limonene, menthone 및 pulegone이 많았다. 지하 뿌리에는 정유성분을 얻을 수 있었다(Rao BRR, 1999).

정유성분④: *M. spicata*의 정유성분 추출 시 처음 30분이 carvone과 1,8-cineole이 풍부하게 추출되었으나, 30분 이상 2시간까지는 trans-carveol과 germacrene-D가 정유 중 많이 추출되었다(Benyoussef E-H, 2005).

Chemotype 1과 2의 구분: Greece 야생 *Mentha longifolia*는 두 개의 ssp. *longifolia*와 ssp. *petiolata*가 있고, 화학성분에 따라 chemotype 1은 piperitone과 piperitone oxide가 많고, chemotype 2는 carvone과 dihydrocarvone이 많다. chemotype 1은 26성분이 분리동정되었고, ssp. *longifolia*와 *petiolata*로부터 piperitone oxide가 65%, chemotype 2에서 23성분이 분리동정, carvone과 dihydrocarvone 주성분으로 각각 39.8-45.9%와 11.0-17.7%(Kokkini S, 1988).

Pulegone-Shoot culture: 들에 자라는 *Mentha arvensis*의 잎 조각을 Murashige와 Skoog(MS) medium에서 6-benzyl-aminopurine(5mg/L)과 naphthalene acetic acid(0.5mg/L)를 주입. 잘 자란 싹에 indole-3-acetic acid(2mg/L)를 MS medium에 추가하여 기른 것을 땅에 옮겨, 성숙시킨 후, 분석한 결과, monoterpene 양상이 변화, 모체 식물의 정유와 같았으나, 조직배양 정유에 pulegone이 80%로 증가, menthol, menthone, isomenthone 및 isopulegone은 감소하였다. Pulegone은 insect repellant와 동물과 사람의 낙태제로, 또 탈취제(deodorant)로 쓰인다(Phatak SV, 2002).

Terpenoid비교-야생·기내 배양①: *Mentha spicata*의 terpenoid 함량을 비교분석하였다. IPP isomerase(Iso)와 limonene synthase(Limo)는 terpenoid 생합성 회로에서 중요한 효소로 대사제어된 spear mint와 야생 spearmint 잎과 뿌리의 생육 pattern이 다르고, 대사가 다르며, 정유의 성분 또한 차이를 보여, 대사 제어된 Limotransgenic spearmint의 정유는 iso-transgenic spearmint가 많았고, terpenoid 함량도 wild spearmint보다 많았다. Isospaermint ex는 11개 terpenoid와 1개 phenylpropane이 limo-spearmint ex에는 9개 terpenoid가 wild spearmint에는 4개 terpenoid가 있었다(Kang YM, 2012).

Monoterpenoid glycoside②: *M. spicata* 전초에서 새로운 monoterpenoid glycoside를 nonvolatile portion에서 분리동정한 결과,(+)-5-[1-(β-D-glucopyranosyloxymethyl)ethenyl]-2 methyl-2-cyclo- hexen-1-one(spicatoside A)①과(-)-5-{[2-(β-D-glucopyranosyloxy)-1-hydroxy-1-methyl]ethyl}-2-methyl-2-cyclohexan-1-one(spicatoside B)②, 이들은 항염, 통증완화, 지혈효과가 있었다(Zheng J, 2003).

Pentacyclic triterpenoids③: *Mentha villosa* 지상부로부터 7개 oleanene 및 ursene triterpenoids①-⑦ 분리동정, 1D와 2D-NMR로 화학구조를 확정하였다(Monte FJQ, 2001).

대사제어박하·배양박하비교-Terpenoid④: Terpenoid 생합성에 중요한 효소는 IPP isomerase(Is)와 limonene synthase(Li) 야생(Wp) 및 대사제어 박하(Mp)의 성장 양상과 정유를 비교한 결과, terpenoid 대사물은 SDE와 GC/MS 분석에서 Wp 성분은 B5 배지가 타배지보다 다양하였고, 잎과 뿌리성장에서 Wp와 Mp가 확연히 달랐다. Mp 잎은 서서히 증가되었으나, Wp는 극적으로 감소하였다. Mp의 정유함량은 표적 terpenoid gene에 적게 의존적이었고, Mp의 Li에서 정유 함량은 B5 배지에서 Mp를 제외한 Is보다 많았다. Mp는 Wp보다 더 많은 terpenoid를 생성하였다. Is 박하 ex는 11개 terpenoid와 한 개의 phenylpropane이 Li 박하 ex는 9개 terpenoid가 생산되었으나, Wp는 4개 terpenoid가 생성되었을 뿐이었다(강영민, 2012).

Mini review-생리활성: 박하 *M. piperita* L. 엽차의 성분은 rosmarinic acid와 몇 flavonoid; eriocitrin, luteolin 및 hesperidin. 정유의 주 휘발성 성분은 menthol과 menthone, peppermint는 현저한 antimicrobial 및 antiviral 활성, 강한 항산화 및 항종양 활성 및 낮은 allergenic 활성이 있었고(in vivo) 동물 model에서 소화기 조직에 이완효과, 중추 및 말초 신경계에 진통 및 마취 효과가 있으며, 면역 조절 및 화학조절 효과가 있었다. 인간 소화기계, 호흡기계에 peppermint oil과 그 화합물은 진통 효과가 있었다. 몇몇 임상시험에는 peppermint oil은 irritate bowel syndrome(IBS) 증상이 있기도. Peppermint tea에 대한 임상적 실험은 없었다. Peppermint oil 치료에서 GI reflux, hiatal hernia(탈장) 또는 신석 등에 대한 주의는 없었다 (McKay DL, 2006).

소화불량완화효과-정유: Peppermint oil 90mg과 caraway 50mg 혼합 enteric coated capsule로 96명에 2회/일 1 capsule을 투여하고, placebo도 28일간 투여한 결과, 실험군의 40%에서 통증이 감소, placebo에서 22% 감소. 이는 기능적 소화불량 환자 치료에 추천할 수 있다 생각되었다(May B, 2000).

신경세포Apoptosis저해효과-정유①: 환경적 stress와 toxin에 노출은 신경정신병의 병인과 관련이 있다. 뇌에는 glial-cell type의 astrocyte (신경교세포)가 대부분. 이들이 신경활성에서 생리적 및 병리적 역할을 담당. Peppermint oil이 열 shoke-유도 astrocyte의 apoptosis를 저해하는지를 인체 astrocyte CCF-STTG1 cell과 rat astrocyte에서 실험한 결과, peppermint oil로 전처리한 세포는 heat shock-유도 DNA fragmentation과 핵 chromatin 축합을 저해하였고, 또 CCF-STTG1 cell에서 caspase-3 활성화와 poly ADP-ribose polymerase 분절이 저해되었다. 이러한 결과로 peppermint oil은 caspase-3 활성화로 astrocyte apoptosis가 조절될 수 있다 생각되었다(Koo H-N, 2001).

보행개선효과-정유②: Peppermint 정유는 정신적 피로에 효과가 있다고 믿는다. ICR mice 복강 내 투여 시 mice 보행이 극적으로 호전. Peppermint oil을 GC-MS로 분석한 결과, α-pinene, β-pinene,(R)-(+)-limonene, 1,8-cineole, isomenthone, menthone,(R)-(+)-pulegone, menthyl acetate 및 caryophyllene. 이들은 각각 mice 보행 활성을 실험한 결과, 1,8-cineole, menthone, isomenthone, menthol,(R)-(+)-pulegone, menthyl acetate 및 caryophyllene이 현저한 효과를 보였다(Umezu T, 2001).

항균·항산화①: *Mentha piperita*(Mp)와 *Mentha spicata*(Ms) 정유성분에서 각각 26, 15 물질을 분리동정하였고, Mp의 주요 성분은 α-terpinene 19.7%, isomenthone 10.3%, carveol 14.5%, pipertitinone oxide 19.3% 및 β-caryophyllene 7.6%, Ms의 주요 성분은 limonene 48%, menthol 4.7%, piperitone 20.27% 및 caryophyllene 7.9%. 두 정유는 *B. cereus*, *E. coli* 및 *S. aureus* 모두에 양호하거나 특출한 항미생물활성을 보였고, Mp와 Ms에 노출시 미생물의 사멸시간은 각각 90, 15 및 10분과 45, 30 및 15분이었고, 정유의 항산화활성은 Ms보다 Mp 정유가 강하였다(Rasooli I, 2007).

항미생물·항산화활성-정유②: *M. piperita*와 *Myrtus communis*의 정유를 분석한 결과, 각각 26 및 32성분을 얻었고, 정유는 *E. coli*, *St. aureus* 및 *Candida albicans*에 항미생물활성이 있었으며, *M. piperita*가 더 강하였다. 항산화활성(DPPH법과 β-carotene/linoleic acid system)도 *M. piperita*가 더 강하였다(Yadegarinia D, 2006).

항미생물활성-정유③: *Mentha piperita* L. 정유는 flavor, fragrance 및 제약에 쓰인다. 이 정유의 인체 및 식물 병원성 미생물에 대해 항미생물활성을 agar diffusion 및 bioautography로 menthol과 menthone을 비교 실험한 결과, peppermint oil은 식물 병원성 미생물에 강력히 저해하였으나, 인체 병원성 미생물에는 중간 정도 저해를 보였다. Bioautography 분석에서 menthol이 정유 중 항미생물활성이 강하였다(Iscan G, 2002).

항미생물·항산화-정유④: *Mentha aquatica* L, *M. longifolia* 및 *M. piperita* L. 정유의 항미생물활성과 항산화활성을 실험한 결과, 모든 정유가 *E. coli*에 특히 강력한 항미생물활성을, 특히 *M. piperita* 정유는 *Shigella sonei*와

Micrococcus flavus ATTC 10240에 강하였다. 모든 정유는 fungistatic 및 fungicidal 활성이 강하여 MIC와 MFC가 시판품인 bifonazole보다 높았다. *M. piperita*와 *M. longifolia* 정유는 *M. aquatica*보다 강하였다. 특히 *M. piperita*는 *Trichophyton tonsurans*와 *Candida albicans*에 각각 MIC와 MFC 4µl/mL로 낮았다. 항산화활성은 DPPH, OH radical에 용량 의존적이었고, *M. piperita*는 IC_{50}이 2.53µg/mL, 가장 강한 OH radical 소거를 보였다. GC/MS 및 TLC 분석에서 radical 소거활성 물질은 monoterpene(menthone, isomenthone)을 *M. longifolia*와 *M. piperita*, 1,8-cineole은 *M. aquatica*였다(Mimica-Dukic N, 2003).

미생물저해-정유①: 식품 오염균인 *Sal. enteritidis*와 *Listeria monocytogenes*가 model food system 4°와 10℃의 culture medium에서 *Mentha piperita* 정유(0.5-2.0%, v/w)를 실험한 결과, 시료의 antibacterial activity는 주로 농도 의존적이며, 또 food pH, 성분, 저장온도 및 microorganism과 관련성이 있었다(Tassou C, 1995).

미생물저해-정유②: Peppermint 정유 0-1.2%($^{v}/_{v}$)가 *Sal. enteriditis*와 *St. aureus*의 성장/생존을 nutrient broth에서 관찰. 특히 broth에 정유 첨가로 *St. aureus*는 6-7logs, *S. enteriditis*는 약 3 logs. 시료 정유의 세균 저해 효과는 incubation 온도, 정유농도, *St.* enterotoxin B 형성은 growth medium에 glucose 첨가로 방지되었고, 이때 이 pathogen 성장에 glucose의 이용이 정유가 극적으로 감소되었고, 다른 물질 즉 lactate, formate 및 acetate 첨가에서도 같은 결과였다(Tassou C, 2000).

Anti-HIV-1-정유③: *Mentha piperita* 정유는 *Herpes simplex* virus type 1(HSV-1)과 type 2에 대한 저해 효과를 RC-37 세포에서 plaque 저하분석으로 실험. Peppermint oil(시료) IC_{50}은 0.02%, 0.0008%에서 HSV-1과 HSV-2에 virus 저해활성을 보였고, noncytotoxic 농도에서 plague 형성은 각각 82%와 92%(HSV-1, HSV-2) 저하로 현저히 감소시켰다. 시료를 virus 감염 전에 투여 시 현저히 저해시켰다. 이로써 흡수 전 투여는 virus에 영향이 있으나, host cell에 침투 후에는 효과가 없었다. 이로써 시료는 HSV에 직접 virus를

저해할 수 있고, HSV-1에 acyclovir resistant strain(HSV-1-ACV)에도 효과를 보여 plague 형성이 99%까지 현저히 감소되었다. 피부 침윤이 가능한 친유성인 peppermint oil은 *Herpes* 감염 재발에 치료 효과가 상당함을 보였다 (Schuhmacher A, 2003; Yamasaki K, 1998).

Fungitoxicity-정유: *Mentha piperita*와 정유 monoterpene 성분인 menthol, neomenthol, linalool, methylacetate 및 menthone의 fungitoxicity를 평가한 결과, 효과는 IC_{50}는 *Colletotrichum gloeosporioides*의 mycelial growth 저해활성은 *Pelagonium* sp.(scented geranium) 정유 주성분인 geraniol과 citronellol을 비교하였다. 구조와 활성 관계에서 활성에 alcohol group이 필수 조건으로 primary alcohol group이 진균독성에 가장 강하였고, 다음 secondary, tertiary alcohol group이 가장 약하였다(Nidiry ESJ, 1998).

항돌연변이활성: Peppermint, sage 및 thyme은 Trp-p-2(3-amino-1-methyl-5H-pyrido[4,3-b] indole)에 강력한 항돌연변이 활성을 알고자, 이들 herb를 biology-guided sepration에서 항돌연변이는 *Sal. typi* TA98 strain으로 monitoring하여 GC로 분석한 결과, luteolin이었고, Trp-p-2에 desmutagen이었으나, bioantimutagen은 아니었다. Chlorophyll 또한 desmutagen이나 대량이 필요하였다. 일반 Phytochemical인 α-tocopherol, carotenoid, xanthophyll, sterol 및 saponin는 Trp-p-2에 불활성. 이로써 luteolin은 이들 herb에서 Trp-p-2에 항돌연변이 활성으로 크게 기여하리라 생각되었다(Samejima K, 1995).

발암억제효과-Mint①: Saudi Arabia에서 Shamma(담배가루: slaked lime, ash, oils, spices 및 다른 첨가물을 혼합한 것)는 구강암에 걸리기 쉽다. White shamma의 $CHCl_3$ ex는 white shamma(WS)로, mutagenic, mint향 첨가된 것은 brown shamma(BS)로 부르며 이는 non-mutagenic, 발암성 분석에서 hamster cheek pouch model에서 WS와 BS 중 WS가 발암성. 이로써 mint는 shamma 유도 발암성에 대해 화학적 예방효과가 있는 것으로 나타났다 (Samman M, 1998).

항암·방사선보호효과-잎②: *Mentha piperita* 잎 ex는 two-stage carcinogenesis의 skin model(HeLa cell)에서 항암활성을 보였고, *Mentha piperita* 수침 ex는 γ-방사선에 보호활성을 보였다. 7,12-dimethyl benz(a)anthracene (DMBA)-유도 피부 papiloma에 *M. piperita* ex(시료) 처리로 항암효과가 있었고, γ-선 치사량 조사에 시료 처리군에서 생존율이 증가. 소화기계, haematopoietic syndrome 및 방사선에 의한 염색체 손상 등을 보호하였다 (Kumar A, 2004).

X-선 방어효과-정유: Swiss albino mice에 8Gy γ-선을 전신에 조사전 *M. pipperita* 정유 40μl/mice 연속 3일간 경구투여한 결과, 20일 내에 50%가, 30일 내에 100%가 대조군에서 사망. 실험군에서 30일 내에 17%만이 사망. Peppermint oil 전처리군에서 전 RBC와 WBC가 감소. Hemoglobin 함량과 haematocrit %도 감소. 대조군에 비해 방사선 조사 후, 30일 내에 상당히 정상으로 회복되었다. 이러한 결과로 peppermint oil이 haematopoietic system 자극과 보호에 효과가 있었다(Samarth RM, 2004).

Allergy성 비염치료효과: *Mentha piperita* ex 경구투여와 항체에 의한 비혈관 침투 모두 비염증상을 억제하여, peppermint extract는 임상적으로 allergy성 비염치료에 도움이 되리라 생각되었다(Inoue T, 2001). *Mentha pipperita* L. 지상부로부터 flavonoid glycoside인 eriocitrin①, narirutin②, hesperidin③, luteolin-7-*O*-rutinoside④, isorhoifolin⑤, diosmin⑥, rosmarinic acid⑦ 및 5,7-dihydroxychromone-7-*O*-rutinoside⑧를 분리동정. 이들 중 ④가 compound 48/80과 항원 항체 반응으로 histamine 유리를 강력히 저해하였고, luteolin과 luteolin 7-*O*-glucoside의 rat 복강 mast cell에서 histamine 유리저해보다 더 효과적이었다. 또 ④는 100 및 300mg/kg에서 항원 유도 nasal response에 용량 의존적으로 현저한 효과를 보여, allergy성 비염완화에 임상적으로 유용하리라 생각되었다(Inoue T, 2002).

면역증강효과: 인체의 체내에 과량 생성된 활성산소는 생체조직 내 세포와 면역체계에 관련된 효소를 손상, 암이나 면역질환 같은 퇴행성 질환을 야기시킬 수 있다. 본 연구에서는 13종 허브 추출물에 대해 유해산소 소거능, 암세포주(Hepa-lclc7, KB-3-1)와 정상세포주(L-929)에 대한 세포독성(SRB assay법)을 조사한 결과, superoxide 소거능은 eucalyptus, peppermint, mate, sage, thyme, yarrow 등이 강한 활성을 보였고, 또 이들은 Hepa-lclc7, KB-3-1 같은 암세포주 및 L-929 정상세포주에 세포독성을 보였으며, 면역증강 활성실험에서 sage만이 표준시료의 37% 활성을 보였다(정하열, 2000).

신장독성시험①: *Mentha spicata*의 신장독성(in rat)을 2.2g/kg(20g/L, *M. spicata*)와 4.4g/kg(40g/L, *M. spicata*)를 투여. 한 cup peppermint tea는 약 5g peppermint를 함유. 사람 몸무게에 비하면 rat에 대해서 아마도 사람에서는 신장독성 위험은 나타나지 않았으나 만일 신선식품으로 *M. spicata*를 대량섭취 시 위험성이 있을 수도 있다(Akdogon M, 2003).

간독성②: Turkey Isparta city의 *M. piperita* tea, 특히 Anamas 고원지대에서 자라는 *M. spicata* tea를 오랫동안 투여된 rat의 간조직의 방어체계에서 현저한 유도효과를 보였다. 특히 *M. spicata* tea는 tea 증량에 따라 간조직의 파괴가 현저하였다. 이러한 유도는 free radical이 소거될 수 없었고, 지방 과산화가 이루어져 간조직의 산화적 손상이 초래되기 때문이었다. 결과적으로 peppermint의 간독성을 피하기 위해서는 섭취량의 제한이 요구되었다(Akdogan M, 2004 -21).

항산화효능: 박하의 청경종 *Mentha spicata* L.(Ms)가 적경종 *M. piperita* L.(Mp)을 MeOH와 H_2O로 추출 후, 항산화활성을 in vitro와 in vivo에서 실험한 결과, MeOH ex의 superoxide 소거능은 Ms가 Mp보다 강하였고, H_2O ex는 Ms와 Mp가 비슷하였다. Ms와 Mp H_2O ex 동 농도의 ascorbic acid보다 더 강한 superoxide 소거능이, MeOH ex보다 강하였다. MeOH ex의 DPPH 소거능은 Ms와 Mp가 비슷. H_2O ex는 Ms가 강하였으나 Mp는 없었다. MeOH ex의 LDL 및 linoleic acid에 대한 소거능은 Ms와 Mp 모두 α-tocopherol보다 강하였고, H_2O ex는 Ms와 Mp가 비슷하였으나, MeOH ex는 약하였다. Phenol성 성분은 Ms가 Mp보다 많았다. 이상으로 청경종이나 적경종 모두 항산화활성이 있었다(정광희, 2005).

Fe흡수방해-어린이: *Mentha piperita*(Mp)와 *M. spicata*(Ms) tea는 다른 phenol성 물질을 함유, 철분 대사에 대한 연구에서 이들 tea는 Isparta

A(Turkey)의 다른 곳에서 재배. Wistar albino rat(200-250g, ♂), group I; no herbal tea(control), G II 20g/L Mp tea, G III 20g/L Ms, G IV 40g/L Ms로 30일간 사육 후, Mp tea는 혈중 Fe과 ferritin이 감소, unsaturated iron-binding capacity(UIBC)가 증가. Ms tea는 혈중 Fe 함량과 ferritin량과 UIBC의 현저한 감소는 없었다. Mp와 Ms tea는 Fe 흡수를 저해, Ms에 의한 저해는 용량 의존적. 이로써 특히 어린이와 빈혈환자에는 이들 tea 섭취는 주의가 필요(Akdogan M, 2004 -119).

미백활성-Tyrosinase inhibitor: Lavender와 peppermint 수증기 증류 정유의 tyrosinase 저해활성을 측정한 결과, 정유 용량 의존적으로 mushroom tyrosinase 저해활성을 보여, lavender와 peppermint 정유는 임상적, 화장품 및 공업에서 탐색(미백)제로의 개발이 요구되었다(Fiocco D, 2011).

정유성분-북인도①: 북인도 Batote(해발 1,900m), Jammu(300m), Palampur (1290m)에서 *Mentha × piperita* L.을 재배, 정유성분을 비교하였다. 신선품 20t이상/ha, 정유 60kg이상/ha, 평균 위의 3곳 재배품의 menthol 함량이 우수. Jammu oil이 Batote와 Palampur보다 품질이 우수하여, menthol 64%, methyl acetate 9.2%, menthofuran는 trace였다. 인도에서 *M. piperita* 생산량은 연간 100 ton(Shai AK, 1999).

정유성분-Bulgaria②: *M. piperita*의 수증기 증류와 CH_2Cl_2 추출물을 GC/MS로 분석한 결과, Zeifer 재배종은 oil 수율이 0.97%, Kilment-63 재배종은 0.54%, Zeifer는 menthol 46.2-50.2%와 methyl acetate 16.8-22.5%로 많았고, Kilment-63 이러한 성분은 많지 않았으나, menthone이 20.0-23.1%로 많았다(Stojanova A, 2000).

Peppermint(-) 유기산: 유기산을 dual capillary column system으로 분석. GC/MS로 확인한 결과, succinic acid(19.17%), malic acid(18.69%), citric acid(12.50%), caffeic acid(12.10%), lactic acid(8.26%)이었다.

Flavonoid glycoside, Rosmarinic acid-잎: *Mentha × piperita* 잎에서 주 flavone과 flavanone glycosides 즉 eriocitrin, luteolin 7-*O*-rutinoside, hesperidin, isorhoifolin, diosmin, eriodytiol 7-*O*-glucoside 및 narirutin. 40

clone에서 8개 phenol성 물질은 모든 clone에 존재. 잎의 flavonoid 함량은 8.6-17.8%(dry basis), 모두의 경우, eriocitrin은 주요 flavonoid glycoside로 6.6-15.0%, 주 flavonoid glycoside는 luteolin-7-*O*-rutinoside, hesperidin 및 rosmarinic acid(Guedon DJ, 1994).

Phenols·Lactones: Italo-Mitcham peppermint oil(*Mentha* × *piperita*)에서 특이한 phenol성 carboxylic acid 및 lactone를 분리동정한 결과, cis/trans-2,6-dimethyl-heptan-5-olide와(6R)-5,6-dihydro-3,6-dimethylbenzo[b]furan 7(4H)-one는 신물질. 2-isopropenyl-5-methylphenol은 3개 입체이성체, perhydro-3,6-dimethylbenzo[b]furan-2-one도 입체이성체로 raw material에서 처음 동정되었다(Näf R, 1998).

Peppermint-**안전성평가**: *M. piperita* oil, extract, leaf 및 leaf water의 안전성 평가는 CIR expert panel의 평가에 의하면 *M. piperita* oil, extract, leaf 및 leaf water는 화장품에서 안전하나, pulegone의 농도가 화장품 함유물에 1% 이상을 넘지 않아야 안전하다(Taylor F, 2001).

효능과 이용

1) 식용: 유럽에서 박하소스는 고기요리에 필수적인 향신료로 AD 3세기부터 사용하였으며 구취를 방지하는 효과가 뛰어나 AD 6세기경부터 치약 재료로 이용하였다.

2) 약용: 박하 정유의 주성분은 menthol로 상쾌한 향기와 청량감이 있으며 방부, 살균 작용이 있고 위나 장의 정장 효과도 알려져 식용, 약용 등 널리 이용된다. 정유의 생리작용은 중추신경 억제작용, 혈관 확장, 피부발적 유발작용, 진경작용, menthol은 이담작용, 국소자극작용, 국소마취, 진경작용, 구풍작용, 구충작용이 있다.

참고 문헌

1) 강영민, 박등진, 송현진, 등. **약용작물학회지** 2012 20(5) 301(대사 제어된 spearmint와 야생 spearmint 기내 배양 배지의 terpenoid 성분 비교 분석)

2) 김은영, 김안근. **약학회지** 2012 56(1) 35(SK-Hep1 인체 간암 세포에서 luteolin에 의해 TRAIL 저항성 감소효과-박하, 셀러리, 당근에 많음)
3) 박시형, 채영암, 이형주, 김수언. **농화학회** 1993 36 358[박하(*Mentha piperita*) 세포 현탁배양에서 멘톨 생합성 경로]
4) 백태웅, 이경애, 안미정, 등. **약학회지** 2004 48(6) 328(박하에서 분리한 caffeic acid methylester가 자궁경부암 virus 발암단백질 E6의 기능에 미치는 영향)
5) 송영은, 구창섭, 문성필, 등. **약용작물학회지** 2002 10(2) 120(Solid phase microextraction(SPME)에 의한 꿀풀과 약초의 향기 성분과 그 특성-배초향, 박하, 백리향, 꽃향유 형개)
6) 신태용, 김대근. **생약학회지** 1998 29(3) 248(박하의 항 알레르기 활성-형개, 박하, 자소엽)
7) 임혜선, 김정훈, 하혜경, 등. **생약학회지** 2012 43(3) 231(한국산과 중국산 박하의 항염증효과에 관한 연구)
8) 정광희, 성낙성, 이영종. **본초학회지** 2005 20(4) 103(박하의 항산화 효능에 대한 연구 1)
9) 정광희. **박사학위논문** 경원대학교 2005(박하의 항산화 효능에 대한 연구)
10) 정하열, 김현배. **식품과학회지** 2000 32(3) 699(13종 허브 추출물의 superoxide 소거능과 세포독성 및 면역증강 효과 검색-sage, peppermint, thyme, yarrow, eucaly)
11) 조해미, 칸다사미 손하라라잔, 등. **생명과학회지** 2013 23(7) 933(박하향료의 향기성분이 정신적 stress 완화에 미치는 영향)
12) Aggarwal KK, Khanuja SPS, Ahmad A, Kumar TRS, et al. *Flavour Fragr J* 2002 17 59(Anti-microbial activity profiles of the two enanatiomers of limonene and carvone isolated from the oils of *Mentha spicata* and *Anethum sowa*)
13) Akdogon M, Gultekin F, Yontem M. *Toxicol Ind Health* 2004 20 119(Effect of *Mentha piperita* and *M. spicata* on iron absorption in rats)
14) Akdogan M, Kilinc I, Oncu M, et al. *Human Exp Toxicol* 2003 22 213(Investigation of biochemical and histopathological effects of *Mentha piperita* L. and *M. spicata*

L. on kidney tissue in rats)

15) Akdogan M, Ozguner M, Aydin G, Gokalp O. *Human Exp Toxicol* 2004 23 21 (Investigation of biochemical and histopathological effects of *Mentha piperita* and *Mentha spicata* Labiatae on liver tissue in rats)

16) Akdogan M, Ozguner M, Kocak A, et al. *Urology* 2004C 64 394(Effects of peppermint teas on plasma testosterone, follicle stimulating hormone, and luteizing hormone levels and testicular tissue in rats)

17) Amaral RG, Andrade LN, Doria GAA, et al. *Flavour Fragr J* 2016 31 250 (Antitumor effects of the essential oil from *Mentha × villosa* combined with 5-fluorouracil in mice)

18) Arruda TA, Antunes RMP, Catao RMR, et al. *Brazil J Pharmacogn* 2006 6(3) 307 (Preliminary study of the antimicrobial activity of *Mentha × villosa* Hudson essential oil, rotundifolone and its analogues)

19) Asao T, Ruwano H, Ide M, et al. *Clin Radiol* 2003 58 301(Spasmolytic effect of peppermint oil in barium during double-contrast barium enema compared with Buscopan)

20) Balacs T. *Int J Aromather* 1992 4(1) 22(Peppermint pharmacology)

21) Benyoussef E-H, Yahiaoui N, Khelfaoui A, Aid E. *Flavour Fragr J* 2005 20 30 (Water disti lation kinetic study of spearmint essential oil and of its major components)

22) Bhattacharjee SK. *Handbook of Medicinal Plants* Pointer publications Jaipur India 1998(*Mentha spicata*)

23) Boelens MH. *Perfum Flav* 1993 18 27(Chemical characterization of cornmint oils)

24) Bonamonte D, Mundo L, Daddabbo M, Fot C. *Contact Dermatitis* 2001 45 298[Allergic contact dermatitis form *Mentha spicata*(spearmint)]

25) Brahmi F, Adjaoud A, Maronglu B, et al. *J Essent Oil Res* 2016 28(3) 211 (Chemical and biological profiles of essential oils from *Mentha spicata* L. leaf from Bejaia in Algeria)

26) Davies SJ, Harding LM, Baranowski AP. *Clin J Pain* 2002 18 200(A novel treatment of post therpeutic neuralgia using peppermint oil)

27) de Sousa DP, Raphael E, Brocksom U, Brocksom TJ. *Z Naturforsch* 2007 62 563 (Sedative effect of monoterpene alcohols in mice; A preliminary screening)

28) Dresser, GK, Waher, V, Wong, S, et al. *Clin Pharmacol Ther* 2002 72 247 (Evaluation of peppermint oil and ascorbyl palmitate as inhibitors of cytochrome p450 3A4 activity in vitro and in vivo)

29) Dukic NM, Husain SZ, Jancic R, et al. *Pak J Bot* 1991 23(2) 243[Composition and variation of essential oil constituents in three *Mentha* L.(Labiatae) species in Yugoslavia]

30) Fiocco D, Fiorentino D, Frabboni L, et al. *Flavour Fragr J* 2011 26 441(Lavender and peppermint essential oil as effective tyrosinase inhibitors: a basic study)

31) Fogaca RTH, Cavalcante ADA, Serpa AKL, et al. *Phytother Res* 1997 11 552(The effects of essential oil of *Mentha* × *villosa* on skeletal muscle of the toad)

32) Galeotti N, Mannelli LDC, Mazzanti G, et al. *Neurosci Lett* 2002 322 145(Menthol: a natural analgesic compound)

33) Grigoleit H-G, Grigoleit P. *Phytomedicine* 2005 12 601(Peppermint oil in irritable bowel syndrome); 612(Pharmacology and preclinical pharmcokinetic of peppermint oil)

34) Guedes DN, Silva DF, Barbosa-Filho JM, de Medeiro JA. *Phytomedicine* 2004 11 490(Endothelium-dependent hypotensive and vasorelaxant effects of the essential from aerial parts of *Mentha* × *villosa* in rats)

35) Guedes DN, Silva DF, Barbosa-Filho JM, Medeiros IA. *Braz J Med Biol Res* 2004 37 1881(Calcium antagonism and the vasorelaxation of the rat arota induced by rotundifolone)

36) Guedon DJ, Pasquier BP. *J Agr Food Chem* 1994 42 679(Analysis and distribution of flavonoid glycosides and rosmarinic acid 40 *Mentha* × *piperita* clones)

37) Hendriks H. *Perfum Flavor* 1998 23 15(Pharmaceutical aspects of some *Mentha*

herbs and their essential oils)

38) Hills JM, Aaronson PI. *Gastroenterol* 1991 101 55(The mechanism of action of peppermint oil on gastrointestinal smooth muscle)

39) Hiruma CAL. *MS Thesis* Univarsidade Federal da Paraiba Joao Pessoa 1993 (Estudo quimico & farmacologico do oleo essencial das folhas de *Mentha* × *villosa* Hudson)

40) Imai H, Osawa K, Yasuda H, et al. *Microbios* 2001 106 31(Inhibition by the essential oils of peppermint and spearmint of the growth of pathogenic bacteria)

41) Inoue T, Sugimoto Y, Masuda H, Kamei C. *Biol Pharm Bull* 2001 24(1) 92[Effects of peppermint(*Mentha piperita* L.) extracts on experimental allergic rhinitis in rats]

42) Inoue T, Sugimoto Y, Masuda H, Kamei C. *Biol Pharm Bull* 2002 25(2) 256 (Antiallergic effect of flavonoid glycosides obtained from *Mentha pipperita* L.)

43) Jung KH, Seong NS, Lee YJ. *Kor J Herbology* 2005 20 103[A study on anti-oxidation effects of *Mentha* herba(I)]

44) Kang YM, Park DJ, Song HJ, et al. *J Medicinal Crop Sci* 2012 20(5) 301 [Comparative analysis of terpenoids in vitro culture media of metabolically engineered transgenic and wild type spearmint(*Mentha spicata*)]

45) Kim MJ. *MS Thesis* Kangwon Univ Chuncheon Korea 1990(A study on tissue culture of *Mentha* spp.)

46) Kingham JGC. *Lancet* 1995 346 986(Peppermint oil and colon spasm)

47) Kokkini S, Karouson R, Lanaras T. *Botanica Acta* 1997 110 184(Essential oils with 1,2-epoxy- p-menthone derivatives from *Mentha spicata* plants growing across the island of Crete)

48) Kokkini S, Papageorigiou VP. *Planta Med* 1988 38 59(Constituents of essential oils from *Mentha longifolia* growing wild in Greece)

49) Kokkini S. *PhD Thesis* Thessaloniki Univ Thessaloniki Greece 1983(Taxanomic studies in genus *Mentha* in Greece)

50) Koo H-N, Jeong H-J, Kim C-H, et al. *J Mol Neurosci* 2001 17 391(Inhibition of heat shock- induced apoptosis by peppermint oil in astrocytes)

51) Kumar A, Samarth RM, Yasmeen S, et al. *Biofactors* 2004 22 87(Anticancer and radioprotective potentials of *Mentha piperita*)

52) Lahlou S, Carneiro-Leao RFLC, Leal-Cardoso JH, Toscano CF. *Planta Med* 2001 67 638(Cardiovascular effects of the essential oil of *Mentha* × *villosa* and its main constituent, piperitenone oxide, in normotensive anaesthetised rats: role of the autonomic nervous system)

53) Lawrence BM. *Ph D Thesis* Rijks Univ Groningen 1978(A study of the monoterpene interrelationships in the genus *Mentha* with special reference to the origin of pulegone and methofuran)

54) Lawrence BM. *PhD Dissertation* Gorningen State Univ Goringen 1978(A Study of the monoterpene interrelationships in the genus *Mentha* with special reference to the origin of pulegone and menthofuran)

55) Lee SE, Han HS, Jang IB, et al. *Kor J Medicinal Crop Sci* 2005 13(6) 255(In vitro antioxidant activity of *Mentha viridis* L. and *M. piperita* L.)

56) Lee SE, Park CG, Cha MS, et al. *Kor J Med Crop Sci* 2002 10 206(Antimicrobial activity of essential oils from *Mentha arvensis* L. var *piperascens* and *Agastache rugosa* on *E. coli* and *Sal. typhimurium*)

57) Lin J-P, Li Y-C, Lin W-C, et al. *Am J Chin Med* 2001 29(2) 321(Effects of(-)-menthol on arylamine N-acetyltranferase N-acetyltransferase activity in human liver tumor cells)

58) Lou, H, Fan, P, Perez, RG, Lau, H. *Bioorg Med Chem* 2011 19 4021(Neuro-protective effects of linarin through activaton of the PI3K/AKt pathway in amyloid-*β*-induced neuronal cell death)

59) Matos FTH, Machado MIL, Craveiro AA. *J Essent Oil Res* 1999 11 41(Essential oil *Mentha* × *villosa* Huds. from northeastern Brazil)

60) May B, Köhler S, Schneider B. *Aliment Pharmacol Ther* 2000 14 1671(Efficacy and

toler-ability of a fixed combination of peppermint oil and caraway oil in patients suffering from functional dyspepsia)

61) McKay DL, Blumberg JB. *Phytother Res* 2006 20 519[A review of the bioactivity and potential health benefits of pappermint tea(*Mentha piperita* L.)]

62) Mimica-Dukic N, Bozin B, Sokovic M, et al. *Planta Med* 2003 69 413 (Antimicrobial and antioxidant activities of three *Mentha* species essential oils)

63) Min YK, Yoon HS, Kim J, Jeong HS. *Kor J Food Sci Technol* 1999 31 1465[Aroma characteristics of applemint(*Mentha rotundifolia*(L.) Huds) with different extraction methods]

64) Miyazawa M, Watanabe H, Kameoka H. *J Agr Food Chem* 1997 45 677(Inhibition of acetylcholine esterase activity by monoterpenenoids with a p-menthane skeleton)

65) Miyazawa M, Watanabe H, Umenoto K, Kameoka H. *J Agr Food Chem* 1998 46 3431(Inhibition of acetylcholinesterase activity by essential oil of *Mentha* species)

66) Monte FJQ, de Oiveira EF. *Quim Nova* 2001 24(4) 491(Pentacyclic triterpenoids of *Mentha villosa*: structural identification and 1H and 13C resonance assignments)

67) Näf R, Velluz A. *Flavour Fragr J* 1998 13 203(Phenols and lactones in Italo-Mitcham peppermint oil *Mentha* × *piperita* L.)

68) Nair B, *Int J Toxicol* 2001, 20 61(Final report on the safety assessment of *Mentha pipperita* oil,leaf extract and leaf water)

69) Nidiry ESJ. *J Essent Oil Res* 1998 10 628[Structure-fungitoxicity relationships of the monoterpenoids of the essential oils of peppermint(*Mentha piperita*) and scented geranium(*Pelargonium graveolens*)]

70) Park DJ. *MS Thesis* Gyeongsang Natl Univ Jinju 2008[Metabolic profiling and its function through terpenoids biosynthesis genes overexpression of spearmint(*Mentha spicata* L.)]

71) Park SH. *MS Thesis* Seoul Univ Seoul Korea 1993(Studies on the menthol producing enzyme from *Mentha piperita* leaves and sensation cells)

72) Phatak SV, Heble MR. *Fitoterapia* 2002 73 32(Organogenesis and terpenoid synthesis in *Mentha arvensis*)

73) Pittler MH, Ernst E. *Am J Gastroenterol* 1998 93(11) 1131(Peppermint oil for irritable bowel syndrome: a critical review and meta-analysis)

74) Rao BRR, Bhattacharya AK, Mallavarapu GR, Ramesh S. *Flavour Fragr J* 1999 14 262[Volatile constituents of different parts of cornmint(*Mentha arvensis* L.)]

75) Rasooli I, Gachkar L, Yadegarinia D, et al. *Acta Aliment* 2007 36 4(Antibacterial and anti oxidative characterization of essential oils from *Mentha piperita* and *M. spicata* grown in Iran)

76) Saleem M, Alam A, Sultana S. *Food Chem Toxicol* 2000 38 938[Attenuation of benzyl peroxide mediated cutaneous oxidative stress and hyperproliferative response by the prophylactic treatment of mice with spearmint(*Mentha spicata*)]

77) Samarth RM, Goyal PK, Ashok K. *Phytother Res* 2004 18 546[Protection of Swiss albino mice against whole-body γ-irradiation by *Mentha piperita*(L.)]

78) Samarth RM, Kumar A. *Indian J Exp Biol* 2003 41 229[*Mentha piperita*(L.) leaf extract provides protection against radiation induced chromosomal damage in bone marrow of mice]

79) Sameena Y, Ashok Y. *J Med Aromatic Plant Sci* 2001 22 84(Evaluation of chemoprevention of skin papilloma by *Mentha piperita*)

80) Samejima K, Kanazawa K, Ashida H, Danno G-I. *J Agr Food Chem* 1995 43 410 (Luteolin: a strong antimutagen against dietary carcinogen Trp-p-2, in peppermint, sage and thyme)

81) Samman M, Bowen ID, Taiba K, et al. *Carcinogenesis* 1998 19(10) 1795(Mint prevents shamma-induced carcinogenesis in hamster cheek pouch)

82) Schuhmacher A, Reichling J, Schnitzler P. *Phytomedicine* 2003 10 504(Virucidal effect of peppermint oil on the enveloped viruses *Herpes simplex* virus type 1 and type 2 in vitro)

83) Shai AK, Chandra S, Dutt P, et al. *Flavour Fragr J* 1999 14 5(Essential oil

composition of *Mentha piperita* L. from different environments of north India)

84) Shin TY, Kim DK. *Kor J Pharmacogn* 1998 29 248(Antiallergic activity of *Mentha herba*)

85) Sin KE. *Ph D Thesis* King Sejong Univ Seoul Korea 1996(Change of aroma characteristics of the essential oil from *Mentha piperita* L. under various cultivation and extraction conditions)

86) Sivropoulou A, Kokkini S, Lannras T, Arsenakins M. *J Agr Food Chem* 1995 43 2384(Anti- microbial activity of Mint essential oils)

87) Stojanova A, Paraskevova P, Anastassov CH. *J Essent Oil Res* 2000 12 438(A comparative investigation on the essential oil composition of two Bulgarian cultivars of *Mentha piperita* L.)

88) Tassou C, Drosinos EH, Nychas GJE. *J Appl Bacteriol* 1995 78 593[Effects of essential oil from mint(*Mentha piperita*) on *Salmonella enteritidis* and *Listeria monocytogenes* in model food systems at 4° and 10℃]

89) Tassou C, Koutsoumanis K, Nychas G-JE. *Food Res Int* 2000 33 273(Inhibition of *Sal. enteriditis* and *Staphylococcus aureus* in nutrient broth by mint essential oil)

90) Tate S. *J Advanced Nursing* 1997 26 543(Peppermint oil: a treatment for post-operative nausea)

91) Taylor F. *J Toxicol* 2001 3 61[Final report on the safety assessment of *Mentha piperita*(peppermint) oil; *M. piperita* leaf extract, *M. piperita* leaf and *M. piperita* leaf water]

92) *The Flavonoids; Advances in Research since 1980*(Ed. Harborne, JB.), Chapman and Hall London 1988(Menthoside, Pipertoside)

93) Umezu T, Sakuta A, Ito H. *Pharmacol Biochem Behav* 2001 69 383(Ambulation-promoting effect of peppermint oil and identification of its active constituents)

94) Wilkinson SM, Beck MH. *Contact Dermatitis* 1994 30 42(Allergic contact dermatitis from menthol in peppermint)

95) Yadegarinia D, Gachkar L, Razei BM, et al. *Phytochemistry* 2006 67 1249

(Biochemical activities of Iranian *Mentha piperita* L. and *Myrtus communis* L. essential oils)

96) Yamasaki K, Nakano M, Kawahata T, et al. *Biol Pharm Bull* 1998 21(8) 829(Anti-HIV-1 activity of herbs in Labiatae)

97) Yu T-W, Xu M, Dashwood RH. *Environ Mol Muta* 2004 44 387(Antimutagenic activity of spearmint)

98) Zheng J, Wu L-J, Zheng L, Wu B, Song A-H. *J Asian Nat Prod* Res 2003 5(1) 69 (Two new monoterpenoid glycoside from *Mentha spicata* L.)

특허

1. 〈특허등록 제967617호〉 제주테크노파크(털산박하 추출물을 유효성분으로 함유하는 항산화 및 미백용 화장품 조성물)
2. 〈특허등록 제978545호〉 로레알(프랑스)(박하추출물의 화장용도).
3. 〈특허공개 10-2012-0129599호〉 이ㅇㅇ(레몬밤, 베르가못, 박하잎, 한련초 및 지구자 추출물을 유효 성분으로 함유하는 여드름 예방, 개선 또는 치료용 화장용 조성물)

〈조식제, 2, p398〉

19 뱀무

Geum urbanum

장미과
(Rosaceae)

Wood avens, Herb bennet(英)

원산지: 유럽, 서아시아

용도: 약용 – 잎, 뿌리
식용 – 어린 잎

역사

유럽에 분포하는 다년생 초본 뱀무(herb bennet)는 16세기경 채소로 향기로운 뿌리를 재배하였다.

학명 Geum은 그리스어의 'geuein' 즉, 방향 있는 아름다운 뿌리라는 뜻이며 Herb bennet은 Herbe beneticta의 사투리로 blessed herb(은총있는 풀)라는 St. Benedict 성자의 전설에서 비롯되었다(Herbs p224).

식물학적 특성

줄기가 곧게 50-60cm로 자라는 다년생 초본 전체에 까실한 털이 있다. 잎은 호생 근생엽은 잎자루가 길고 끝에 우상복엽 거치가 있다. 노랑꽃은 가지 끝에 매화 같이 피며, 열매는 갈쿠리 같아 사람이나 동물에 붙어서 운반되어 퍼진다. 씨와 포기나누기로 번식하며 꽃이 개화하기 직전의 정유가 가장 많을 때인 6월에 잎을 수확한다. 바람이 잘 통하는 곳에서 음건시켜 보관한다.

뿌리는 건조하거나 생채로 정유를 추출하여 약용한다.

한국에는 큰뱀무(*G. aleppieum*) 와 뱀무(*G. japonicum*) 2종이 있다(Lee, YN, I, p545).

성분

특수성분으로는 Gein(G-00174), Vicianose(V-00250)가 있고, tannin인 Gemin A(G-00194), B(G-00195), C(G-00196), D(H-00698), E(G-00197), F(H-00696)와 Sanguiin H4(H-00696)등이 또 triterpene계 물질인 Corosolic acid와 그 methyl ester(D-02885) 및 Nigaichigoside F1(T-01079)가 있으며 이외에 Geoside가 분리동정되었다(DNP p579).

생리활성

Mini-review: *Geum* 속 식물은 Rosaceae 식물로 70속이 있고, 널리 분포되어 있다. 단 4속이 중국에 분포하며, 중국에서 전통적으로 이뇨와 수렴제로 쓰여왔다. 특히 *Geum japonicum*이 antiviral, anti-inflammatory, anti-coagulant, antidizziness(Meniere's syndrome), angiogenesis 및 myogenesis 활성이 있다. 근래에 *Geum* genus 식물에 대해 화학 성분과 생물학적 활성에 대한 연구가 활발하다. 즉 화학 성분은 monoterpenoids, sesquiterpenoids, triterpenoids, flavonoids, tannins, phenylpropanoids 및 기타 성분과 이들의 생리활성 즉 antiviral, antimicrobial, antifungal, antihypertensive, anti-coagulant, angiogenic, myogenic, antitumor 및 antioxidant 등 기타 효능이 밝혀지고 있다. Gemin A는 antitumor activity가, gemin D는 xanthine oxidase inhibitor effect가 있고 geponin은 antiviral effect가, sanguiin H4는 anti AIDS, HIV-RT inhibitor 로 규명되어 주목받고 있다(Cheng X-R, 2011).

CMV 예방①: Anti-herpes simplex virus(HSV) 활성을 전통 생약 H_2O ex에 대해 탐색한 결과, *Geum japonicum*(Gj), *Syzygium aromaticum*(Sa), *Terminalia chebula*(Tc) 및 *Rhus japonica*(Rj)가 in vivo에서 또 anti-cytomegalovirus(CMV) 활성은 in vitro와 in vivo에서 활성을 보였다. 인체

CMV와 murine CMV(MCMV)에 대해 위 생약은 in vitro에서 활성을 보였다. 이들 anti-CMV 활성은 면역 억제 mice MCMV 감염 model에서 실험하였다. 각 생약 ex을 복강 내, 전염 하루 전 cyclosporin 50mg/kg 투여 mice에 경구투여 결과, 폐에서 virus가 감소하였다. 이들 생약 중 Gj, Sa 및 Tc가 대조군에 비해 폐에서 virus가 감소하였다. Gj ex 750mg/kg/day 경구투여에, granciclovir 2mg/kg/day 복강 내 투여와 유사하였고, 감염 mice 체중이 증가하였으나, 폐에 virus는 감소하였다. 이들 생약은 immunocompromise된 환자에서 CMV 질병에 편리한 예방법이라 생각되었다 (Yukawa TA, 1996).

Anti-HIV-Triterpene②: *Geum japonicum* 전초 MeOHex는 human immunodeficiency virus(HIV-1) protease를 저해하였다. 활성 유도 추출에서 기지 5종 triterpene acid 즉 ①ursolic acid, ②epipomolic acid, ③maslinic acid, ④euscaphic acid 및 ⑤tormentic acid를 분리, 기기분석으로 측정한 결과 ①은 2α,19α-dihydroxy-3-oxo-12-ursen-28-oic acid이었고, ①과 ③은 HIV-1 protease에 강력한 저해 효과를 보였다(Xu H-X, 1996). 또, *Geum japonicum*에서 새로운 triterpene인 geumonoid를 분리. 이는 HIV-protease에 저해활성을 보였다(Xu H-X, 2000).

Anti-HSV-1 **활성**③: *Geum japonicum*은 고대 중국 이래 여러 질병 치료에 쓰여온 전통 생약. 본 연구에서는 10종 생약 extract를 anti-Herpes simplex virus type 1에 대하여 *Rhus javonica* L. *Syzygium aromaticum*, *Geum japonicum* 및 *Terminalia chebula*의 항virus 활성은 acyolovir와 함께 병용할 때 효과적이었고, 독성도 없었다(in mice). Virus 감소 효과는 뇌와 피부에 acyclovir 단독 사용 시보다 생약 병용 시 anti-HSV-1 활성이, 또 뇌에서 virus 감소가 훨씬 양호하였다. Acyclovir-합성 acyclic purine nucleoside는 생식기, 피부 점막 포진 virus 감염 치료제이며 활성물질은 eugeniin이었다(Kurokawa M, 1995, 1998).

항미생물활성④: *Geum rivale* 추출물의 항미생물활성과, gram(+)와 gram(-) bacteria에 활성이 있는 triterpene과 flavonoid 분획을 연구하였다(Panizzi L,

2000).

암전이·혈관형성저해: *Geum japonicum* extract(시료)는 human umbilical vein endothelial cells(HUVECs)이 matrigel과 B16 세포의 전이를 차단하였다. 세포 접촉, 확산, 상처 치료 및 혈관 형성 test에 여러 분석을 이용. Reverse transcription-polymerase chain reaction(RT-PCR)과 mitogen-activated protein kinase(MARK)를 시료의 기계적 분석에 의하였다. 시료의 CH_2Cl_2분획, B16 cell 세포 접근(촉), 이동 및 혈관 형성 억제는 시료농도 의존적이었다. 시료는 RT-PCR 분석에서 CD44와 TIMB-2 mRNA 발현을 감소시켰다. MAPK kinase(ERK, JNK 및 p38)의 인산화 분석으로 phospho-JNK 발현 증가를 시료가 phospho-JNK 신호 회로를 통하여 전이와 혈관 형성 활성을 강하게 통제시키는 것으로 보였다(Heo J-C, 2008).

혈압강하효과: *Geum japonicum*에서 분리 정제한 tannin은 NO-와 cGMP-관련 강력한 혈관 이완 효과가 있고(rat), α1-adrenergic receptor agonist에 의해 수축되었던 rat aortic ring을 이완시킨다. Tannin을 정제한 결과, penta-*O*-galloyl-β-glucoside, casunarine 및 5-desgalloyl stachyurine이었고, 이들의 혈관 이완 효과는 각각 82%, 61% 및 82%였다. 이로써 *Geum japonicum*의 정제 tannin은 새로운 항고혈압 물질로 생각되었다(Xie YW, 2007).

항염활성: 뱀무는 예부터 일본과 중국에서 이뇨 및 수렴에 쓰여 왔다. 뱀무 MeOH ex의 여러 분획에 대해 항염활성을 조사한 결과, 뱀무 분획과 lipopolysaccharide에서 NO 생성 억제가 관찰되었고, EtOAc 분획에서 LPS-활성화 RAW 264.7 cell에 의해 NO생산이 억제되었다. EtOAc 분획의 억제는 항산화활성과 직접적 NO 생성과 관련이 있었다. 더구나 EtOAc 분획인 PGE_2, TNF-α, IL-1β 생성 촉진을 억제하였고, 수용성 분획과 CH_2Cl_2 분획은 이러한 효과가 없었다. 뱀무의 MeOH ex EtOAc 분획은 DPPH radical 제거가 현저하였다. 이러한 결과로 뱀무의 EtOAc 분획은 천연 항산화제 및 항염제 자원으로 유용성을 보였다(Kang SA, 2006).

항혈액응고활성①: *Geum japonicum* 전초의 MeOH ex에서 기지의 7개 tannin을 bioassay-guided fraction에서 동정한 결과, ① penta-*O*-galloyl-β-glucoside, ② pedunculagin, ③2,3-(S)-hexahydroxydiphenoyl-D-glucose, ④ tellimagrandin II, ⑤ 2,6-di-*O*-galloyl-D-glucose, ⑥ casuariin 및 ⑦ 5-desgalloyl stachydrin을 분리동정하였고, ①, ②, ④, ⑥ 및 ⑦은 rabbit plasma 응고를 현저히 지연시킴으로써, 강력한 항응고 활성을 보였다. 특히 ②는 thrombin과 유사하였다. 또한 ①, ④, ⑥ 및 ⑦은 경쟁적 저해 물질이었다. 활성 tannin의 phenol성 hydroxyl group은 효소에 중요한 저해 효과로 작용하였다(Dong H, 1998). 또, *Geum japonicum* 전초 MeOH ex를 항혈액 응고 활성 물질 분획을 분리, 기기분석 결과, 19α-hydroxyasiatic acid(2α,3β, 19α,23-tetrahydroxy-12)-ursen-28-oic acid가 가장 현저한 항혈액 응고 활성(extrinsic pathway)을 보였다(Zeng F-Q, 1998).

심근경색완화②: 급성 심근경색 animal model에서 혈관 형성과 심근 형성 초기에 뱀무 생리활성 분획이 공헌하였다. 경색 크기가 35-45%일 때, 24시간 내 새로운 혈관이 자극을 받아 심근 재생이 2주 이내에 총 경색의 49% 재생될 수 있다. Echocardiography에서 좌심실 기능은 경색 2일 내에 개선되었고, 기질적인 개선은 1개월 내에 이루어졌다. 뱀무 생리활성 분획은 허혈성 심장병 관리에 전적으로 새로운 접근이라 생각되었다(Li M, 2006).

심근허혈재생③: 혈관망의 충분한 재생은 muscle ischemia 근본적 개선이 필요하다. Ischemia에 사용되는 많은 종류의 약물이 있으나 효과적인 angiogenic drug는 대단히 제한적이다. 이에 *Geum japonicum*에서 강력한 angiogenic 분획(Angio-F)에서 혈액 공급망을 충족시켜, 세포 생존이 증가되었다. Angio-F는 HCAECs 배양 증식(in vitro)을 현저히 증가시킬 뿐 아니라 심근 생존력을 증가시켰고, 이 혈관망의 재건을 이끌 심근에서 새로운 혈관 형성과 ischemia 이후 1주에 ischemia 부위의 심근 섬유를 현저히 재생시켰다(Cheung WL, 2007).

지방산합성저해: *Geum japonicum* Thumb. var. *chinense* MeOH ex에서 지방산 합성 저해 물질을 분리한 결과, 새로운 ellagitannin dimer인 ①gemin G와 기지 6물질인 ②gemin A, ③casuarinin, ④pedunculagin, ⑤potentillin, ⑥tellimagrandin II, ⑦ellagic acid. ①-⑦ 물질은 지방산 합성 억제활성이

IC_{50}이 0.21-41.4μM로 대단히 강하였고, ①-④의 항산화활성은 ORAC assay에서 vitamin C보다 높았다. ①과 ②는 BGC-823 cell에 약한 세포독성을 보였다(Liu H, 2009).

항산화활성: 천연 보존제, 기능성 식품 및 화장품 그리고 의약품 등, 신소재 발굴을 위한 전단계로 국내산 약용식물 160종 209점에 대해 항산화성(DPPH, linoleic acid 과산화 저해)을 평가, DPPH에서 13.5μg/mL(RC_{50})을 보인 α-tocopherol을 대조구로, 뱀무, 이질풀 지상부, 오동잎이 각각 19.3, 22.5, 23.9 및 27.2μg/mL로 우수하였고, linoleic acid 과산화 반응은 고로쇠나무잎 등 38점이 90% 이상 강한 항산화력을 보였다(Lee S-E, 2003).

항산화·항노화활성: 큰 뱀무 추출물의 항산화 및 미백과 주름에 관련된 tyrosinase, elastase 저해 효과를 조사하였다. 시료의 free radical 소거활성(FSC_{50})은 EtOAc 분획이 4.70μg/mL. 활성산소종에 대한 시료의 총 항산화능은 EtOAc 분획 0.22μg/mL로 가장 컸고, 인간 적혈구의 광 용혈은 시료 1-25μg/mL에서 억제하였다. 특히 EtOAc 분획은 10μg/mL에서 τ50이 416.20min로 세포보호 효과가 컸다. Tyrosinase 활성 저해 효과(IC_{50})는 EtOAc 분획이 95.23μg/mL, elastase 활성저해(IC_{50})는 50% EtOH ex와 EtOAc 분획이 각각 6.27, 4.31μg/mL이었다. 이상의 결과로 큰 뱀무 추출물의 EtOAc 분획이 tyrosinase, elastase 저해활성으로 항산화 및 항노화 화장품 소재로의 응용이 기대되었다(김민지, 2011).

Terpenoids·phenol성물질: 뱀무 MeOH ex에서 25개 물질을 분리, 11개 triterpenoid ursolic acid②, cecropiacic acid 3-methyl ester③, pomolic acid 3-acetate⑤, ursonic acid⑥, ursolic acid⑦, pomolic acid⑧, corosolic acid⑨, euscaphic acid⑪, arjunic acid, tormentic acid, 23-hydroxytormentic acid. 두 saponin인 rosamultin 및 kajiichioside F, 2개 megastigmane인 blumenol A⑭와(+)-dehydrovomifoliol⑮, 3개 flavonoid인 apigenin⑬, isoquercitrin과 tiliroside, 2개 ellagic acid 유도체, 3,3′-di-*O*-methylellagic acid⑫와 ducheside B와 기타 5개 eugenol①, emodin⑭, vanillic acid⑩, gallic aldehyde, salidroside. 이들의 화학구조는 spectroscopic data와

문헌과 비교하여 결정하였다. ②-⑥, ⑮ 및 등 11개는 *Geum* 속에서 처음으로, 또 ⑫와 ⑬은 뱀무(*Geum japonicum*)에서 처음 보고였다. 항산화활성은 세포 내 ROS와 DCF-DA 분석에 의한 것으로 ①-⑪, ⑭ 등 12개 화합물이며, 이들 중 isoquercetin은 현저한 소거활성이, gallic aldehyde와 ducheside B는 약한 항산화활성을 보였다(연민혜, 2012).

Terpenoids: *Geum japonicum*에서 분리된 terpenoid는 ① 2α,19α-dihydroxy-3-oxo-12-ursen-28-oic acid(Xu HX 1996), ② 3β-hydroxy-12-ursen-28-oic-acid, ③2α,3β-hydroxy-12-oleanen-28-oic acid, ④ 2α,3α,19α,23-trihydroxy-12-ursen-28-oic acid, ⑤2α,3β,19α,23-tetrahydroxy-12-ursen-28-oic acid, ⑥ 28β-glucoside-2α,3β,19α-trihydroxy-12-ursen-28-oic acid, ⑦ 28β-glucoside-2α,3β,19α,23-tetrahydroxy-12-ursen-28-oic acid이었다(Shigenaga S, 1985; Zeng F-Q, 1998).

Flavonoids: *Geum calthifolium* var. *nipponicum* 신선 잎 MeOH ex를 PPC, HPLC 등으로 분리 분석한 결과, ①quercetin, ②kaempferol, ③isorhamnetin 3-*O*-glucuronide를 분리동정하였다. ①과 ②는 *G. rivale*에서도 분리되었으나 ③은 *Geum* species에서는 처음 분리되었다(Murai Y, 2010).

효능과 이용

1) 식용: 정유는 정향 같은 향기가 있고 잎은 채소로 수프, 스튜에, 나물로 식용한다. 허브 차는 목이 아플 때나 열이 날 때 해열되며 염증이 가라앉는다. 뿌리는 약술(소화촉진)을 담는다.

2) 약용: 성분은 탄닌, 정유(eugenol), 고미질, 수지 등이 있어 고미강장 작용과 탄닌이 발휘하는 수렴작용, 정유의 소독작용 등이 있어 위장염, 설사, 간장이나 담낭의 기능을 정상화 시킨다. 또 열이 날 때 '키니네'의 대용품으로 쓰이며, 치질, 외부출혈 및 내출혈에도 쓰인다.

   민간에서는 전초를 신장병성 부종, 야뇨증, 당뇨병, 고혈압, 두통, 하복부통증, 신생아 경련, 요통, 종기, 상처 등에 탕약이나 외용한다.

3) 기타: 침출액은 화장수로도 이용하며 또 linen의 방충제로도 이용한다.

참고 문헌

1) 김민지, 양현갑, 박수남. **화장품학회지** 2011 37(2) 191(큰 뱀무 추출물의 항산화 활성 및 항노화에 관한 연구)

2) 연민혜, 김주신, 현유재, 등. **생약학회지** 2012 43(2) 107(뱀무로부터 terpenoid 및 phenol성 성분 분리)

3) Cheng L, Gu X, Sanders JE, et al. *Int J Biochem Cell Biol* 2006 38 1123(A new function of a previously isolated compound that stimulates activation and differentiation of myogenic precursor cells leading to efficient myofiber regeneration and muscle repair)

4) Cheng X-R, Jin H-Z, Qin J-J, et al. *Chem Biodivers* 2011 8 203(Review: Chemical constituents of plant from the genus *Geum*)

5) Cheung WL, Cheng L, Liu H, et al. *Arch Biochem Biophys* 2007 459 91(The dual action of angiogenesis and anti-apoptosis induced by an isolated fraction from *Geum japonicum* repair muscle ischemia)

6) Chipault J R, Mizuno GR, Hawkins JM, Lundberg W, O. *Food Res* 1952 17 46 (The antioxidant properties of natural Spices)

7) Dong H, Chen S-X, Kini RM, Xu H-X. *J Nat Prod* 1998 61 1356(Effects of tannins from *Geum japoncium* on the catalytic activity of thrombin and factor Xa blood coagulation cascade)

8) Heo J-C, Son M, Woo S-U, et al. *Oncol Rep* 2008 19 1399(A fraction of methylene chloride from *Geum japonicum* Thumb. inhibits tumor metastatic and angiogenic potential)

9) Kang SA, Shin HJ, Choi SE, et al. *Nutr Sci* 2006 9(2) 117(Anti-inflammatory activity of the medicinal plant *Geum japonicum*)

10) Kurogawa M, Hozumi TA, Basnet P, et al. *J Pharmcol Exp Ther* 1998 284 728 (Purification and characterization of eugeniin as an antitherpes virus compound from *Geum japonicum* and *Syzygium aromaticum*)

11) Kurokawa M, Nagasaka K, Hirabayashi T, et al. *Antiviral Res* 1995 27 19(Efficacy

of traditional herbal medicines in combination with acyclovir against herpes simplex virus type 1 infection in vitro and in vivo)

12) Lee S-E, Seong N-S, Bang J-K, et al. *Kor J Med Crop Sci* 2003 11(2) 127(한국산 약용식물의 항산화효과-뱀무, 이질풀, 오동잎, 고로쇠나무 잎 등)

13) Li G, Yang Y, Wang F, et al. *J Jilin Univ*(Med Ed) 2006 32 196(Isolation and structure identification of phenolic compounds from *Geum aleppium* Jacq.)

14) Li M, Yu CM, Cheng L, et al. *Clin Chem* 2006 52(8) 1460(Repair of infarcted myocardium by an extract of *Geum japonicum* with dual effects on angiogenesis and myogenesis)

15) Liu H, Li J, Zhao W, et al. *Chem Biodivers* 2009 6 402(Fatty acid synthase inhibitors from *Geum japonicum* Thumb. var *chinense*)

16) McCutcheon AR, Ellis SM, Hancock REW, Towers GHN. *J Ethnopharmacol* 1994 44 157(Antifungal screening of medicinal plants of British Columbia native peoples-*Geum macrophyllum* roots)

17) Ming D-S, Jiang R-W, But PPH, et al. *J Asian Nat Prod Res* 2002 4 217(A new compound from *Geum rivale* L.)

18) Murai Y, Iwashina T, *Biochem Syst Ecol* 2010 38 1081[Flavonal glucuronides from *Geum calthifolium* var. *nipponicum* and *Sieversia pentapetala*(Rosaceae)]

19) Panizzi L, Catalano S, Miarelli C, et al. *Phytother Res* 2000 14 561(In vitro antimicrobial activity of extracts and isolated constituents of *Geum rivale*)

20) Saito Y, Kimura Y, Sakamoto T, *Nippon Eiyo Shokuryo Gakkaishi* 1976 29 505 (Studies on the antioxidant properties of spices. III. The antioxidant effects of petroleum ether soluble and insoluble fractions from spices)

21) Shigenaga S, Kouno I, Kawano N. *Phytochemistry* 1985 24 115(Triterpenoids and glycosides from *Geum japonicum*)

22) Xie YW, Xu HX, Dong H, et al. *J Ethnopharmacol* 2007 109 128(Role of nitric oxide in the vasorelaxant and hypotensive effects of extracts and purified tannins from *Geum japonicum*)

23) Xu H-X, Ming D-S, Dung H, But P P-H. *Chem Pharm Bull* 2000 48(9) 1367(A new anti-HIV triterpene from *Gemum japincum*)

24) Xu H-X, Zeng F-Q, Wan M, Sim KY. *J Nat Prod* 1996 59(7) 643(Anti-HIV triterpene acids from *Geum japonicum*)

25) Yoshida T, Maruyama Y, Memon MU, et al. *Phytochemistry* 1985 24 1041 (Gemins D, E and F, ellagitannins from *Geum japonicum*)

26) Yoshida T, Maruyama Y, Okuda T, et al. *Chem Pharm Bull* 1982 30 4245(Gemin B and C, dimeric ellagitannins from *Geum japonicum*)

27) Yoshida T, Okuda T. *J Chem Soc Perkin Trans* 1985 1 315(Tannins of Rosaceous medicinal plants part 2. Gemins A, B and C, new dimeric ellagitannins from *Geum japonicum*)

28) Yukawa TA, Kurokawa M, Sato H, et al. *Antiviral Res* 1996 32 63(Prophylactic treatment of cytomegalovirus infection with traditional herbs)

29) Zeng F-Q, Xu H-X, Sim K-Y, et al. *Phytother Res* 1998 12 146(The anticoagulant effects of *Geum japonicum* extract and its constituents)

특허

1. 〈특허등록 제718602호〉 대한민국 농촌진흥청(항비만 및 항염증 효과를 가지는 뱀무 추출물, 이를 포함하는 식품조성물 및 이들의 제조방법)
2. 〈특허등록 제970126호〉 케일랩 멀티랩 주식회사(탈모방지 및 발모 촉진용 조성물의 제조방법)
3. 〈특허등록 제891881호〉 대한민국 농촌진흥청(3,4,5-트리 히드록시 벤즈알데히드를 유효성분으로 포함하는 고지혈증 및 MMP 과다활성으로 인한 혈관질환 예방 및 치료용 조성물)

(조식제, 2, p424)

20 베르가모트 *Citrus bergamia* L.

꿀풀과
(Labiatae)

Bergamot, Bee balm(英)
Scarlet monarda(일반명)

원산지: 북미

용도: 식용·약용 – 전초, 잎, 꽃

역사

베르가모트(bergamot)라는 이름은 이 식물의 잎, 꽃의 향기가 이탈리아산 감귤 베르가모트 오렌지 향과 흡사하기 때문이며 화려한 꽃에는 꿀벌이 많이 꼬여 'Bee balm'이라는 별명도 있다.

베르가모트는 미국의 오스위고(Oswego)강 유역의 아메리카 원주민들이 건강차로 이용, 지금도 '오스위고 티'라고 한다. 원주민들은 감기나 목이 아플 때 이용했고, 머릿기름 향료로도 이용하였다.

*Citrus*속 식물에는 16종이 있고, 키는 작고 상록관목. *Citrus*속 식물은 대부분 오래전부터 경작해 왔고, *Citrus aurantium*과 *C. bergamia*는 중국 생약(Chinese medicine)으로 1세기에 기록되었고, 동인도에는 *C. aurantium*은 포르투갈인에 의해 도입되었다.

1569년 스페인의 식물학자인 세비야의 니콜라스 모나르데스(Nicolás Monardes)가 미국의 본초서(本草書)에서 베르가모트 오렌지 같은 향이 있는 식물로 기재, 베르가모트가 되었으며, 이름은 그를 기념하여 *Monarda*라 하였다 (Herbs p171).

식물학적 특성

내한성 다년생 초본. 키는 60-80cm 네모 줄기는 곧다. 긴 잎자루가 있는 잎은 계란꼴로 대생. 짙은 녹색 엽맥에 가는 털이 있다. 여름부터 가을까지 갈라진 가지 끝에 미적색의 두상화가 집산화서로 피며 꽃을 싸는 포엽도 붉게 물든다. 꽃과 잎은 베르가모트 오렌지 향이 있다.

씨와 꺾꽂이, 뿌리꽂이, 포기나누기 등으로 쉽게 번식된다(Herbs p172).

특수성분

*Citrus bergamia*에서 α-Bergamotene(B-00290), *Bergapten(B-00293), Bergaptol(B-00293), *3-Methyl-2-(2-pentenyl)-2-cyclopenten-1-one (Z,M-01262), *3-Methyl-2-pentyl-2-cyclopentenone(M-01265), *3-Methyl-2-pentyl-2-cyclopentenone(M-01265), 5-Octen-2-one(O-00245), Pentacosanoic acid(P-00335), Tricosanoic acid(T-01763) 등이 분리동정되었다(DNP p486).

생리활성

Citrus flavonoids**의 생리활성**: *Citrus* flavonoids(CF) 활성은 염증과 암에 대한 연구로 대별할 수 있다. CF는 심혈관 질환과 몇몇 암에 대한 보호 작용이 있고, 이에 대해 약 50여 년간 연구되어 왔으나 아직은 미흡하다. CF 중에는 세포 활성에서 효소를 저해하는 물질이 있다. 암 관리에 대한 시도는 암을 억제, 차단 또는 변형시킴을 포함하여 억제물질은 procarcinogen으로부터 새로운 암 형성을 예방하고, 발암물질의 대사에서 독성이 낮은 물질로 변화시켜 암을 예방하는 것이다. Flavonoid는 3 type으로 작용할 수 있으며, 많은 역학조사에서 일반 flavonoid 섭취는 심혈관 질환을 감소시키며, coronary heart disease에서 주로 항혈전, anti-ischemic, 항산화 및 혈관 이완으로 보호 효과를 한다. 또 flavonoid는 coronary heart disease 위험을

감소시키는 3가지 주요 역할, 즉 관상동맥 확장을 개선, 혈소판 응집감소, 및 LDL 산화예방 등이다. *Citrus* flavonoid의 항염활성은 proinflammatory 매개물 중 주로 arachidonic acid 유도체, prostaglandin E_2, F_2 및 thromboxane A_2 합성과 활성을 저해하는 것이다. 또 CF의 항산화 및 항염활성과 몇몇 퇴행성 질병, 특히 뇌질환에 중요한 역할로 작용할 수 있다. CF 대부분이 flavonoid인 hesperidin, naringin 및 neohesperidin이 있으나, 일반적으로 diosmin, apigenin, luteolin 같은 flavone은 아주 적은 양에서도 강한 활성을 보인다. Diosmin과 rutin은 venotonic agent로 작용하며, 몇몇 약품으로도 존재한다. Apigenin과 그 glucoside는 다른 항염제에서 나타나는 부작용이 없는 좋은 항염제로 쓰여 왔다. 본 논문에서는 *Citrus* flavonoid의 항암제, 항염 및 심혈관 보호활성과 퇴행성 질환에 대해 논의하였다(Benavente-Garcia O, 2008).

혈관내막보호-비휘발성분: 베르가모트 정유의 비휘발성 분획은 항산화 물질이 풍부. 상처난 동맥과 LDX-1(oxy-LDL receptor-1) 및 새로운 혈관 내막형성 같은 산화적 stress를 저해하는 천연 항산화물이 풍부한 분획으로 혈관 smooth muscle cell 증식과 oxy-LDL-관련 혈관장애 치료 시 유용한 항동맥경화 물질로 이용될 수 있다(Mollace V, 2008).

Cholesterol 저하-Flavonoid: 근래 베르가모트에서 분리된 flavonoid인 brutierdin과 melitidin은 HMGCoA reductase의 경쟁적 저해로 anti-cholesterolemic activity가 있는 새로운 후보 물질. 천연물인 bergamot juice는 혈중 cholesterol을 감소시켜 제약적 응용이 기대되었다(Leopoldini M, 2010).

혈중지방저하효과: 고지혈 유도 식이섭취 rat에서 *C. bergamia*는 혈중지방을 감소시켰다. 즉 혈중 cholesterol, triglyceride 및 LDL-cholesterol을 현저히 감소시켰고, 혈청 HDL-cholesterol를 증가시켰다. Cholesterol 저하효과는 radical 소거활성, 변중 중성 sterol과 총 담즙산을 배설시키기 때문으로 생각되었다(Miceli N, 2007).

항식중독세균-정유: 레몬, 오렌지 및 베르가모트 정유와 정유물질 중 *Listeria*

monocytogens, *St. aureus*, *B. cereus*, *E. coli*: 0157 및 *Campylobacter jejuni*에 베르가모트가 가장 항균성이 강하였고, linalool이 anti-bacteria 활성이 강하였다. Gram(+)균에 gram(-)균보다 강하였으며, *Camp. jejuni*와 *E. coli*: 0157은 bergamol, linalool oil 및 vapour에 저해활성이 있었다. Gram(+)균인 *St. aureus*가 정유와 화합물에 대해서도 가장 낮았다. 이로써 베르가모트가 식중독 원인균에 특히 강하였다(*Camp. jejuni*-급성 세균성 위장염균)(Fischer K, 2006).

항미생물활성: 베르가모트 과피 정유 중 flavonoid는 gram(-)균(*E. coli*, *Pseud. putida*, *Sal. enterica*), gram(+)균(*Listeria innocua*, *B. subtilis*, *St. aureus*, *Lactococcus lactis*) 및 yeast인 *Saccharomyces cerevisiae*에 항미생물활성을 시험한 결과, gram(-)균에 활성이 있었고, 이들 flavone glycoside보다 aglycone(eriodictyol, naringenin, hesperidin)이 활성이 강하였고, 이들 aglycone은 서로 항미생물활성을 상승시켰다(Mandalari G, 2007).

항진균활성-정유와 부산물: 베르가모트 정유는 *Candida* spp.(*C. albicans*, *C. glabrata*, *C. krusei*, *C. tropicalis*, *C. parasilosis*) 감염에 대하여 가장 강력한 물질로 생각되었다(Romano L, 2005). 베르가모트 정유 부산물인 peratoner를 Wistar rat(♂)의 등 피부에 *Candida albicans*를 감염시켜 peratoner를 도포하고, 항진균활성을 관찰한 결과, 24시간 후, 표피층 구조가 완전히 회복되었다(Pizzimenti FC, 2006).

항피부사상균: 임상적으로 중요한 *Candida* species에 베르가모트 정유가 강력한 항진균제로 베르가모트 천연정유와 furocoumarin-free 정유 ex는 *Trichophyton*, *Microsporum* 및 *Epidermophyton* species에 대한 실험에서 92종 임상 dermatophytes; *T. mentogrophyte* 20종, *T. rubrum* 18종, *T. interdigitale* 15종 등, 92종에 대하여 성장을 80% 저해. 본 실험 결과, dermatophyte 및 일반균주에 대하여 베르가모트 정유는 활성을 보여 dermatophytes(피부사상균)에 강력한 치료 효과가 있었다(Sanguinetti M, 2007).

신경보호효과-정유: Human SH-SYSY neuroblastoma cell을 NMDA에

노출시켰을 때, 베르가모트 정유가 외부독성에 의한 신경손상을 감소시켰고, critical death pathway의 손상유도를 예방함으로써 신경을 보호하였다 (Corasaniti MT, 2007).

항산화·항염활성-과피: *Citrus bergamia*(bergamot)는 과육보다는 bergamot peel(Bp)를 약 60%가 정유제조에 쓰이고, 버려지나, 과피에는 pectin이나 flavonoid 같은 유용물질이 있다. Citrus flavonoid는 여러 생리 활성물로 과피는 천연 항산화 및 항염활성이 있고, 당과 섬유소 등 여러 물질들이 있어 경제적, 환경적 문제에도 유용. 과피 찌꺼기에는 psoralens도 적으나, 광자극과 procarcinogenic event에도 유용하였다(Trombetta D, 2010).

항산화활성-Phenol성 물질: 가격이 안정된 citrus peel과 seed 즉 주스를 짠 부산물이 천연 항산화제로 쓰일 수 있는지 조사코자 peel과 seed MeOH ex를 alkali로 가수분해. 일반적으로 seed는 peel보다 항산화활성이 더 크다. 시료 MeOH ex에 flavone과 glycosylated flavanone은 풍부. MeOH ex 가수분해 후, 주로 phenolic acid와 flavonol이 풍부하였다(Bocco A, 1998).

미백효과: *C. bergamia* 정유는 tyrosinase 효소 활성을 직접 억제하지 못하였으나, melanoma 세포에서 MSH에 의한 melanin 생성을 억제하였다 (Lim HW, 2003).

항알러지효과-저장기간: 진피와 묵은 진피의 EtOH ex가 알러지 동물모델에서 항알러지효과를 비교한 결과, 저장기간이 길수록 hesperidin은 감소하나 추출물의 항산화력은 증가하였고, 저장기간이 오래될수록 진피의 흰 속은 감소되나, 경구투여 시 소양행동 억제 작용, 진통 작용, 비만세포 탈과립 작용이 증가되었다. 진피 저장기간이 길수록 진피의 효과가 증가하는 것은 정유성분의 소화기능 촉진이 아니고, 소염작용에 의한 염증매개성 질환의 증상 개선으로 판단되었다(신용욱, 2012).

약물생체이용율 증가-Naringin: 고혈압 치료제인 losartan 경구투여 시 소장에서 흡수되나, 소장과 간에서 주로 CYP3A4에 의해 대사되며, p-glycoprotein의 기질로 소장에서 흡수가 저해된다. 본 실험에서는 naringin을 동시에 투여하였을 때 p-glycoprotein과 CYP3A4 억제제 naringin이 losartan의 생체 이용율을 증가시켰다(Lee CK, 2009).

Cd중독완화-과피·식이섬유: 감귤과피에서 추출한 식이섬유는 불용성 섬유가 가용성 섬유의 5.2배 많았고, 수용성 섬유는 guar gum과 유사한 glucose 투과 억제 효과가 있었다. Bile acid 투과 억제는 감귤과피의 수용성, 불용성, 총 식이섬유군 모두 효과가 있었으며, 수용성 감귤과피 섬유군의 투과억제가 가장 컸다(김미경, 1997). 감귤과피에서 추출한 hesperidin과 시판 hesperidin, naringin을 식이에 혼합, 투여 시, Cd-식이로 산화적 stress를 주어 과산화 지질생성과 항산화 효소계에 미치는 영향을 관찰한 결과, flavonoid는 Cd배설(변)량을 증가, 체내 Cd량을 감소시켰다. 또 혈장과 간의 지질 과산화물 생성억제는 항산화 효소 활성 증진보다는 중금속과 chelating이나 free radical를 소거하기 때문으로 생각되었다(Kim HJ, 1999).

Flavonoid성분①: Bergamot juice를 분석한 결과, 8개 flavonoid를 처음 발견; 5개 C-glycoside인 lucenin-2, stellarin-2, isovitexin, scoparin 및 orientin 4′-methylether와 3개 *O*-glycoside인 rhoifolin-4-*O*-glucoside, chrysoeriol-7-*O*-neohesperoside-4-*O*-glucose 및 chrysoeriol-7-*O*-neohesperidoside이었다(Gattuso G, 2006).

Flavonoid②: *Citrus bergamia* 과실에서 flavonoid glycoside는 3-hydroxy-3-methylglutaryl neohesperidoside인 hesperetin(bruieridin)과 naringenin (melitidin)이었다(Di Dona L, 2009). 또, 과피에서 정유와 juice 생산 후의 부산물에서 pectin과 flavonoid가 많아 효소처리로 81.94%를 얻었고, flavonoid는 flavonone인 rutinoside와 neohesperoside인 naringenin, eriodictyol 및 hesperetin을, orange와 lemon 과피에 없는 flavone과 flavone glycoside도 얻었다(Mandlari G, 2006).

Flavonoid③: *Citrus* 속 식물에는 항산화활성, 항암, 항virus, 항염증 활성, 모세혈관 파열예방 등 건강관련 성질이 있는 polyphenolic compound가 풍부하였다(Benavente-Garcia O, 1997).

정유성분①: 이탈리아 칼라브리아(Calabria)에서 생산된 베르가모트(*Citrus bergamia* Risso)의 정유성분을 분석한 결과, bergamottin(1.02-2.75%),

5-geranyloxy-7-methoxycoumarin(0.08-0.22%), citropten(0.14-0.35%), bergapten(0.11-0.32%)이었고, 1-3월에 citropten과 5-geranyloxy-7-methoxycoumarin의 감소 시기이다(Mondello L, 1998).

정유성분②: 베르가모트의 정유 휘발성 ordour 성분을 GC, GC/MS, GC-O(olfactometry)로 분석, GC/MS에서 55성분을 동정, 주성분은 limonene 37.2%, linalyl acetate 30.1%, linalool 8.8%, α-terpinene 6.8%, 및 β-pinene 6.2%, sensory 분석에서 각 물질의 odour description과 flavour dilution(FD) factors를 GC-sniffing과 aroma extraction dilution analysis(AEDA)로 평가한 결과, 베르가모트 같은 odour 물질은(Z)-limomene-oxide, decanal, linalyl acetate 및 geraniol 등이었다(Sawamura M, 2006).

정유성분③: *Citrus bergamia*는 sour orange와 lemon의 hybrid(교잡종)으로 limonene함량이 34.2%(sour orange), 41.4%(trifoliate orange), linalool은 8.2%(trifoliate orange), 14.8%(volkanmerian lemon) 및 linalyl acetate 29.9%(trifoliate orange), 36.6%(sour orange). 베르가모트 뿌리 oil에는 sour orange에 평균 oxygenated compound 52.1%, hydrocarbone 47.7%로 이 oil에 linalyl acetate가 가장 많아 36.6%, linalool은 13.7%, trifoliate orange는 sour orange가 가장 달라, linalool 8.2%로 가장 낮았고, linalool acetate 29.9% 및 oxygenated compound 39.7%로 많았다(Verzera A, 2003).

정유성분④: 베르가모트 과피를 냉압출 추추출물의 GC와 GC/MS로 분석. 99.35%의 정유를 얻어, 36성분을 동정. 주요 성분은 linalyl acetate 37.39%, limonene 32.28%, linalool 16.27%, γ-terpinene 4.12%이었고(Baser KHC, 1995), 또 *C. bergamia*의 Castango, Fantastico, Femminello 3품종의 oxygen heterocyclic 분획을 분석, polymethoxyflavone(PMF)을 정량한 결과, femminello(1,045-1,608mg/L), fantastico(1,256-1,477mg/L), castagnaro(681-815mg/L)순. PMF성분은 sinesetin, nobiletin, tetra-*O*-methyl scutellarin, tangeretin이었다(Donato P, 2004)

효능과 이용

1) 식용: 신선한 잎을 차나 냉차 및 칵테일에도 띄워 풍미를 즐기며, 꽃이 향기로워 샐러드나 잼, 젤리를 만들 때 이용한다. 꽃이 처음 필 때 증류하여 기름을 얻었고, 열매는 설거나 익었을 때 따서 증류하여 기름을 얻어 요리나 과자, 캔디에 넣고, 과실은 맛이 쓰나 향기롭고, 피로가 회복된다.

2) 약용 : 방향성 건위약일 뿐 아니라 구풍제, 진정제, 피로회복에 효과가 탁월하며 티몰(thymol) 성분 때문에 방부작용도 있고 그 밖에 최면효과도 있다. 내복에는 어린이 복통, 소화제로, 맛은 쓰나 향기가 있고, 긴장 해소, 소화증진 효과도 있다.

3) 기타 : 신선한 것과 건조시킨 것은 향기가 별 차이 없어 방향제로도 또 목욕제로도 쓰이며, 베르가모트유는 질 세정제(aromatherapy), 향료(perfumery) 등으로 외용한다.

참고 문헌

1) 김미경, 정혜선. **영양학회지** 1997 30(3) 229(감귤과피의 식이섬유와 cadmium 대사)

2) 신용욱. **본초학회지** 2012 27(5) 37(진피-陳皮의 저장기간에 따른 항알러지 효과 비교)

3) 이종미, 오상석, 한대석, 손은심. **식생활문화학회지** 2001 16(5) 504(식물성 식품 중 총 플라보노이드 함량과 생리 활성 탐색)

4) Baser KHC, Özek T, Tutas M. *J Essent oil Res* 1995 7 341(Composition of cold-pressed bergamot oil from Turkey)

5) Benavente-Garcia O, Castillo J, Merin FR, et al. *J Agr Food Chem* 1997 45(12) 4505(Uses and properties of *Citrus* flavonoid-Review)

6) Benavente-Garcia O, Castillo J. *J Agr Food Chem* 2008 56 6185(Update on uses and properties of citrus flavonoids: new findings in anticancer, cardiovascular, and antiinflammatory activity)

7) Bocco A, Cuvelier M-E, Richard H, Berset C. *J Agr Food Chem* 1998 46 2123

(Antioxidant activity and phenolic composition of citrus peel and seed extracts)

8) Calvarano M, Postorino E, Gionfriddo F, et al. *Perfum Flavor* 1996 21 1(Naringin extraction from exhausted bergamot peels)

9) Corasaniti MT, Maiuolo J, Maida S, et al. *Br J Pharmacol* 2007 151 518(Cell signaling pathways in the mechanisms of neuroprotection afforded by bergamot essential oil against NMDA-induced cell death in vitro)

10) Costa R, Dugo P, Navarra M, Raymo V, et al. *Flvaour Fragr J* 2010 25 4[Study on the chemical composition variability of some processed bergamot(*Citrus bergamia*) essential oils]

11) Di Dona L, De Luca G, Mazzotti F, et al. *J Nat Prod* 2009 72 1352(Statin-like principles of bergamot fruit(*Citrus bergamia*): isolation of 3-hydroxymethylglutaryl flavonoid glycosides)

12) Donato P, Bonaccorsi I, Russo M, Dugo P. *Flavour Fragr J* 2004 29 131 (Determination of new bioflavonoids in bergamot(*Citrus bergamia*) peel oil by liquid chromatography coupled to tandem ion trap-time-of-flight mass spectrometry)

13) Fisher K, Phillips CA. *J Appl Microbiol* 2006 101 1232(The effect of lemon, orange and bergamot essential oils and their components on the survival of *Compylobacter jejuni, E. coli 0157. L. monocytogenes, B. cereus and S. aureus* in vitro and in food systems)

14) Gattuso G, Caristi C, Gargiulli C, et al. *J Agr Food Chem* 2006 54 3929[Flavonoid glycoside in bergamot juice(*Citrus bergamia* Risso)]

15) Greenberg, S, Ortiz, EL, *The Book of Spices*, Times Book International, Singapore 1983 8

16) Kim HJ, Bae KH, Lee HJ, et al. *Kor J Nutr* 1999 32 137(Effect of hesperidin extracted from tangerine peel on cadmium and lipid metabolism and antioxidative capacity in rats)

17) Kirbastar ST, Kirbastar FG, Dramur U. *J Essent Oil Res* 2000 12 216(Volatile

constituents of Turkish bergamot oil)

18) Lee CK, Choi JS. *Yakhak Hoeji* 2009 53(5) 259(Effect of naringin on the bioavailability of losartan in rats)

19) Leopoldini M, Malaj N, Toscano M, et al. *J Agr Food Chem* 2010 58 10768[On the inhibitor effects of bergamot juice flavonoids binding to the 3-hydroxy-3-methylglutaryl-CoA reductase(MMGR) enzyme]

20) Lim HW, Cho NY, Yoon MY, et al. *Yakhak Hoeji* 2003 47(1) 25(Effects of citrus essential oils on melanin production in B16 melanoma cells)

21) Mandalari G, Bennett RN, Bisignano G, et al. *J Appl Microbiol* 2007 103 2056 [Antimicrobial activity of flavonoids extracted from bergamot(*Citrus bergamia*) peel, a byproduct of essential oil industry]

22) Mandlari G, Bennett RN, Bisingnano G, et al. *J Agr Food Chem* 2006 154 197 (Characterization of flavonoids and pectin from bergamot(*Citrus bergamia* Risso) peel, a major byproduct of essential oil extraction)

23) Manthey JA, Gurthrie N, Grhmann K. *Curr Med Chem* 2001 8 135(Biological properties of citrus flavonoids pertaining to cancer and inflammation)

24) Miceli N, Mondello MR, Monforte MT, et al. *J Agr Food Chem* 2007 55 10671 (Hypolipidemic effects of *Citrus bergamia* Risso et Poiteau juice in rat fed a hypercholesterolemic diet)

25) Mollace V, Ragusa S, Sacco J, et al. *J Cardiovas Pharmacol Ther* 2008 3 20(The protective effect of bergamot oil extract on lecithin-like oxy-LDL receptor-1 expression in balloon injury related neointima formation)

26) Mondello L, d'Alcontres IS, Del Duce R. *Flavour Fragr J* 1993 8 17(On the genuiness of *Citrus* essential oils. Part XI. The composition of the coumarins and psoralens of calabrian bergamot essential oil)

27) Mondello L, Verzera A, Previti P, et al. *J Agr Food Chem* 1998 46 4275[Multi-dimensioal capillary GC-GC for the analysis of complex samples 5. Enantiomeric distribution of monoterpene hydrocarbons, monoterpene alcohols and linalyl

acetate of bergamot(*Citrus bergamia* Risso et Poiteau) oils]

28) Pizzimenti FC, Mondello MR, Giampa M, et al. *Flavour Fragr J* 2006 21 585(In vivo morphological and antifungal study of the activity of a bergamot essential oil by-product)

29) Romano L, Battaglia F, Masucci L, et al. *J Antimicrob Chemother* 2005 55 110(In vitro activity of bergamot natural essence and furocoumarin-free and distilled extracts, and their associations with boric acid, against clinical yeast isolates)

30) Sanguinetti M, Posteraro B, Romano L, et al. *J Antimicrob Chemother* 2007 59 305 (In vitro activity of *Citrus bergamia*(bergamot) oil against clinical isolates of dermatophytes)

31) Sawamura M, Onishi Y, Ikemoto J, et al. *Flavour Fragr J* 2006 21 609[Characteristic odour components of bergamot(*Citrus bergamia* Risso) essential oil]

32) Shin D-B, Lee D-W, Yang R, Kim J-A. *Food Sci Biotechnol* 2006 15(3) 357 (Antioxidative properties and flavonoids contents of matured *Citrus* peel extracts)

33) Trombetta D, Cimino F, Cristani M, et al. *Agr Food Chem* 2010 58 8430[In vitro protective effects of two extracts from bergamot peels on human endothelial cell exposed to tumor necrosis factor-α(TNF-α)]

34) Verzera A, Lamonica G, Mondello L, et al. *Perfum Flav* 1996 21 19(The composition of bergamot oil)

35) Verzera A, Trozzi A, Gazea F, et al. *J Agr Food Chem* 2003 51 206[Effects of rootstock on the composition of bergamot(*Citrus bergamia*) essential]

특허

1. 〈특허공개 10-2012-0129599호〉 이○○(레몬밤, 베르가못, 박하잎, 한련초 및 지구자 추출물을 유효 성분으로 함유하는 여드름 예방, 개선 또는 치료용 화장용 조성물)

〈조식제, 2, p284〉

21 베토니

Stachys officinalis
Stachys betonica

꿀풀과
(Labiatae)

Betony, Wood betony(英)

원산지: 터키, 유럽

용도: 약용 – 개화기의 지상부
염료 – 생엽

역사

베토니(betony)는 유럽에서 역사 오랜 두통약의 허브로, 학명 *Stachys*는 라틴어로 그리스어의 '이삭'이며 꽃송이가 이삭처럼 빽빽히 윤생한 것을 뜻한다.

유럽에서는 숨이 차서 고통받는 사람의 치료에, 수도승들이 쓴 약초로 또한 두통약으로도 썼다.

베토니는 켈트어의 머리라는 뜻의 'bew'와 강장(强壯)이라는 'tone'의 합성어로 두통약이라는 뜻이다. 또 꽃송이가 홉을 닮았다 하여 'wild hop'이라는 이름도 얻고 있다(Herbs p374).

식물학적 특성

키 30-60cm 내한성 다년생 초본. 근생엽은 긴 잎자루가 있고 긴 심장형 줄기는 네모지고 전체에 털이 있다. 줄기는 곧고, 짙은 녹색 잎은 톱니가 있다. 꽃은 심형화로 밀생한 줄기 끝에 꽃대가 윤생한다(Herbs p374).

흰색-분홍색 꽃빛에 벌이 많이 모여들며 우리나라의 방아잎이나 한약의 곽향(藿香)과 비슷하다. 씨와 꺾꽂이로 번식하며 개화 직전 꽃송이와 잎을 수확하여 그늘에서 빨리 건조하여 보관한다.

우리나라에는 *S. palustris* Linné(우단석잠풀)와 *S. riederi* Chamisso(석잠풀) 두 종이 분포한다(Lee, YN, II, 147).

특수성분

Stachys 동속식물에서 Cyanidin(P-00583), Isostachyflaside(T-00783), Stachyflaside(T-00782), Isoscutellarein(T-00783), Stachydrine(S, S-01192), Stachyose(S-01194), Stachyoside(S-01195), Trigonellin, 5,6,7-Trihydroxy-4'-methoxyflavone(T-02350)등이 규명되었다(DNP p799).

생리활성

Mini-review: Betony(*Stachys officinalis* L.)는 유럽에서는 두통약으로 써온 herb의 하나로 생리활성 연구로는 항산화, 항미생물, 불안해소, 항암, 면역 활성, 항염 등이 연구되었으나 근래에는 뇌 생리활성에 긍정적인 도움을 주어, 기억력 손상 개선 등 에 대한 연구가 활발하다(Ryu B-H, 2004; Chae D-J, 2016)

심근경색완화-지상부: *Stachys inflata* alcohol ex 시료는 강력한 항염증 효과가 있다. 염증은 경색증 심근손상이 부분적으로 일어날 수 있어 SD rat(♂)를 마취, LAD 관상 동맥을 폐쇄시켜, 시료(30, 60μg/kg/min iv.)와 생리 식염수를 5분간 주입. 국소 빈혈 30분과 재관류 2시간 전에, Evans blue 용액을 주사(iv), 희생시킨 후, 심장을 꺼내 절편을 TTZ에서 괴사 조직을 30분간 incubation 후, 심박과 섬유화를 측정한 결과, 시료는 heart rate와 혈압에 영향이 없었다. 저농도 투여 시 infarct size 48.2%에서 29.7%로 감소하였으나, 고농도에서는 infarct size가 55.6%로 증가되었다. 이는 시료 중 다른 활성 물질이 있는 것으로 생각되었다(Garjani A, 2001).

Anti-anoxia활성-뿌리: *Stachys sieboldii* tuber MeOH ex를 KCN-유도 치사 mice를 현저히 저해하였다. 시료의 MeOH ex의 활성 성분을 분석한 결과,

acetoside와 stachysoside C, phenyl ethanoid glycoside로 KCN-유도 치사 anoxia model에서 현저한 활성을 보였다(Yamahara J, 1990).

AchE·MO활성억제①: 초석잠 *Stachys sieboldil* MeOH ex 시료가 뇌신경 전달 물질과 관련이 있는 acetylcholine esterase(AchE), monoamine oxidase(MO) 및 xanthine oxidase(XO)의 활성 억제 효과를 알고자, 시료를 각각 100, 200mg/kg 첨가 실험에서 시료 농도 증가에 따라 과산화 지질이 용량 의존적으로 생성이 감소하였다. SD rat(♂)에 20일간 시료 100mg/kg 투여에서 지질 과산화가 억제되었고, AchE의 활성은 23.11% 억제, MO와 XO 각각 21.93%, 63.58% 억제되었다. 또 시료 100mg/kg 투여에서 X dehydrogenase에서 XO 전환율이 28% 억제되었고, X dehydrogenase가 XO로 전환도 정상에 비해 억제되었다. 이로써 초석잠은 뇌 생리활성에 도움이 되리라 생각되었다(Ryu B-H, 2004).

기억손상개선②: Scopolamine(S)-유도 치매 흰쥐에 초석잠 4.5, 2.5과 Ca 0.5, 2.5mg/kg 투여군(C군)을 Y자 미로와 수중미로의 행동실험 결과, 5CS(고Ca 군)군이 N(정상군)과 비교, 유사한 수치를 보였고, 공간 인지 기능을 개선시켰다. 수중미로 실험도 CS시료군의 escape latency가 감소, N군과 유사, 기억력 및 학습 능력 개선에 효과적. Acetylcholine(Ach)과 Ach-esterase(AchE) 활성이 CS군은 저해되어 뇌 조직내 신경전달 물질 Ach 함량을 증가시켜 뇌신경을 활성화, 인지기능 개선효과 유도 가능성을 보였다. 해마의 병리조직학적 관찰에서 손상정도가 심하여 응축된 신경세포가 C군보다 CS군이 현저히 감소, 신경세포 손상이 억제되었다. 따라서 Ca배합률에 따른 초석잠은 scopolamine 치매유도 흰쥐 model에서 기억력, 학습능력 및 인지능력 개선에 효과적이라 생각되었다(Chae D-J, 2016).

항염증활성-지상부①: Iran의 민속약으로 감염, rheumatis, 그 외 염증 질환에 쓰이는 *Stachys inflata* 지상부 MeOH ex(시료)를 항염증 성질을 알고자, carrageenan-유도 paw edema와 formalin 유도 paw licking rat model에서 염증을 일으키기 60분 전에 ip로 시료 50, 100 및 200mg/kg 투여하여 carrageenan-유도 rat paw edema를 실험한 결과, formalin test에는 처음

0-5분에서 통증이 없었으나, 50-200mg/kg에서는 완전히 통증을 차단하였다. Myeloperoxide(MPO) 활성은 염증유도 후, paw tissue 4에서 조직 약리학적 실험 결과, 대조군에서 MPO의 활성을 전적으로 감소시켰다. 조직학적 실험에서 시료 200mg/kg 처리 rat에서 조직 상처 감소와 중성구 침윤을 저해하였다(Maleki N, 2001).

항염·진통활성-지상부②: *Stachys byzanthina* C. Koch. 지상부에서 acyclic diterpene ester, phytylnonadecanoate를 처음 분리. 2개의 normal alkane, 1개의 지방산 및 2개 sterol로 동정되었다. 항염활성은 지상부 acetone ex와 MeOH ex를 실험, 항염활성은 formalin test와 carrageenan-유도 paw edema 실험 결과, carrageenan 유도 paw edema는 acetone ex와 MeOH ex(시료 50, 100 및 200mg/kg) 모두에서 농도 의존적으로 항염활성을 보였고, indomethacin 고농도 5mg/kg에서와 비슷한 항염증 효과를 보였다. 중요한 것은 항염증 효과뿐 아니라 통증 저해 효과도 보였다(Khanavi M, 2005).

항Bacteria활성-정유①: 남 Greece의 *Stachys candida*와 *S. chrysantha*의 정유를 GC와 GC-MS로 분석, 42성분을 두 oil에서 얻었고, 주성분은 α-cadinol monoyl oxide, caryophyllene oxide, epi-α-muurolol 및(E)-caryophyllene. 정유를 gram(+)균 *St. aureus* ATCC 25923, *St. epidermis* ATCC 12228과 gram(-)균 *E. coli* ATCC 25922, *Enterobacter cloacae* ATCC 13047, *Klebsiella penumoniae* ATCC 13883 및 *Pseud. aeruginosa* ATCC 227853에서 항균활성을 보였고, Standard antibiotics netilmicine, amoxicilline을 사용하였다(Skaltsa HD, 1999).

항Bacteria활성-정유②: Serbia의 6종 *Stachys; S. scardica, S. officinalis, S. germaica, S. sylvatica, S. plumose* 및 *S. recta*의 정유를 GC/MC로 분석. 100이상의 성분을 동정, sesquiterpene hydrocarbon이 주성분(*S. plumosa* 제외). *S. plumosa*는 monoterpene hydrocarbon이 주성분. 정유는 gram(+)와(-)균 각각 3종 bacteria에 대해 실험한 결과, *S. officinalis*가 항bacteria 활성이 가장 강하였고, 특히 *Pseudomonas aeruginosa*와 *Proteus mirabilis*에 강하였다(Grujic-Jovanovic S, 2004).

항미생물활성-정유①: Sardinia 2곳의 *Stachys glutinosa* L. 정유를 분석한 결과, Gallura 식물은 4종 주요 성분: terpinen-4-ol 12.7%, α-terpinyl acetate 10.6%, trans-cadinal(6),4-diene 8.5%, Ulassai 식물은 α-cedrene 19.2%, α-terpineol 18.5%, terpinen-4-ol 12.6% 및 α-terpinyl acetate 8.6%, 두 oil 모두 *Vibrio cholerae* MIC 0.6%. 실험한 모든 *Candida* 1.25% 및 *Rodotorula rubra* 2.5%에 항미생물활성이 있었다. 또한 *Candida glabrata* 1.25%와 *Rodotorula rubra* 2.5%에 bactericidal activity가 있다(Giorgia P, 2006).

항미생물활성-정유②: Turkey 자생 *Stachys cretica* L. subsp *smyrnaca*의 지상부를 GC-MS로 분석, 총 oil 99.7%에서 37성분 중 34성분을 동정. 주요 성분은 trans-β-caryophyllene 51.0%, germacrene D 32.8%, α-humulene 3.1%, δ-cadinene 2.1%, δ-elemene 2.1%. 정유의 항미생물활성은 정유와 trans-β-caryophyllene은 antibacteria와 antifungal 활성이 있었고, 정유와 추출물 양 의존적으로 증가하였다. 특히 *Pseudomonas aeruginosa*와 *Bacillus subtilis*에 항균성을 보였다(Oztruk M, 2009).

항미생물활성-휘발성분③: *Stachys alopecuros*(Sa), *S. scardica*(Ss), *S. cretica*(Sc), *S. germanica* ssp. *heldrei-chii*(Sg), *S. recta*(Sr), *S. spinulosa* (Ssp), *S. euboica*(Se), *S. menthifolia*(Sm) 등 Greece 야생 식물을 GC와 GC-MS로 분석, sesquiterpene hydrocarbone은 본 식물 taxa의 주요 성분으로 6종 bacteria; *Pseudomonas aeruginosa* ATCC 27853, *E. coli* ATCC 35210, *B. subtilis* ATCC 10907, *B. cereus*(clinical isolates), *Micrococcus flavus* ATCC 10240, *St. epidermis* ATCC 2228 및 5종의 fungi; *Aspergillus niger* ATCC 6275, *Pen. ochrocholorn* ATCC 9112, *Epi. floccosum*(clinical isolates), *C. albicans*(clinical isolates) 및 *Tricho. mentagrophytes*(clinical isolates)에 항미생물활성을 보였고, fungi보다는 bacteria에 항균성이 높았다. *Pseudomonas aeruginosa*가 가장 강한 resistant strain이었고, Ss가 bacteria와 fungi에 가장 강하였다(Skaltsa HD, 2003).

항산화활성-Flavonoid glycosides①: *Stachys bombycina* 지상부 MeOH ex를 분석, flavonoid glycoside인 chrysoeriol 7-*O*-[6-*O*-acetyl-β-Dallopyranosyl]-(1→2)-β-D-glucopyranoside a와 apigenin 7-*O*-β-D-(6-p-coumaroyl)-glucopyranoside b를 분리동정하였고, DPPH assay 결과, a와 b RC_{50}값이 각각 1.25×10-2와 7.69×10-4mg/mL였다(Delazar A, 2005).

항산화활성-*Stachys taxa*②: 7종의 Croatia *Stachys* taxa[*S. alpina, S. officinalis, S. palustris*(Sp), *S. recta* subsp *recta*, subsp *subcreneta*(Srr), *S. salviifolia* 및 *S. sylvatica*]의 생리활성 성분 polyphenol, tannins, phenolic acids 및 flavonoid와 함께 이들의 항산화활성을 실험한 결과, polyphenol 함량이 많았고, phenolic acid는 중정도, tannin과 flavonoid는 적었다. MeOH ex, EtOH ex, CH_2Cl_2 ex는 DPPH, lipid peroxidase 및 xanthine oxidase assay에서 모든 extract는 lipid peroxidation과 xanthine oxidase 저해활성은 없었으나, Srr. Sp MeOH ex는 참고물질 rutin보다 항산화활성이 컸다(DPPH). Radical 소거활성은 flavonoid 함량과는 상관관계가 낮았다. *Stachys* taxa는 free radical 소거활성이 강력하였다(Vundac VB, 2007).

항사구체신염: 보체 활성은 백혈구 침윤과 관련이 깊다. 신 사구체 mesangial cell과 endotheial cell에 rat C5a가 monocyte를 자극, neutrophil 부착을 유발시켜, *Stachy sieboldii* 성분 acetoside는 급진적 심각한 사구체 신염에 유효할 것으로 생각되었다(Hayashi K, 1994).

불안해소활성: *Stachys lavandulifolia* 지상부 80% EtOH ex와 정유를 elevated plus-maze(EPM) 불안 model TO-mice(♂)에 여러농도로 투여, 30분 전후에 행동을 평가한 결과, 100mg/kg 시료 투여에서 시간이 지남에 따라 EPM model은 벌렸던 팔을 오그렸고, 오그렸던 EPM model에서 시간 경과에, 시료 투여량에 따라 팔을 벌렸다. 100mg/kg이하의 시료 투여에서는 EPM은 아무런 변화가 없었다. 시료 ex 100mg/kg에서는 ketamine-유도 수면 시간이 증가되었고, 행동 양상은 감소되었다. 이로써 시료 ex는 diazepam보다 진정 효과(sedative activity)는 비교적 낮으나, 불안 해소는 있었다. 그러나 시료의 정유는 100mg/kg 이상에서 EPM에 대하여 mice 행동에 대해 어떠한 특정 효과도 보이지 않았다(Rabbani M, 2003).

항암·면역활성: *Stachys sieboldii* 추출물의 항암 및 면역조절 활성을 알고자,

mouse에 투여한 결과, 비장세포의 증식반응을 항진시켰으나, YAC-1 세포주 증식능은 억제되었다. CD4+및 CD8+T cell 비율이 정상 대조군 mouse것에 비하여 증가하였으나, CD4+/CD8+비는 차이가 없었으며, 비장 세포에서 IL-2 수용체의 발현이 항진되었다. 또한 복강 대식세포로부터의 NO와 TNF-α 생산을 항진시켰으며, 복강 대식세포는 탐식능이 현저히 항진되었고, B16F10 흑색종의 폐 전이가 억제되었다. 따라서 초석잠의 항암제 및 면역 반응 조절자로 개발 가능성을 보였다(Ryu B-H, 2002).

Turkey산-정유①: *Stachys recta*(Sr)와 *S. balansae*(Sb)의 지상부 채집은 1993년 7월과 8월에 Sr은 해발 1200m인 Nizip-Gaziantep 지방에서, Sb는 해발 1700m인 Anatolia Mugla에서 채집, 기기 분석 결과, Sr의 주성분은 oct-1-en-3-ol 33.8%, linalool 13.0% 및 β-pinene 7.5%. Sb의 주성분은 β-caryophyllene 24.3%, β-pinene 24.1% 및 α-pinene 16.0%. Sr oil에서 37성분을, Sb oil에서 29성분을 동정하였다(Cakir A, 1997). *Stachys athorecalyx* 지상부를 Turkey Erzurum-Ispir 지방에서 1995년 8월에 채취. 수증기 증류, GC와 GC/MS로 분석. 36성분 중 33성분을 동정한 결과, oct-1-en-3-ol 18.7%와 linalool 11.0%이 주성분. 그 외 성분 α-pinene 8.3%, δ-cadinene 5.0%, eugenol 4.3%, β-selinene 4.3% 및 limonene 4.2%이었고 (Duru ME, 1999), Turkey Anatolia에서 자란 *Stachys obliqua*를 채취, 수증기 증류에서 총 oil의 97.1%에서 29성분을 분리동정. 주요 성분은 germacrene D 25.4%, thymol 16.4%, limonene 6.2%, borneol 4.9%, α-pinene 4.7% 및 isomenthol 3.4%였다(Harmandar M, 1997). Turkey 자생 *Stachys pinardi*(Sp), *S. cretica* subsp *mersinae*(Scm) 및 *S. aleurties*(Sa)을 포함한 *Stachys* taxa 정유성분을 GC/MS로 분석한 결과, *S. cretica*에서 α-curcumene 34.10%, *S. pinardii*에서 cedrandiol 25.26%, *S. pinardii*에서 caryophyllene dioxide 22.15%, *S. aleurites*에서(Z)-β-caryophyllene 31.60%. Folin-Gocalteu calorimeter로 측정한 phenol성 물질은 Sp, Scm 및 Sa MeOH ex에서 각각 600.74, 1200.94 및 900.61mg gallic acid equivalent(GAE)/100g이었다(Ozkan G, 2006).

Iran산-정유②: 야생 *Stachys pubescens* 정유는 0.08%를 얻었고, 21성분을 GC와 GC/MS로 분리동정, 주성분은 germacrene D 37.7%,(Z)-β-ocinene 20.3%, bicyclogermacrene 11.6%, 그외 β-pinene 7.5%,(E)-β-ocimene 5.5%, β-bourbonene 5.2%, α-pinene 2.5%, octen-1-ol acetate 1.3%, α-cadinol 1.1% 및 spathulenol 1%(Nik ZB, 2006). 또, 북Iran에서 4종의 *Stachys* 만개한 지상부를 채취(2003년 May), 수증기 증류, GC와 GC-MS로 분석한 결과, *S. byzantine* oil의 주성분은 piperitenone 9.9%, 6,10,14-trimethyl pentadecane-2-one 6.4% 및 tricosane 6.4%, *S. inflata* 주성분은 hexadecenoic acid 9.1%, germacrene D 8.9%, α-pinene 5.8% 및 bicyclogermacrane 5.1%, *S. lavandulifolia*의 주성분은 4-hydroxy-4-methyl-2-pentanone 9.3%, α-pinene 7.9% 및 hexadecanoic acid 5.2%, *S. laxa* oil의 주성분은 germacrene D 17.1%, 4-hydroxy-4-methyl-2-pentaone 12.3%, 7-epi-α-selinene 8.3%, bicyclogermacrene 6.7%, β-caryophyllene 6.2% 및 α-pinene 5.9%였다(Morteza-Semnani K, 2006).

Bosnia산-정유③: Bosnia와 Herzegovina에서 *Stachys alpine* ssp. *dinarica* 지상부를 채집, 수증기 증류 후, GC와 GC/MS로 분리동정. 정유수율은 0.03과 0.05%, 71성분을 동정. 각각 87.2와 89.3%. 두 sample에서 caryophyllene 13.4와 9.3%, germacrene D 12.3과 5.5%, caryophyllene oxide 5.7과 8.4%,(E)-nerolidol 4.8과 5.6%, n-nonanaol 5.3%과 5.0% 및 linalool 1.7과 5.7%(Kukic J, 2006).

야생·재배-정유비교④: Iran에 야생하는 *Stachys inflata* 지상부의 정유에서 41성분을 동정, α-pinene 15.2%, Δ-3-carene 12.3%, limonene 11.6%, β-pinene 7.2%, myrcene 6.5%,(Z)-β-ocimene 5.9%, germacrene D 4.2%, allo-ocimene 4.1% 및 linalool 3.5%(Norouzi-Arasi H, 2006). Iran 재배 *S. inflata*의 지상부 정유에서 39성분을 동정, germacrene-D 16.9%, bicyclo-germacrene 16.6%, α-pinene 11.3%, β-phellandrene 9.8%, bicycloelemene 6.6%, β-pinene 5.6% 및 spathulene 3.2% 등이었다(Sajjadi SE, 2004).

Flavonoids-지상부: *Stachys aegyptica* 지상부에서 24 flavonoids를

분리동정하였고, 2개의 C-glycosyl flavonoid, 10개의 flavone glycoside 및 12개 flavonoid agylcone이었다(EL-Ansari MA, 1991). *Stachys spinosa* 지상부(Crete)에서 새로운 flavonoid glycoside인 stachyspinoside ①과 3개 iridoids인 7-*O*-acetyl-8-epi-loganic acid ②, ajugol ③ 및 harpagide ④를 분리동정하였다(Kotsos M, 2001).

Stachys saponins I-VIII-전초: *Stachys riederi* 전초 수침 ex에서 8개의 새로운 echinocystic acid의 bisdemosides를 분리동정. 이들은 모두 amorphous powder로 새로운 oleanane-type triterpene sapononin인 Stachys saponin I-VIII을 분리동정하였다(Yamamoto R, 1994).

Glycoside-지상부: *Stachys sieboldii* Miq 지상부에서 3 glycoside을 분리동정하였다. 즉 isoscutellarein-4′-methyl ether 7-*O*-β-(6‴-*O*-acetyl-2″-allosyl) glucoside ①, isoscutellarein 7-*O*-β-(6‴-*O*-acetyl-2″-allosyl) glucoside ② 및 acetoside ③이었고, 이들 glycoside는 hyarulonidase 활성이 있었다(Takeda Y, 1985).

효능과 이용

1) 식용: 어린 싹은 식용한다.
2) 약용 : 잎을 말렸다가 달여서 두통, 신경통, 편두통에 내복하면 신경 진정 등 치료 효과가 뛰어나며 신경통도 완화시킨다. 프랑스에서는 간장이나 담낭의 장애에도 쓰는 약초로, tannin 성분은 상처에 도포로 치료된다. 분말을 코로 흡입하면 기관지염에도 약효가 있었다. Trigonelline 성분이 혈당치를 내리며, 생잎에는 수렴작용이 있어 벌레 물린 데나 상처에 이용하고, 생잎의 허브차는 흥분작용이 있어 말렸다가 차로 이용하면 신경성 두통이나 긴장을 완화, 신경 진정 효과가 뛰어나며 타박상이나 멍든 데도 효과가 있다.
3) 기타: 씨와 생잎은 헤어 린스(hair rinse), 허브 흡연 혼합물(herbal smoking mixture)이나 스너프(snuff) 등에 쓰며, 황색의 염료로도 쓰인다.

★ 뿌리는 유독 성분이 있으므로 쓰지 않는다.

참고 문헌

1) Andary C. et al. *Can J Bot* 1988 66 1007(Stachyoside).

2) Cakir A, Duru ME, Harmander M, et al. *Flavour Fragr J* 1997 12 215(The volatile constituents of *Stachys recta* L. and *S. balansae* L. from Turkey)

3) Chae D-J, Ahn H-J, Kim Y-W, et al. *J Life Sci* 2016 26(7) 812(Improvement effect of *Stachys sieboldii* MIQ. according to mixing ratio of calcium on memory impairment in scopolamine-induced dementia rats)

4) Cos P, Ying L, Calomme M, et al. *J Nat Prod* 1998 61 71(Structure-activity relationship and classification of flavonoids as inhibitors of xanthine-oxidase and superoxide scavengers)

5) Delazar A, Celik S, Gokturk RS, et al. *Pharmazie* 2005 60 878(Two acylated flavonoid glycosides from *Stachys bombycina*, and their free radical scavenging activity)

6) Duman H, Kartal M, Altun L, et al. *Flavour Fragr J* 2005 20 48(The essential oil of *Stachys lactivirens* Kotsch & Boiss. ex Rech. fil. edemic in Turkey)

7) Duru ME, Cakir A, Harmander M, et al. *Flavour Fragr J* 1999 14 12(The volatile constituents of *Stachys athorecalyx* C. Koch. from Turkey)

8) EL-Ansari MA, Barron D, Abdalla MF, et al. *Phytochemistry* 1991 30(4) 1169 (Flavonoid constituents of *Stachys aegyptica*)

9) Garjani A, Maleki N, Nazemieh H, Mansori A. *J Mol Cell Cardiol* 2001 33 A38 (The effects of *Stachys inflata* on myocardial infact size in rats)

10) Giorgia P, Mario C, Paola M, et al. *Nat Prod Commun* 2006 1(12) 1133(Chemical composition and antimicrobial activities of essential oil of *Stachys glutinosa* L. from Sardinia)

11) Grujic-Jovanovic S, Skaltsa HD, Marin P, Sokovic M. *Flavour Fragr J* 2004 19 139 (Composition and antibacterial activity of the essential oil of six *Stachys* species from Serbia)

12) Harmandar M, Duru ME, Cakir A, Hirata T, et al. *Flavour Fragr J* 1997 12 211

(Volatile constituents of *Stachys obliqua* L. from Turkey)

13) Hayashi K, Nagamatsu T, Ito M, et al. *Jpn J Pharmacol* 1994 65 143(Acetoside, a component of *Stachys sieboldii* MIQ may be a promising antinephritic agent: effect of acetoside on crescentic-type anti-GBM nephritis in rats)

14) Javidnia K, Miri R, Azarpira A, Tabaei SMH. *Flavour Fragr J* 2003 18 299 (Composition of the essential oil of *Stachys setifera* CA Meg ssp. *iranica* growing in Iran)

15) Khanavi M, Sharifzadeh M, Hadjiakhoondi A, Shafiee. *J Ethnopharmacol* 2005 97 463(Phytochemical investigation and anti-inflammatory activity of aerial parts of *Stachys byzanthine* C. Koch)

16) Komissarenko NR, et al. *Khim Prir Sodin* 1978 14 521; 1980 16 172(Isostachyflaside)

17) Kotsos M, Aligiannis N, Mitaku S, et al. Nat Prod Lett 2001 15 377(Chemistry of plants from Crete: Stachy spinoside, a new flavonoid glycoside and iridoids from *Stachys spinosa*)

18) Kukic J, Petrovic S, Pavlovic M, et al. *Flavour Fragr J* 2006 21 539(Composition essential oil of *Stachys alpine* L. ssp. *dinarica* Murb.)

19) Maleki N, Garjani A, Nazemiyeh H, et al. *J Ethnopharmacol* 2001 75 213(Potent inflammatory activities of hydroalcoholic extract from aerial parts of *Stachys inflata* on rats)

20) Massiot, G. et al. *Alkaloids*(NY), 1986, 27, 310(Stachydrine, Against Rheumatism)

21) Meremeti A, Karioti A, Skaltsa H, et al. Biochem System Ecol 2004 32 139 (Secondary metabolites from *Stachys ionica*)

22) Mortea-Semnani K, Akbarzadeh M, Changizi S. *Flavour Fragr J* 2006 21 300 (Essential oil composition of *Stachys byzantine, S. inflata, S. lavandulifolia* and *S. laxa* from Iran)

23) Na BR, Lee JH. *J Kor Soc Food Sci Nutr* 2017 46 68(Antioxidative capacities *Stachys sieboldii* Miq of and ginseng powders and their effects on quality characteristics of cookies)

24) Nik ZB, Mirza M. *Flavour Fragr J* 2006 21 757(Chemical composition of the essential oils of *Stachys pubescens* Ten. Iran wild)

25) Norouzi-Arasi H, Yavari I, Kia-Rostami V, et al. *Flavour Fragr J* 2006 21 262 (Volatile constituents of *Stachys inflata*. Benth. from Iran)

26) Ozkan G, Gokturk RS, Unal O, Celik S. *Chem Nat Comp* 2006 42(2) 172 (Determination of the volatile constituents and total phenolic contents of some endemic *Stachys* Taxa from Turkey)

27) Oztruk M, Druzu ME, Aydogmus-Oztruk F, et al. *Nat Prod Commun* 2009 4(1) 109(GC-MS analysis and antimicrobial activity of essential oil of *Stachys cretica* susbp. *smyrnaca*)

28) Persson D. *PhD Thesis* Univ Lund Lund Sweden 1981[Biosystematics *Stachys swainsonii* Benth(Laminaceae) and its relations to some other chasmophytic *Stachys* species]

29) Rabbani M, Sajjadi SE, Zarei HR. *J Ethnopharmacol* 2003 89 271(Anxiolytic effects of *Stachys lavandulifolia* Vahl on the elevated plus-maze model of anxiety in mice)

30) Rezazadeh S, Hamedani MP, Dowlatabadi R, et al. *Flavour Fragr J* 2006 21 290 (Chemical composition of the essential oils of *Stachys schtscheglecvii* Sosn. and *S. balansae* Boiss & Kotschy from Iran)

31) Ryu B-H, Kim S-O. *Kor J Food Nutr* 2004 17(4) 347(Effects of methanol extract of *Stachys sieboldil* Miq on acetylcholine esterase and monoamine oxidase in rat brain)

32) Ryu B-H, Park B-G, Song SK. *Kor J Biotechnol Bioeng* 2002 17(6) 520(Antitumor effects of the hexane extract of *Stachys sieboldii* MIQ)

33) Sajjadi SE, Somae M. *Chem Nat Comp* 2004 40(4) 378(Chemical composition of the essential oil of *Stachys inflata* Benth. from Iran)

34) Sefidkon F, Nik AN, Bagaii P, Javidtash I. *Flavour Fragr J* 2003 18 301(Analysis of the essential oil of *Stachys ixodes* Boiss. & Hausskn. Ex Boiss. From Iran)

35) Skaltsa HD, Demetzo C, Lazari D, Sokovic M. *Phytochemistry* 2003 64 743

(Essential oil analysis and antimicrobial activity of eight *Stachys* species from Greece)
36) Skaltsa HD, Lazari DM, Chinou IB, et al. *Planta Med* 1999 65(3) 255(Composition and antibacterial activity of the essential oils of *Stachys candida* and *S. chrysantha* from southern Greece)
37) Takeda Y, Fujita T, Satoh T, Kakegawa H. *Yakugaku Zasshi* 1985 105(10) 955(On the glycosidic constituents of *Stachys sieboldii* Miq. and their effects on hyarulonidase activity)
38) Vundac VB, Branter AH, Plazibat M. *Food Chem* 2007 104 1277(Content of polyphenolic constituents and antioxidant activity of some *Stachys* taxa)
39) Yamahara J, Kitani T, Kobayashi H, Kawahara Y. *Yakugaku Zasshi* 1990 110(12) 932(Studies on *Stachys sieboldil* Miq. II. Antianoxia action and active constituents)
40) Yamamoto R, Miyase T, Ueno A. *Chem Pharm Bull* 1994 42(6) 1291(Stachyssaponins I-VIII, New oleanane-type triterpene saponins from *Stachys riederi* Chamisso)
41) Yang MR. *PhD Dissertation* Gyengnam Nat Univ Changwon Korea 2012(The analysis of bioactive materials in *Stachys sieboldin* Miq. and its application on functional ready-to-eat food)
42) Zinchenko TV, Votienko GN, Lipkan GN. *Farmakol Toksikol* 1981 44(2) 191 (Anti-inflammatory, antitoxic and hypoazotemic effect of *Stachys recta* preparation, Stachyrene)

특허

1. 〈특허등록 제514517호〉 경성대학교 산학협력단(초석잠유래의 항균활성 물질의 분리 방법 및 조성물)
2. 〈특허등록 제518214호〉 ㈜ 보성(항암제, 면역기능 강화제 및 간기능 강화제용 초석잠 추출물을 포함하는 조성물)
3. 〈특허등록 제862841호〉 경상남도(초절임 초석잠 및 그 제조방법)

〈조식제, 1, p328〉

22 사프란

Crocus sativus

붓꽃과
(Iridaceae)

Saffron(英), Safran(佛)
香紅花(中)
Ayame ka(日)

원산지: 남유럽, 그리스, 소아시아

용도: 과자, 술, 음료, 착향제 – 암술꽃
향료, 약용 – 주두(柱頭)

역사

사프란(saffron)은 세계에서 가장 비싼 향신료이며 최근까지도 saffron의 무게는 금의 무게와 대등한 값으로, 한 개의 구근에서 2-3송이의 꽃이 피고 그 한 송이 꽃에 3갈래로 갈라진 1개의 빨간 암술이 있어 이것을 하나씩 손으로 따서 말린 것이 'Saffran'이다. 1g의 Saffran은 500개의 암술을 말려야 하며 약 160개의 구근에서 핀 꽃을 따서 말린 무게라 금값처럼 비쌌던 것이다.

고가인 Saffran은 황금색 염료로 왕실의 색깔로 고대 그리스, 로마 시대에는 왕실의 영예와 고귀함의 상징으로 왕족의 의상을 염색하였으며 고상한 향기는 향료로도 존중받았다. 또 성경의 아가서 4장 14절에 Karkom(번홍화)이라 하여 귀하게 기록하고 있다. 이 식물의 재배 역사는 크레테 섬의 옛 크노스궁전 벽화에 Saffran을 따는 사람이 그려져 있어 오래됨을 입증할 수 있다.

Saffran은 관상용 초화 *Crocus purpureus*의 한 무리로 학명 *Crocus*는

그리스의 식물명으로 그리스어의 'croce' 즉, 실(絲)이란 뜻, 암술이 실처럼 가늘기 때문. 또 그리스 신화의 미소년 Crocus가 죽어서 이 꽃이 되었다는 전설에서 비롯되었다고도 한다. 종명의 *sativus*는 재배한다는 뜻이다.

Saffron의 어원은 아랍어의 sahafaran으로 노란색이며 황금색 염료라는 뜻이다(Herbs p183).

식물의 특성

붓꽃과에 속한 다년생 구근식물로서 10월에 보라색의 아름다운 6판화가 꽃핀다. 키는 15cm가량, 구근은 납작한 둥근 모양, 지름은 3cm 가량, 잎은 꽃이 핀 후에 자라며, 선형 꽃은 깔때기 모양, 꽃 줄기는 짧고, 밑은 엽초로 싸임, 화피는 6장, 암술대는 3갈래, 밝은 황적색, 암술 머리는 다육질, 세계에 약 8종이 분포되어 있다(Lee, YN, II, p478).

특수성분

*Crocus sativa*에서 Crocetin(all E, C-02016), Crocetin-Di-β-D-glucopyranosylester(C-02016), Crocin 2와 4(C-02016), Crosatoside A(T-00782), B(H-02830), Picrocrocin(H-03121) 등이 동정되고 있다.

동속식물에서 Scutellarein(T-00782), 6-Hydroxyluteolin(P-00574), Neapolitanous(N-00124), Scoparin(G-00502) 등이 분리되었다(DNP p506).

생리활성

Mini-review-성분·약리·임상적응용: *Crocus sativus* L.(Iridaceae)는 열대와 아열대에서 가정관리와 의약적 목적으로 광범하게 이용되었으며, 암술(stigma)은 crocetin, crocin 및 다른 flavonoid을 함유하고 있고, 여러 의학적 목적으로 쓰인다. 인도와 다른 아시아 여러 나라에서는 유사 이전부터 여러 치료 목적으로 써왔다. 또 역사를 통하여 암종과 우울증에 응용이 확인되었다. 이러한 응용은 현대연구의 초석이 되고 있다. 선택적 항암효과는 in vitro와 in vivo에서 탐색되어 왔으나, 임상응용은 아직도 많은 과제들이

남아있다. 항우울효과는 in vivo에서 증명되어 임상적 선구적 연구가 되었다. 이로써 saffron ex는 합리적인 phytotherapy에 강력한 주요공헌으로 생각되었다(Schmidt M, 2007). 그외에 여러 함유성분에 대하여 약리활성이 연구되었다. 암술 성분으로는 crocetin(α-crocetin 또는 crocetin-1)과 여러 배당체가 있고, γ-crocetin monomethylester, γ-crocetin dimethylester, trans-crocetin isomer, 13-cis-crocetin, α-및 β-carotene, lycopene, zeaxanthin 및 mongicrocin 등이 있다. 약리활성으로는 ①anti-Alzheimers, ②anti-tussive, ③hypolipidemic, ④anti-convulsant, ⑤anti-pruritic 및 emmolient, ⑥anti-nociceptive와 anti-inflammatory, ⑦antioxidant, ⑧protection from genotoxicity, ⑨prevention of acetaldehyde-induced of long-term potentiation in rat, ⑩cardioprotection, ⑪anti-diabetic, ⑫respiratory disorders, ⑬on ocular blood flow, retinal function, ⑭anti-Parkinson's, effect on learning, memory behavior, ⑮blood pressure, ⑯antidepressant, effects on uterus, ⑰anticancer, antitumor, cellular, molecular effects, ⑱crocetin, haemorrahagic shock 등이다(Bhargava VK, 2011).

발암저해효과①: *Nigella sativa*와 *Crocus sativus* extract는 DMBA/croton oil-skin carcinogenesis(mice)에 초기와 발전기에 항암활성을 보였다. *N. sativa* ex(복강 내), *C. sativus* ex를 각각 100mg/kg 경구투여, MCA (745nmol×2days) 피하 투여 30일후 각각 33.3%와 10%의 발암을 저해하였다 (Salomi MJ, 1991).

항종양활성②: 복강 내 sarcoma-180(S-180), Ehrlich ascites carcinoma(EAC) 및 Dalton's lymphoma acites(DLA) tumor를 이식 후, saffron ex를 200mg/kg(body wt)를 경구투여한 결과, 각각 111.0%, 83.5% 및 112.5% 생명 연장효과를 보였고, saffron ex는 p38B, S-180, EAC 및 DLA tumor cells에 세포독성을 보였다. DNA 합성 site에서 thymidine 섭취 실험에서 시료의 작용기작을 알게되었다. 독성은 혈청학적, 생화확적 parameter들도 정상치 내에 있었다. Saffron은 강력한 항암 물질로 생각되었다(Nair SC, 1991).

DNA·RNA 합성저해-Crocetin③: *Crocus sativus*는 carotenoids를 함유. 항암효과가 있고, 악성 종양세포에서 colony형성과 핵산 합성을 저해하였다. 역학조사와 실험에서 carotenoid는 항종양제로 작용하는 것으로 보였다. Saffron에서 분리한 crocetin은 하나의 carotenoid로 3개의 인체 악성 종양 세포주; HeLa(cervical epitheloid carcinoma), A549(lung adenocarcinoma) 및 VA13(SV-40 transformed fetal lung fibroblast)세포주에 대하여 colony형성과 DNA, RNA 및 단백질 합성을 용량 의존적으로 저해하였다. 이로써 crocetin은 유리 DNA에서 DNA와 RNA합성을 저해하였고, 정제 RNA polymerase II 활성을 용량 의존적으로 저해하였다(Abdullaev FI, 2002).

암세포성장저해④: Saffron spice에서 분리한 crocin, crocetin, picrocrocin 및 safranal의 세포독성은 HeLa cell에서 LD_{50} 2.3mg/mL, saffron꽃술-EtOH ex, crocin 3mM, safranal 0.8mM 및 picrocrocin 3mM, crocetin은 세포독성 효과는 없었다. Crocin 처리 세포는 세포 내 vacuole 같은 부위를 넓혔고, 세포질을 감소시켰으며, 세포와 핵의 응축은 apoptosis를 유도시켰다. Crocin은 수용성 정도, 성장 효과에 높은 저해 등 항암제로써 saffron은 향신료 즉 식이성 암예방 물질로 생각되었다(Escribano J, 1996).

HL-60성장·분화억제-Carotenoids⑤: *Crocus sativus*의 carotenoid와 all trans retinoic acid(ATRA)가 HL-60의 증식과 분화에 미치는 영향을 비교. 세포 성장저해 50%는 ATAR이 0.12μM, saffron carotenoid(CA) 0.8μM, dimethylcrocein(DC) 0.2μM, crocein(CT), crocins(CR), 5μM에서, HL-60 세포분화는 5μM에서 ATAR을 85%, DC는 70%, CT 50%, CR 48% 유도. 본 실험에서 leukemia 세포주는 5μM ATAR 존재유무에서 5일간 배양결과, 인체에 강력한 화학 예방제로는 그들의 독성이 중요한 한계 요인으로 생각되었다. DC와 CR은 semi-natural로, *C. sativus*의 carotenoid는 천연물로 retinoid보다 독성이 낮아, 고용량까지도 사용이 가능할 것으로 생각되었다(Tarantilis PA, 1994).

Glioma성장억제-Carotenoids⑥: 이식된 C-6 glioma(신경교종)의 성장과 전개에 retinoids와 carotenoids의 예방을 실험, 더구나 천연 carotenoids(β-carotene, lycopene 및 crocetin)는 조기투여에서 활성이 높았다. Retinoids는 carotenoids의 항암 면역성을 상승시키는 것으로 보였다. Retinoids와 carotenoids 투여는 C-6 glioma cell 성장을 in vitro에서 억제하였고, in vivo에서 brain tumor 치료제로 새로운 개발 계기가 될 것으로 생각되었다 (Wang C-J, 1989).

피부암예방-Saffron⑦: 오늘날 암 예방 물질은 채소류, 과실류, 약초류(herbs) 및 향신료에서 얻을 수 있는 천연 물질이다. 향신료 중 saffron은 많은 Iridaceae식물 중 하나로 flavouring agent. 항산화, 항돌연변이 및 면역 조절 효과 등 약리학적 연구가 있다. 본 연구에서는 saffron 수침 ex가 DMBA-유도 papillogenesis/carcinogenesis 두 단계 피부암에서 또 croton oil로 암 증강을 연구한 결과, 발암 전기와 후기에 saffron응용은 papilloma형성에 현저한 감소를 보였다. Saffron은 CAT와 SOD와 같이 GST와 GPX같은 phase II 해독 효소에 대하여 적어도 부분적으로 조절 효과를 보였다(Das I, 2004).

생물활성·휘발물질-Saffron: Sicilia의 Enna 지방 중심으로 재배된 saffron의 saffron aroma를 HS-SPME와 GC-MS로 분석, safranal, safranal isomer, isophorones, α-cyclocitral 및 β-cyclocitral를 정량하였다. 시료중 가장 많은 성분은 safranal, 또 safranal isomer와 α-isophorone도 많았다. 결과적으로 Sicilia saffron은 고품질의 상품가치가 있고, safranal과 관련 물질이 많아 생리활성 물질의 주요자원. 중요한것은 이 aroma가 곧 인체 건강에 관련이 깊다는 것이었다(Condurso C, 2017).

항경련활성-Safranal: PTZ-유도 발작(seizure)의 clonic과 tonic phase 둘 다에서 safranal은 보호활성을 보였으며, $GABA_A$-benzodiazepine receptor복합체는 약물 효과에 중요한 역할을 하나 $GABA_A$선택적 길항제 사용에 대한 연구가 더 필요하다. MCS에서 safranal의 보호활성은 발작활성이 없는 약물이어야 하며, γ-hydroxybutyric acid model로 더 연구가 있어야 한다. GTCS에 대한 safranal 효과의 조절이 필요하다(Hosseinzadeh H, 2007).

신경보호활성-Crocetin①: Parkinson's disease(PD)를 포함한 여러

신경병에서 신경사의 생화학적 규명에 reactive oxygen species(ROS)는 중요하다. 6-hydroxydopamine(6-OHDA)-유도 Parkinsonism rat에서 crocetin의 신경보호 효과에 대하여 조직병리학적 소견으로 crocetin 처리군은 신경보호가, 비처리군에서는 신경퇴화를 보였다. 6-OHDA-유도 PD rat model에서 crocetin의 신경보호 활성이 생화학적, 행동학적 및 조직병리학적 결과로 나타났다. 이로써 crocetin은 신경보호 회로에 강력한 도구로 신경성 질병 예방이나 완화에 강력한 치료제로 개발이 기대되었다(Ahmad AS, 2005).

신경보호효과-Crocin②: Saffron 성분 중 crocin은 가장 강력한 항산화제로 GSH level증가로 허혈성 stress-유도 중뇌 동맥 폐색으로 인한 신경사를 감소시킬 수 있다. 신경보호 활성은 crocin〉 tricrocin〉dicrocin 순(10μM)이었다(Ochiai T, 2007).

기억·인식개선-Crocin③: Saffron ex에는 강력한 항산화 효과가 있는 여러 carotenoid가 있고, 이들은 산화적 손상이 있는 중추 신경계 신경을 보호한다. Saffron ex나 saffron 성분인 crocin은 몇몇 형태의 기억과 인식의 개선효과가 있다. 그러므로 saffron과 그 활성 성분은 기억과 인식 기능 손상을 동반한 중추신경계 퇴행성 질병 치료에 유용성이 있다. 더구나 alcohol-유도 기억 손상과 해마 LTP가 상당한 저해가 있을 때, crocin은 이를 방어하였다. 첫째 crocin은 기억 행동과 해마 LTP는 기억 형성을 포함한 가설을 뒷받침한다. 둘째로 crocin은 alcohol-유도 기억력 손상기전을 연구하는 새로운 약리 도구로 유용성이 있다(Abe K, 2000).

퇴행성신경질환완화-Crocin④: Saffron의 주요 활성 성분인 crocin은 항산화활성이 있고, saffron ex는 기억력 증진효과가 있다. Saffron과 crocin은 강력한 항산화제로 신경에서 산화적 stress에 대항할 수 있어 산화적 stress로 인한 혈관성 치매 같은 뇌신경 퇴행성으로 올 수 있는 질병 치료에 유용성이 있다 생각되었다(Hosseinzadeh H, 2012).

진정활성-Safranal: *Crocus sativus* stigma 성분인 safranal과 crocin의 anticonvalsant 활성은 pentylene tetrazole(PTZ)-유도 convalsant mice에서

평가한 결과, safranal 0.15, 0.35mL/kg·ip 투여에서 발작기간을 단축시켰고, 발작시기를 늦추었으며, 사망에서 생명을 구하였다. Crocin 200mg/kg·ip에서 발작활성은 보이지 않았다(Hosseinzadeh H, 2005).

진해활성-Safranal: *Crocus sativus* stigma와 petal ex 및 함유성분 safranal과 crocin의 진해활성은 20% citric acid 용액을 guinea pig 복강 내 투여에서 평가한 결과, *C. sativa* EtOH ex 100-800mg/kg와 safranal 0.25-0.75mL/kg에서 기침횟수를 감소시켰다. Petal과 crocin EtOH ex 및 H_2O ex에서는 진해활성은 보이지 않았다(Hosseinzadeh H, 2006).

진통·항염활성: *Crocus sativus* stigma(암술머리)와 petal H_2O ex와 EtOH ex에서 hot plate와 writhing test로 진통활성을 실험하였고, 급성 염증은 xylene-유도 ear edema mice에서, 만성 염증은 formalin-유도 edema를 rat paw에서 실험하였다. 시료의 H_2O ex와 EtOH ex의 복강 내 투여 mice에서 진통작용이 없었으나, acetic acid-유도 writhing에서만 진통작용을 보였다. Naloxone은 stigma H_2O ex의 진통 작용을 부분적으로 차단시켰다. 다만 stigma ex만 급성 염증에 중정도의 효과를 보였으나, 만성 염증에는 두 시료 모두 petal EtOH ex와 같이 항염증 효과를 보였다(Hosseinzadeh H, 2002).

췌장lipase저해-Crocin: Hypertriglyceridemia-와 hypercholesterolemia-식이 rat에서 crocin은 hypolipidemia에 효과 물질로 작용하였다. 이는 crocin이 췌장 lipase 활성을 저해, 지방과 cholesterol 흡수를 감소시키는 것으로 나타났다. 이로써 crocin은 효과와 안정성이 높은 약속된 혈중 지방저하 약물이 될 것으로 생각되었다(Sheng L, 2006).

Insulin저항·관련질병완화-Crocetin: 강력한 항산화 및 항염활성이 있는 crocetin은 saffron의 특이한 carotenoid로 중요한 향신료뿐 아니라 식품 착색제. 본 연구에서는 고 fructose diet Wister rat(β)에서 crocetin이 insulin 저항과 이와 관련된 비정상성에 대한 실험. Fructose-식이 rat은 insulin 저항, hyperinsulinemia, dyslipidemia 및 고혈압 같은 일련의 병리학적 변화가 일어난다. 더구나, fructose-fed rat에서 epididymal 백색 지방 조직에서 TNF-α와 leptin이 증가되었다. 이러한 증상에 crocetin처리는 효과적으로 정상화되었다. 또한 crocetin은 free fatty acid-유도 insulin 둔감성과 adiponectin의 mRNA 발현 부조화를, 일차 배양 rat 지방세포에서 TNF-α와 letpin을 경감시켰다. 백색지방 조직에서 adiponectin, TNF-α 및 leptin 발현은 crocetin 처리 rat에서 insulin sensitivity도 개선되었다(Xi L, 2007).

비장·흉선세포증식: 번홍화가 T-lymphocyte(T-lym)의 분화 및 활성에 미치는 영향을 알고자, C57 BL/6 mice의 T-cell 증식에 미치는 효과, 유세포 분석기를 이용, T-cell과 관련된 여러 표면 분자인 CD25, CD28, CD44, CD69, CD80, CTLA에 미치는 효과, IL-2, IL-4, IFN-γ 등의 cytokine 유전자 발현 EMSA를 통한 T-lym 유전자 발현 전사인자들(NF-kB, NF-AT, AP-1)에 미치는 영향을 측정한 결과, 시료가 비장 및 흉선 세포에서 CD44, CD69, CD25, CD44, CD25 세포 수를 증식시켜 regulatory T-cell을 활성화시키며, 비장 T-lym 유전자 발현 전사 인자인 AP-1의 binding activity를 높임으로 IL-2, INF-γ 등 유전자 발현을 증가시켜 thymus와 T-cell의 활성을 높이는 것으로 생각되었다. 또한 시료가 WBC 감소증에 적용되는 것은 GM SCF의 유전자 발현 증가로 WBC 형성 유도로 이루어지는 것으로 사료되며, T-lym 유전자 발현 전사자인 NF-kB, NF-AT 등의 binding activity를 높여 IL-2 등의 유전자 발현을 증가시켜 thymus 활성 및 분화를 촉진시키고, 세포독성 T-lym 활성을 상승시켜 세포 용해능을 증가시키는 것으로 생각되었다(서영배, 2003).

항산화활성-Crocin·Safranal: 항산화활성은 노화과정, 항염증, 항암 및 상처 치료 등에 관여한다. 본 연구에서는 Greece Kozani 산 *Crocus sativus* ex에 대한 생리활성을 실험한 결과, *C. sativus* MeOH ex는 강한 항산화활성을 보여, 실험한 결과, crocin(50, 65% MeOH ex)이 강한, 다음 safranal(34%)에서 강하였다. 이로써 본 실험에 사용한 Greece의 saffron은 항산화활성이 있는 기능성 식품과 음료, 기능성 화장품 재료 및 항노화 제품 제조에 기여하리라 생각되었다(Assimopoulou AN, 2005).

근이완작용-꽃잎: *Crocus sativus* 꽃잎 ex(시료)는 마취 rat의 혈압과 유리된 rat 수정관 및 electric field stimulation(EFS)-유도 guinea pig ileum 반응을

관찰하였다. 시료의 수침 및 EtOH ex는 용량 의존적으로 혈압을 감소시켰다. 즉 시료 50mg/100g 투여에서 혈압이 133.5에서 117(mmHg)로 감소. 분리된 rat 수정관과 guinea pig 회장 수축은 시료에 의해 감소되었다. 수침 ex 560mg/mL는 epinephrine(1μM)에 수정관의 수축반응이 현저히 감소하였다. 이로써 saffron 꽃잎의 이완작용은 rat의 분리 수정관의 수축 postsynaptic 효과로 생각되었다(Fatehi M, 2003).

Aflatoxin오염-추수후: Aflatoxin 생성 fungi의 2차 대사산물은 aflatoxin이다. *Crocus sativus*인 사프란은 세계에서 가장 비싼 향신료로, 추수와 추수 후에 토양이나 손의 미생물로 오염될 수 있다. 본 연구에서는 PCR(polymerase chain reaction)을 이용, 사프란에 aflatoxin fungi 오염의 신속한 검색에 대해 연구하였다. Aflatoxin 생성 fungi 분리에 37종 시판 시료에서 18.9%가 오염되어 있었다. 이 결과에서 추수와 추수 후, 토양에서 일반적으로 분리되는 saporophyte임을 알 수 있었다(Reihaneh N, 2009)

휘발성물질-암술머리: 세상에서 가장 비싼 향신료 saffron 꽃의 암술머리 4종 시료: Italy(남,중부) 3종과 Iran산 1종을 분석. 3,5,5-trimethyl-2-cyclohexan-1-one②, 3,5,5-trimethyl-2-cyclohexen-1,4-dione⑤ safranal① 및 2,4,4-trimethyl-6-hydroxy-3-carboxaldehyde-2,5-cyclohexadien-1-one③, 3,5,5-trimethyl-1,4-cyclohexadien-1-one(18), 3,5,5-trimethyl-1,4-cyclohexadione④는 3 sample에서 발견. 5,5-dimethyl-2-methylene-1-carboxaldehyde-3-cyclohexene⑪, β-ionene, nonanal 및 2,6-di-t-butylphenol은 2 sample에서 분리. 이들이 가장 많이 빈번히 발견되었다. ①은 모든 sample의 주물질. ②〉⑧〉⑤〉⑪〉④〉③ 순으로 많았고, ①은 여러 경작지 saffron의 각별한 향기성분이다(D'Auria M, 2004).

색소·향기성분-건조: *Crocus sativus*(잇꽃) 색소성분(암술) crocin은 일반건조 조건 35°와 50°에서 최대 15-17%, oven 건조는 일반 건조보다 감소하였다. 이 조건에서 주요 향기성분인 safranal peak value는 oil에서 60%, 감압 oven 건조 시 주요 성분 4-β-hydroxysafranal, 4-β-safranal은 safranal 형성 중간 물질이며, 포장과 저장 시 saffron 수분함량 5%가 감소한다(Raina BL, 1996;

Solinas M, 1988).

Gamma선조사·성분변화: 미생물 발생을 방지코자 *Crocus sativus*(saffron)에 2.5와 5.0 kGy, γ-선 조사 후, 휘발성 정유성분의 변화를 수증기 증류, GC/MS로 분석한 결과, 현저한 변화는 5kGy 조사에서 약한 질적 차이를 보였고, 색소가 aglycon과 배당체의 EtOAc와 BuOH 분획에서 배당체는 감소, aglycon은 증가하였다. 상업적으로 향신료에 10kGy, γ-선조사를 권장하나, saffron은 5kGy 이상에 노출에서는 organoleptic property가 변하였다(Zareena AV, 2001).

효능과 이용

1) 식용: 사프란의 염료는 의류뿐 아니라 음식물의 착색제 및 향미료로 쓰며 과자, 술, 음료수 및 여러 가지 요리의 착색 향미료로 쓰여 유럽 음식문화에 아주 중요한 식물이다. 또 이란에서 인도로 전파된 값비싼 교역품의 하나로 카레의 착색제로 쓴다.

2) 약용: 예부터 사프란은 진정, 진경, 통경, 지혈, 방향성 약품 등으로 쓰이는 귀중한 약초, 인도나 그리스에서는 최음제(催淫劑)와, 우울증 치료제였다. 천연두의 약이었다고도 한다. 빈사 상태에 이 차를 마시고 깨어났다고 약효를 높이 평가했다. 고대에는 부인병의 냉증이나 월경불순의 통경제로 특효가 있었고, 한방에서도 번홍화(番紅花)라 하여 기분을 명랑 쾌활하게 만들어 우울증 치료에 쓴다.

3) 기타: 염료로 너무 값이 비싸자 대용품으로 울금, 메리골드, 잇꽃 등을 쓰기도 하나 향미는 사프란만 못하다. 염료가 값이 비싸지자 지금은 합성의 "aniline" 염료가 만들어졌으나 사프란은 여전히 식용 무공해 색소로 그 위치를 지키고 있다. 화장품의 향료로도 쓰인다.

주 생산국은 스페인과 포르투갈, 네덜란드 등이며 값이 비싸서 주로 고급요리의 향신료로 쓰고 이방요리의 황색 착색제는 울금(tumeric)이 주로 쓰이고 있다.

참고 문헌

1) 서영배, 길기정, 이영철, 김동희. **본초학회지** 2003 18(3) 97(장홍화 추출물이 흉선 세포분화에 미치는 영향)

2) Abdullaev FI. *Exp Biol Med* 2002 227(1) 20[Cancer chemopreventive and tumoricidal properties of saffron(*Crocus sativus* L.)]

3) Abe K, Saito H. *Phytother Res* 2000 14(3) 149(Effects of saffron extract and its constituents crocin on learning behavior and long term potentiation)

4) Ahmad AS, Ansari MA, Ahmad M, et al. *Pharmacol Biochem Behav* 2005 81 8105(Neuroprotection by crocetin in a hemi-Parkinsonia rat model)

5) Assimopoulou AN, Sinakos Z, Papageorgiou VP. *Phytother Res* 2005 19 997 (Radical scavenging activity of *Crocus sativus* L. extract and its bioactive constituents)

6) Bakshi HA, Sam S, Feroz A, et al. *Asian Pac J Cancer Prev* 2009 10 887[Crocin from Kashmir saffron(*Crocus sativus*) induces in vitro and in vivo xenograft growth inhibition of Dalton's lymphoma in mice]

7) Bhargava VK. *Int J Pharm Pharm Sci* 2011 3 22[Medicinal uses and pharmacological properties of *Crocus sativus* Linn(Saffron)]

8) Chryssanthi DG, Lamari FN, Iatrou G, et al. *Anticancer Res* 2007 27 357(Inhibition of breast cancer cell proliferation by style constituents of different *Crocus* species)

9) Condurso C, Cincotta F, Tripodi G, Verzera A. *J Essent Oil Res* 2017 29(3) 221 [Bioactive volatiles in Sicilian(south Italy) saffron: safranal and its related]

10) D'Auria M, Mauriello G, Rana GL. *Flavour Fragr J* 2004 19 17(Volatile organic compounds from saffron)

11) Das I, Chakrabarty RN, Das S. *Asian Pac J Cancer Prev* 2004 5(1) 70(Saffron can prevent chemically induced skin carcinogenesis in Swiss Abino mice)

12) Escribano J, Alonoso GL, Coca-Prados M, Fernandez J-A. *Cancer Lett* 1996 100 23[Crocin, safranal and picrocrocin from saffron(*Crocus sativus* L.) inhibit the growth of human cancer cells in vitro]

13) Fatehi M, Rashidabady T, Fatehi-Hassanabad Z. *J Ethnopharmacol* 2003 84 199 (Effects of *Crocus sativus* petals extract on rat blood pressure and on responses induced by electrical field stimulation in the rat isolated vas deferens and guinea-pig ileum)

14) Ghadrodoost B, Vataei AA, Rashidy-Pour A, et al. *Eur J Pharmacol* 2011 667 222 (Protective effect of saffron extract and its active constituent crocin against oxidative stress and spatial learning and memory deficits induced by chronic stress in rats)

15) Hosseinzadeh H, Ghenaati J. *Fitoterapia* 2006 77 446[Evaluation of the antitussive effect of stigma and petals of saffron(*Crocus sativus*) and its components, safranal and crocin in guinea pigs]

16) Hosseinzadeh H, Sadeghnia HR, Ghaeni FA, et al. *Phytother Res* 2012 26 381 [Effects of saffron(*Crocus sativus* L). and its active constituents, crocin, on recognition and spatial memory after chronic cerebral hypoperfusion in rats]

17) Hosseinzadeh H, Sadeghnia HR. *Phytomedicine* 2007 14 256(Protective effect of safranal on PT2-induced seizures in the rat: involvement of GABA ageric and opioids systems)

18) Hosseinzadeh H, Talebzadeh F. *Fitoterpia* 2005 76 722(Anticonvulsant evaluation of safranal and crocin from *Crocus sativus* in mice)

19) Hosseinzadeh H, Younesi HM. *BMC Pharmacol* 2002 2 7(Antinociceptive and anti-inflammatory effects of *Crocus sativus* L. stigma and petal extracts in mice)

20) Lee KH. *PhD Thesis* Youngnam Univ Daegu Korea 2003(The effect of safflower seed extract on BMP-2 gene expression during bone fracture healing in rats)

21) Lee SB. *PhD Thesis* Kuyngbuk Univ Daegu Korea 2003(Bone-protecting effects of phenolic compounds in safflower seeds in ovariectomized rats)

22) Maggi L, Carmona M, del Campo GL, et al. *J Sci Food Agr* 2009 89 1950 (Worldwide market screening of saffron volatile composition)

23) Maggi L, Sanchez AM, Carmona M, et al. *Food Chem* 2011 127 369[Rapid

determination of safranal in the quality control of saffron spice(*Crocus sativus* L.)]
24) Moon RC. *J Nutr* 1989 119 127(Comparative aspects of carotenoids and retinoids as chemopreventive agents for cancer)
25) Mousavi SH, Moallem SA, Mehri S, et al. *Pharm Biol* 2011 49 1039(Improvement of cytotoxic and apoptogenic properties of crocin in cancer cell lines by its nanoliposomal form)
26) Nair SC, Pannikar B, Panikkar KR. *Cancer Letter* 1991 57 109[Antitumor activity of saffron(*Crocus sativus*)]
27) Nenadis N, Heenan S, Tsimidou MZ, Van Ruth S. *Food Chem* 2016 196 961 (Applicability of PTR-MS in the quality control of saffron)
28) Ochiai T, Ohno S, Soeda S, et al. *Neurosci Lett* 2004 362(1) 61[Crocin prevents the death of rat pheochromyctoma(PC-12) cells by its antioxidant effects stronger than those of α-tocopherol]
29) Ochiai T, Shimeno H, Mishima K-I, et al. *Bioch Biophy Acta* 2007 1770 578 (Protective effects of carotenoids from saffron on neuronal injury in vitro and in vivo)
30) Papandreou MA, Kanakis CD, Pollissiou MG, et al. *J Agr Food Chem* 2006 54(23) 8762(Inhibitory activity on amyloid-β aggregation and antioxidant properties of *Crocus sativus* stigma extract and its crocin constituents)
31) Raina BL, Agarwal SG, Bhatia AK, Guar GS. *J Sci Food Agr* 1996 71 27[Changes in pigments and volatiles of saffron(*Crocus sativus* L.) during processing and storage]
32) Reihaneh N, Ahmad RB, Seyed AM, et al. *Food Sci Biotechnol* 2009 18(4) 1038 (PCR-based identification of aflatoxigenic fungi associated with Iranian saffron)
33) Rios JL, Recio MC, Giner RM, Manez S. *Phytother Res* 1996 10 189(An update review of saffron and its active constituents)
34) Saleem S, Ahmad M, Ahmad AS, et al. *J Med Food* 2006 9(2) 246[Effect of saffron(*Crocus sativus*) on neurobehavioral and neurochemical changes in cerebral ischemia in rats]

35) Salomi MJ, Nair SC, Panikkar KR. *Nutr Cancer* 1991 16 67[Inhibitory effects of *Nigella sativa* and saffron(*Crocus sativus*) on chemical carcinogenesis in mice]

36) Schmidt M, Betti G, Hensel A. *Wien Med Wochenschr* 2007 157 315(Saffron in phytotherapy, pharmacology and clinical uses)

37) Shen XC, Qian ZY. *Pharmazie* 2006 61(4) 348(Effects of crocetin on antioxidant enzymatic activities in cardiac hypertrophy induced by norepinephrine in rats)

38) Sheng L, Qian Z, Zheng S, Xi L. *Eur J Pharmacol* 2006 543 116(Mechanism of hypolipidemic effect of crocin in rats: Crocin inhibits pancreatic lipase)

39) Soeda SC, Chiai T, PaopongJ J, et al. *Life Sci* 2001 69(24) 2887(Crocin suppresses tumor necrosis factor-α-induced cell death of neuronally differentiated PC-12 cells)

40) Solinas M, Cichelli A. *Ind Aliment* 1988 27 634(HPLC analysis of color and flavor components of saffron)

41) Sun J, Xu X, Ni C, et al. *Asian Pac J Cancer Prev* 2011 12 2679(Crocin inhibits proliferation and nucleic acid synthesis and induces apoptosis in the human tongue squamous cell carcinoma cell line Tca 8113)

42) Tarantilis PA, Morjani H, Polissiou M, Manfait M. *Anticancer Res* 1994 14 1913 (Inhibition of growth and induction of differentiation of promyelocytic leukemia(HL-60) by carotenoids from *Crocus sativus* L.)

43) Tarantilis PA, Polissiou MG. *J Agr Food Chem* 1997 45 459(Isolation and identification of the aroma components from saffron)

44) Wang C-J, Chou M-Y, Lim J-K. *Cancer Lett* 1989 48 135(Inhibition of growth and development of the transplantable C-6 glioma cells inhibited in rats by retinoids and carotenoids)

45) Xi L, Qian Z, Shen X. *Planta Med* 2005 71 917(Crocetin prevents dexamethasone-induced insulin resistance in rats)

46) Xi L, Qian Z, Xu G, et al. *J Nutr Biochem* 2007 18 64(Beneficial impact of crocetin, a carotenoid from saffron, on insulin sensitivity in fructose-fed rats)

47) Xiang M, Yang M, Zhou C. *Pharmacol Res* 2006 54(4) 268(Crocetin prevents AGEs-induced vascular endothelial cell apoptosis)

48) Yang R, Xia Tan, Thomas AM, et al. *J Parent Ent Nut* 2006 30(4) 297(Crocetin inhibits mRNA expression for tumor necrosis factor-α, interleukin-1β and iNO synthase in haemorragic shock)

49) Zareena AV, Variyar PS, Gholap AS, Bongirwar DR. *J Agr Food Chem* 2001 49 687[Chemical investigation of γ-irradiated saffron(*Crocus sativus* L.)]50) Zheng S, Qian Z, Tang F, Sheng L. *Biochem Pharmacol* 2005 70 1192(Suppression of vascular cell adhesion molecule-1 expression by crocetin contributes to attenuation of atherosclerosis in hypercholesterolemic rabbits)

50) Zheng YQ, Liu JX, Wang JN, et al. *Brain Res* 2006 1138 86(Effects of crocin on reperfusion-induced oxidative/nitrative injury to cerebral microvessels after global cerebral ischemia)

23 서양쥐오줌풀 *Valeriana officinalis*

마타리과
(Valerianaceae)

Valerian, Allheal, Garden helitrope(英)

원산지: 유럽, 북아시아

용도: 담배 향료, 약용 – 뿌리

역사

서양쥐오줌풀(valerian)은 마타리과 식물로, 학명 *Valeriana*는 라틴어의 'Valere' 즉, '강해진다 또는 건강하다'는 뜻으로 옛날부터 모든 병에 잘 듣는다 하여 일반적으로는 만병약(all heal)이란 이름이 있다.

Valerian의 불면치료와 진정 효과에 대하여 최초로 기록한 사람은 AD 2세기 Claudius Galen이며, 고대 그리스인들은 소화불량, 간질환, 요로질환 치료제로 사용하였고, 서양쥐오줌풀과 다른 종들은 중국과 인도 전통의학 Ayurvedic medicine에서 사용하였다. 중세에는 유럽에서 만병 통치약으로 썼다. 1600년대 이후 유럽뿐 아니라 미국에서도 수면 유도 및 다양한 신경성 질환, 불면증, 우울증, 간질성 발작에 사용하였다. American Herbal Products Association의 안전도 평가에서 1등급을 받았다. 습관성이 없는 것이 큰 장점이다(Medicinal Herb p53).

식물학적 특성

약 60-150cm 자라는 다년생 초본 근경에 향기가 있다. 줄기는 곧고 얕은 골이(홈)져 있고 잎은 대생 피침형 잔잎은 거치가 있다. 가지 끝에 연보라, 흰색, 분홍 등의 잘다란 꽃이 산방화서로 6-9월에 핀다. 내한성은 강하나 씨는 발아가 잘 되지 않는 결함이 있다.

우리나라에도 쥐오줌풀(*V. fauriei*), 좀쥐오줌풀(*V. coreana*) 등 5종이 있다(Lee, YN, II, p255).

특수성분

특수성분으로는 2-Acetylpyrrol(A-00270), Acetyl valerenolic acid(H-03169), Acetinidine(S, A-00350), Deacetylisovaltrate(I-00903), Faurinone(F-00048), Fauronyl acetate(F-00049), α-Fenchene(-, D-03145), Isovaltrate(I-00903), Kanokoside A, C(K-00044), Myrtenol(-, P-01330), Kessane(K-00197), α-Kessyl alcohol(K-00197), Kessylglycol(K-00197), Ledol(A-02787), Maadiol(M-00005), Myrtenylisovalerate(P-01330), Pacifigorgiol(-, P-00033), 1-Tridecene-3,5,7,9,11-pentayne(T-01839), Valeranone(-, V-00017), Valerenal(V-00019), Valerenic acid(V-00021), Valerenolic acid(S, V-00022), Valerianine(S, V-00022), Valerianol(E-01369)이 있다(DNP p855).

생리활성

중추신경억제작용-Valerenic acid①: *Valeriana officinalis*에서 분리된 valerenic acid(Va)는 chlorpromazine과 diazepam(표준물질)과 함께 phenobarbital과 유사한 효과를 보였다(mice). Va 투여 후 행동감소를 보였고, 특히 Va를 1주 후 동일군에 투여하였을 때 그 작용이 더 컸다. 더구나 Va는 phenobarbital 수면을 연장시켰다. 이로써 Va는 중추신경 억제 작용이 있다고 생각되었고 이는 valerian 제재의 진정 작용과 연관이 있다고 생각되었다(Hendriks H, 1985).

신경안정효과-6-Methylapigenin②: *Valeriana wallichii* 뿌리에서 뇌의 $GABA_A$ 수용체에 경쟁적으로 결합하는 물질, 6-methylapigenin을 분리,

동정하였다. 뇌 $GABA_A$ 수용체는 신경 안정제인 benzodiazepine 결합 site이다(Wasowski C, 2002). *V. wallichii* 뿌리에서 6-methylapigenin(MA)를 분리, 이는 benzodiazepine 결합 site에 작용함은 이미 보고되었다. 금번에는 *Valeriana*에서 2S(-)-hesperidin(HN)을 처음으로 발견, 이는 진정 및 수면 증진 효과가 있는 MA와 함께 불안 해소 작용도 있어, MA와 HN은 천연 flavonoid로써 CNS에 작용, 진정 및 불안해소 작용이 있는 것으로 나타났다(Marder M, 2003).

불안해소·진정효과①: Valerian과 valerenic acid의 불안해소 및 진정 효과는 GABA 기전을 통하여 일어난다. Valerian ex와 valerenic acid의 약리효과는 GABA 활성을 통하여 일어나므로, valerian의 금단증상은 급성 benzodiazepine 금단증상과 유사하게 된다. 결과적으로 benzodiazepine 투여로 환자는 성공적으로 치료되었다. 반대로 valerian은 마취제의 진정 효과 같은 강력함을 기대하고, GABA 수용체에 작용하는 benzodiazepine과 barbiturate같은 보조제를 기대하게 된다. 이로써 수술 전 valerian 사용은 외과 환자에서 valerian과 마취제 상호작용이 원인이 될 수 있다(Yuan C-S, 2004). *Valeriana officinalis* L. ex는 불안해소와 항우울 효과는 있으나, 진정 및 근육이완 활성은 없었다(Hattesohl M, 2008)

항우울작용-뿌리②: *Valeriana fauriei* 뿌리 MeOH ex(시료)에서 항우울 활성을 보였다(mice). 시료에서 항우울 효과가 있는 물질을 분석한 결과, α-kessyl alcohol이었고, guaiane과 valeriane type의 sesquiterpenoids도 약간의 항우울 활성을 보였다(Oshima Y, 1995).

수면개선효과①: *Valeriana officinalis* 뿌리 수침 ex(시료)를 128명에(placebo, 시료 400mg) 투여한 결과, 시험군에서 밤에 깨거나, 꿈을 꾸거나 졸음(부자연스런)이 다음 날 아침까지 없었고, valerian 함유 제제는 다음 날 아침 정상보다 더 자고 싶은 욕망이 현저히 증가되었고, 중정도의 신경 안정 효과가 있었다(Leathwood PD, 1982). *Valerianae radix* 추출물을 불면증 환자에 비교적 고농도 투여 시 sleep structure와 sleep perception에 긍정적 효과를 보였다. 이는 때로 만성적 정신 생리학적 불면 환자에 치료 보강제로의 투여는 추천할 만하였다(Donath F, 2000). 지적장애 어린이에서 나타날 수 있는 수면 곤란에 valerian, *Valeriana* spp.에서 수면 증진 효과를 실험한 결과, valerian이 수면 곤란이 있는 아동에서 지적 개선과 함께 상당한 효과 있음을 발견하였다(Francis AJP, 2002).

불면해소효과-Valerian②: 1회 Valerian 경구투여와 placebo 및 신경 안정제 triazolam에서 cognitive와 psychomotor 효과를 비교, valerian 500mg과 1000mg, triazolam 0.25mg 및 placebo를 건강한 자원자에게 투여한 결과, 건강한 자원자에게서 인식에 대해 triazolam은 유해한 효과를 보였으나, valerian은 건강한 자원자에게서 cognitive나 psychomotor에 어떠한 효과도 없었다. Valerian의 수면활성은 randomized double-blind test에서 불면증 치료에 흔히 쓰는 benzodiazepine를 대체할 가능성을 확인하였다(Hollam KI, 2003).

신경이완활성-지상부③: 지상부 수침 ex의 약리 작용을 실험한 결과, hot plate와 tail flick test에서 진통 효과에 뚜렷한 변화는 없었고, guinea pig 회장에서도 별 변화는 없었으나, locomotor activity와 motor co-ordination (mice)은 현저히 감소하였고, phenobarbital에 의한 수면 유도는 연장되었다. 특별한 cataleptic response(강경증)도 나타나지 않았다. 이러한 효과는 neuroleptic-like(신경이완성)성질로 생각되었다(Capasso A, 1996).

진정·수면향상-Linarin④: *V. officinalis*에서 진정 및 수면 향상 효과와 anxiolytic 효과가 있는 2S(-) hesperidin(HN)과 6-methylapigenin을 분리, 확인하였고, *V. officinalis*에서 flavone glycoside인 linarin을 발견하였고, HN같은 진정 및 수면향상 효과는 valerenic acid의 투여로 활성이 강화되었다. 이러한 효과는 *Valeriana* 추출물의 약리학적 작용을 확신시켰다 (Fernandez S, 2004).

Diazepam**상승효과**-Flavonoid⑤: Valerian flavone 6-methylapigenin(MA)과 flavonone glycoside인 hesperidin과 diazepam의 상승효과는 apigenin 유도체가 $GABA_A$ receptor에서 benzodiazepine 결합 site에 결합하여 불안해소 활성을 나타낸다. Hesperidin은 진정 작용과 수면 향상 활성이 있으나, benzodiazepine 결합 site에 ligand가 없다. MA는 hesperidin의

수면 향상 효과를 증가시킬 수 있다. 이는 diazepam agonist 중 여러 $GABA_A$ receptor ligand를 나누어 사용하기 때문에 수면이 증강되는 것으로 보였다. Isobolar 분석에서 서로 상승 작용하는 것으로 나타났다(Fernandez SP, 2005).

Psychomotor효과-Valerian: *Valeriana officinalis* ex(시료)가 mood나 psychomotor/cognitive 행동이 젊은 건강한 지원자에서 나타나는 현상을 알고자 시료 600, 1200 및 1800mg과 10mg diazepam(양성대조군)과 비교한 결과, 시료는 어떤 것에도 현저한 효과가 없었고, diazepam은 4가지 다른 범위에서 측정한 결과, psychomotor/cognitive performance가 개선되었다. 이로써 valerian 급성적 투여는 mood altering이나 psychomotor/cognitive 효과는 젊은 건강한 지원자에서는 나타나지 않았다(Gutierrez S, 2004).

신경보호활성: [Ca^{2+}] 포함된 신호회로에서 Aβ 독성에 대해 *V. officinalis*의 신경보호 활성이 세포의 산화환원 상태에서 *V. officinalis* ex의 신경보호 활성이 중추적 역할을 하는 것으로 보였다(Malva J, 2004)

관상동맥·기관지확장활성: *V. officinalis* 뿌리 수침 ex(WE)와 EtOH ex(EE)가 항관상동맥 경련과 항기관지 경련을 마취 guinea pig에서 관찰한 결과, pitressin-유도 coronary spasm에서 시료는 현저한 항관상동맥 경련, 항고혈압 및 항기관지 경련 효과가 있어 호흡기 및 관상동맥 질환 치료에 전통적인 사용이 증명되었다. EtOH ex와 H_2O ex의 성분은 비슷하나, valepotriate는 EtOH ex에 많았다(Circosta C, 2007).

항진균활성-Valepotriates: *Valeriana capense*의 지용성 crude extract에서 plant phatogenic fungus *Cladosporium cucumerinum*에 항진균활성 물질을 분리한 결과, valtrate①, isovaltrate②, didrovaltrate③, chlorovaltrate④, valtrate hydrine B4⑤, homovaltrate⑥, dihomovaltrate⑦, homo-didrovaltrate⑧, divaltrate⑨ 및 isovaleroxyhydroxydidrovaltrate⑩를 분리. ①은 root와 지상부에 있었다(Fuzzati N, 1996).

Anti-HIV활성-Valtrate: HIV-1 virus 조절 단백질인 Rev의 NES 발현, 분열 yeast를 사용하여 bio-assay-guided로 valtrate①을 분리하였고, 이는

*Valerianae radix*에서 얻은 새로운 물질로, 핵에서 세포질로 Rev의 운반을 저해하였다. 또 ①은 host MT-4 세포주에 대해 어떠한 세포독성도 보이지 않았고 HIV-1 virus의 P-24 생산을 저해하였다. 이로써 valtrate는 세포독성이 없는 anti-HIV 활성물질이었다(Murakami N, 2002).

항미생물활성: *V. officinalis* Select(S)와 Anthose(A) 재배종의 정유성분을 수증기 증류, GC, GC-MS로 분석. 8과 14개월 cv S에는 0.67, 0.87% 정유보다 cv A에는 0.97과 1.1%로 많았고, cv S에서 43 및 cv A에서 53성분을 얻었다. cv S의 주성분은 valerenal, bornyl acetate, 15-acetoxy valeranone, valerenic acid 및 camphene을 cv A에서 valerenal,(-)-bornyl acetate, α-humulene, camphene, 15-acetoxy valeranone 및 valerenic acid. 14개월 식물에서 valerenal, valerenic acid 및 α-humulene 함량이 증가하였다. cv S는 *Aspergillus niger*, *E. coli*, *S. aureus* 및 *Saccharomyces cerevisiae*에 강한 항미생물활성을, cv A에는 *Psedomonas aeruginosa*를 포함 이들 항미생물활성이 적거나 없었다(Letchamo W, 2004).

Monoterpenoids: *Valeriana officinale*의 지하부를 진정, 진경약으로 사용한다. 4종의 식물을 채취, 지하부의 정유에 함유된 monoterpenoic hydrocarbone을 GC로 검색한 결과, 11종 중 공통적으로 함유된 것은 bornylacetate, 함량 순으로 camphene, α-pinene, bornylmyrtenyl-isovalerate, myrtenyl acetate, β-pinene 등이며, 공통적으로 가장 적은 것은 terpineol, terpineol-acetate, diterpene은 p-cymene, 1,8- cineole, borneol 등이 적었다(유경수, 1974).

Sesquiterpenoids: 중국 market에서 구입한 *Valeriana fauriei* 뿌리에서 두 개의 새로운 patchoulane sesquiterpenoid인 patchouli alcohol과 함께 patrinoside 및 kanokoside A를(Nishiya K, 1992), *Valeriana wallichii(=V. jatamansi* Jones)의 root와 rhizome을 Napal Kathmandu에서 구입한 Netherland산과 독일산의 정유는 각각 0.09%와 1.30%(dry basis). 정유의 주요 물질은 미확인된 sesquiterpene hydrocarbone, α-santalene, ar-curcumene 및 xanthorrhizol. 주요 성분은 patchouli alcohol이었다(Bos

R, 1997). Bulgaria(1995, 1998년)에서 재배한 *Valeriana officinalis* ssp. *collina* 건조 root를 분석한 결과, 2개 새로운 sesquiterpene인(-)-pacifigorgia-1(6),10-diene과(-)-valerena-4,7(11)-diene이 동정되었고, 그 외 주요 성분 bornyl acetate 6.0-7.3%, spathulenol 5.2-4.1%, valeranone 12.0-6.8%, valrenal 9.1-8.5%, α-kessyl acetate 2.1-6.2% 및(-)-valerena-4,7(11)-diene 7.2-4.6%였다(Bos R, 2000).

정유성분-지하부: *V. pancicii* 지하부를 분석. 원료 식물은 Montenegro에서 여름(A)과 가을(B)에 채취. 분석한 정유 중 monoterpenoids 함량은 적었으나, sesquiterpenoid 함량은 많았다. A, B정유의 주요 물질은 patchouli alcohol, 미지의 oxygenated monoterpene, α-guaiene 및 γ-patchoulene(Kovacevic N, 2002). Himalaya지역의 *V. hardwickii* var. *arnottiana* 뿌리를 분석, 28물질 92.14%을 분리동정한 결과, 정유의 많은 양이 oxygenated sesquiterpene으로, 주성분은 valeracetate 17.3%, bornylacetate 15.3%, methyl linoleate 11.7%, cuparene 10.4% 및 α-cedrene 6.2%. valeracetate는 chemical marker(Sati S, 2005).

정유성분: *Valeriana sisymbriifolia*(Iran 야생)를 수증기 증류, GS-MS 분석으로 41물질(총 oil의 90.2%)을 분리동정한 결과, 주요 물질은 β-alantone과 14-hydroxy-9-epi-(E)-caryophyllene 16.3%, viridiflorol 11.4%, isovaleric acid 7.3%,(Z)-α-bisabolene 5.9%, allo-aromadendrene-epoxide 5.5% 및 borneol 5.2%였다(Javidia K, 2006).

6-Methylapigenin-뿌리: *Valeriana wallichii* 뿌리와 근경에서 GABA 수용체에 benzodiazepine 결합 site(BDZ-6S)에 경쟁적으로 결합하는 활성 물질 6-methylapigenin을 분리동정(UV, NMR 및 MS). 이 flavonoid는 BDZ-6S와 GABA 비가 1.6-2.0인 Ki=495nM로 agonist 성질이 있는 것으로 생각되었다. *V. wallichii* crude drug의 6-methylapigenin은 0.013-0.0013%로 추산되었다(Wasowski C, 2002).

Lignans: *V. officinalis*(valerian) root에서 lignan 성분은 8′-hydroxy-pinoresinol①, pinoresinol-4-*O*-β-glucosie②는 이미 확인된 물질.

7,9′-monoepoxylignans인 massoniresinol-4′-*O*-β-D-glucoside③, 4′*O*-β-D-glucosyl-9-*O*-(6″-deoxysaccharosyl)olivil④ 및 berchemol-4′-*O*-β-D-glucoside⑤, 7,9′,7′,9-diepoxylignans인 pinoresorsinol-4,4′-di-β-*O*-D-glucoside⑥, 8-hydroxypinoresinol-4′-*O*-β-D-glucoside⑦ 및 8′-hydroxypinoresinol-4′-*O*-β-D-glucoside⑧을 동정하였다. Lignan③, ⑥, ⑦ 및 ⑧은 이미 다른 나무에서 분리되었으나. ④와 ⑤는 새로운 천연물이었다. GABA, benzodiazepine, $5HA_{1A}$ 및 adenosine A_1 및 A_{2A} receptor를 포함한 CNS 여러 수용체에 대하여 radioligand 결합법으로 ligand를 실험한 결과, valerian의 약리활성에 힘을 제공하였다(Schmacher B, 2002).

수확적정시기-활성성분: 1989-1993년 동안 *V. officinals* strain에서 정유, valerenic acid 및 그 유도체, valepotriate 약용성분 수확 적정기는 1993년 정유 0.9%, valerenic acid 및 그 유도체 0.5%로 그 해 9월이었다(Bos R, 1998).

효능과 이용

1) 식용: 잎 추출물을 아이스크림, 제빵, 제과, 음료, 리큐르, 맥주, 담배에 향미료로 쓴다.

2) 약용: 뿌리는 중추신경계에 대한 진정 효과가 있어 간질병, 신경통, 산통(疝痛), 불면증, 갑작스런 다리 경련, 백일해, 두통 등에 사용하였고 길초근과 마찬가지로 신경과민, 불면증, 히스테리, 두통, 불안해소 등에 뛰어난 진정 효과와 피로회복에 효과 있으나 흥분상태일 때는 진정제가 된다. 가슴이 두근거림을 진정시키는 강심작용, 혈압 강하 및 생리통에도 진통 효과가 있고, 비듬 방지 효과도 있다. 단 다량 또는 장기복용 등 과용하면 오한, 두통 등의 부작용이 있다. 쥐오줌풀은 서양쥐오줌풀보다 약효가 더 강하다.

참고 문헌

1) 유경수. **생약학회지** 1974 5(1) 1(국산 길초근의 monoterpenoid)

2) Bos R, Woedenbag HJ, Hendrick H, Scheffer JJC. *Flavour Fragr J* 1997 12 359 (Composition of the essential oils from underground parts of *Valeriana officinalis* L. s.l and several closely related taxa)

3) Bos R, Hendriks H, Pras N. *J Essent Oil Res* 2000 12 313(Essential oil composition of *Valeriana officinalis* ssp. *collina* cultivated in Bulgaria)

4) Bos R, Woerdenbag HJ, Hendriks H, et al. *Flavour Fragr J* 1997 12 123 (Composition of essential oil from roots and rhizomes of *Valeriana wallichii* DC.)

5) Bos R, Woerdenbag HJ, Van Putten FMS, et al. *Planta Med* 1998 64 143(Seasonal variation of the essential oil, valerenic acid and derivatives, and valepotriates in *Valeriana officinalis* roots and rhizomes, and the selection of plants suitable for phytomedicines)

6) Capasso A, De Feo V, De Simone F, Sorrentino L. *Phytother Res* 1996 10 309 (Pharmacological effects of aqueous extract from *Valeriana adscendens*)

7) Circosta C, Depasquale R, Samperi S, et al. *J Ethnopharmacol* 2007 112 361 (Biological and analytical characterization of two extracts from *Valeriana officinalis*)

8) Donath F, Quispe S, Diefenbach K, et al. *Pharmacopsychiatry* 2000 33 47(Critical evaluation of the effect of valerian extract on sleep structure and sleep quality)

9) Fernandez S, Wasowski C, Paladini AC, Marder M. *Pharmacol Biochem Beh* 2004 77 399(Sedative and sleep-enhancing properties of linarin, a flavonoid-isolated from *Valeriana officinalis*)

10) Fernandez SP, Wasowski C, Paladini AC, Marder M. *Eur J Pharmacol* 2005 512 189(Synergistic interaction between hesperidin, a natural flavonoid and diazepam)

11) Francis AJP, Dempster RJW. *Phytomedicine* 2002 9 273(Effect of valerian, *Valeriana edulis*, on sleep difficulties in children with intellectual deficits; randomised trial)

12) Fuzzati N, Wolfender JL, Hostettman K. *Phytochem Anal* 1996 7 76(Isolation of

antifungal valepotriate from *Valeriana capense* and the search for valepotriates in crude valerianaceae extracts)

13) Gutierrez S, Ang-Lee MK, Walker DJ, Zacny JP. *Pharmacol Biochem Beh* 2004 78 57(Assessing subjective and psychomotor effects of the herbal medication valerian in healthy volunteers)

14) Hattesohl M, Feistel B, Sievers H, et al. *Phytomedicine* 2008 15 2(Extracts of *Valeriana officinalis* L.S.I. show anxiolytic and antidepressant effects but neither sedative nor myorelaxant properties)

15) Hendriks H, Bos R, Woerdenbag HJ, Koster ASJ. *Planta Med* 1985 1 28(Central nerve depressant activity of valerenic acid in the mouse)

16) Hollam KI, Olver JS, McGratn C, Norman TR. *Human Psychopharmacol* 2003 18 619(Comparative cognitive and psychomotor effects of single doses of *Valerian officinalis* and triazolam in healthy volunteers)

17) Javidia K, Miri P, Kamalinejad M, Khazraii H. *Flavour Fragr J* 2006 21 516 (Chemical composition of the volatile oil of aerial parts of *Valeriana sisymbriifolia* Vahl. grown in Iran)

18) Kovacevic N, Parloric M, Menkovic N, et al. *Flavour Fragr J* 2002 17 355 (Composition of the essential oil from roots and rhizomes of *Valeriana pancicii* Halacsy K Bald)

19) Leathwood PD, Chanffard F, Heck E, Munoz-Box R. *Pharmacol Biochem Behav* 1982 17 65[Aqueous extract of valerian root(*Valeriana officinalis* L.) improves sleep quality in man]

20) Letchamo W, Ward W, Heard B, Heard D. *J Agr Food Chem* 2004 52 3915 (Essential oil of *Valeriana officinalis* L. cultivars and their antimicrobial activitiy as influenced by harversting time under commercial organic cultivation)

21) Li MY, Ahn JC, Kim KS, et al. *Kor J Medicinal Crop Sci* 2006 14(2) 101 (Comparison of valerenic acid and valepotriates production according to the culture condition for cultured roots of *Valeriana fauriei* var. *dasycarpa* Hara)

22) Malva J, Sanfos S, Macedo T. *Neurotox Res* 2004 6(2) 131(Neuroprotective properties of *Valeriana officinalis* extracts)

23) Marder M, Viola H, Wasowski C, et al. *Pharmacol Biochem Beh* 2003 75 537 (6-Methylapigenin and hesperidin: new *Valeriana* flavonoids with activity on the CNS)

24) Murakami N, Ye Y, Kawanishi MO, et al. *Bioorg Med Chem Lett* 2002 12 2807 (New rev-transport inhibitor with anti-HIV. activity from *Valerianae radix*)

25) Nishiya K, Kimura T, Takeda K, Itokawa H. *Phytochemistry* 1992 31(10) 3511 (Sesquiter-penoids and iridoid glycosides from *Valeriana fauriei*)

26) Novak J, Novak S, Bitsch C, Franz CM. *Flavour Fragr J* 2000 15 40(Essential oil composition of underground parts of *Valeriana celtica* ssp. from Austria and Italy)

27) Oshima Y, Matsuoka S, Chizumi Y. *Chem Pharm Bull* 1995 43(1) 169 (Antidepressant principles of *Valeriana fauriei* roots)

28) Sati S, Mathela CS. *Flavour Fragr J* 2005 20 299(Essential oil composition of *Valeriana hardwickii* var. *arnottiana* from the Himalaya)

29) Schmacher B, Scholle S, Hölzl J, et al. *J Nat Prod* 2002 65 1479(Lignans isolated from valerian; Identification and characterization of a new olivil derivative with partial agonistic activity at A1 adenosine receptors)

30) Wasowski C, Marder M, Viola H, et al. *Planta Med* 2002 68 934(Isolation and identification of 6-methylapigenin, a competitive ligand for the brain GABAA receptors from *Valeriana wallichii*)

31) Yuan C-S, Mehendale S, Xiao Y, et al. *Anesth Analg* 2004 98(2) 353(The γ-aminobutyric acidergic effects of valerian and valerenic acid on rat brain stem neuronal activity)

특허

1. 〈특허등록 제 861473호〉 전남대학교, 산학협력단(쥐오줌풀 뿌리의 생산방법, 그에 의해 생산되는 쥐오줌풀 뿌리 및 그로부터 발레렌산 및 발레포트리에이트를 생산하는 방법)

〈조식제, 1, p460〉

24 서양민들레 *Taraxacum officinale*

국화과
(Compositae)

Common Dandelion(英)

원산지: 유럽

용도: 식용·약용 – 전초, 잎, 꽃, 뿌리

역사

민들레의 불어명 dandelion이란 이름은 잎의 거치가 들쑥날쑥해 흡사 사자의 이빨 같아 'dent de lion' 즉, '사자의 이빨'이라는 뜻이다. 우리는 씨가 날아가고 난 화탁이 중의 민둥머리 같아 '민들레'라 하며 서양에서도 'monk's head(중의 머리)'라고도 부른다.

Dandelion의 학명 *Taraxacum officinale*은 라틴어의 '불안'이란 뜻의 'taraxis'와 치료한다는 뜻의 'aceomai'의 합성어로서 neuroses나 복통 등 치료 효과 때문에 붙여졌다. 약효의 영험 때문에 백수의 왕인 사자의 이름을 붙여 라틴어의 Dens leonis에 Dandelion이란 이름이 생겼다고 한다. 그리스어의 'taraxo(내가 재촉했다)'와 'achos(고통을)'에서 유래된 것도 병의 신통한 치료제였음을 말해 주고, 종명 *officinale*도 약초임을 말하고 있다.

Dandelion은 프랑스에서 옛날부터 채소로 즐겼으며 지금은 개량종을 채소로 재배한다(Herbs p382).

식물학적 특성

세계의 온대와 난대에 널리 퍼져 귀화한 강한 식물. 다년생 초본. 뿌리가 직근성 굵어져서 땅 속 깊이 박는다. 근생엽은 사방으로 퍼지고, 연하며 피침형, 독특한 거치가 불규칙하다. 3-4월부터 꽃이 피기 시작, 추운 겨울에도 꽃이 핀다. 중심부에서 속이 빈 꽃대가 나와 그 끝에 밝은 노랑색의 두상화가 핀다. 꽃잎 밑쪽에 짧은 녹색의 총포편이 뒤로 뒤집혀 있는 것이 dandelion의 특징. 우리 민들레 꽃과 다른 점. 꽃이 지면 흰색 관모가 삿갓 모양으로 바람에 낙하산 모양으로 날아 번식. 씨가 날아가 민둥 화탁만 남는 것은 우리 민들레와 같고 포기 전체에 민들레류 특유의 유백색 즙액이 씁쌀한 맛을 낸다.

우리 민들레 *Taraxacum platycarpum* H.DAHLST와 서양민들레 *T. officinale* L.의 차이점은 우리 민들레는 꽃이 몇 해가 걸려 피고 또 꽃이 봄 한 철만 피며 그 꽃도 자가수정이 않되어 주위에 여러 포기가 있어야 씨가 결실되기 때문에 번식력이 왕성한 서양 민들레에 밀려나고 있다(Lee, YN, II, p372).

특수성분

특수성분으로는 Arnidenediol(T-00092), Arsanin(H-02655), Flavoxanthin (E-00478), Inulin, Taraxacoside(T-00087), 20(30)-Taraxasten-3-one (T-00098), Taraxasterol(T-00098), *φ*-Taraxasterol(T-00097), *φ*-Taraxasterone (T-00097), Taraxerol(T-00108), Taraxinic acid(G-00289), 4,11,13,15-Tetrahydroidentin B(D-01845), *β*-Sitosterol(S-01368), Caffeic acid (D-02670), Taraxacin(고미질), *β*-Amyrin(*β*-amyrenol, O-00383), *φ*-Taraxasterol (Heterolupeol), Taraxerol(Skimmiol), Tarolupenyl acetate(F-00443) 등이 분리동정되었다(DNP p833).

생리활성

위장보호활성: HCl-aspirin과 무수 EtOH-유도 위 손상 실험동물에 민들레 MeOH ex는 현저한 억제효과가 있었으나, indomethacin-유도 위염에는

예방효과는 없었고, 위액분비에 영향을 주지 못했으나, 유문 결찰(pylorus-ligated) rat에서 pepsin 활성이 감소되었다(Lee EB, 1993). 또 이유한 Wistar 흰쥐(♂)의 STZ-유도 당뇨쥐에서 민들레 투여로 총 혐기성 균이 감소하였고, *Lactobacillus* 증가가 현저하였으나, *E. coli*는 감소. 이로써 당뇨 유발 흰쥐의 장내 미생물에 유익한 효과로 숙주의 감염에 저항력이 있는 것으로 나타났다(박지윤, 2002). 민들레의 BuOH 분획에 flavonoid와 luteolin은 각각 27.75%, 1.14%로 타 분획보다 많았고, 이 분획은 *H. pylori*에 항균 및 urease 저해 효과가 높았다. 또 위장장애 간접요인 중 radical 소거 및 활성산소로부터 세포막 보호도 BuOH 분획이 가장 강하였고, 항산화활성(DPPH)도 강하여, 위점막 보호활성이 있었다(Han SH, 2005).

항균검색: 천연 식품 보존제로 개발코자, 민들레 MeOH ex(시료)의 식품 부패와 오염균 5종에 대한 항균성을 검색하였다. 시료 500μg/mL에서 *S. aureus*를 98% 저해. *B. subtilis*, *L. monocytogenes* 및 *V. parahaemolyticus*는 2,000μg/mL에서 각각 97.88, 98.43 및 97.10% 저해되었고, 동일 농도에서 *S. aureus*와 *E. coli*는 100% 저해되었다. 시료의 EtOAc 분획은 500μg/mL에서 모든 균주의 clear zone을 형성, 항균성을 보였고, 특히 $CHCl_3$ 분획은 *V. parahaemolyticus*에 우수한 활성을 보였다. 또 건조 민들레의 MeOH 추출물의 Hx과 EtOAc 분획에서 *Bacillus subtilis*, *L. monocytogenes*, *S. aureus*, *E. coli* 및 *V. parahaemolyticus*(500μg/disc)에 가장 강한 저해활성을 보였다(Kim KH, 1998, 1999).

항염활성①: 민들레의 항염활성은 TPA나 croton oil로 생쥐 귀에 급성 염증을 발생시키고, 민들레 추출물을 염증 부위에 도포한 결과, indomethacin과 유사한 비steroid계 항염활성을 보였다. 이로써 민들레의 항염활성은 steroid계 물질의 부작용인 메스꺼움, 구토, 설사, 변비, 식욕 감퇴, 신장과 간의 기능 저하 등이 없는 치료 효과를 보였다(Hahm DH, 2008; Jeon HJ, 2008). 또한 민들레 5종 좀민들레, 산민들레, 흰민들레, 민들레, 서양 민들레 중 좀민들레(*T. hallaisanensis*)가 LPS-자극 RAW 264.7 세포에서 NO 생성 저해와 항산화활성(DPPH, ABTS, 환원력, free radical 소거활성)이 가장 높았고, 총 phenol성 물질과 flavonoid 함량이 가장 많았으며, 항염활성도 가장 높았다(Choi KH, 2013). 민들레*T. officinalis*에 30-50% 당 첨가, 10-20℃에서 120일 발효, 30% 당발효물 FD30, 50% 당발효물 FD50의 총 phenol은 각각 78.9, 59.35mg/g, 시료 수침액 54.2mg/g DPPH radical 소거활성과 항염활성(NO 소거능)도 높았다. 혈전 용해농도 각각 0.5, 1.39 unit/mg으로 민들레 당발효물은 항산화, 항염활성이 높았다(김경민, 2012).

항염활성-Luteolin②: Luteolin은 NF-kB/AP-1/PI3K-AKt signaling cascade를 통한 NO와 PGE_2 생성을 현저히 감소시켰고, luteolin-7-*O*-glucoside LPS-자극 대식세포에서 NF-kB/AP-1/PI3K-AKt signaling pathway를 통한 기능은 비교적 약하였으나, luteolin aglycone이나 luteolin glucoside는 모두 염증 치료에 강력한 후보였다(Park CM, 2013; Lee DS, 2011).

치주염억제-마치현·금전초③: 마치현과 금전초의 EtOH ex의 치주염 및 치주염 유발요인에 대한 효과를 알고자, 각 추출물 및 혼합물은 *S. mutans*에 항균력 및 인공 치아에 생체막 형성, 그리고 치주 섬유아세포 내 LPS-유도 염증 반응에 직접적 효과는 관찰되지 않았으나, 해당물질 섭취에 따라 치주염의 염증정도가 억제되어 혈액내 백혈구 대비 면역세포 함량 변화가 있었다. 이 결과는 마치현과 금전초가 섭취 시 생체내 전반적인 염증 반응에 효과있음을 보였다(박영미, 2015).

항산화능개선-간: 흰쥐에 1% cholesterol(chol)과 0.25% Na-cholate(Na-ch)를 첨가 chol 혈증 유발 식이와 민들레 잎의 열수 추출물(HW ex군), EtOAc ex군, Et_2O ex군에 나누어 급여, 시료가 체내 항산화계에 미치는 영향을 조사한 결과, 간조직 중 cytochrome p450은 변화가 없었고, XO 활성과 SOD 활성은 감소하였으나, catalase 활성은 시료 급여로 증가하였다, 간조직 중 GSH-Px와 GST 활성을 HW ex 급여에서 현저히 증가하였고, GSH 함량도 증가하였다. 과산화 지질 함량은 HW ex 급여로 현저히 감소하였다. 이로써 고cholesterol 혈증 유발 흰쥐에 민들레 잎 추출물 급여는 체내 항산화 효소의 활성과 항산화제 함량에 영향을 미처 체내 항산화능 개선이 기대되었다(Cho

SY, 2003).

간손상예방①: D-galactosamine(Gal-N) 투여 실험 동물에 민들레 열수 추출물 식이(시료) 투여로 Gal-N 간손상으로 혈중 생화학적 변화와 간조직의 효소적 변동을 관찰한 결과, Gal-N 투여로 간의 AST, ALT 활성이 증가되었으나, 시료 투여로 억제되었다. ALP 활성과 TBARS는 3% 시료 투여군에서 감소되었다. Gal-N 투여로 혈중 TNF-α가 현저히 상승하였으나, 다소 감소. Gal-N 투여로 억제되었고, catalase, GSH-reductase, Mn-SOD 활성은 시료 투여로 회복되었다. 조직검사 결과, 민들레 시료가 간세포의 괴사와 변성, 지방변성 등이 감소. 시료는 AST, ALT 및 ALP의 활성 및 산화적 stress를 감소시켜 활성산소 해독계에 관여하는 효소의 활성 증가로 Gal-N 유도 간손상을 예방하는 것으로 사료되었다(박지영, 2008).

간보호활성②: 간독성을 나타내는 Alzheimer's disease 치료제인 tacrine-유발 간암 세포주, HepG$_2$ 세포 사멸에 대한 보호 효과를 보인 포공영의 MeOH ex, CH_2Cl_2와 BuOH 분획에서 DPPH와 superoxide radical 소거능과 간보호 효과를 보였다(백흠영, 2003).

간보호활성-급성알콜성간독성③: 알콜 유도 급성 간독성에 민들레 추출물(시료)을 C57BL/6 mice에 2g/kg를 1일 1회 7일간 투여, 희생시키기 위해 12시간 전에 50% 알콜(6g/kg)을 투여. 시료 투여로 간 TG와 cholesterol은 감소, 혈청 AST와 ALT 활성은 현저히 증가하였다. 더구나 시료는 ADH, 항산화 효소 활성이 증가되었을 뿐 아니라, 지방 과산화는 감소되었다. Xenobiotic 대사에 중요한 cytochrome p450 2E1 효소 발현이 알콜로 낮아졌으나, 시료 투여로 회복되었다. 이로써 알콜로 유발된 지방간과 간의 병변이 개선되었다. 즉 민들레는 산화적 stress와 염증 반응을 감소시킴으로써 간을 보호할 수 있다고 생각되었다(Liu XY, 2008; Yoo Y, 2010).

뇌신경보호활성-당뇨쥐①: STZ-유도 당뇨 Wistar계 흰쥐에 민들레 잎과 뿌리 분말(시료P)과 추출물(시료X)을 각각 4주간 급여한 결과, 유해 활성산소 생성 효소계인 cytochrome p450, aminopyrine N-demethylase, aniline hydroxylase 및 xanthine oxidase 활성은 당뇨 유발-대조군보다 시료군 모두에서 감소하였다. SOD, catalase와 glutathione peroxidase 활성도 시료 P와 시료 X 급여 시 대조군보다 감소되었으며, 시료 부위별 차이는 없었다. 반면, 뇌 조직의 glutathione S-transferase 활성과 GSH 량은 대조군보다 시료 급여로 증가되었으며, 과산화 지질 함량은 당뇨 대조군보다 시료 급여군 모두 감소를 보였다. 이상의 결과에서 민들레 잎과 뿌리의 급여는 당뇨로 인한 흰쥐의 뇌조직 유리기 생성과 지질 과산화에 의한 합병증 예방에 효과적이라 생각되었다(김명주, 2002).

뇌신경보호활성-HT22②: 서양 민들레 지상부 EtOH 추출물이 glutamate-유도 HT-22 세포주 해마유래세포에 대해 훌륭한 보호활성을 보였으며, 항산화 및 세포보호 효소인 heme oxygenase-1 단백질을 발현함으로써 뇌보호 활성을 나타내는 mechanism을 규명하였다(리빈, 2011).

기억력개선효과③: 서양 민들레 *Taraxacum officinale*: To, 흰민들레 *T. coreanum*: Tc를 각각 봄과 여름에 지상부를 채취, RAPD로 동정, 80% EtOH ex를 제조, 기억력 개선 효과와 항산화 효과를 실험하였다. To와 Tc는 75-81.8%, 유연관계가 있고, 항산화활성(DPPH)은 Tc 8월 채취〉To 5월 채취〉To 8월 채취〉Tc 5월 채취분순. 신경 전달 물질 분해 효소인 acetyl-choline esterase(AchE) 저해능으로 기억력 개선 효과를 측정한 결과, DPPH 결과와 같은 순이었다. 각 민들레의 학습, 기억력 측정은 수동 회피시험에서 8월 채취한 To EtOH ex 200mg/kg, po 투여군에서 양성 대조물 tacrine의 91%에 해당하는 효과를 보였으나, 5월 채취 To는 4종 시료 중 가장 기억력 개선 효과가 적어 수확시기가 중요하였고, 공간 지각 능력을 관찰코자 Y형 미로 시험에서도 수동 회피 시험과 같은 결과였다. 이로써 기억력 개선에는 서양 민들레 8월 채취분이 가장 효과적이었다(손문지, 2012).

항우울효과-MAO-A와 B①: 민들레 *Taraxacum mongolicum* 추출물(시료)의 용매 분획이 시험관 내에서 MAO(monoamine oxidase) 효소 활성에 미치는 영향을 비교 관찰하였으며, 동시에 실험 동물에 시료를 경구투여 후, 동물 체내에서 일어나는 MAO의 활성 변화와 MAO의 기질 serotonine의 뇌조직 중 농도 변화를 관찰한 결과, 시료는 시험관 내에서 MAO-A 및 MAO-B를 저해. 이를 섭취한 동물에서 MAO-A는 활성이 증가, MAO-B는 감소. 뇌조직 중 serotonine 농도를 증가시키는 경향을 보여, 임상에서 항우울제 양성 대조군 약물과 같은 경향을 보여, 항우울 식품 소재나 항우울 신약 소재로 개발이 기대되었다(황금희, 2006).

우울증개선②: 강제수영 실험에서 포공영 추출물 50, 100mg/kg 투여군은 정상군에 비해 부동시간이 현저히 감소하였고, 꼬리 매달리기 실험에서도 시료군 50, 100mg/kg은 정상군에 비해 부동 시간이 현저히 감소되었다. 또 과잉 행동 실험에서 시료는 정상군과 비슷한 이동거리를 보였고, 시료 100mg/kg 투여 시 해마부위 BDNF, ERK, CREB 단백질 발현이 증가되었다. 이로써 mouse의 우울증 실험에서 포공영 추출물은 항우울증 효과를 보였다(구필성, 2015).

항인체피부흑색종: Human skin melanoma cell(HSMC)에 대한 포공령 추출물의 세포독성을 형태 변화는 광학 현미경으로 세포 내부 기관을 관찰한 결과, 민들레가 인체 피부 흑색종에 강력한 항암활성이 있었다(오인교, 1998; Lee JH, 2005).

결장암·위암억제①: 민들레 *Taraxacum mogolicum* 부위별 지상부와 뿌리 수침 ex와 MeOH ex의 결장암 HT-29과 위암 NCI-N87에 대한 항암효과는 지상부가 뿌리보다 강하였고, 위암에는 지상부와 뿌리 ex가 비슷(51.97-53.46%)하였다. 결장암에는 지상부 MeOH ex가 88.25%로 가장 강하였고, 지상부와 뿌리 MeOH ex와 수침 ex 모두 정상 신장 세포 생존율이 110, 107-123.31%로 세포독성은 없었다(Heo, SI, 2008).

난소암억제②: 민들레 *Taraxacum officinale* 꽃 EtOH ex 1.5625-100μg/mL를 인간 난소암 세포에 24시간 처리한 결과, 6.25μg/mL에서 현저히 암세포 증식이 용량 의존적으로 억제되었고 세포 사멸을 초래, 강력한 항암성이 있었다(Choi EJ, 2009).

Calu-6·HCT-116·SNU-601-세포독성③: 흰민들레 *T. coreanum*: Tc와 서양민들레 *T. officinalis*: To의 세포독성과 항산화활성을 비교. Tc 잎의 phenol성 물질 368mg/100g, free radical 소거능은 BHT보다 강하였고, 뿌리는 잎보다

강하였다. 인간 암세포에 대한 Tc ex는 Calu-6, HCT-116, SNU-6 세포에 대해 세포독성이 강하였다(Lee HH, 2008).

동맥경화치료-LDL산화억제①: 흰민들레 *T. coreanum*의 LDL 대사에 미치는 영향을 알고자, 흰민들레 MeOH ex 시료의 peroxide value를 측정. 200ppm에서 가장 강하였으며, LDL 내의 산화 억제는 TBA로 측정, 200ppm에서 강하였다. 시료의 산화억제는 2시간에서 강하게 나타났으며, 공액 이중결합 생성억제, vitamin E 및 Apo B-100의 분해 억제로 LDL 산화 억제 효과가 현저하여 동맥경화 치료에 도움이 되었다(Yang KS, 1996).

지질대사개선②: 흰쥐에 1% cholesterol, 0.25% Na-cholate로 고cholesterol 혈증 유발 식이에 민들레 잎 추출물[열수 추출물(HW ex), EtOAc ex, Et_2O ex]을 급여, 고cholesterol 혈증(H-chol)에 미치는 영향을 실험한 결과, 증체량과 식이 섭취량은 대조군보다 HW ex에서 증가, 혈청과 간의 TG, 총 chol(T-chol), chol-ester는 시료군에서 감소, 특히 EtOAc ex군이 간중 TG, free chol 및 T-chol 감소가 현저하였다. 반면, 혈청 인지질은 시료군이 증가, 간조직에는 변화가 없었다. 혈중 chylomicron, VLDL은 시료군이 감소, HW ex와 EtOAc ex의 감소가 컸고, HDL은 HW ex와 EtOAc ex 급여시 증가하였다. 동맥경화 지수는 시료 모든 군에서 감소하였다. 특히 HW ex와 EtOAc ex 급여군은 고 chol 식이군의 간 조직중 ACAT 활성을 감소시켜 혈청 및 간 조직의 총 T-chol과 free chol 축적 억제로 생각되었다(Cho SY, 2000).

혈중지방저하③: 6주간 동맥 경화성 식이(atherogenic diet)를 한 C57 BL/6 mice에 *T. officinale* 수침 ex 1.5 및 3%와 EtOH ex 1.5와 3%를 투여하고 혈청 triglyceride(TG), 총 cholesterol(TC), LDL- chol량과 동맥 경화 지수를 측정한 결과, 시료 투여군에서 현저히 감소. 간 총 지방, TG, chol량은 EtOH ex군이 현저히 감소하였고, chol량은 수침 ex군이 현저히 감소하였다. 변으로의 지방 배설을 EtOH ex군이 현저히 증가하였다. 간의 HMG-CoA reductase는 수침 ex군에서 대조군보다 저하. EtOH ex군은 상승, 수침 ex군과 EtOH ex군은 HMG-CoA reductase 발현 감소와 변으로의 지방 배설로 혈중 지방 저하 효과를 보였다(Kim JJ, 2014).

항비만활성-Lipase저해④: 췌장 lipase 저해 작용 측정은 옥수수 기름 현탁액 5mL/kg이나 민들레 95% EtOH 400mg/kg ex를 실험전 절식시킨 mice에서 측정하였다. 혈장 TG량은 시료투여 후 0, 90, 180 및 240분 후에 측정하여 반응 곡선 AUC를 증가 면적에서 산출. 민들레 95% EtOH ex와 Orlistat 250μg/mL에서 돼지 췌장 lipase 활성을 각각 86.3%, 95.7% 저해하였다. 민들레 추출물은 IC_{50} 78.2μg/mL에서 용량 의존적으로 억제하였다. 추출물 단 2회 투여로 90과 180분에 혈장 TG가 현저히 증가를 저해시켰고, 혈청 TG의 AUC 반응 곡선을 감소시켰다. 이러한 결과로 민들레는 췌장 lipase를 in vivo와 in vitro에서 억제함을 알 수 있었다(Zhang J, 2008).

항당뇨효과: 여러 포공영 물 추출물(시료)을 제2형 당뇨 모델 생쥐에 투여한 후, 생쥐의 혈당을 관찰한 결과, 시료는 제2형 당뇨 모델 생쥐의 insulin 분비 세포를 활성화시켜, 혈중 insulin 분비를 촉진, 혈당저하 효과가 있는 것으로 판단되었다(오찬호, 2012; Cho SY, 2002).

면역반응-뿌리: 민들레 뿌리 추출물(시료)의 세포독성 및 대식세포에 대한 cytokine-유도능 및 단백질 항원 OVA에 대한 면역 반응에 미치는 효과를 조사하였다. 시료는 thioglycollate-유도로 macrophage를 자극, IL-6 및 IL-12 같은 cytokine 생성을 증진, 이 결과는 민들레 뿌리 추출물이 선천성 면역 반응을 자극, 항원 특이적 T 세포의 활성화 유도 가능성을 보였다. 항원 OVA에 시료를 혼합, FIA(Freund's incomplete adjuvant)에 유화, 면역한 결과, 항원에 대한 IgG_1, IgG_{2a} 및 IgG_{2b}형 항체 생산을 높였으나, IgE 생산에는 별 영향이 없었다. 각 면역 mouse의 비장 세포를 항원 OVA 자극 후 배양 상등액에 생산된 cytokine 조사 결과, 항원 특이적 Th_1(IFN-γ) 및 Th_2-type cytokine(IL-4, IL-6 및 IL-10)이 증가. 이는 시료에 allergen 등 항원에 대한 면역 반응을 변화시킬 수 있는 성분이 있음을 제시하였다(Yoon TJ, 2008).

Cd세포독성억제: Cadmium이 3T3 섬유 모세포에 미치는 세포독성을 검정하고, Cd IC_{50}(MTT_{50}, NR_{50}, SRB_{50})에 의해 손상된 3T3 섬유 모세포를 해독시킬 수 있는 물질을 창출코자 수행하였다. 배양액만으로 배양한 대조군,

세포독성 실험에 의하여 결정된 IC_{50} 농도의 Cd와 4종의 포공령 물 추출물(시료)을 각각 배양액에 첨가, 배양한 군을 실험군으로 분류하여 실험. 모든 군은 동일한 조건에서 48시간 배양한 후, MTT 흡광도, NR uptake 능력 및 SRB량을 측정하고, 광학 현미경으로 관찰하였다. 시료가 MTT와 NR 및 SRB 정량에서 유의성 해독 효과를 보였다. 광학 현미경적 소견에서도 세포의 재생이 뚜렷하여 포공령의 Cd에 대한 세포독성 억제 효과를 알 수 있었다(한두석, 1998).

활성산소소거-Phenol성물질①: 민들레 80% EtOH ex와 여러 유기용매 분획(잎과 뿌리)의 phenol성 물질 함량과 ROS 소거활성을 측정, 총 phenol 물질은 잎과 뿌리에 각각 7.9%, 9.4%, 8개의 phenolic acid; caffeic acid 113.7mg%, m-coumaric acid 152.6mg가 잎과 뿌리의 주 phenolic acid, 잎과 뿌리의 EtOAc 분획이 radical 소거활성이 가장 강하였고, ABTS radical 소거활성은 전자 공여능과 유사하였다. Hydroxyl-radical 소거활성과 지방 과산화는 EtOAc 분획이 가장 강하였다. 특히 SOD- like 활성은 민들레잎 EtOAc 분획이 43.6%로 가장 높았고, trolox보다 잎의 EtOAc 분획은 phenol성 물질이 많아 항산화활성 및 free radical 소거활성도 높았다(김영찬, 2008).

항산화활성②: 민들레(*T. officinale*) 잎의 물 추출물이 뿌리 물 추출물보다 지방산에 대한 과산화물 생성저해율이 높았고, DPPH radical, hydroxyl radical, superoxide anion radical 및 hydrogen peroxide에 대한 소거활성 역시 매우 높은 것으로 나타났다(Kang MJ, 2002). 민들레 꽃, 뿌리, 전초의 항산화활성 및 생리활성을 탐색코자 열수 추출물을 분석, 총 flavonoid와 총 phenol성 물질 함량은 꽃 ex 32.91mg/g, 49.31mg/g으로 가장 높았고, 전자 공여능은 1mg/mL에서 꽃, 잎, 전초 ex에서 각각 87.07%, 87.66%, 81.06%, 뿌리 66.2%로 농도 의존적 활성이 증가하였다. SOD 유사 활성은 1.0mg/mL에서 부위별 시료에서 9.07-10.97%, pH 1.2에서 아질산염 소거능은 1mg/mL에서 꽃과 잎이 각각 36.34%, 38.16%로 전초와 뿌리보다 높았다. Tyrosinase 저해활성은 1mg/mL에서 잎 34.19%로 가장 높았으며,

전초나 뿌리도 20% 이상. 이로써 민들레 꽃, 잎, 뿌리 및 전초 열수 추출물은 우수한 항산화활성으로 기능성 건강식품 재료로 활용이 기대되었다(한은경, 2010).

산화적Stress경감①: 포공영(시료)이 산화적 stress에 미치는 영향을 관찰코자, CCl_4를 실험 동물에 투여, 이로 인한 혈중 AST, ALT, GGT 활성, bilirubin 농도, BSP 저류 시간이 현저히 증가, 이를 용량별 시료로 2주간 처리후 억제되었다. 간조직 중 지질 과산화 지표물 MDA가 현저히 증가 억제, 활성산소의 생성계 aniline hydroxylase 및 aminopyrine N-demethylase 활성이 시료 전처리로 억제되었다. 한편 간조직 중 glutathione 농도와 GST 활성은 CCl_4 투여로 억제되었으나, 시료 전처리로 별영향이 없었다. In vitro에서 $FeCl_2$-ascorbate-유도 지질 과산화 함량 및 xanthine oxidase에 의한 초과산화물의 소거능이 시료 첨가로 억제되었다(김성훈, 2010).

산화적Stress·염증개선-Luteolin, chicoric acid②: 민들레 잎의 특수성분은 luteolin과 chicoric acid이며, 민들레 잎을 열수, ambient temperature에서 EtOH 및 MeOH로 추출하여 이 두 성분의 항염 및 항산화 효과를 실험하였다. MeOH ex에서 가장 강력한 NO 억제활성을 보였고, MeOH ex에 luteolin과 chicoric acid 농도는 각각 3.42와 12.86mg/g/민들레 잎이었다. NO 억제효과는 luteolin과 chicoric acid의 농도 의존적이었으며, IC_{50}은 각각 21.2μM와 283.6μM이었다. 세포막 손상 지표인 malondial-dehyde(MDA) 농도는 이 두 물질의 농도 의존적이었다. 이상으로 민들레 잎의 luteolin과 chicoric acid 두 성분이 LPS-유도 산화적 stress와 염증 개선에 중요한 역할을 하는 것으로 생각되었다(Park CM, 2010).

피부각질보호①: 포공영 추출물(시료)의 항산화 효과와 피부 각질 세포 보호 효과를 알고자, 시료 중 phenol류와 flavonoid 함량, DPPH 자유 라디컬 소거능을 조사하고 각질세포 HaCaT의 생존율 및 산화적 stress로부터 보호 효과를 실험한 결과, HaCaT 세포에 시료 400μg/mL 이상에서 세포독성이 있었고, 총 phenol 함량은 42.64μg/mL, 총 flavonoid는 28.09μg/mL였다. DPPH radical 소거활성은 농도 의존적으로 증가하였으며, IC_{50}은

165.5μg/mL였다. HaCaT 세포주에 대하여 H_2O_2에 의해 발생하는 산화적 stress에 대한 보호 효과를 측정한 결과, H_2O_2에 의한 세포 사멸을 방지하였다. 이상의 결과로 포공영 추출물의 항산화 효과와 인간 각질 세포에 대한 보호 작용을 확인하였다(김형우, 2009).

피부재생·항노화②: 본 연구에서는 피부 섬유아세포에 민들레 추출물 함유제 AF-343로 처리한 후, 제1형 교원질의 발현 양상을 분석한 결과, CAT assay에서 제1형 교원질 mRNA 발현이 소폭 증가, 이는 Western blot에서도 제1형 교원질의 단백질 발현 증가 결과와 일치, MMP-1(matrix metalloproteinase-1) 단백질 발현은 감소하였다. 이 같은 결과는 AF-343이 향후 항노화 및 피부 재생(상처재생)을 위한 유효 성분으로 사용될 수 있음을 시사하였다. 또한 민들레 추출물이 thrombin에 결합하여 항응고 효능이 있었고, 특히 desacetylmatricarine은 항알레르기 기능도 보고되어 항염증 및 항알레르기 제제 개발도 기대되었다(조수묵, 2012).

미백·항염활성①: *Taraxacum coreanum*(흰민들레) 열수 추출물의 EtOAc 분획 중에서 polyphenol과 flavonoid 함량은 각각 168.23mg/g, 31.92mg/g, 항산화(DPPH) 및 tyrosinase 저해활성, 염증 반응과 관련된 NO 생성 억제활성이 뛰어났다. 이상의 결과로 피부관련 기능성 소재로의 개발이 기대되었다(이경인, 2011).

미백·항균활성②: 흰민들레 추출물의 생리활성 연구에서 75% EtOH ex와 분획물의 polyphenol과 flavonoid 함량은 각각 238.59mg/g, 33.08mg/g. 항산화활성(DPPH)이 있었고, SOD 유사 활성은 비교적 높았으며, NO 소거능은 EtOAc 분획이 ascorbic acid보다 높았고, tyrosinase 저해활성은 500μg/mL에서 97.07%로 가장 높아 미백 효과가 높았다. *St. aureus*와 *St. epidermidis* 및 항생제 내성 균주 MRSA에 대한 항균 효과는 gentamycin 같이 높았다. 이로써 흰민들레 추출물은 미백, 항균 및 항산화활성이 우수하였다(임도연, 2011-238). 서양 민들레와 흰 민들레 품종에 따라 생리활성의 차이가 일부있으나, 추출 용매에 따른 활성 차이가 더 컸다. 세포독성을 나타내지 않는 농도에서 흰 민들레 EtOH ex는 NO 생성 억제 및 소거활성이 뛰어나 이를 항염증 관련 활성이, 흰 민들레 열수 추출물은 tyrosinase 저해활성도 뛰어나 미백 관련 소재로의 활용이 기대되었다(임도연, 2011-362; Im DY, 2011-373).

Pancreatic lipase저해-뿌리: 민들레 뿌리 70% EtOH ex의 EtOAc 분획에서 5종의 phenol성 물질을 분리, 3,5-di-*O*-caffeoylquinic acid① chicoric acid②, caffeic acid③, protocatechuic aldehyde④ 및 luteolin⑤을 동정하였고, 이들 중 ①이 가장 강한 pancreatic lipase 저해활성을 보여, IC_{50} 65.1μM이었다(김태환, 2011).

Phenol성물질-좀민들레: 좀민들레 지상부의 MeOH 추출물의 n-BuOH 분획에서 3종의 phenol성 물질을 분리, 기기분석(IR, mass H-NMR, ^{13}C-NMR) 및 표품과 비교한 결과, 3,4-dihydroxybenzoic acid($C_7H_6O_4$, protocatechuic acid), luteolin-7-*O*-α-L-rhamnopyranosyl(1→6)-β-D-glucopyranoside ($C_{22}H_{30}O_8$), luteolin-7-*O*-β-glucopyranoside로 동정되었고, 본식물에서는 처음 발견이었다(황완균, 1994).

흰민들레성분-지상부: 흰민들레의 지상부에서 phytochemical 성분을 HPLC로 분리한 결과, sitosterol①, daucosterol②, taraxasteryl acetate③, chrysoeriol④, diosmetin⑤, luteolin⑥, luteolin 7-*O*-glucoside ⑦, esculetin⑧ 및 5-hydroxy pyrrolidin-2-one⑨을 동정하였다. ①-⑨는 흰민들레에서 처음 분리되었고 ⑤와 ⑨는 *Taraxacum*에서 처음 분리되었다 (Lim S, 2011).

효능과 이용

1) 식용: 쌉쌀하고 달며, 영양가가 풍부. 섬유질이 많은 채소로 유럽에서는 샐러드로 많이 애용. 상추보다 맛이 좋고 시금치와 같이 먹는다. 꽃은 벌이 좋아하여 1년 내내 꽃이 있으면 훌륭한 밀원 식물도 된다. 뿌리와 잎으로 허브 맥주를 만들고, 우리도 예부터 산채로 먹었다.

2) 약용: 한방에서 민들레를 포공영이라 하여 해열, 발한, 건위, 소염, 최유, 이담, 정혈, 황달, 수종, 해독, 진해제로 쓰인다. 서양에서도 건위,

강장, 이뇨, 해열, 이담, 완화작용 등이 인정되고 있으며, 간장병, 황달, 담석증, 변비, 류머티스, 신경증, 야맹증, 천식, 거담, 오한, 열병, 종기, 배뇨 곤란, 유행병 등에 잘 듣는다. 꽃으로 술을 빚어 정혈제로, 차로 달여서 우울증, 수종증에, 뿌리를 볶아 카페인이 없는 커피 대용으로 간장, 신장 등에 좋다. 또 뿌리의 최유 작용은 모유가 부족한 산모에게 도움이 되며, 아라비아 지방에서도 마랄리아의 해열제로 이용. 최근 이 식물의 추출물에서 항위염과 항위궤양 효과가 증명되었다.

참고 문헌

1) 구자환, 김세란, 이진원, 등. **동의생리병리학회지** 2011 25(4) 650(포공영 추출물의 mouse 단회 경구투여 독성 실험)

2) 구필성, 이지혜, 최윤희, 정지욱. **본초학회지** 2015 30(3) 13(BDNF, ERK 및 CREB 경로를 통한 포공영 추출물의 항우울 효과)

3) 김경민, 김영남, 최병곤, 오덕환. **식품과학회지** 2012 44(5) 607[당첨가 민들레(*Taraxacum officinale*) 발효물의 생리 활성-항산화, 항염]

4) 김명주, 조수열. **식품영양과학회지** 2002 31(3) 500(서양 민들레가 STZ-유발 당뇨 흰쥐의 뇌조직 중 유해 활성산소 생성 및 제거 효소계에 미치는 영향)

5) 김성훈, 최종원. **동의생리병리학회지** 2010 24(3) 439(흰쥐에서 민들레 추출물이 사염화탄소에 의한 산화적 stress의 경감기전)

6) 김영찬, 노정혜, 김경탁, 등. **식품저장유통학회지** 2008 15(3) 325(민들레 잎과 뿌리의 phenol 산 조성 및 활성산소 소거활성)

7) 김태환, 김태훈. **식품저장유통학회지** 2011 18(1) 53(민들레 뿌리로부터 pancreatic lipase 저해물질의 분리)

8) 김형우, 김병주, 임세현. **본초학회지** 2009 24(3) 103(포공영 추출물의 항산화 효과 및 피부각질 세포 보호 효과)

9) 노경희, 장지현, 김진주, 등. **식품영양과학회지** 2009 38(6) 683(건강한 남자 대학생에서 민들레즙 보충이 알코올에 의한 산화적 스트레스 및 숙취에 미치는 효과)

10) 리빈, 이동성, 최현규, 등. **약학회지** 2011 55(4) 314(Glutamate로 유도된 쥐 해마 HT-22 세포의 산화적 손상에 대한 서양 민들레 지상부의 뇌신경 세포 보호활성)
11) 박영미, 이영래, 박상훈, 등. **동의생리병리학회지** 2015 29(1) 46(치주염증에 대한 마치현 및 금전초 ethanol 추출물의 억제효과)
12) 박지영, 박충무, 김진주, 송영선. **식품영양과학회지** 2008 37(2) 177(D-Galactosamine으로 유발된 간손상에 대한 민들레 열수 추출물의 예방효과)
13) 박지윤, 장주연, 이미경, 등. **식품영양과학회지** 2002 31(6) 1112(민들레 추출물이 당뇨 유발 흰쥐의 장내 미생물 균총에 미치는 영향)
14) 백흠영. **생약학회지** 2003 34(4) 324(포공영의 자유 radical 소거 및 간세포 보호활성)
15) 손문지. **본초학회지** 2012 27(5) 27(포공영의 기원식물의 mouse 기억력 개선효과 비교)
16) 오인교, 유은아, 한두석, 등. **생약학회지** 1998 29(3) 198[한국산 생약으로부터 항암물질의 개발(제8보). 포공령 추출물이 인체 피부 흑색종 세포에 미치는 세포독성 작용]
17) 오찬호, 신남식, 권진, 등. **동의생리병리학회지** 2012 26(5) 767(포공영 물추출물이 항당뇨 효과에 대한 연구)
18) 이경인, 임도연. **생약학회지** 2011 42(2) 195(흰민들레 열수 추출물 및 분획물의 피부관련 생리 활성)
19) 임도연, 이경인. **약용작물학회지** 2011 19(4) 238(흰민들레 추출물 및 분획물의 생리 활성과 tyrosinase 저해활성)
20) 임도연, 이경인. **약용작물학회지** 2011 19(5) 362(서양 민들레와 흰민들레 추출물의 NO 생성억제 및 소거활성과 tyrosinase 저해활성)
21) 조수묵, 김재현, 김종근, 등. **약학회지** 2012 56(1) 9[섬유아세포에서 민들레 추출물 함유제(AF-343)에 의한 제1형 교원질 발현 증가]
22) 천순주, 조은아, 김영훈, 등. **본초학회지** 2006 21(4) 109(포공영의 항산화 및 화장품 약리학적 활성 연구)
23) 한두석, 이기남, 이종섭, 백승화. **약학회지** 1998 42(3) 307(포공령의 Cd에 대한

세포독성 억제효과 *Taraxacum platycarum*)

24) 한은경, 이지영, 정의진, 등. **식품영양과학회지** 2010 39(11) 1580(민들레의 부위별 열수추출물의 항산화 활성)

25) 황금희, 박태규. **생약학회지** 2006 37(4) 229(민들레의 monoamine oxidase 저해활성-*Taraxacum mongolicum*)

26) 황완균. **생약학회지** 1994 25(3) 209[좀민들레(*Taraxacum hallaisanensis*)의 phenol성 물질]

27) Cho SY, Oh YJ, Park JY, et al. *J Kor Soc Food Nutr* 2003 32 458[Effect of dandelion(*Taraxacum officinale*) leaf extracts on hepatic antioxidative system in rats fed high cholesterol diet]

28) Cho SY, Park JY, Park EM, et al. *Clin Chim Acta* 2002 317 109(Alteration of hepatic antioxidant enzyme activities and lipid profile in STZ-induced diabetic rats by supplementation of dandelion water extract)

29) Cho SY, Park YJ, Oh YJ, et al. *J Kor Soc Food Sci Nutr* 2000 29 676(Effect of dandelion leaf extracts on lipids metabolism in rats high cholesterol diet)

30) Choi EJ, Kim GH. *Food Sci Biotechnol* 2009 18(2) 552[Dandelion(*Taraxacum officinale*) flower ethanol extract inhibits cell proliferation and induces apoptosis in human ovarian cancer SK-OV-3 cells]

31) Choi JH, Shin KM, Kim NY, et al. *Biol Pharm Bull* 2002 25 1446(Taraxinic acid, a hydrolysate of sesquiterpene lactone glycoside from the *Taraxacum coreanum* Nakai, induces the differentiation of human acute promyelocytic leukemia HL-60 cells)

32) Choi KH, Nam HH, Choo BK. *J Medicinal Crop Sci* 2013 21(3) 191(Effect of five Korean native *Taraxacum* on antioxidant activity and nitric oxide production inhibitory)

33) Choi UK, Lee OH, Yim JH, et al. *Intl J Mol Sci* 2010 11 67(Hypolipidemic and antioxidant effects of dandelion(*Taraxacum officinale*) root and leaf on cholesterol-fed rats)

34) Hahm DH, Sur BJ, Han DO, Jung E, et al. *Kor J Orient Physiol Pathol* 2008 22 810(Anti-inflammatory of dandelion in mice)

35) Han SH, Hwang JK, Park SN, et al. *Kor J Food Sci Technol* 2005 37 84(Potential effect of solvent fractions of *Taraxacum mongolicum* H. on protection of gastric mucosa)

36) He W, Han H, Wang W, Gao B. *Virol J* 2011 8 538(Anti-influenza virus effect of aqueous extracts from dandelion)

37) Heo SI, Wang MH. *Kor J Pharmacogn* 2008 39 255(Antioxidant activity and cytotoxicity effect of extracts from *Taraxacum mongolicum* H.)

38) Ho C, Choi EJ, Yoo GS, et al. *Planta Med* 1998 64 577(Desacetylmatricarin, anti-allergic component from *Taraxacum platycarum*)

39) Hu C, Kitts DD. *Mol Cell Biochem* 2004 265 107(Luteolin and luteolin-7-*O*-glucoside from dandelion flower suppress iNOS and COX-2 in RAW 264.7 cells)

40) Hu C, Kitts DD. *Phytomedicine* 2005 12 588[Danolelion(*Taraxacum officinale*) flower extract suppress both reactive oxygen species and nitric oxide and prevents lipid oxidation in vitro]

41) Im DY, Kim SH. *J Kor Soc Cosm* 2011 17 373(A study on the possibility of the white dandelion extract as cosmetic materials)

42) Jeon HJ, Kang HJ, Jung HJ, et al. *J Ethnopharmacol* 2008 115 82(Anti-inflammatory activity of *Taraxacum officinale*)

43) Jeong JY, Chung YB, Lee CC, et al. *Arch Pharm Res* 1991 14 68(Studies on immuno-potentiating activities of antitumor polysaccharide from aerial parts of *Taraxacum platycarpum*)

44) Kang MJ, Shin SR, Kim KS. *Kor J Food Presev* 2002 9 253[Antioxidative and free radical scavenging activity of water extract from dandelion(*Taraxacum officinale*)]

45) Kang MJ. *Ph D Thesis* Yeungnam Univ Kyungsan Korea 2001(Antioxidant activity and free radical scavenging effect of dandelion extract)

46) Katrin S, Carle R, Schieber A. *J Ethnopharmacol* 2006 107 313(*Taraxacum*-a

review on its phytochemical and pharmacological profile)

47) Kim DH. *MS Thesis* Taejeon Univ Taejeon Korea 1995(Antitumor activity of fractions of *Taraxaci* herba synergistic effect with anticancer drugs)

48) Kim JH, Lee HI, Park JH, et al. *Kor J Asthma Allergy Clin Immunol* 2010 30 36 [The effect of the extracts of *Taraxacum platycarpun*(AF-343) in atopic dermatitis]

49) Kim JJ, Park CM, Kim MJ, et al. *Food Sci Biotechnol* 2014 23(3) 841 [Hypolipidemic effect of dandelion(*Taraxacum officinale*) extracts via fecal lipid excreation in C57 BL/6 mice fed an atherogenic diet]

50) Kim KH, Chun HJ, Han YS. *Kor J Soc Food Sci* 1998 24 114[Screening of antimicrobial activity of the dandelion(*Taraxacum platycorum*) extract]

51) Kim KH, Min KC, Lee SH, Han YS. *J Kor Soc Food Sci Nutr* 1999 28 822[Isolation and identification of antimicrobial compound from dandelion(*Taraxacum platycarum* D)]

52) Kim SK. *MS Thesis* Wonkang Univ Iksan Korea 1991(Effect of herba *Taraxaci* extract on antialgesia and anti-flammatory)

53) Lee DS, Li B, Lee YJ, et al. *Kor J Oral Maxillofac Pathol* 2011 35(4) 231(Anti-inflammatory effect of extracts from the roots of *Taraxacum coreanum* on LPS-induced inflammation in BV_2 cells)

54) Lee EB, Kim JK, Kim OK. *Kor J Pharmacogn* 1993 24 311(The antigastritic effect of *Taraxacum herba*)

55) Lee HH, Lee SY. *Kor J Med Crop Sci* 2008 16 79(Cytotoxic and antioxidant effects of *Taraxacum coreanum* Nakai and *T. officinale* Web. extract)

56) Lee JH, Han DS, Jekal SJ, et al. *J Exp Biomed Sci* 2005 11(3) 337(Cytotoxic effect of syringic acid on human oral epithelioid carcinoma cells)

57) Lee SH, Park HJ, Han GJ, et al. *Kor J Comm Living Sci* 2004 15(3) 57[A study of the nutritional composition of dandelion by part(*Taraxacum officinale*)]

58) Leu YL, Shi LS, Damu AG. *Chem Pharm Bull*(Tokyo) 2003 51 599(Chemical constituents of *Taraxacum formosanum*)

59) Lim S, Han S, Kim HM, et al. *J Kor Soc Appl Biol Chem* 2011 54(1) 73(Isolation and identification of phytochemical constituents from *Taraxacum coreanum*)
60) Liu L, Xing H, Ping TJ, et al. *J Ethnopharmacol* 2010 130 392(*Taraxacum officinale* protects against lipopolysaccharide-induced acute lung injury in mice)
61) Liu XY, Ma J, Park CM, et al. *J Food Sci Nutr* 2008 13(4) 269(Protective effect of dandelion(*T. officinalis*) extracts on ethanol-induced acute hepatotoxicity in C57BL/6 mice)
62) Noh Y-H, Kim D-H, Kim JY, et al. *Nutr Res Pract* 2012 6(6) 505(Improvement of andropause symptoms by dandelion and rooibos extract complex CRS-10 in aging male)
63) Ovadje P, Chatterjee S, Griffin C, Tran C, et al. *J Ethnopharmacol* 2011 133 86 [Selective induction of apoptosis through activation of caspase-8 in human leukemia cell(Jurkat) by dandelion root extract]
64) Park CM, Park JY, Song YS. *J Food Sci Nutr* 2010 15(2) 92(Luteolin and chicoric acid, two major constituents of dandelion leaf, inhibit nitric oxide and lipid peroxide formation in lipopolysaccharide-stimulated RAW 264.7 cells)
65) Park CM, Song Y-S. *Nutr Res Pract* 2013 7(6) 423(Luteolin and luteolin-7-*O*-glucoside inhibit LPS-induced inflammatory responses through modulation of NF-kB/AP-1/PI3K-AKt signaling cascades in RAW 264.7 cells)
66) Park CM, Youn HJ, Chang HK, Song YS. *J Ethnopharmacol* 2011 133 834 (*Taraxacum officinale* Weber extracts inhibit LPS-induced oxidative stress and nitric oxide production via the NFkB modulation in RAW 264.7 cells)
67) Ryu JH, Seo KS, Choi GL, et al. *Kor J Plant Res* 2012 25(6) 731[Effect of LED light illumination on germination, growth and anthocyan in content of dandelion (*Taraxacum officinale*)]
68) Seo BY. *MS Thesis* Inje Univ Inje Korea 2013(Antioxidative and anti-inflammatory effects of dandelion ethanol precipitate in LPS-stimulated rats)
69) Seo SW, Koo HN, An HJ, et al. *World J Gastroentero* 2005 11 597(*Taraxacum*

officinale protects against cholecystokinin-induced acute pancreatitis in rats)
70) Sigstedt SC, Hooten CJ, Callewaert MC, et al. *Int J Oncol* 2008 32 1085(Evaluation of aqueous extracts of *Taraxacum officinale* on growth and invasion of breast and prostate cancer cells)
71) Yang KS, Jeon CM. *Kor J Pharmacogn* 1996 27 267(Effect of *Taraxacum coreanum* Nakai an low density lipoprotein oxidation)
72) Yoon TJ. *Kor J Food Nutr* 2008 21 275(Effect of water extracts from root of *Taraxacum officinale* on innate and adaptive immune response in mice)
73) Yoo Y, Yoo S, Yoon HG, Park J, et al. *Food Chem Toxicol* 2010 48 1632[In vitro and in vivo hepatotoprotective effects of the aqueous extract from *Taraxacum officinale*(dandelion) root against alcohol-induced oxidative stress]
74) Yun SI, Cho HR, Choi HS. *Biosci Biotechnol Biochem* 2002 66(9) 1859 (Anticoagulant from *Taraxacum plantycarpum*)
75) Zhang J, Kang MJ, Kim MJ, et al. *Nutr Res Practice* 2008 2(4) 200(Pancreatic lipase inhibitory activity of *Taraxacum officinale* in vitro and in vivo)

특허

1. 〈특허등록 제771397호〉 인제대학교 산학협력단(항산화 및 항염증효과가 있는 민들레 추출물 또는 이로부터 분리된 루테올린을 함유하는 화장료 조성물)
2. 〈특허등록 제702461호〉 바이오 스펙트럼 주식회사(개민들레 추출물을 함유하는 피부주름 개선용 화장품 조성물)
3. 〈특허등록 제67931호〉 건국대학교 산학협력단(민들레 추출물을 포함하는 우울증 질환의 예방과 치료를 위한 약학조성물)

〈조식제, 1, p216〉

25 서양톱풀 *Achillea millefolium*

국화과
(Composite)

Yarrow, Milifoil(英)
Nokogiriso(日)

원산지: 유럽, 북아메리카

용도: 식용·약용 – 잎, 전초, 꽃

역사

Yarrow는 서양톱풀을 말하며, 우리는 톱풀을 봄나물로 먹으나 서양에서 yarrow는 상처 치료약이다. 학명인 *Achillea*로도 통용되며, 꽃 빛이 아름답고 다양하며 화단용이나 절화로 쓴다. 관상용으로는 Achillia라 하고, 약용 차로 이용할 때는 yarrow tea라 한다.

학명 *Achillea*는 '일리아드'의 영웅 아킬레스(Achilles)에서, 영명 'milifoli'는 종명인 *millefolium* 즉, 많은 우상복엽의 라틴어의 '많다'는 뜻으로 1000을 의미하는 'mille'와 잎을 의미하는 'folium'의 합성어에서 비롯된다(Herbs p99).

식물학적 특성

다년생 초본 잘 번식하는 재배가 쉬운 식물. 키는 60cm 정도 줄기는 곧게 서고 잎은 짙은 녹색 톱니처럼 잘게 2회 우상복엽 깊이 갈라져 흡사 잎이 대생한 것이 톱니를 연상시켜 톱풀이라 한다. 줄기는 총생하여 덤불진다.

줄기 끝에 두상화가 흰색, 빨강, 노랑, 분홍 등이 산방상으로 뭉쳐 개화.

한국의 동속식물은 *A. alpine*(톱풀), *A. sibrica*(산톱풀)가 있고 용도는 근사하다(Lee, YN, II, p316).

특수성분

서양톱풀에서 Acetylbalchanolide(H-01877), 8-Acetylegelolide(E-00061), Achillicin(D-01990), Achimilic acid(A-00287), Anacyclin(T-00297), 8-Angeloylegelolide(E-00061), Betonicine(H-01573), Chlorogenic acid, 2,4,6,8-Decatetraenoic acid dehydropiperidide(D-00212), 1,2-Epoxy-5-hydroxy-10(14)-germacren-12, 6-olide(1α, 4α, 5β, 6α, 11βH, E-00846), Homostachydrine(S, H-00994), Isoachifolifiene(D-02013), Isochlorogenic acid, Millefin(D-01936), *Pellitorin(E, E, P-00288), Quercetin rhamno-glucoside, Isoorientin, Vicenine, 2,4-Undecadiene-8, 10-diynoic acid, 2,3-dehydropiperidide(U-00050), Isobutylamide(U-00050) 등이 분리.

*Achillea*속 식물에서 Achillin(O-00702), Artemetin(H-02793), Axillarin (T-00661), Chlorogrnic acid, Isochlorogenic acid, *1,4-Dimethyl-7-ethylazulene(D-03113), Isoorientin, Isorhamnetin 3-glucuronide(T-00872), Leucodin(O-00702), Lycamoic acid pyrrolide(D-00768), Ponticaepoxide(+, P-01650), Quercatagetin(H-00736), Santin(D-02854), Swertia japonin (S-01580), Swertisin(S-01584), Vicenine 등이 분리되었다.

생리활성

항미생물활성①: *Achillea fragrantissima* 정유는 gram(+)와(-) bacteria strain, *Candida albicans*에 살균 효과가 있고, 정유에서 활성 성분 terpinen-4-ol을 동정, 시판 terpinen-4-ol과 유사한 항미생물활성을 보였다(Barel S, 1991). *A. ageratum* L. 정유를 분석, artemisia ketone, artemisia alcohol, β-caryophylleneoxide 및 1,8-cineole을 분리. 항bacteria diffusion assay에서 정유는 주로 gram(+) bacteria인 *Bacillus* sp.와 *Staphylococcus aureus*에

항균성을, 몇 gram(-) bacteria, *E. coli*도 어느 정도 활성을 보였다(Puertra R, 1996). 야생 *A. falcata* L.(Lebanon) 지상부 정유 58성분 중 cyclobutane ethanol, 1-methyl-2-(1-methylethenyl) grandisol 21.4% 및 fragranol 16.8%가 주성분. 또 artemisia ketone 5.2%, terpinen-4-ol 4.5% 및 1,8-cineole 4.0%을 함유. 항미생물활성은 주로 gram(+)균인 *St. aureus*에 활성을 보였다(Senatore F, 2005).

항미생물활성②: *Achillea atrata* subsp. *multifida* 지상부의 crude extract는 *Candida albicans*와 *Basillus subtilis*에 저해활성을 보였고, 분리된 flavone인 santin ①, centanreidin ②, apigenin ③, apigenin-7-*O*-β-glucoside ④는 *B. subtilis*에, ①-③에는 *C. albicans*와 *E. coli*에 항미생물활성을 보였다(Aljancic I, 1993). 또 *A. clavennae*, *A. holoserica*(Galicica 산)의 정유성분은 camphor 41.9%, 1,8-cineole 22.5%, *A. holoserica*에서 borneol 30.2%, camphor 14.8%. *E. coli*, *Klebsiella pneumniae*, *Pseud. aeruginosa*, *S. aureus*, *C. albicans* 및 *Aspergillus niger*에 항미생물활성을 보였다(Stojannovic G, 2005).

항미생물활성③: *Achillea setacea*와 *A. teretifolia* 정유성분 eucalyptol(1,8-cineole)은 각각 18.5%, 19.9%로 14종 미생물에 항균활성을 조사한 결과, *Clostridium perfringens*, *Acinebacter lowffii* 및 *Candida albicans*에 MIC가 0.28-2.25mg/mL. Camphor와 그 유도체 borneol, terpinen-4-ol 및 eucalyptol이 주 항미생물활성 성분(Ünlü M, 2002). *A. millefolium* subs. *millefolium* 주요 성분 eucalyptol, camphor, α-terpineol, β-pinene 및 borneol이 60.7% 차지. *St. pneumoniae*, *Cl. perfringens*, *C. albicans*, *Mycobacterium smegmatis*, *Acinetobacter lwoffii* 및 *Candida krusei*에 정유가 항미생물활성을 보였다(in vitro)(Candan F, 2003). 또 *A. sinensis* 정유와 성분 camphor와 eucalyptol이 *C. albicans*와 *Clostridium perfringens*에 활성을 보였다(Sökmen A, 2003).

항Bacteria활성④: *A. chrysocoma* 정유의 주성분 borneol 10.1%, terpinen-4-ol 9.2%, cis-p-month-2-en-1-ol 8.2% 및 trans-p-menth-2-en-ol 7.9%.

gram(-)-bacteria *Klebsiella pneumoniae*와 *Pseudomonas aeruginosa* 에 항bacteria 활성을 보였다(Simic N, 2000-784). Balkan 반도 자생 *A. cylpeolata* 정유성분은(E)-γ-bisabolene 17.9%, 1,8-cineole 16.0%, borneol 11.9% 및 caryophyllene 11.5%. gram(-)균인 *E. coli*, *Klebsiella pneumoniae* 및 *Pseud. aeruginosa*와 gram(+)균인 *S. aureus*에 항bacteria 활성을 보였다(diffusion assay)(Simic N, 2005-127).

항암·항우치활성: Yarrow(*Achillea*)의 정유성분은 곳에 따라 차이가 있어, 본 연구에서는 비교적 유사성이 많은 Sicily와 Greece의 chemotype 몇몇을 자료로 *A. ligustica*의 정유 38성분을 동정. 정유는 pathogen strain에 항미생물활성이 있어, 식품, 향장품 및 제약에 이용. 또 구강 병원균에도 활성이 있어 치약이나, 양치제로 사용할 수 있으며, 신경 독성분 thujone이 없다. 또한 본 정유는 항산화활성, tumor cell에 중정도의 세포독성을 보였다. 이러한 생물 활성은 꽃 정유에 있으며 꽃 정유성분에 oxygenated hydrocarbon이 많았고, 다른 부위보다 활성이 높았다(Maggi F, 2009).

항암활성: *A. millefolium*에서 3개의 항암활성 sesquiterpenoide인 achillic acid A, B 및 C를 methylester form으로 분리동정. 이들은 mouse p-388 leukemia 세포주에 항암활성을 보였다(Tozyo T, 1994). *A. ageratum* $CHCl_3$ ex는 Hep-2와 McCoy 세포 성장을 억제, $CHCl_3$ ex가 6-mercaptopurine (positive control)보다 세포 성장을 더 억제, $CHCl_3$ ex 분석 결과, stigmasterol과 β-sitosterol로 이들이 세포 성장을 강하게 억제하였다(Gomez MA, 2001).

신경세포보호: Yarrow 잎의 탕제는 특히 항산화활성과 PC12 세포주에 대한 세포보호 활성이 가장 컸고, 항산화활성은 특히 phenol성 물질 함량과 관계가 깊었다. 이로써 yarrow는 양호한 항산화제로, 신경세포보호 활성 성분이 있어 건강재로 생각되었다(Giorgi A, 2009).

항경련활성: 유리 rat 12지장에서 *A. ageratum* 정유 항경련 활성을 실험한 결과, acetylcholine과 $BaCl_2$에 대해 비경쟁적으로 현격한 항경련 효과를 보였다(Puerta R, 1995). 또 acetylcholine(Ach) 투여한 분리 12지장에 ①

atropine, papaverine 및 *A. nobilis* ex(시료)를 투여. ② $CaCl_2$ cumulative dose- respons curve에 verapamil과 시료 투여. ③ K^+ 첨가 조직에 papaverine과 시료를 투여한 결과, 시료는 Ach와 $CaCl_2$ 투여 rat 12지장에 용량 의존적으로 저해, 특히 농도 의존적 최대 반응을 현저히 감소시켰다. 유사한 효과가 papaverine에서 관찰되었으나, Ach에 의한 용량 반응 곡선에서 atropine은 나타나지 않았다. Verapamil도 $CaCl_2$ 곡선에서 최대 반응이 감소되었다. 결과적으로 시료는 rat 12지장에 항경련 효과가 있음을 보였다(Karamenderes C, 2003).

항염활성: *Achillea ageratum* 수침 ex가 mice와 rat model에서 진통 및 항염 효과가 있었고, MeOH ex 진통, 항염 및 해열 활성을 보였다. MeOH ex에는 flavonoid인 luteolin, quercetin 및 7-*O*-β-luteolin을 함유(Gracia MD, 1997), 또 *A. pannoica*에서 분리한 germacrane 유도체 1,4-dihydroxy germacra-5E-10(14)-diene(DHGD)는 crotone oil-유도 mouse 귀·피부염에 항염증 효과를 보였다(Sosa S, 2001).

항궤양활성: *A. millefolium* L.는 alcohol과 indomethacin과 acetic acid-유도 만성 위장 질환에 위장 환부의 위점막 보호가 있었다(ED_{50}=32mg/kg, po). 안전성 연구는 Wistar rats(♂,♀)에 시료(0.3-1.29/kg, po)에서 28-90일 연속 투여 후, 희생시켜 임상적, 생화학적, 조직 병리학적 검사에서, 간 무게, cholesterol, HDL-C 및 glucose에 약간의 변화는 있었으나 시료에 노출된 양과 시간에 별 변화는 없어 시료의 지상부는 별 증상이 동반되지 않는 강력한 항궤양 효과를 보였다(Cavalcanti AM, 2006). 또 hydroalcohol ex(시료)를 alcohol 유도 급성 위장 lesion에 시료 10, 100, 300mg/kg 처리 시 각각 35, 56 및 81% 억제. 현저한 위 점막 재생을 보였고, PCNA 면역 조직학적 검사로 확인. 또 시료 100mg/kg는 acetic acid-유도 위궤양에서 MPO 활성을 저해, 시료는 항산화활성으로 위 보호에 기여하는 것으로 보였다(Potrich FB, 2010).

면역증강효과: 인체의 체내에 과량 생성된 활성산소는 생체조직 내 세포와 면역체계에 관련된 효소를 손상, 암이나 면역질환 같은 퇴행성 질환을 야기시킬 수 있다. 본 연구에서는 13종 허브 추출물에 대해 유해산소 소거능,

암세포주(Hepa-lclc7, KB-3-1)와 정상세포주(L-929)에 대한 세포독성(SRB assay법)을 조사한 결과, superoxide 소거능은 eucalyptus, peppermint, mate, sage, thyme, yarrow 등이 강한 활성을 보였고, 또 이들은 Hepa-lclc7, KB-3-1 같은 암 세포주 및 L-929 정상 세포주에 세포독성을 보였으며, 면역증강 활성실험에서 sage만이 표준시료의 37% 활성을 보였다(정하열, 2000).

안전성-Reproduction: Yarrow 잎 수침 ex(시료)를 Wistar rat의 reproduct endpoint에 독성을 실험, adults rat에 시료 0.3, 0.6, 1.2g/kg/day를 90일간 경구투여 후, reproductive organ weight, sperm 및 spermatid 수, sperm 형태를 조사한 결과, 아무런 임상적 독성은 나타나지 않았고, 체중은 모든 group이 비슷하게 증가. 고농도의 시료 투여군의 비정상적 sperm에서 특징이 증가하였으나 다른 group은 별 변화가 없었다(male rat). 미성숙 female rat에 3일간 시료투여 후, estrogenic/antiestrogenic activity는 어떤 uterotropic 효과도 보이지 않았다. 어떠한 독성도 없었다(Dalsenter PR, 2004).

항산화활성: 톱풀(*Achillea millefolium*) 전초 MeOH ex와 이의 hexane, CH_2Cl_2 EtOAc, BuOH 분획 중, EtOAc 분획이 항산화활성이 강하여, 분석한 결과, flavonoid glucoside인 kamepferol-3-*O*-glucoside(E-1)과 luteolin-7-*O*-neohesperoside(E-2)로 동정, hexane 분획(H-1)을 분석, campesterol, stigmasterol, β-sitosterol의 혼합물,(E-1)과(E-2)의 항산화활성은(DPPH)은 각각 12.5μg/mL, 15.4μg/mL에서 EC_{50}을 보였고, TBA 실험에서도 활성을 보였다(문형인, 2000).

Flavone·sesquiterpene: *Achillea atrata* subsp. *multifida* 지상부에서 4개 flavone; santin①, centaureidin②, apigenin③, apigenin-7-*O*-β-glucoside ④와 9개 sesquiterpene lactone; guaianolide⑤, elemanolide tamisin⑥, balchanolide⑦, shonachalin⑨, 11β,13-dihydroreynosin⑩, 1β-hydroxy-11β,13-dihydrobalchanin⑫, artapshin⑬을 분리동정하였고, ⑤는 신물질이었다(Aljancic, I, 1993)

꽃·잎-정유: *A. eriophora* 잎과 꽃 정유에서 90물질을 동정. 주성분은 1,8-cineole 34%, pinene 13%, sesquiterpene은 7% 뿐. 주로 caryophyllene

유도체, 새로운 3개 farnesol 유도체(Weyerstahl P, 1997). *A. monocephala* 잎과 꽃 정유가 각각 2.9%, 1.58%, 잎 정유에 camphor와 borneol이 꽃 정유에서 camphor, borneol, 1,8-cineole 및 α-campholenal을 얻었다(Gogus F, 2006).

Turkey산 정유: *Achillea biehersteinii* 정유에서 47물질을 동정, 1,8-cineole 46.1%, camphor 17.6%, 그 외 α-terpineol 8.2%, borneol 3.4%, sabinene 3.2% 및 terpinen-4-ol 3.1%(Chialra F, 1993), Turkey 두 지방에서 *A. falcata*의 지상부를 채취 분석. 60물질를 동정, 그중 주요 물질 1,8-cineole 14.24 %. camphor 4-24%, α-pinene 2-12%, camphor enantiomer 분포는 93.3%, 99.6%(A와 B). 자연계에 빈번히 발견(Kurkeuoglu M, 2003). *A. lycaonica* oil은 105성분 중 borneol 14.1%, 1,8-cineole 13.8% 및 camphor 13.4%가 주성분. *A. ketenoglui*은 109성분 중 terpinen-4-ol 14.5%, trans sabinene hydrate 10.9%가 주성분. Turkey에 자생하는 *Achillia* 속 식물은 42 species와 47 taxa가 있고, 23 taxa가 endemic이었다(Baser KHC, 2001).

Iran산 정유: Iran Beheshti대학 Herbarium에서 채취한 *A. eriophora* 잎과 꽃의 정유는 90성분 중 주요 성분은 1,8-cineole 34%, α-pinene 7%과 β-pinene 6%(Weyerstahl P, 1997). *A. talagonia*, *A. vermicularis* 및 *A. biebersteinii*의 잎과 꽃을 개화기에 채집, 정유를 분석한 결과, 주로 monoterpene인 1,8-cineole과 camphor로 *A. talagonia* 27%, 20%, *A. vermicularis* 29%, 32%, *A. biebersteinii*는 ascaridole 37%, piperitone 17% 및 camphor 12%(Rustaiyan A, 1998). *A. pachycephala*와 *A. oxyodonta* 지상부와 *A. biebersteinii*의 줄기, 잎, 꽃의 정유에서 *A. pachycephala* 1,8-cineole 27.7%, camphor 27.4%, *A. oxyodonta* 줄기, 잎에서 대량의 camphor 38.1%, 33.7%, borneol 22.6%, 20.8%. 줄기에서 1,8-cineole 13.5%, 꽃에서 camphor 36.3%와 1,8-cineole 22.3%. 모든 정유에 oxygenated monoterpene이 풍부하였다(Esmaeil A, 2006).

Balcan산 정유: Balkan 반도에 자생하는 *Achillea serbica* 지상부를 분석, 15물질을 동정. 주요 물질은 β-sabinyl acetate와 camphor가 각각 39.9%,

33.9% 이었다(Simic N, 2000-141).

Yugoslavia산 정유: Yugoslavia의 aromatic plant *A. millefolium* L., *A. crithmifolia*, *A. serbica* 및 *A. tanacetifolia* 정유 분석. 74물질을 동정; camphor 4-16%, 1,8-cineole 6-23% 및 borneol 4-16%, artemisia ketone 4% 이었다(Chalchat J-C, 1999).

Italy산 정유: Corsica와 Sardenia산 *A. ligustica* 정유를 비교, 57성분을 동정, camphor 14.2-29.8%, artemisia ketone 0.3-26.7%. santolia alcohol 0.5-9.4%, camphor 3.0-9.0% 및 trans-sabinyl acetate 1.6-5.5%이며, Head space-SPME 분석이 월등히 빨랐다(Muselli A, 2009).

India산 정유: Kashimir 지역 야생 *A. millefolium* 지상부를 분석, 86물질을 동정, 주요 성분은 camphor 28%, 1,8-cineole 12%, germacrene D 12% 및 cis-chrysanthenyl acetate 8% 이었다(Shawl AS, 2002).

Jordan산 정유: *A. santolina*와 *A. biebersteinii* 분석; *A. santolina* oil에서 1,8-cineole 17.6%, camphor 17.5%, 4-terpineol 7.0%, trans-carvaol 4.8%, p-cymene 3.5%, trans-sabinene hydrate 2.7% 및 α-terpineol 2.5%, *A. biebersteinii*에서 ascarinol 36.2%, p-cymene 31.6%, carvenone oxide 6.4% 및 camphor 4.7% 이었다(Baber A, 2003).

효능과 이용

1) 식용: 쌉쌀하고 향기로우며 수렴성이 있고 전초에 비타민과 무기질이 풍부하며 샐러드에 넣으면 영양가도 풍미도 있다. 스웨덴에서는 맥주 양조에 이용한 역사도 있다.

2) 약용: 진통작용이 있어 치통이 가라앉고 살균, 수렴, 월경불순, 지혈작용이 있어 상처나 코피 난 데에 이용하였고 건조분말을 고약 제조에, 삶은 물은 상처 소독에, 또 강장 효과도 뛰어나 식욕 증진과 해열작용도 있어 차로 이용하고, 류머티스와 고혈압 치료에도, 또 심장마비, 심장 발작, 혈전증 예방에 썼다. 달인 물은 치질, 신경통의 치료뿐 아니라 대머리 예방에, 또 생잎을 씹어 치통을 멎게 하고, 건조 잎은 snuff로

또 담배 대용으로 썼다 한다.

3) 기타: 꽃은 스팀 팩(steam pack), 로션, 목욕재로, 잎은 면도하다 다쳤을 때 바른다. 특히 노랑꽃은 향기로워 드라이플라워로도 쓰인다.

★ 임신 중에는 삼간다.

참고 문헌

1) 문형인, 류승호, 노종화, 지옥표. **약용작물학회지** 2000 8(1) 1(톱풀의 항산화 성분)

2) 정하열, 김현배. **식품과학회지** 2000 32(3) 699(13종 허브 추출물의 superoxide 소거능과 세포독성 및 면역증강 효과 검색-sage, peppermint, thyme, yarrow, eucaly)

3) Aljancic I, Vajs V, Menkovic N, et al. *J Nat Prod* 1993 62 909(Flavones and sesquiterpene lactones from *Achillea atrata* subsp. *multifida*: Antimicrobial activity)

4) Baber A, Flamini G, Cioni PL, Morelli I. *Flavour Fragr J* 2003 18 36(Essential oil composition of *Achillea santolina* L. and *A. biebersteinii* Afan. collected in Jordan)

5) Barel S, Segal R, Yachphe J. *J Ethnopharmacol* 1991 33 189(The antimicrobial activity of the essential oil from *Achillea fragrantissima*)

6) Baser KHC, Demirei B, Duman H. *Chem Nat Comp* 2001 37(3) 245(Composition of the essential oils of two endemic species from Turkey: *Achillea lycaonica* and *A. ketenoglui*)

7) Benedek B, Gjoncaj N, Saukel J, Kopp B. *Chem Biodiver* 2007 4 849(Distribution of phenolic compounds in middle european taxa of the *Achillea millefolium* L. aggregate)

8) Candan F, Ünlü M, Tepe B, Daferera D, et al. *J Ethnopharmacol* 2003 87 215 [Antioxidant and antimicrobial activity of the essential oil and methanol extracts of *Achillea millefolium* subsp. *millefolium* Afn.(Asteraceae)]

9) Carnesecchi S, Schneider Y, Ceraline J, et al. *J Pharmacol Exper Therap* 2001 298 197(Geraniol, a component of plant essential oils, inhibits growth and polyamine biosynthesis in human colon cancer cells)

10) Cavalcanti AM, Baggio CH, Freitas CS, et al. *J Ethnopharmacol* 2006 107 277 (Safety and antiulcer efficacy studies of *Achillea millefolium* L. after chronic treatment in wistar rats)

11) Chalchat J-C, Gorunovic MS, Petrovic SD. *J Essent Oil Res* 1999 11 306(Aromatic plants of Yugoslavia, I. Chemical composition of oils *Achillea millefolium* L. ssp. *pannoica*(scheele) Hayak, *A. crithmifolia* W. et. K., *A. serbica* Nym. and *A. tanacetifolia* All.)

12) Chialra F, Monguzzi F. *J Essent Oil Res* 1993 5 87(Essential oil constituents of *Achillea biebersteinii* Afan.)

13) Dalsenter PR, Cavalcanti AM, Andrade AJM, et al. *Reprod Toxicol* 2004 18 819 (Reproduction evaluation of agueous crude-extracts of *Achillea millefolium* in Wistar rats)

14) Esmaeil A, Nematollahi F, Rustaiyan A, et al. *Flavour Fragr J* 2006 21 253(Volatile constituents of *Achillea pachycephala*, *A. oxyodonta*, and *A. biebersteinii* from Iran)

15) Giorgi A, Bombelli R, Luini A, et al. *Phytother Res* 2009 23 540(Antioxidant and cytoprotective properties of infusion from leaves and inflorescences of *Achillea collina* Becker ex Rehb.)

16) Gogus F, Ozel MZ, Lewis AC. *Flavour Fragr J* 2006 21 122(Extraction of essential oils of leaves and flowers of *Achillea monocephala* by superheated water)

17) Gomez MA, Garcia MD, Saenz MT. *Phytother Res* 2001 15 633(Cytostatic activity of *Achillea ageratum* L.)

18) Gracia MD, Puerta R, Mertimez S, Saenz MT. *Phytother Res* 1997 11 376 (Analgesic, antipyretic and anti-inflammatory effects of *Achillea ageratum*)

19) Karamenderes C, Apaydin S. *J Ethnopharmacol* 2003 84 175[Antispasmodic effect

of *Achillea nobilis* L. subsp. *sipylea*(O. Schwatz) Bässler on the rat isolated duodenum]

20) Konyalioglu S, Karamenderes C. *J Ethnopharmacol* 2005 102 221(The protective effects of *Achillea* L. species native in Turkey against H_2O_2-induced oxidative damage in human erythrocytes and leucocytes)

21) Kurkeuoglu M, Demirci B, Tabanca N, et al. *Flavour Fragr J* 2003 18 192(The essential oil of *Achillea falcata* L.)

22) Maggi F, Bramucci M, Cecchini C, et al. *Fitoterapia* 2009 80 313[Composition and biological activity of essential oil of *Achillea ligustica* All.(Asteraceae) naturalized in central Italy: Ideal candidate for anti-cariogenic formulation]

23) Montanari T, de Carvalho JE, Dolder H. *Contraception* 1998 58 309(Anti-spermatogenic effect of *Achillea millefolium* L. in mice)

24) Muselli A, Pau M, Desjobert J-M, et al. *Chromatogr* 2009 68(5/6), 575(Volatile constituents of *Achillea ligustica* All. by HS-SMPE/GC/GC-MS comparison with essential oils obtained by hydrodistillation from Corsica and Sardenia)

25) Nanaah GE. *Ind Crop Prod* 2014 53 252[Chemical composition toxicity and growth inhibitory activities of essential oils of three *Achillea* species and their nano-emulsions against *Tribolium castaneum*(Herbst)]

26) Potrich FB, Allemand A, da Silva LM, dos Santos AC, et al. *J Ethnopharmacol* 2010 130 85(Antiulcerogenic activity of hydroalcoholic extract of *Achillea millefolium* L. involvement of the antioxidant system)

27) Puerta R, de la Herrera MD. *Phytother Res* 1995 9 150(Spasmolytic action of essential oil of *Achillea ageratum* L. in rats)

28) Puetra R, de la, Sanenz MT, Gracia MD. *Phytother Res* 1996 10 248(Antibacterial activity and composition of the volatile oil from *Achillea ageratum* L.)

29) Rohloff J, Skagen EB, Steen AH, Iversen T-H. *J Agr Food Chem* 2000 48 6205 (Production of yarrow(*A. millefolium*) in Norway; essential oil content and quality)

30) Rustaiyan A, Komellizadeh H. *J Essent Oil Res* 1998 10 207(Comparative study of

the essential oils of three *Achillea* species from Iran)

31) Senatore F, Napolitano F, Apostolides N, et al. *Flavour Fragr J* 2005 20 291 [Composition and antimicrobial activity of the essential oil of *Achillea falcata* L.(Asteraceae)]

32) Shawl AS, Sirvastava SK, Syamasundar KV, et al. *Flavour Fragr J* 2002 17 165 (Essential oil composition of *Achillea millefolium* L. growing wild in Kashmir, India)

33) Simic N, Andjelkovic S, Palic R, Vajs V, Milosavljevic S. *Flavour Fragr J* 2000 15 141(Volatile constituents of *Achillea serbica* Nym.)

34) Simic N, Palic R, Randjelovic V. *Flavour Fragr J* 2005 20 127(Composition and antibacterial activity of *Achillea clypeolata* essential oil)

35) Simic N, Palic R, Vajs V, et al. *J Essent Oil Res* 2000 12 784(Composition and antibacterial activity of *Achillea chrysocoma* essential oil)

36) Simic N. *PhD Thesis* Univ Nis Nis France 2000(Chemical and microbiological investigation of some *Achillea* species)

37) Sökmen A, Vandar-Ünlü G, Polissio M, et al. *Phytother Res* 2003 17 1005 (Antimicrobial activity of essential oil and methanol extracts of *Achillea sintenisili* Hub. Mor.)

38) Sosa S, Tubaro A, Kastner U, et al. *Planta Med* 2001 67 654(Topical anti-inflammatory activity of new germacrane derivative from *Achillea pamnonica*)

39) Stojanovic G, Asakawa Y, Palic R, Radulovic N. *Flavour Fragr J* 2005 20 86(Composition and antibacterial activity of *Achillea clavennae* and *A. holoserica* essential oils)

40) Tozyo T, Yoshimura Y, Sakurai K, et al. *Chem Pharm Bull* 1994 42(5) 1096(Novel antitumor sesquiterpenoids in *Achillea millefolium*)

41) Ünlü M, Daferera D, Donmez E, et al. *J Ethnopharmacol* 2002 83 117 (Compositions and the in vitro antimicrobial activities of the essential oil of *Achillea setacea* and *A. teretifolia*)

42) Weyerstahl P, Marschall H, Seelmann I, Rustaiyan A. *Flavour Fragr J* 1997 12 71 (Constituents of essential oil of *Achillea eriophora* DC.)

43) Woo JH, Shin SL, Jeong HS, Lee CH. *Kor J Plant Res* 2010 23 123(Influence of applied pressure and heat treatment on antioxidant activities of young leaves from *Achillea alpina* and *Solidago virgaurea* subsp. *gigantea*)

특허

1. 〈특허등록 제 891488호〉 한국생명공학연구원(톱풀의 유효성분을 함유하는 B형간염 예방 및 치료용 약학적 조성물)

〈조식제, 2, p914〉

26 섬백리향

Thymus magnus
Thymus vulgaris
T. quinquecostatus

꿀풀과
(Labiatae)

Dagalet thyme(英)
Mine-jako-so(日)

원산지: 한국, 아시아, 지중해 연안, 유럽

용도: 약용, 향미료 – 지상부

역사

Thyme은 일명 사향초(麝香草)라고도 하며, 향료 및 약용식물로서 오랜 역사를 지녔다.

우리나라에도 thyme과 같은 식물인 백리향(*Thymus quinguecostatus* Celak. var. *japonica* Hara)과 섬백리향(*Thymus serpylium* L.)이 자생하며 섬백리향 특유의 향기를 지녔고 울릉도 자생 섬백리향을 천연기념물로 지정, 보호할 만큼 그리 흔하지는 않다. 따라서 민간에서 발한(發汗), 구풍(驅風) 등의 약으로 이용했을 뿐 우리나라에서는 향이 적어 향료로는 쓰이지 않았으므로 섬백리향처럼 알려지지는 못했다.

학명 *Thymus*는 그리스어의 'thuo' 즉, '소독한다'에서 비롯된 어원으로 thymol이라는 살균성 정유를 함유하고 있고 1719년 독일 화학자 C. Neumann이 이를 분리하였다. 고대 그리스나 로마 사람들은 약용 외에 방부력도 있어서 보존제(保存劑)로, 또 술이나 치즈 맛의 부향제(賦香劑)로 사용하였다.

또 피부를 맑게 하고 신경을 진정시켜서 노인의 회춘을 돕는다고 믿어 고대 그리스에서는 목욕재(沐浴材)로도 널리 이용하였고 어원인 *Thymus*를 용기(thumus)로 생각하여, 용기, 활동력, 행동력 등의 상징으로 삼았다. 고대 앗시리아에서는 간질병, 우울증, 악몽에 시달릴 때에 섬백리향을 약용했으며, 17세기에 와서는 달인 즙과 장미 vinegar를 머리에 발랐다고 한다. 차(茶)는 음료로 뛰어난 강장(强壯) 효과가 있어서 두통, 우울증 같은 신경성 질환이나 빈혈, 피로 또 소화를 돕고 식욕을 증진시켜 위장기능 강화에 썼다. 섬백리향에서 추출한 thymol이라는 정유는 살균, 방부뿐 아니라 gram 양성균에도 항균작용이 있어서 감기나 기침 등 호흡기 질환에 진해제와 함수제(양치질약)로 효과가 있으며 외과의 소독약으로도 이용된다(Herbs p387; Medicinal Herbs p95).

식물학적 특성

백리향(*Thymus magnus* Nakai, *T. quinquecostatus* Celak. var. *japonica* Hara)은 우리나라 각처의 높은 산 바위위에 깔려 나는 낙엽 소관목, 줄기는 가지가 많이 갈라짐, 잎은 대생, 난상 타원형, 피침형, 길이 5-12mm, 폭 3-8mm, 가장자리에 톱니가 있고, 작은 털이 나 있고, 양면에 오목하게 들어간 선점이 있으며, 향기가 난다. 꽃은 분홍색, 길이 7-9mm, 촘촘히 들어붙음, 열매는 소견과 소형, 검은 갈색으로 익는다.

섬백리향(*T. quinguecostatus* var. *japonica*)은 경북 울릉도의 나리동에 나는 낙엽 소관목. 잎은 난형, 난상 타원형. 가장자리에 톱니가 없고 양면에 오목하게 들어간 선점이 있고 향기가 난다. 연분홍 꽃은 촘촘이 둘러붙고, 소형 열매는 소견과. 검붉은 색으로 익는다. 백리향(*T. quinquecostus*)보다 원줄기는 굵고, 잎은 둥글고 크며 꽃도 크다.

우리나라에는 백리향(*T. quinquecotatus*)과 2종뿐, 세계에는 약 35종이 있다(Lee, YN, II, p158).

Thyme의 종류

다양하나 상용 품종을 소개하면 다음과 같다.

① Common thyme의 학명은 *Thymus vulgaris* L.라 하며 유럽 남부가 원산지로 10-30cm로 곧게 자라며 가지를 많이 쳐서 총생한다. 잎은 선형(線形)이며 달콤한 향미 때문에 요리에 가장 많이 쓴다.
더위와 추위에는 강하여 우리나라 중부이남에서 재배가 가능하며 씨와 꺾꽂이, 포기 나누기 등으로 쉽게 번식되며 산지로는 우리나라, 중국이며 *T. vulgaris*는 Spain, Italy(자생), 독일, 프랑스, 영국에서 재배 생산한다. 가늘고 긴 줄기에 크기가 5-12mm × 3-8mm의 타원형의 잎이 서로 마주 붙어 있으며, 잎은 회록색이고 줄기는 갈색이며 특이한 thymol 냄새가 있고 맛은 맵고 혀를 자극한다(Herbs p391).

② Lemon thyme의 학명은 *Thymus citriodorus*라 하며 잎이 피침형으로 잎자루가 있고 레몬 향기가 나나 내한성은 다소 약하다.

③ Creeping thyme의 학명은 *Thymus serpyllum*이라 하고 wild thyme이라고도 하며 유럽, 아시아, 북아프리카가 원산지다. 가지가 땅에 기듯 퍼지며 마디에서 뿌리가 난다. 높이 10cm 정도로 밑쪽은 목질화한다. 잎은 장타원형이며 꽃은 연분홍으로 동그랗게 잔꽃이 밀생하여 향은 common thyme만은 못하며 많은 품종이 있고 꽃빛도 다양하다.

④ *Thyme magnus*는 다년생 초본이나 줄기가 목질화되는 성질이 있어서 소관목으로 보기 쉽다. Thyme은 많은 품종이 있으나 크게 포복형과 30cm 정도 높이로 자라는 직립형으로 나눈다. 잎은 1cm 미만으로 가늘고 육질의 짙은 녹색으로 대생하며, 초여름에 줄기 끝에 작은 연분홍 꽃이 밀생한다. 식물체 전체에 향기가 있으며 건조하면 향이 더 짙어지고 열을 가해도 또 장기간 저장해도 향미가 변하지 않는 장점이 있다. 고온과 건조에도 강하고 내한성도 있으며 병충해도 없다.

⑤ 이 밖에 잎이 은록색인 silver thyme, 오렌지향이 나는 orange thyme, 잎에 노란 얼룩무늬가 있는 golden lemon thyme, caraway 같은 향이 나는 caraway thyme 등이 있다.

특수성분

섬백리향(*Thymus magmus*)의 지상부에서 Apigenin(T-02175), Luteolin-7-glucoside(T-00771), Carvacrol(I-00737), p-Cymene(I-00717), p-Terpinene(M-00474), α-Terpineol(M-00563), Zingiberene(B-00459), Borneol(B-00691), Ursolic acid(H-03166), Scutellareinheteroside(T-00782), Thymol(I-00735) *Hinokitiol(H-02093), *T. serpyllum*에서 Scutellarein-7-*O*-β-D-glucopyranosyl(1→4)α-L-rhamnopyranoside(T-00782), Zingibereben (B-00459)가 분리동정되었다. *T. vulgaris*에서는 2-Hydroxy-linolenic acid(H-02558), Majoranin(T-02690), 8-Myrcerol(Z, M-01159), Phlorin (B-00235), 3, 5, 6-Trihydrixy-7-Megastigmen -9-one(3S, 5R, 6R, 7E,(T-02337) 등도 분리, 동속식물에서 β-Caryophellene(C-00482), Demethyl-nobiletin(H-00743), *Eugenol(M-00754), Garashangin(G-00124), Rosmarinic acid(R-00385), Xanthomicrol(P-00581) 등이 분리되었다(DNP p842).

생리활성

항미생물활성①: Sardina *Thymus*(*T. capitatus*, *T. herba-barona*)정유의 식중독 미생물 *E. coli*, *S. aureus* 및 *B. cereus*에 대한 항미생물활성은 phenol성 화합물의 함량과 관련이 깊었고, carvacrol과 thymol은 식품관련 bacteria에 효과적. 이로써 *Thymus* 정유는 식품 저장기간 연장에 유효할 것으로 판단되었다(Cosentino S, 1999). *T. vulrgaris*와 *T. serphyllum*의 정유분석 결과, carvacrol 75.4%, 73.0%, borneol 3.6%, 6.3%, p-cymene 3.9%, 3.3%, thymol은 1.0%, 0.7%로 아주 낮았다. 두 정유의 항미생물활성은 비슷. 특히 gram(+) bacteria(MIC 0.125-0.500mg/mL)와 mycetes(MIC 0.125-0.500mg/mL)에 강하였다(Juliano C, 2000). *T. herba-barona* 정유의 강한 활성은 carvacrol. 이로써 화장품, 약물 및 식품공업에 이용 가능성이 높았다. Carvacrol의 항미생물활성은 수용성, free hydroxy radical이 중요. Carvacrol acetate와 carvacrol methyl ether는 항미생물활성이 없었고, eugenol과 menthol은 carvacrol보다 약하였다(Arfa AB, 2006).

항미생물활성②: *Thymus eigis* 지상부와 정유의 항미생물활성 실험 결과, 강력한 항미생물활성은 비극성 용매 ex에서만 보였다. 정유를 분석 결과 thymol 30.6%, carvacrol 26.1% 및 p-cymene 13.0%이 주성분. 항산화활성은 DPPH와 β-carotene linoleic acid로 측정. MeOH ex가 가장 높아 16.8μg/mL에서 50% 저해활성을 보였고, 강력한 항산화활성은 phenol성 물질과 밀접한 관계가 있었다(Tepe B, 2004). *T. spathulifolius* 정유는 중정도의 항bacteria 활성이 있었으나 항fungus나 항*Candida* 활성은 없었다. 항산화활성은 DPPH와 β-carotene-linoleic acid법 측정에서 BHT보다 낮았고, linoleic acid 산화는 oil과 극성 분획에서 각각 92%와 89%. 정유분석 결과, thymol 36.5%, carvacrol 29.8%, p-cymene 10.0%, γ-terpinene 6.3%이 주성분. Oil의 82.6%. 이로써 항미생물 및 항산화활성이 있어 식품 보전이나 제약에 이용이 기대된다(Sökmen A, 2004). *T. pectinatus* 정유를 분석, 24성분이 동정, 그중 thymol, γ-terpinene, p-cymene, carvacrol 및 borneol이 주성분. 항미생물활성은 thymol이 가장 강하였고, 다음 carvacrol, borneol, γ-terpinene 및 p-cymene이 서로 상승 작용이나 길항 작용으로 나타났다. 이들은 정유의 항산화활성에 기여하는 것으로 보였다 (Vardar-Ünlü, 2003).

항피부진균활성③: *Thymus vulgaris*(Tv), *T. zygissubs. zygis*(Tz), *T. mastiohinasabs mastichina*(Tm) 정유의 항진균활성을 MIC와 MLC (minimum lethal concentration)로 측정. 이들 정유를 분석한 결과, carvacrol, p-cymene 및 1,8-cineole이 주성분. Tv와 Tz는 Tm보다 강하였고 MIC와 MLC는 위성분 모두 비슷. MLC 값이 propidium iodide는 yeast cell에 재빨리 흡수, yeast cell 세포막을 침투, 살진균 효과를 보였다. MIC 값 이하에서도 germ tube 형성을 현저히 억제. *Thymus* 정유는 *Candida* spp.에 강력한 항진균 효과를 보여, 향후 mucocutanous candidosis(장막 *Candida*증) 치료가 기대되었다(Pina-Vas C, 2004). *T. capitellatus* 지상부를 분석한 결과, 1,8-cineole 27.5%, linalylacetate 20.0%, linalool 17.0%. MIC와 MLC를 이용, *Candida*, *Aspergillus* 및 5개 dermatophyte에 항진균활성을 실험한

결과, linalyl acetate가 가장 항진균활성이 컸고, *Candida*와 *Aspergillus*에는 낮았다(Salgueiro LR, 2006). *T. pulegioides*(Tp)를 분석한 결과, carvacrol과 thymol 함량이 많았고, MIC와 MLC로 *Candida*와 *Aspergillus* 및 5개 임상적 피부균에 대해 항진균활성을 실험한 결과, Tp의 정유는 *Candida*와 *Aspergillus* 및 dermatophyte에 항진균 효과를 보였다. 진균의 세포막 ergosterol 함량을 Tp 정유가 저하시켜 항진균활성을 보였다(Pinto E, 2006). *Thymus vulgaris*(Tv) 정유와 thymol의 항진균활성을 비교한 결과, thymol이 Tv정유보다 약 3배 강하였다. 증기상태의 thyme 정유를 glass chamber에서 sporulation mould를 60일간 노출한 결과, 강하게 억제, 이로써 Tv 정유는 진균 살멸 효과를 보였다. Tv를 분석한 결과, p-cymene 36.5%, thymol 33.0%, 1,8-cineole 11.3%였다(Klaric MS, 2007).

항백선균활성④: 백리향 *Thymus quinguecostatus* Tq와 섬백리향 *T. magnus* Tm 정유의 병원성 진균 *Trichomonas rubrum* 백선균에 항균활성을 MIC와 minimal fungicidal concentration(MFC)로 측정, 각각 0.04-0.39mg/mL와 0.19-0.79mg/mL에서 현저한 항진균활성을 보였다. 두 *Thymus* 정유와 thymol은 백선균에 ketoconazole과 상승작용으로 가장 강한 항진균 효과를 보였다(Shin S, 2004).

항미생물활성-정유⑤: *Thymus eigii* 지상부 정유와 추출물의 항미생물 및 항산화활성을 실험한 결과, 정유가 극성 추출물 polar extract보다 항미생물활성이 더 강하였고, GC/MS로 분석한 결과, 39성분을 동정하였고, 정유의 93.7%, thymol 30.6%, carvacrol 26.1% 및 p-cymene 13.0%가 주성분, 항산화활성은 DPPH와 β-carotene-linoleic acid 법으로 측정한 결과, MeOH ex 16.8μg/mL로 phenol성 물질에 의해 항산화활성이 강하였다. 항미생물활성은 *Moraxella catarrhalis*와 *Clostridium perfringens* 에 MIC 1.04mg/mL(w/o)와 *S. aureus*, *St. pneumoniae* 와 *Mycobacterium smegmatis*에 MICs 0.06mg/mL(w/v)로 강하였다(Tepe, B, 2004).

항녹농균활성-꽃정유⑥: Turkey *Thymus revolutus* 꽃 정유 분석 결과, 22물질을 동정, carvacrol이 주성분. 11종 bacteria와 4종 fungi에 항균활성을

실험한 결과, carvacrol과 thymol이 *Pseudomonas aeruginosa* 녹농균에 강하였고, carvacrol이 더 강하였다(Karaman S, 2001).

충치예방효과: 충치균 *Streptococcus mutans*의 증식 억제 효과를 생약재와 향신료의 추출물 13종, 정유 27종에 대하여 실험한 결과, oregano, thyme 백리향, sage 살비아, fennel 회향, nutmeg 육두구, rosemary, calamus 창포, *Cassia cortex* 계피의 정유에서 생육억제 활성이 나타났고, 특히 oregano 정유가 MIC 0.05μL/mL에서 생육억제 활성이 가장 높았다. Oregano, thyme, sage 의 EtOH ex보다 정유가 충치균에 생육억제 효과가 더 높았다. 또한 oregano 정유는 당류에 작용하여 glucan의 형성을 억제 하였다(유영선, 1993).

설사치료-세균성①: Spain 동부 *Thymus piperella*는 음식의 향신료로 또 olive 연화 방지에 사용. 약리활성을 실험한 결과, 경구 급성 독성과 진경작용이 현저, 잎의 정유는 *St. aureus*, *E. coli*, *C. albicans*, *St. pyogenes* 및 *Mycobacterium phlei*에 항균활성이 있었고, 이는 olive 저장에 응용, 분리 회장(rat)에서 농도 의존적으로 acetylcloline-유도 수축이 저해되었다. 회장의 과잉 수축을 억제(항경련 작용), 소화기계 질병인 설사치료와 설사로 인한 장 감염 등에 사용할 수 있다(Marti D, 2007).

유해장내세균성장저해②: *Thymus tosevii* oil 시료는 7종의 장내 bacteria 성장 억제를 agar diffusion method(ADM)로 실험, 시료 중 myrtanol 동족체는 해로운 장내 bacteria에만 성장을 억제하였다. 시료 중 myrtanol congener (동족체)는(-)-cismyrtanol,(+)-transmyrtanol 및(-)-trans- myrtanol이 있다. Tetracycline은 myrtanol 동족체보다 강한 항균성을 보이나 이로운 균과 해로운 균 모두 성장을 억제하는 단점이 있다(Yang J-Y, 2015).

항균활성-*H. pylori*③: *Thymus vulgaris* 분석 결과, rosmarinic acid, quercetin, chlorogenic acid가 많았고, 각 추출물의 항산화활성은 DPPH와 ABTS로 측정, 열수 추출물과 60% EtOH 추출물에서 77-94% 지용성 분획의 항산화력이 높았고, TBAR 값이 hydroxy radical과 결합 능력이 뛰어났다. *H. pylori*에 항균활성은 열수 추출물에는 없었으나, EtOH 추출물은

50-200mg/mL에서 농도 의존적 9-16mm 저해환을 보였다(김정환, 2006).

항생제내성병원균저해활성④: *Thymus magnus*(Tm)와 *T. quinquecostatus* (Tq)의 정유에 *St. pneumoniae*①, *St. aureus*②, *Salmonella enteriditis*③ 및 *St. typhimurium*④ 내성균제에 Tm의 정유가 항생제 내성균주 ①, ②, ④에 MICs는 0.125-8mg/mL에 탁월한 저해를 보였다. Disc diffusion test에서 정유 용량 의존적 저해활성을 보였다. 항생제 norfloxacin과 Tm 정유와 thymol 사이에 St 균주에 특히 내성에 상승효과를 보였다(Shin S, 2005).

항균활성-여드름균⑤: 제주산 *Thymus quinquecostatus*의 정유를 분석한 결과, p-cymene-3-ol(50.41 peak %), p-cymen-2-ol 24.06, cymene 19.04, β-linalool 1.73. 항산화활성은 IC_{50} 3.83mg/mL로 중정도. 시료는 강력한 수소 공여 활성이 있었고, elastase 저해활성 2.5mg/mL이 70% 이상. 시료 농도 의존적으로 저해활성을 보여 IC_{50} 1.79mg/mL. 이로써 시료는 항여드름균 *Propionibacterium* species과 항염활성이 있어 화장품 재료로 높은 활성을 보였다(Oh T-H, 2009).

항염활성-잎: Moroco 민속약으로 국소 항염활성이 있는 *Thymus willenowii* 잎(시료)은 croton oil로 mice 귀에 실험. 시료의 $CHCl_3$ 분획이 항염활성이 강하여 indomethacin과 유사하여, 비steroid계 항염제로 생각되었다. 시료의 항염활성의 주요 물질은 ursolic acid와 oleanolic acid였다. Flavonoid인 luteolin-3′-*O*-glucuronide와 eriodictyol-7-*O*-glucoside는 *Thymus* 속 식물에서 처음 발견(Ismail H, 2001). 또 항염 및 anti-life style 관련 병 실험에서 carvacrol은 thyme oil의 한 성분으로 COX-2 억제 및 PPARα와 γ 활성물질. 대부분의 thyme oil은 약학적, 의학적 및 화장품 분야에 광범하게 이용되나, 그 활성 기전은 확실치 않았고 항미생물, 항종양, 항돌연변이, 항유전독성, 진통, 항염증, 항기생충, 항혈소판, 항간독성, 간보호 등에 사용되고 있다. 본연구는 항염증 및 anti-life style 관련 질병에 대한 carvacrol의 성질을 실험하였다(Hotta M, 2010).

진통항염·정신적작용①: 울릉도 섬백리향의 정유 독성 실험에서 최소 치사량 (MLC)은 3000mg/mL이었고, arachidonic acid 유발 급성 피부염에 정유

30μg/ear에서 억제 작용을, 또 용량 의존적 항염증 활성을 보였다. 항미생물활성은 *St. pneumoniae*, *St. aureus*, *Sal. enteriditis* 및 *S. thyphimurium* 및 antifungal 활성도 실험. *T. magnus* 약리 동물실험에서 탁월한 진통 작용과 pentobarbital 수면 실험에서 강한 수면 연장 효과가 있었고, 진통 작용은 hot plate test에서 중정도 효과가 있었다. 강제 수영과 open field test에서 자발 운동에는 별 효과가 없었다(김성민, 2007).

진통활성-Carvacrol②: Acetic acid-유도 복부 통증에서 carvacrol 25-100mg/kg, ip가 opioid 없이 통증이 감소되었고, carvacrol을 신경통 및 염증성 통증 모두에서 56.8%, 41.2% 감소, 또 capsaicin과 glutamate에 의한 통증도 현저히 감소시켰다. Carvacrol 100mg/kg, ip가 hot plate test에서 현저히 지연시켰다. 이로써 carvacrol은 통증 관리에 새로운 도구로 생각되었다(Guimaraes AG, 2010). 또 carvacrol은 thyme, oregano, savory 등의 정유성분의 하나로, acetic acid-유도 복부 수축, formalin 유도 hot plate test mice에 대한 진통 실험에서 carvacrol 50과 100mg/kg에서 indomethacin 5mg/kg, morphine 7.5mg/kg, diazepam 2mg/kg 표준에서 같은 정도의 진통 작용을 보였으나, opiod system과는 다른 진통 작용을 보였고, nitric oxide pathway의 저해는 아니었다(Melo FHC, 2012).

간세포보호: 백리향 *Thymus quinquecostatus* 잎과 줄기 ex는 ferric thiocyanate나 TBA법에서 vitamin C나 α-tocopherol보다 항산화활성이 높았다. 시료는 세포 보호와 anti-apoptotic 효과가 t-BHP 유도 Chang cell에 독성이 예방. 이로써 시료는 세포 활성. ROS 생성 감소, 산화적 손상 저해, mitochodria 활성 저해 등 세포 활성을 증가시킬 수 있도록, 항산화활성으로 t-BHP-유도 세포 손상에 강력한 간보호 효과를 보였다(Al-Fatimi M, 2010). t-BHP 유도 산화적 stress에 대하여 carvacrol이 Chang cell을 보호하였고, Chang cell에서 MMP(mitochondrial membrane potential) 환원 예방과 ROS 이상증식에 의한 세포 손상을 보호하였다. 또 GSH 증산과 MDA량 감소로 t-BHP 유도 세포사에 대해 carvacrol이 보호하였다. 이러한 carvacrol은 항산화활성을 통한 t-BHP-유도 산화적 손상에 보호 효과가 있었다(Kim Y-S,

2015).

혈압강하효과-Carvacrol: Carvacrol 100mg/kg, ip은 마취 rat의 평균 혈압과 수축기 및 이완기 혈압을 강하시켰으나 carvacrol 1, 10 및 20μg/kg에서는 효과가 없었고, L-NAME-유도 고혈압에서 혈압 강하가 관찰되었다(Aydin Y, 2007).

항암활성-Leukemia①: *Thymus quinquecostatus* EtOH ex 시료의 human leukemia cell lines인 K562와 HL-60 성장 억제 효과를 실험한 결과, 시료의 EtOAc 분획이 K562와 HL-60에 항암활성을 보였다(Sun Z-X, 2005).

항암활성-Thymol②: Phenol성 물질 thymol은 여러 약리활성 즉 항염, 항암, 항산화, anti-bacterial 및 antimicrobial activity가 있다. 본 연구에서는 thymol이 인체 위 AGS cell의 세포 성장 억제. 세포 내 ROS 생성, mitochondria (mito) 막 전위 탈극화 및 mitoprotein Bax, caspases 및 poly ADP ribose polymerase 활성화 시킴으로써 항암활성을 보였다. 이로써 thymol은 미래 암 치료제로의 가능성을 보였다(Kang S-H, 2016).

Brain fatigue**완화**-Linalool: Thyme linalool chemotype(T)은 polyribocytidylic acid-유도 뇌 피로(ip) mouse model에서 항피로 활성을 보였다. (-)-Linalool과(+)-terpinen-4-ol은 T의 주요 물질로 항염 효과와 관련이 있고, 신경 활성화 물질이었다. 그러므로 T는 피로관련 질병에 강력한 치료제로의 연구개발이 요구되었다(Hayakawa M, 2016).

항산화활성: Thyme은 늙은 쥐의 간과 심장 SOD 활성을 현저히 감소시켰으나, 신장에서는 감소되지 않았다. 늙은 쥐에서 간의 GSHPx 활성이 현저히 증가되었으나, 신장에서는 감소하였다. 심장 GSHPx 활성은 젊은 쥐와 늙은 쥐에서 현저한 차이를 보였고, 또 각 조직을 조사한 결과, 총 항산화 상태에서도 현저히 감소. 이러한 결과는 thyme oil 공급으로 항산화활성이 남아있기 때문으로 생각되었다(Youdim KA, 2002). *Thyme serphyllum*, *T. doerflori*, *T. citriodorus* 및 *T. pseudolanuginosus*의 정유를 분석한 결과, p-cymene-2,3-diol①, carvacrol② 및 thymol③을 분리동정. ①은 thyme에서 처음 분리. 항산화활성은 Rancimat법 100℃와 Schaal test

60℃로 측정, ①이 가장 강하였고, α-tocopherol과 BHA보다 강하였다. ①-③ 물질은 *T. vulgaris*에 가장 많았다(Schwarz K, 1996).

면역증강효과: 인체의 체내에 과량 생성된 활성산소는 생체조직 내 세포와 면역체계에 관련된 효소를 손상, 암이나 면역질환 같은 퇴행성 질환을 야기시킬 수 있다. 본 연구에서는 13종 허브 추출물에 대해 유해산소 소거능, 암세포주 Hepa-lclc7, KB-3-1 와 정상세포주 L-929에 대한 세포독성(SRB assay법)을 조사한 결과, superoxide 소거능은 eucalyptus, peppermint, mate, sage, thyme, yarrow 등이 강한 활성을 보였고, 또 이들은 Hepa-lclc7, KB-3-1 같은 암세포주 및 L-929 정상 세포주에 세포독성을 보였으며, 면역증강 활성실험에서 sage만이 표준시료의 37% 활성을 보였다(정하열, 2000-699).

효소유도효과-Piperine: 최근 Liver microsomal monooxygenase(LMM) 활성에 미치는 영향을 hexobarbital 수면시간 측정으로 평가하는 방법이 개발되어 이 방법에 의한 효소 유도 및 억제효과를 측정한 결과, paprika와 mace는 LMM 유도효과가 thyme, mace, white peper, cellery 등은 억제효과가 있었다. 특히 white peper의 piperine 성분은 hexobarbital hydrolase 활성과 cytochrome p450 함량을 증강시켰다(우원식, 1977).

항진균활성-식물병원균②: *Aralia elata* 두릅나무와 *Castanea crenate* 밤나무에서 분리된 병원성 진균인 *Phytophthora cactorum*과 *Cryponectria parasitica*에 26종 식물 정유를 실험한 결과, thyme과 bay가 각각 100%, 69.1% 항진균활성을 보였다(Kim J, 2008).

부패억제-딸기③ : *T. vulgaris* 2 clonal type; Laval-1, Laval-2 정유의 항진균활성 실험. Laval-1과 Laval-2의 성분은 p-cymene, linalool, terpinen-4-ol 및 thymol로 함량은 각각 53.5%와 66.2%. 이 두 clonal type은 딸기 부패진균 *Botrytis cinerea*와 *Rhizopus stolonifera*에 항진균활성을 보였고, 항진균활성 물질이 많은 Laval-2가 더 강하였다(Reddy MVB, 1998).

살충효과-진드기: *Thyme* 백리향 잎 monoterpene alcohol 훈증제로 합성 훈증제인 benzylbenzoate(Bb)를 진드기 *Dermatophagoides farine*(Df)와 *D. pterongssinus*(Dp)에서 실험한 결과, 백리향 monoterpene alcohol의

carvacrol이 Df와 Dp에 benzyl benzoate의 4.1-8.0배 강한 독성을 보였다(Lee C-H, 2010).

안전성평가: 여러 aromatic plant에 carvacrol이 있고, 이는 돌연변이성은 약하며, 단기 및 장기 독성시험에서 무독하였으며, 섭취 후, 24시간 후에 소변으로 많은 양이 glucuronide나 sulphate의 축합물로 배설. Carvacrol은 food에 사용을 FAD에서 승인. Europe council에서도 승인하였다. 화학적 향료 list 중 B군에 속하며, 음료에 2ppm. candy류에 5-25ppm 첨가가 허용되었다(De Vincent M, 2004).

화학성분: 재배 허브 식물, 로즈마리, 라벤더, 민트, 세이지, 타임 화학 성분을 분석한 결과, 수분 함량은 69.92-82.10%, 조섬유와 회분은 지방과 단백질보다 많았다. 총 phenol 함량은 분광광도법(Follin-Dennis 법)으로 측정한 결과, gallic acid가 많았고, 로즈마리와 라벤더에 많았으며, 세이지〉타임〉민트 순이었다. ICPO-AES 법으로 무기성분을 분석한 결과, Ca이 가장 많았고, P〉Na〉Mg〉 Fe〉Zn〉Mn순이었다. GC로 지방산을 분석한 결과, palmitic, stearic, oleic, linoleic, linolenic, arachidonic acid가 확인되었고, 포화지방산 palmitic, stearic acid보다 불포화 지방산 linoleic 와 linolenic acid 가 많았다. 유리당은 sucrose, glucose, rhamnose 를 HPLC로 확인하였다(오문헌, 2003).

Polyphenolic compound-지상부: 백리향 지상부에서 4개의 기지 phenolic compound와 함께 3개의 flavonoid를 분리동정하였다. 2(S)-5,7,3′,5′-tetrahydroxy flavanone①,(+)-taxifolin②,(+)-aromadendrin③, rosmarinic acid④, caffeic acid⑤, protocatechuic acid⑥ 및 protocatechuic aldehyde⑦를 기기분석 data와 표품들로 동정하였다. ①-⑦ 화합물은 백리향에서 처음 분리되었다. 더구나 ②와 ④는 용량 의존적으로 췌장 lipase 저해 작용이 있었고, IC_{50} 값 15.4와 62.8μM로 가장 강하였다(Lee I-C, 2011).

유기산: Thyme을 dual capillary column system으로 분석. GC/MS로 확인한 결과, malic acid 24.87%, succinic acid 12.64% malonic acid 10.83%, caffeic acid 8.71%, lactic acid 8.22%였다(정하열, 2000-997).

정유성분-만개전후: Iran에서 재배한 *Thymus eriocalyx*의 지상부를 꽃 피기 전(BF)과 만개시(FF) 수증기 증류하여 GC와 GC/MS로 분석, 70성분을 동정. Oil의 92.5%를 얻었다. 정유의 주요 물질은 만개전후, thymol 42.8%, 43.1%, linalool 11.1%, 4.0%, γ-terpinene 6.0%, 6.3%, 1,8-cineole 5.6%, 3.3%, borenol 3.4%, 4.9%, α-terpineol 1.8%, 7.1%. linalool과 1,8-cineole은 BF에 높았고, α-terpineol은 만개시에 많았다. Menthone, isoborneol, trans-pinocamphone, menthol은 FF시에만 발견되었다. *T. eriocalyx* 주성분 thymol은 Iran의 *Thymus* species 중 가장 많았다(Kalvandi R, 2004).

정유성분-4 Types: Portugal Pseudothymbra 지방의 *Thymus villosus* ssp. *villosus*은 이 곳의 특수작물로 정유는 시료를 개화기에 채취 GC, GC/MS로 분석, 4 type으로 분류, ① p-cymene/camphor/linalool 59%, ② p-cymene/borneol 21%, ③ linalool/geraniol/geranyl acetate 8% 및 ④ α-terpineol/camphor/myrcene 11% type이었다(Salguoiro LR, 1997).

정유성분-계절: 북 Portugal에서 채집한 *Thymus zygis* L. 정유성분의 계절별 변화를 수증기 증류하여 GC, GC/MS로 분석한 결과, 정유의 함량은 개화기 0.9-1.4%로 가장 많았고, 휴지기에 0.15% 가장 적었다. 개화기 정유 중 thymol과 geraniol이 많았고, p-cymene은 thymol이 가장 적은 개화 후기에 가장 많았다. 개화 후기에 thymol 21%, geranyl acetate 17% 및 geraniol 13%가 풍부하고 cymene은 더 낮았다(Moldao-Martin M, 1999).

정유성분①: 국내 자생하는 백리향과 섬백리향의 정유성분을 GC, GC/MS로 분석한 결과, 백리향은 건물기준 정유는 1.94%, 섬백리향 근경은 1.91%, 꽃은 0.68% 이었고, 38종 성분이 확인되었고, 그중 백리향에서 분리한 정유에서는 thymol 39.8%, γ-terpinene 10.0%, p-cymene 9.2%, camphor 5.9%, α-terpinene+borneol 4.5%, bornyl acetate 4.0%가, 섬백리향에서는 thymol 54.7%, γ-terpinene 15.8%, p-cymene 6.7%, cavacrol 3.2%등이 주성분이었다. 백리향과 섬백리향을 비교하면, α-pinene, camphene, camphor, bornyl acetate, α-terpineol+borneol 등은 백리향에 많았고, γ-terpinene, thymol은 섬백리향에 많았다. 섬백리향의 잎에는 thymol, γ-terpinene이 많았고, 잎보다 꽃에서 p-cymene이 많이 검출되었다(Kim, YH, 1994-234).

정유성분②: 국내 섬백리향 *T. magnus*의 휘발성 성분을 초임계 유체 추출법 SFE, 40℃, -400bar의 추출 정유는 linalool 0.1%, trans-sabinene hydrate 0.9%로 타 추출법보다 많았으며, 50℃, -400bar에서 borneol 3.82%, terpinen-4-ol 0.3%, caryophyllene oxide 2.2%, 50℃, -300bar에서 β-bisabolene 5.88%, 1-octen-3-ol 1.31%, caryophyllene 2.91%, p-cymene 2.04%, γ-terpinene 0.52%, 50℃, -200bar에서 thymol 77.63%, carvacrol 5.65%가 상대적으로 많이 함유. WSD법에서 α-bisabolol 0.17%, caryophyllene 6.46%, cis-α-bisabollene 1.52%, β-bisabolene 20.65%로 SFE보다 많았으나, SDE법으로는 정유를 얻지 못하였다(이사은, 2014).

효능과 이용

1) 식용: 섬백리향은 톡 쏘는 자극성이 짙고 풍미는 요리에 깊은 맛을 주어 서양요리의 대표적 향미료의 하나이며, 채소, 육류, 어패류, 계란 등 어느 것에나 잘 어울리므로 요리의 부향제로 이용되며, 방부 살균력이 있어 햄, 소시지, 치즈, 소스, 토마토 케찹, 피클 같은 저장식품의 보존제로, 스프, 스튜, 샐러드 등에, 잎은 장시간 끓여도 향이 남아 육류 요리의 스프, 소스 등에 쓰인다.

2) 약용: 섬백리향 중에 가장 강력한 약리효과가 있다. 티몰은 살균력, 구충작용 등이 있어 소독 및 보존제로 쓰였고, 목욕제로, 여성의 자궁 기능장애 치료제로 쓰였으므로 어미 섬백리향이라는 별명도 있다. Serpyllum은 유럽 백리향으로 소화불량과 식욕촉진제로 또 중국에서는 건조품을 발한, 구풍, 진해제로 약용한다. 우리나라 한방에서는 급성 위장염, 고혈압, 감기, 치통, 소화불량 등에, 민간에서는 항균, 구충, 거담, 진해, 함수제 등에 이용한다.

3) 향료: 향료의 원료로 건조 잎은 허브차로서 공기 정화제나 피로 회복제로 이용한다. 또, 얼굴에 검은 무사마귀에 serpyllum 잎차를 아침에 한

잔씩 마시면 무사마귀가 없어지는 등 미용제로 쓰인다.

4) 기타: Serpyllum 한 줌을 끓는 물 1L에 넣고 반으로 졸여 탈모의 예방이나 관절염에, 유효한 목욕재로도 사용된다.

참고 문헌

1) 김미경, 김옥미, 김일두, 등. **식품저장유통학회지** 1998 5(1) 49(Thyme과 tarragon 물추출 첨가가 김치의 품질과 보존에 미치는 영향)

2) 김성민, 석귀덕. **약학회지** 2007 51(6) 508(섬백리향 정유의 진통, 항염증, 정신적인 작용)

3) 김옥미, 김미경, 이승언, 등. **식품영양과학회지** 1998 27(3) 455[향신료(cardamom, thyme, cumin) EtOH 추출물이 김치에서 분리한 *Lactobacillus plantarum* 과 *Leuconostoc mesenteroides* 의 항균성에 미치는 영향]

4) 김정환, 권효정, 이경환, 등. **응용생명화학회지** 2006 49(3) 243[Thyme(*Thymus vulgaris* L.) 추출물의 *Helicobacter pylori* 억제 효과 및 생리 활성]

5) 박찬성. **조리과학회지** 1997 13(3) 330[향신료(Clove, Allspice, Oregano, Thyme)가 식중독 세균의 증식에 미치는 영향]

6) 오문헌, 황혜정. **식품과학회지** 2003 35(1) 1(서양 허브 식물의 화학성분-rosemary lavender, sage, thyme, mint)

7) 우원식, 신국현, 김인철. **생약학회지** 1977 8 115(자극성 향신제의 약물대사 효소활성에 미치는 영향, 후추, 생강등)

8) 유영선, 박기문, 김영배. **산업미생물학회지** 1993 21(2) 187(생약재 및 향신료의 *Streptococcus mutans* 증식억제 효과)

9) 윤혜진. **석사학위논문** 서울대 보건대학원 서울 1999[식용 대두유에 대한 Thyme(백리향) 추출물의 항산화 효과]

10) 이사은, 김성문, 임원철, 강기춘, 표형배. **화장품학회지** 2014 40(2) 171(추출방법에 따른 섬 백리향의 휘발성 향기 성분 비교)

11) 정동옥, 박인덕, 정해옥. **조리학회지** 2001 17(3) 24(양파, 로즈마리, 타임의 기능성에 관한 연구)

12) 정하열, 김현배. **식품과학회지** 2000 32(3) 699(13종 허브 추출물의 superoxide 소거능과 세포독성 및 면역증강 효과 검색-sage, peppermint, thyme, yarrow, eucaly)

13) 정하열, 정도현, 박영준. **식품과학회지** 2000 32(5) 997[3가지 약용허브(mate, thyme, peppermint) 추출물에 함유된 유기산 검색 및 조성 비교)

14) 한대석, 김광욱. **생약학회지** 1980 11(1) 1(섬백리향의 정유성분)

15) Al-Fatimi M, Wurster M, Schroder G, Lindequist U. *Rec Nat Prod* 2010 4 49[In vitro, antimicrobial, cytotoxic and radical scavenging activities and chemical constituents of the endemic *Thymus laevigatus*(Vahl.)]

16) Arfa AB, Combes S, Preziosi-belloy L, et al. *Lett Appl Microbiol* 2006 43 149 (Antimicrobial activity of carvacrol related to its chemical structure)

17) Arras, G, Grella, G E. *J Hortic Sci* 1992 67 197(Wild thyme, *Thymus capitatus*, essential oil seasonal changes and antimycotic activity)

18) Aydin Y, Kutlay O, Ari, et al. *Planta Med* 2007 73 1365(Hypotensive effects of carvacrol on the blood pressure on the blood pressure of normotensive rats)

19) Bahreininejad B, Razmjoo J, Mirza M. *TEOP* 2014 17(5) 717(Effect of water stress on productivity and essential oil contents and composition of *Thymus carmanicus*)

20) Barananskiene, T, Venskutonis, D R, Viskelis, P, Dambrauskiene, E. *Crit Rev Food Sci* 2003 51 7751[Influence of nitrogen fertilizers on the yield and compositioin of thyme(*Thymus vulgaris*)]

21) Catauro M, Bollino F, Tranguillo E, et al. *J Essent Oil Res* 2017 29(6) 461 (Chemical analysis and anti-proliferative activity of Campania *Thymus vulgaris* essential oil)

22) Cosentino S, Tuberoso CIG, Pisano B, et al. *Lett Appl Microbial* 1999 29 130(In vitro anti- microbial activity and chemical composition of *Thymus* essential oils)

23) Dandlen SA, Lima AS, Mendes MD, et al. *Flavour Fragr J* 2010 25 150 (Antioxidant activity of six Portuguese thyme species essential oils)

24) De Vincenti M, Stammati A, De Vincenzi A, Silano M. *Fitoterapia* 2004 75 801 [Constituents of aromatic plants; carvacrol(*Thymus capitatus*, *T. vulgaris*, *T. serpyllum*, *Satureja hortensis*, *S. montana*, *Origanum dictamus*, *O. majorana*)]

25) Goswami, N, Han, J H, Holley, T A. *Food Sci Biotechnol* 2009 1892) 425 (Effectivenss of antimicrobial starch coating containing Thyme oil against *Salmonella*, *Listeria*, *Campylobacter* and *Pseudomonas* on chicken breast meat)

26) Guillaen, M. D. *Food Chem* 1998 63 373(Study of the composition of the different parts of a Spanih *Thymus vulgaris* L. plant)

27) Guimaraes AG, Olivera GF, Melo MS, et al. *Basic Clin Pharmacol Toxicol* 2010 107 949(Bioassay-guided evaluation of antioxidant and antinociceptive activities of carvacrol)

28) Han, YB. Shin, KH. Woo, WS. *Arch Pharm Res* 1984 7(1) 53(Effect of spices on hepatic microsomal enzyme function in mice.)

29) Hay IC. Jamieson M. Ormerod AD. *Arch Dermatol* 1998 134(11) 1349 (Randomized trial of aromatherapy. Successful treatment for alopecia areata.)

30) Hayakawa M, Satou T, Koike K, Masuo T. *Flavour Frag J* 2016 31 395[Anti-fatigue activity of essential oil from thyme(linalool chemotype) in the polyriboinosinic: polyribocytidylic acid-induced brain fatigue mouse]

31) Hedhili L, Romdhane M, Abderrabba A, et al. *Flavour Fragr J* 2002 17 26 [Variability in essential oil composition of Tunisian *Thymus capitatus*(L.) Hoffmanns. et Link]

32) Hotta M, Nakata R, Katsukawa M, et al. *J Lipid Res* 2010 51 132(Carvacrol, a component of thyme oil, activates PPARα and γ, and suppresses COX-2 expression)

33) Ismail H, Tortora S, Sosa S, et al. *Pharm Pharmacol* 2001 53 1643(Topical anti-inflammatory activity of *Thymus wildenowii*)

34) Jeong, E Y, Lim, J H, Kim. H G, Lee, H S, *J Food Protection* 2008 71 351 (Acaricidal activity of *Thymus vulgaris* oil and its main components against

Tyrophagus puterescentiae a stored food mite)

35) Juliano C, Mattana A, Usai M. *J Essent Oil Res* 2000 12 516(Composition and in vitro antimicrobial activity of the essential oil of *Thymus herba-barona* Loisel growing wild in Sardinia)

36) Kalvandi R, Sefidkon F, Atri M, Mirza M. *Flavour Fragr J* 2004 19 341(Analysis of the essential oil of *Thymus eriocalyx* from Iran)

37) Kang S-H, Kim Y-S, Kim E-K, et al. *J Microbiol Biotechnol* 2016 26(1) 28 (Anticancer effect of thymol on AGS human gastric carcinoma cells)

38) Karaman, S, Digrak, M, Ravid, U, Ilcim, A. *J Ethnopharmacol* 2001 76 183 (Antibacterial and antifungal activity of the essential oils of *Thymus revolutus* Celak. from Turkey)

39) Kim J, Lee Y-S, Lee S-G, et al. *Flavour Fragr J* 2008 23 272[Fumigant antifungal activity of plant essential oils and components from west Indian bay(*Pimenta racemosa*) and thyme(*Thymus vulgaris*) oils against two phytopathogenic fungi]

40) Kim YS, Hwang JW, Kang SH, et al. *J Nat Med* 2014 68 154(Thymol from *Thymus quinque- cotatus* Celak protect against tert-butylhydroperoxide-induced oxidative stress in Chang cells)

41) Kim Y-S, Hwang J-W, Sung S-H, et al. *Food Sci Biotechnol* 2015 24(2) 735 (Protective effect of carvacrol from *Thymus quinquecostatus* Celak against tert-butyl hydroperoxide-induced oxidative damage in Chang cells)

42) Kim., Y H, Lee. J C, Choi, Y H. *Kor J Medicinal Crop Sci* 1994, 2(3), 234(Essential oils of *Thymus quinquecostatus* Celakov and *Thymus magnus* Nakai)

43) Klarie MS, Kosalec I, Mastelic J, et al. *Lett Appl Microbiol* 2007 44 36[Antifungal activity of thyme(*Thymus vulgaris* L.) essential oil and thymol against moulds from damp dwellings]

44) Lee I-C, Bae J-S, Kim T, et al. *J Kor Soc Appl Biol Chem* 2011 54(5) 811 (Polyphenolic constituents from the aerial parts of *Thymus quinquecostatus* var. *japonica* collected on Ulleung island)

45) Lee, C-H, Lee, S-G, Lee, H-S, *J Kor Soc Appl Biol Chem* 2010 53(2) 170(Acaricidal effects of *Thymus vulgaris* leaf-derived materials and monoterpene alcohol against *Dermatophagoides* spp.)

46) Llorens-Molina JA, Vacas S. *J Essen Oil Res* 2017 29(2) 145[Effect of drought stress on essential oil composition of *Thymus vulgaris* L.(Chemotype 1,8-cineole) from wild population of eastern Iberian Peninsula]

47) Mancini E, Senafore F, Del Monte D, et al. *Molecules* 2015 20 12016(Studies on chemical composition, antimicrobial and antioxidant activities of five *Thymus vulgaris* L. essential oils)

48) Marti D, Perez-Garcia MT, Blanguir A, et al. *Flavour Fragr J* 2007 22 201[*Thymus piperella*(L.) essential oil: an alternative in the treatment of diarrhoea]

49) Melo FHC, Rios ERV, Rocha NFM, et al. *J Pharm Pharmacol* 2012 64 1722 [Antinociceptive activity of carvacrol(5-isopropyl-2-methylphenol) in mice]

50) Moldao-Martins M, Bernardo-Gil MG, da Costa MLB, Rouzet M. *Flavour Fragr J* 1999 14 177(Seasonal variation in yield and composition of *Thymus zygis* L. subsp. *sylvestris* essential oil)

51) Moldão-Martins, M, Palavra, A, Beirα̃o da Costa, M L, Bernardo-Gil, M G. *J Supercrit Fluid* 2000 18 25(Super critical CO2 extraction of *Thymus zygis* L. subsp. *Sylvestris aroma*)

52) Oh T-H, Kim S-S, Yoon W-J, et al. *J Gen Appl Microbial* 2009 55 63(Chemical composition and biological activities of Jeju *Thymus quinquecostatus* essential oils against *Propionibacterium* species inducing acne)

53) Omidbaigi R, Sefidkon F, Hejazi M. *Flavour Fragr J* 2005 20 237(Essential oil composition of *Thymus citriodorus* L. cultivated in Iran)

54) Pina-Vas C, Rodrigues AG, Pinto SE, et al. *Eur Acad Dermatol Venereol* 2004 18 73(Anti- fungal activity of *Thymus* oils and their major compounds)

55) Pinto E, Pina-Vaz C, Salgueiro L, et al. *J Med Microbial* 2006 55 1367(Antifungal activity of the essential oil of *Thymus pulegioides* on *Candida*, *Aspergillus* and

dermatophytes species)

56) Reddy MVB, Angers P, Gosselin A, Arul J. *Phytochemistry* 1998 47(8) 1515 (Charactrization and use of essential oil from *Thymus vularis* against *Botrytis cinerea* and *Rhizopus stolonifer* in strawberry fruits)

57) Rota MC, Herrera A, Martinez RM. *Food Control* 2008 19 681(Antimicrobial activity and chemical composition of *Thymus vulgaris*, *T. zygis*, and *T. hyemalis* essential oils)

58) Salgueiro LR, da Cunba AP, Tomas X, et al. *Flavour Fragr J* 1997 12 117(The essential oil of *Thymus villosus* L. ssp. *villosus* and its chemical polymorphism)

59) Salgueiro LR, Pinto E, Goncalves MJ, et al. *Flavour Fragr J* 2006 21 749 (Antifungal activity of the essential oil of *Thymus capitellatus* against *Candida*, *Aspergillus* and dermatophyte strains)

60) Sasso, M. Culici, M. Brega, PC. et al. *J Essent Oil Res* 2006 18 455(Thymol: inhibitory activity on *E. coli* and *Staphylococcus aureus* adhesion to human vaginal cells)

61) Schwarz K, Ernst H. *J Sci Food Agr* 1996 70 217(Evaluation of antioxidative constituents from thyme)

62) Shin S, Kim JH. *Arch Pharm Res* 2005 28(8) 897(In vitro inhibitory activities of essential oils from two Korean *Thymus* species against antibiotic-resistant pathogens)

63) Shin S, Kim J-H. *Planta Med* 2004 70 1090(Antifungal activities of essential oils from *Thymus quinguecostatus* and *T. magnus*)

64) Shin SW, Kim JH. *Arch Pharm Res* 2005 28(8) 897(In vitro inhibitory activities of essential oils from two Korean *Thymus* species against antibiotic-resistant pathogens)

65) Soekmen A, Gulluce M, Akpulat HA, et al. *Food Control* 2004 15 627(The in vitro antimicrobial and antioxidant activities of the essential oil and methanol extracts of endemic *Thymus spathulifolius*)

66) Solomakos N, Govaris A, Koidis P, Botsoglou N. *Food Microbiol* 2008 25 120 (The antimicrobial effect of thyme essential oil, nisin, and their combination against *Listeria monocytogenes* in minced beef during refrigerated storage)
67) Stahl-Biskup E. *J Ess Oil Res* 1991 3 61(The chemical composition of *Thymus* oils, a review of the literature 1960-89)
68) Sun Z-X, Zhang Y-H, Cheng S, et al. *Zhong Xi Yi Jie He Xue Bao* 2005 3 382 (Antitumor effect of ethanol extract from *Thymus quinquecostatus* Celak on human leukemia cell line-K562, HL-60)
69) Tabak, M, Armom, R, Potasman, I, Neeman, I. *J Appl Bacteriol* 1996 80 667(In vitro inhibition of *Helicobacter pylori* by extracts of thyme)
70) Tepe, B. Daferera, D. Sokmen, M. et al. *J Agr Food Chem* 2004 52 1132(In vitro antimicrobial and antioxiant activities of the essential oils and various extract of *Thymus eigii* M. Zohary et P. H. Davies)
71) Utlee, A, Slump, R A, Steging, G, Smid, E J, *J Food Prot* 2000 63 620(Antimicrobial activity of carvacrol toward *Bacillus cereus* on rice)
72) Van den Broucke C, Lemli JA. *Pharmaceu Weekblad Sci* 1983 5 9(Spasmolytic activity of the flavonoids from *Thymus vulgaris*)
73) Vardar-Ünlü, Candan F, Sökmen A, et al. *J Agr Food Chem* 2003 51 63 [Antimicrobial and antioxidant activity of the essential oil and methanol extracts of *Thymus pectinatus* Fisch. et Mey var. *pectinatus*(Lamiaceae)]
74) Yang J-Y, Lee H-W, Lee H-S. *Food Sci Biotechnol* 2015 24(1) 169(Growth inhibitory activities of myrtanol and stuctural analogues from *Thymus tosevii* against intestinal bacteria)
75) Youdim KA, Deaus SG. *Mechanism Ageing Develop* 2002 109 163[Dietary supplementation of thyme(*Thymus vulgari* L.) essential oil during the life time of the rat: its effects on the antioxidant status in liver, kidney and heart tissues]

27 세이보리 *Satureja hortensis*

꿀풀과
(Labiatae)

Savory, Summer savory(英)

원산지: 유럽

용도: 식용·약용 – 잎, 꽃

역사

세이보리(savory)는 2,000여 년의 사용 역사가 있으며 백리향이나 마조람, 로즈마리 등에 못지 않는 좋은 향기와 자극성의 매운맛이 있는 향미 식물로 동양의 향신료가 실크로드를 따라 유럽에 전해져 후추 발견 전까지는 육류의 누린내 제거에 쓰였다. 그 당시 후추가 너무 비싸 대용으로 쓰여 'pepper herb'라는 별명도 있다. 학명 *Satureja*는 그리스 신화에 등장하는 반인반수인 satyrs 요정의 이름에서 유래된 것으로 그리스, 로마 시대부터 최음제(催淫劑)로 썼다(Herbs p361-362).

식물학적 특성

Savory에는 1년생 초본인 summer savory와 다년생 초본인 winter savory 및 옆으로 퍼지는 포복형인 creeping savory 등이 있다(Herbs p261).

① Summer savory(*Satureja hortensis*) 키 30-50cm로 자라는 내한성의 1년생

초본. 줄기는 밑쪽에서부터 가지를 많이 친다. 잎은 thyme 잎처럼 좁고 가는 피침형. 자주색을 띤 줄기에 대생. 어린 줄기는 풀 같으나 노화하면 밑쪽이 목질화된다. 6-8월경 잘다란 연분홍색의 심형화가 피어 꿀벌이 모이며 꽃이 진 뒤 갈색의 씨가 결실. Summer savory는 다소 향미가 순한 편. 콩요리의 부향제로, 육류나 소시지, 샐러드, 튀김에 쓴다.

② Winter savory(*Satureja montana*) 북아프리카와 동, 남유럽이 원산지인 상록의 다년생 초본. 종명이 말하듯 montana는 산(山)을 의미. 표고 1,500m까지의 건조한 토질의 바위가 많은 구릉 지대나 산에 자생. 키는 1.5-3cm, 잎은 광택이 있고 향미는 summer savory보다 자극성이 강하며 흰색 또는 연보라색의 잔꽃이 수상 화서로 피며 rosemary나 thyme의 혼합 향미로 토끼고기, 연어 등의 요리에 부향제나 vinegar로 이용. 개화기에는 꿀이 많아 귀중한 밀원식물이다.

③ Creeping savory(*Satureja repanda*) 선록색의 잎과 포복성의 줄기에 8월 말-9월에 걸쳐 하얀 꽃이 핀다(Herbs p362).

성분

1) 영양성분

가식부 100g 중 일반적인 탄수화물 68.7g, 단백질 6.7g, 지방 5.9g이다. Ca은 2123mg으로 대단히 많은 편이며 Fe 38mg, Mg 377mg, P 140mg, K 1051mg, Na24mg, Zn 4mg, vitamin A 5130 IU, niacin 4mg을 함유.

2) 특수성분

Summer savory 의 정유는 0.3-1.9%이고 주성분은 Carvacrol(I-00737)과 Cymol이다. *S. acinos*에서 21β-Hydroxyursolic acid(D-02892), *S. graeca*에서 Calaminthadiol(C-00116), *S. calamintha*에서 16-Hydroxy-7-hexadecanoic acid(M-01973)이 분리되었다.

Satureja spp.는 Isocalaminthadiol(I-00321), *S. acinos*에는 21β-Hydroxyursolic acid(D-02892), *S. calamintha*에는 Calaminthadiol(C-

00116)과 16-Hydroxy-7-hexadecenoic acid(H-01973), Ursolic acid (bungeolic acid), *S. graeca*에는 Calaminthadiol(C-00116), *S. vulgaris*에는 5-Deoxylaminol(L-00221), 4-Methyl-antrrhinoside(M-00794)가 있다(DNP p774).

Yugosalvia산 savory에는 carvacrol 24.4%, cymol 44.1%가 있고, Spain 산은 각각 1.2%, 28.9%가 있다.

생리활성

Mini-review: *Satureja montana*(Sm) 정유는 총 oil의 97.4%, phenolic monoterpene인 thymol 45.2%, monoterpenic hydrocarbon은 p-cymene 6.4%, γ-terpinene 5.9%, 산소 함유물인 carvacrol methylether 5.8%, thymol methylether 5.1%, carvacrol 5.3%, geraniol 5.0% 및 borneol 3.9%, γ-terpinene, α-terpinene, p-cymene 및 terpinolene은 강력한 항산화제이었다. 그러므로 Sm은 항산화 첨가제, 영양 공급제, 약제, 식물 치료제 및 몇 의약적 전망을 보였다(Radonic A, 2003).

항산화활성기전①: *Satureja hortensis*의 정유성분, thymol과 carvacrol은 0.02-0.20%. 농도별로 lard와 sunflower oil의 triglycerol에서 순환 공기중 항산화활성을 실험한 결과, thymol은 carvacrol보다 지방에서 항산화활성이 양호하였으며, 이는 thymol과 carvacrol이 입체 이성체로 thymol의 phenol group의 입체적 방해가 carvacrol보다 더 컸기 때문이었다(Yanishlieva NV, 1999).

항산화활성-정유②: *Satureja spicigera*(Ss)와 *S. cuneifolia*(Sc)은 Turkish flora로 정유성분을 GC와 GC-MS로 분석한 결과, 40과 20성분을 분리동정. 유분의 정유 함량은 각각 99.4%와 99.5%, 주요 성분은 carvacrol 42.5%, 67.1%, γ-terpinene 21.5%, 15.2% 및 cymene 20.9%, 6.7%. 지상부의 MeOH ex 항산화활성은 DPPH와 β-carotene linoleic acid assay에서 Sc 127μg/mL가 Ss 89.1μg/mL보다 강하여 합성 항산화제인 BHT, ascorbic acid, curcumin 및 α-tocopherol과 비교하였다(Eminagaoglu O, 2007).

항식중독균-정유성분: 11개 정유성분의 항식중독균 활성; *E. coli*, *E. coli* 0157: H7, *Sal. typhimurium*(St), *Listeria monocytogenes*(Lm) 및 *Vibrio vulmificus*(Vv)에 5, 10, 15, 20%(in 1% tween 20) paper disk법으로 실험한 결과, 8개 성분이 MIC와 M bactericidal concentration(MBC)를 측정. Vv가 disk assay에 가장 감수성이 높았고, carvacrol은 모든 실험 세균에 살균성이 높았으며 limonene, nerolidol 및 β-ionene은 작용이 없었다. Carvacrol은 St와 Vv는 액체 배지(MBC 250μg/mL)에서 강한 항균성을, citral과 perillaldehyde는 Vv에 100과 250μg/mL(MBC)에서 항균성을, terpineol과 linalool은 실험균에 가장 낮은 활성을 보였다. Citral, geraninol 및 perillaldehyde 500μg/mL에서 *E. coli*, *E. coli* 0157: H7 및 St를 완전히 사멸시켰고, citronellal 250μg/mL에서 Vv를 사멸시켰다. 이로써 이들 물질은 식품에서 병원균 성장을 저해하는 강력한 항균 물질로 판단되었다(Kim J, 1995).

항진균활성-정유: Iran 자생 *Satureja mutica*의 지상부를 채취, 수증기 증류하여, 정유 1-1.5% 얻어 식중독 fungi인 *Aspergillus niger*, *Trichophyton rubrum*, *Tr. reesei* 및 *Microsporum gypseum*에 0.25μg/mL에서 fungicide 활성을 보였고, *Candida albicans*와 *S. cerevisiae*에 대하여 MIC 1333ppm. 이러한 정유는 항진균(antimycotic) 화학 요법제로 약학적 효능 가치를 보였다. *Trichophyton*과 *Microsporum*은 skin infection, 드물게 nail infection, *Aspergillus* spp.와 *Candida albicans*는 nail infection에 주로 감염(onycomycosis)되었다(Behravan J, 2004).

항미생물활성①: *Satureja jammtan*(Sj)와 *S. cuneifolia*(Sc)의 지상부 정유 성분과 항미생물활성을 실험. Sj 정유의 주성분은 phenolic monoterpene인 carvacrol 45.7%, monoterpenic hydrocarbone은 p-cymene 12.6%, γ-terpinene 8.1% 및 산소함유 monoterpene은 carvacrol methylether, borneol, thymol 및 thymol methylether. Sc의 정유 β-cubebene 8.7%, limonene 8.3%, α-pinene 6.9%, spathulenol 및 β-caryophyllene. Sj와 Sc의 항미생물활성은 broth microdilution법으로 multidrug resistant pathogen에 대해 광범한 spectrum을 갖고 있어 *Pseudomonas aeruginosa* 외의 실험

strain에 대해 활성이 있었다. Sc와 비교한 savory 정유는 항미생물활성이 더 강하였고, *E. coli*, MR *St. aureus*(MRSA)와 *Candida albicans*에 최대의 활성을 보였다. Sc는 의학적 중요 병원균 *St. aureus*와 *E. coli*에 성장을 억제하였고 *C. albicans*와 *S. cerevisiae*에도 활성을 보였다(Skocibusic M, 2004).

항미생물활성-정유②: Turkey 각 곳에서 채집한 *Satureja hortensis*(Sh ①과 ②), *S. macrantha*(Sm), *S. cuneifolia*(Sc), *S. thymbra*(St) 및 *S. aintabensis* (Sa)의 지상부를 수증기 증류한 정유를 GC, GC/MS로 분석. 항미생물활성은 각 정유의 gas 상태의 성분에 대해, *E. coli*, *S. aureus*, *Pseudomonas aeruginosa*, *Enterobactor aerogenes*, *C. albicans*, *Pen. clavigerum*, *Mucor hiemalis* 및 *Absidia glauca*에 실험한 결과, Sh, ①과 ②, Sm, Sc. St. 및 Sa에 활성을 보였고, Sm, Sc 및 St의 주성분인 carvacrol은 각각 64.4%, 48.7%, 39.0% 함유, thymol은 Sh ②와 Sh ①에 각각 43.4%, 40.6%, p-cymene은 Sa에 59.0% 함유하였다(Azaz AD, 2005).

항미생물활성-Carvacrol③: Nonessential oil carvacrol의 항미생물활성과 화학 구조의 필수 조건은 수용성 용액의 용해성, carvacrol의 aliphatic side chain은 큰 영향은 없었으나, bacteria 세포막과의 상호 작용. Hydroxyl group이 amino group으로 치환은 3배 이상의 낮은 활성 결과를 초래. 이 치환은 소수성에 영향을 공간 구조와 물질의 용해성, 이는 carvacrol의 hydroxyl group 때문으로 생각되며 carvacrol은 활성에 필수는 아니나 carvacrol의 항미생물 작용기전에 부가된 특수 조건으로 생각되었다 (Veldhuizen EJA, 2006).

항미생물활성④: *Satureja montana* L. subsp. *kitaibelii* ex의 항산화활성은 총 phenol성 물질 함량과 깊은 상관성이 있었고, 항미생물활성은 석유 Et_2O, $CHCl_3$ 및 EtOAc ex에서 폭넓은 저해활성을 gram(+)와(-)균에서 보였다 [Gram(+)균; *S. aureus*, *Sarcina lutea*, *B. cereus*, gram(-)균; *Pseud. aeruginosa*, *E. coli* 및 *S. cerevisiae*, *Candida pseudotropicalis*](Cetkovic GS, 2007).

항Bacteria활성-정유⑤: *S. montana*(Croatia, Dalmatia) 야생초 추출물에서 43성분을 분리동정하였고, 주성분은 γ-terpinene 18.7%, p-cymene 16.9% 및 carvacrol 44.5%. 항산화활성은 DPPH assay에서 시료 용량 의존적, EC_{50}값 4.21mg/mL. 항미생물활성은 gram(-) bacteria 6종, gram(+) bacteria 7종 및 fungi 2종에 대해 실험, *Burkoholderia cepacia*(-)와 *Listeria innocua*(+)에 대해 처음 항균성을 실험. 정유의 MIC 0.625-5.0μl/well [gram(-)] 0.312-1.125μl/well, [gram(+)], *Candida*와 *Saccharomyccs* 0.234μl/tube. 정유는 fungi와 gram(+)균, 특히 *B. subtilis*, *S. apidermidis* 및 *Listeria innocus* 및 gram(-)균에 강력한 감수성을 *E. coli* SY252, ATTCC 25922 strain에서 보였다(Marin M, 2012).

진통활성-Carvacrol: Acetic acid-유도 복부 통증에서 carvacrol 25-100mg/kg, ip에서 opioid 없이 통증이 감소되었고, carvacrol을 신경통 및 염증성 통증 모두에서 56.8%, 41.2% 감소, 또 capsaicin과 glutamate에 의한 통증도 현저히 감소시켰다. Carvacrol 100mg/kg, ip이 hot plate test에서 현저히 지연시켰다. 이로써 carvacrol은 통증 관리에 새로운 도구로 생각되었다 (Guimaraes AG, 2010). 또 carvacrol은 thyme, oregano, savory 등의 정유성분의 하나로, acetic acid-유도 복부 수축, formalin 유도 hot plate test mice에 대한 진통 실험에서 carvacrol 50과 100mg/kg에서 indomethacin 5mg/kg, morphine 7.5mg/kg, diazepam 2mg/kg 표준에서 같은 정도의 진통 작용을 보였으나, opiod system과는 다른 진통 기작을 보였고, nitric oxide pathway의 저해도 아니었다(Melo FHC, 2012).

항경련·항설사-정유: *S. hortensis*는 Iran의 위장관병 치료의 전통 생약. 일년초. 시료 정유의 항경련 활성을 KCl과 acetylcholine 유도, 유리 회장의 수축을 atropine과 dicyclomine에 의한 것과 비교, KCl에 의한 시료 정유 효과는 dicyclomine과 비슷. Dicyclomine은 rat 유리 회장에 반응을 감소시켰다. 시료 정유는 rat 유리 회장을 이완시켰다. 또 시료 정유 0.1mL/100g은 castor oil 유도 설사 mice에서의 저해는 항경련 활성에 의한 것으로 나타났다. 회장의 수축 과잉은 대장과 같이 몇몇 소화기병 치료의 기초, savory 정유는 이러한 질병 치료에 임상적 이용이 기대되었다 (Hajhashemi V, 2000).

항염활성-Carvacrol: Carvacrol(Cv)의 항염활성을 cyclooxygenase-2(COX-2) 분석(in vitro)에서 평가할 수 있는지 연구하였다. Cv는 COX-2(IC_{50} 0.8μM)의 촉매로 prostaglandin E_2 생성을 저해하였고, standard 저해제인 indomethacin과 NS-398 0.7μM과 0.8μM에서 IC_{50}과 같은 농도에서 저해하였다. COX-1은 같은 정도(IC_{50} 0.7μM cavacrol)로 저해되었고, 두 효소 isoform이 선택적 저해는 아니라 생각되었다. 본 연구의 결과로 COX-2 isoform 생성 저해로 항염활성을 나타내었다(Landa P, 2009).

혈소판응집저해①: 혈관벽에 혈소판 부착은 혈전증의 가장 중요한 인자 중 하나로 혈전증이나 심혈관계 질환의 원인의 하나로 본 연구는 tarragon, summer savory 및 majoram이 Iran 민속약에서 혈액항응고 약초를 대상으로, 인체 혈소판에 이들 약초 잎의 추출액 50-200μg/mL를 60분 반응시킨 결과, tarragon, summer savory 및 majoram 200μg/mL와 혈소판과 반응시킨 결과, 각각 51%, 48% 및 40% 혈소판 응고를 저해하였다. 이로써 이들 herb 식물은 심혈관 질병이나 혈전(thrombosis) 치료에 효과가 있을 것으로 생각되었다(Yazdanparast R, 2008).

지역별·계절별-정유성분: *Satureja montana*(Sm)과 *S. cuneifolia*(Sc)의 지역별, 계절별 및 식물 성장단계에 따른 성분을 GC/MS로 분석한 결과, Sc는 Croatia Dalmatia지방의 정유 수율은 0.1-0.6%, 모든 시료는 thymol과 carvacrol이 낮았으나 γ-terpinene과 p-cymene 비교적 많았고, Croatia의 Sc는 α-pinene과 limonene이 비교적 많았다. 일반적으로 변종, 생산지, 주위 환경 등이 달라도 일반적으로 유사하였다. Sm은 성분량에 차이가 있었으나 부분적으로 유사하였다. Croatia의 Sc는 지중해 쪽 Turkey산과 매우 달라서, Croatia산은 thymol과 carvacrol이 낮았으나 Turkey산의 thymol은 적었으나 carvacrol은 많았다(Milos M, 2001).

정유성분-Turkey: *Satureja spicigera*를 Turkey 5곳에서 수집, 수증기 증류 후, 분석한 결과, 28성분을 얻었고, thymol 19.57-34.85%, p-cymene 9.13-

34.08%, carvacrol 1.90-26.0%, methyl carvacrol 5.70-21.17% 및 γ-terpinene 3.35-14.65% 주성분으로 동정되었다(Tümen G, 1996).

정유성분-Iran: 동속식물 *S. spicigera* 지상부를 분석한 결과, 주성분은 thymol 35.1%, p-cymene 22.1%, γ-terpinene 13.7 % 및 carvacrol 4.0%였다(Sefidkon F, 2004).

정유성분-Poland: 재배한 *Satureja hortensis* L.의 정유를 GC와 GC/MS로 분석, 25성분 이상을 동정하였고, 주성분은 γ-terpinene 40.9%와 carvacrol 39.3%였다(Gora J, 1996).

정유성분-Zimbabwe: 야생하는 *Satureja puncfata* 잎을 수증기 증류. 얻은 정유는 0.9%. 이를 GC와 GC/MS로 분석, 동정한 결과. 주성분 neral 33.4%, geranial 52.5%, 정유의 85.9%가 총 citral이었다(Chagonda LS, 2005).

정유성분-Peru: *Setureja boliviana*와 *S. brevicalix*의 지상부를 수증기 증류, 정유의 수율은 각각 1.03%와 0.96%. GC/MS로 분석한 결과, 65물질을 동정. Oxygenated monoterpene은 각각 81.5%, 87.0%. 정유성분은 menthone 24.2%, 35.7%, isomenthone 29.7%, 25.1%이 주성분이었다(Senatore F, 1998).

정유성분-Venezuela: 해발 3020m에서 채취한 *Satureja browei* 지상부에서 얻은 정유의 주성분은 pulegone 64.3%, menthone 20.2%, isomenthone 3.4% 및 isopulegone 2.4%였다(Rojas LB, 2000).

정유성분-Argentina: 이 나라에서 채취한 *Satureja boliviana*(Sb)와 *S. parvifolia*(Sp) 지상부의 정유성분 중 Sp의 주성분은 piperitenone oxide 69.8%로 가장 많았고, Sb 정유에서 γ-terpinene 15.4%, β-caryophyllene, germacrene D, bicyclogermacrene, 1,8-cineole 및 linalool 등이었다(Viturro CI, 2000).

정유성분-씨: Iran의 *Satureja hortensis* 씨 정유는 연황색, pleasant spicy odor로 42개 물질을 분리, 동정하였고, 정유는 총 oil의 96.7%. monoterpene이 많은 정유로, carvacrol 53.7%, γ-terpinene 12.8%, cymene 9.3% 및 α-terpinene 2.1%. 적은 물질은 2%이하, seed oil 중 carvacrol과 p-cymene

지상부와 잎에 있고, Iran savory는 정유가 많았으며, carvacrol 함량이 많았다(Ghannadi A, 2002).

야생·재배-정유: Iran에 야생하는 *Satureja khuzistanica*(Sk)와 재배한 Sk의 정유를 수증기 증류하여 얻은 수율은 각각 0.6%와 1.2%로 정유함량은 재배종에서 많았고, 야생 Sk의 정유성분은 21물질; carvacrol 93.9%, eugenol 1.0%, p-cymene 0.8% 및 thymol 0.6%, 재배 Sk의 정유성분은 carvacrol 80.6%, eugenol 4.8%, myrcene 1.5%, γ-terpinene 2.1% 및 terpinene-4-ol 2.1%. 야생과 재배 모두 주성분은 carvacrol이었다(Farsam H, 2004).

정유성분차이: Iran의 *Satureja spicigera*(Ss)와 *S. macranths*(Sm)의 지상부를 수증기 증류, GC와 GC/MS로 분석한 결과, Ss의 정유에서 43물질을 분리. 주요 물질은 monoterpene 89.9%로 thymol이 37.3%, p-cymene 14.6%, γ-terpinene 14.5% 및 carvacrol 9.2% 등이었고, Sm에서 48물질을 분리, spathulenol 14.0%, vanillin 13.4%, p-cymene 12.3%, caryophyllene oxide 7.2%, hexadecanoic acid 6.9%, thymol 6.2% 및 carracrol 5.4%였다(Gohari AR, 2006).

효능과 이용

1) 식용: 세이보리 잎의 향 식초는 로마인이 많이 사용했으며 특히 독일에서는 콩요리의 향미제로. 콩의 허브 'bohnenkraut'라고 하며 특히 꽃에 꿀이 많아 밀원식물이다.

2) 약용: 프랑스의 유명한 의약서에는 세이보리가 불감증 부인이나 성불능 남성 치료의 효험이 기록되어 있고, 세이보리 차는 소화 작용도 있으며 정유는 독특하고 강한 향기가 있고 꽃은 식욕증진, 소화 촉진, 복통, 장내의 이상가스 배출, 월경 불순, 현기증, 호흡 장애, 거담 등에 약효. 또 잎은 상처의 통증을 완화, 벌레 물린 데 응급 처치로 잎을 찧어 바르기도 하였다.

3) 기타: 세이보리 추출물은 알콜음료의 원료로, 또 소금 대용품으로 쓰기도.

★ 임신부에 이용을 금한다.

참고 문헌

1) 조우진. 석사학위논문 창원대학교 창원 2002(Reaction flavour model system for development savory soy sauce)

2) Azaz AD, Kürkcüoglu M, Satil F, Baser HC, Tümen G. *Flavour Fragr J* 2005 20 587(In vitro antimicrobial activity and chemical composition of some *Satureja* essential oils)

3) Behravan J, Ramezani M, Kasaian J, Sabeli Z. *Flavour Fragr J* 2004 19 421 (Antimycotic activity of the essential oil of *Satureja mutica* Fisch KCA Mey from Iran)

4) Cetkovic GS, Canadanoic-Brunet JM, Djilas SM, et al. *Int J Mol Sci* 2007 8 1013 (Antioxidant potential, lipid peroxidation inhibition and antimicrobial activities of *Satureja montana* L. subsp. *kitaibelii* extracts)

5) Cetojevic-Simin DD, Canadanovic-Brunet JM, Bogdanovic GM, et al. *J BUON* 2004 9 443(Antioxidative and antiproliferative effects of *Satureja montana* L. extracts)

6) Chagonda LS, Chalcha J-C. *Flavour Fragr J* 2005 20 316[The composition of the leaf essential oil of *Satureja puncfata*(Benth.) Brig. from Zimbabwe]

7) Chami N, Bennis S, Chami F, Aboussekhra A, Remmal A. *Oral Microbiol Immunol* 2005 20 106(Study of anticandidal activity of carvacrol and eugenol in vitro and in vivo)

8) Cruz T, Cabo MM, Jimenez J. *Fitoterapia* 1990 61(3) 247(Composition and pharmacological activity of the essential oil of *Satureja obavata* spasmolytic activity)

9) Cummings JL, Vinters HV, Cole GM, Khachaturian ZS, *Neurol* 1989, 51(suppl.1) (Alzheimer's disease-Etiologies, pathophysiology, cognitive reserve and treatment opportunities)

10) Darbour N, Baltassat F, Raynaud J, Pellecuer J. *Acta Helv* 1990 65 239(Flavonoid glycosides in leaves *Saturaja hortensis* L.)

11) Eminagaoglu O, Tepe B, Yumrutas O, et al. *Food Chem* 2007 100 339(The in vitro antioxidative properties of the essential oils and methanol extracts of *Satureja spicigera* Boiss and *S. cuneifolia*)

12) Farsam H, Amanlou M, Radpour MR, et al. *Flavour Fragr J* 2004 19 308 (Composition of the essential oils of wild and cultivated *Satureja khuzistanica* Jamzad from Iran)

13) Ghannadi A. *J Essent Oil Res* 2002 14 35(Composition of the essential oil of *Satureja hortensis* L. seeds from Iran)

14) Gohari AR, Hadjiakhoondi A, Sadat-Ebrahimi E, et al. *Flavour Fragr J* 2006 21 510(Composition of the volatile oils of *Satureja spicigera* C. Koch Boiss and *S. macranths* C. A. from Iran)

15) Gora J, Lis A, Lewandowski A. *J Essent Oil Res* 1996 8 427[Chemical composition of the essential oil of cultivated summer savory(*Satureja hortensis* L. cv. Saturn)]

16) Greenberg S, Ortiz E. L. *The Book of Spices* Times Book International, Singapore, 1983, 8

17) Guimaraes AG, Olivera GF, Melo MS, et al. *Basic Clin Pharmacol Toxicol* 2010 107 949(Bioassay-guided evaluation of antioxidant and antinociceptive activities of carvacrol)

18) Gulluce M, Sokmen M, Dafferera D, et al. *J Agr Food Chem* 2003 51 3958(In vitro antibac terial, antifungal, and antioxidant activities of essential oil and methanol extracts of herbal parts and callus cultures of *Satureja hortensis* L.)

19) Hajhashemi V, Sadraei H, Ghannadi AR, Mohseni M. *J Ethnopharmacol* 2000 71 187(Antispasmodic and anti-diarrhoeal effect of *Satureja hortensis* L. essential oil)

20) Kim J, Marshall MR, Wei C-I. *J Agr Food Chem* 1995 43 2839(Antibacterial activity of some essential oil components against five foodborne pathogens)

21) Landa P, Kokoska L, Pribylora M, et al. *Arch Pharm Res* 2009 32(1) 75(In vitro anti-inflammatory activitiy of carvacrol: inhibitory effect on COX-2 catalyzed prostaglandin E_2 biosynthesis)

22) Marin M, Novakovic M, Tesevic V, et al. *Flavour Fragr J* 2012 27 216 (Antioxidative, anti-bacterial and antifungal activity of the essential oil of wild-growing *Satureja montana* L. from Dalmatia, Croatia)

23) Melo FHC, Rios ERV, Rocha NFM, et al. *J Pharm Pharmacol* 2012 64 1722 [Antinociceptive activity of carvacrol(5-isopropyl-2-methylphenol) in mice]

24) Milos M, Radonic A, Bezic N, Dunkic V. *Flavour Fragr J* 2001 16 157(Localities and seasonal variations in the chemical composition of essential oil of *Satureja montana* L. and *S. cuneifolia*)

25) Nostro A, Marino A, Blance AR, Cellini L, Di Giulio M, et al. *J Med Microbiol* 2009 58 791(In vitro activity of carvacrol against *Staphylococcal* preformed biofilm by liquid and vapour contact)

26) Novak J, Bahoo L, Mitteregger U, Franz C. *Flavour Fragr J* 2006 21 731 [Composition of individual essential oil glands of savory(*Satureja hortensis* L. Laminaceae) from Syria]

27) Radonic A, Milos M. *Free Radical Res* 2003 37(6) 673(Chemical composition and in vitro evaluation of antioxidant effect of free volatile compounds from *Satureja montana* L.)

28) Rojas LB, Usubillaga A. *Flavour Fragr J* 2000 15 21(Composition of the essential oil of *Satureja browei*(sw.) Brig. from Venezuela)

29) Sefidkon F, Jamzad Z. *Flavour Fragr J* 2004 19 571[Essential oil composition of *Satureja spicigera*(C. koch) Boiss. from Iran]

30) Sefidkon F, Jamzad Z. *Flavour Fragr J* 2006 21 230(Essential oil analysis of Iranian *Satureja edmodi* and *S. isophylla*)

31) Senatore F, Soria EU, Soria RU, Porta GD, DeFeo V. *Flavour Fragr J* 1998 13 1 (Essential oils from two Peruvian *Satureja* species)

32) Skocibusic M, Bezic N. *Phytother Res* 2004 18 967(Phytochemical analysis and in vitro antimicrobial activity of two *Satureja* species essential oils)

33) Tümen G, Baser KHC. *J Essent Oil Res* 1996 8 57[Essential oil of *Satureja*

spicigera(C. Koch) Boiss. from Turkey]

34) Ultee A, Bennik MH, Moezelaar R. *Appl Environ Microbial* 2002 68 1561(The phenolic hydroxyl group of carvacrol is essential for action against the food-borne pathogen *Bacillus cereus*)

35) Veldhuizen EJA, Tjeerdsma van Bokhoven JLM, Zweijtzer C, et al. *J Agr Food Chem* 2006 54 1874(Structural requirements for the antimicrobial activity of carvacrol)

36) Viturro CI, Molina A, Guy I, et al. *Flavour Fragr J* 2000 15 377(Essential oils of *Stureja boliviana* and *S. parvifolia* growing in the region of Jujuy, Argentina)

37) Yanishlieva NV, Marinova EM, Gordon MH, Raneva VG. *Food Chem* 1999 64 59 (Antioxidant activity and mechanism of action of thymol and carvacrol in two lipid systems)

38) Yazdanparast R, Shahriyary L. *Vascular Pharmacol* 2008 48 32(Comparative effects of *Artemisia dracunculus, Satureja hortensis* and *Origanum majorana* on inhibition of blood platelet adhesion, aggregation and secretion)

28 세이지

Salvia officinalis

꿀풀과
(Labiatae)

Sage, Common sage, Garden sage(英)

원산지: 지중해 연안, 유럽 남부

용도: 식용·약용 – 잎, 꽃, 정유

역사

세이지(sage)는 약용 Salvia라고도 하며 예부터 만병 통치약으로 널리 알려져온 역사가 오랜 약용 식물. 오늘날에는 건강 식품으로 또는 향신료로 더 인기를 얻고 있는 식물이다. Sage를 common sage, garden sage라고도 하며 흔히는 salvia로 통용된다. 학명의 *Salvia*는 라틴어의 'Salveo' 즉 '건강하다' 또는 'Sadvere' 즉 '치료하다', '구조하다'라는 뜻에서 유래한 말. 그리스, 로마 시대부터 유명한 약초로 종명도 *officinalis*로 약초임을 말해 준다.

고대의 로마 병사는 강장제로, 프랑스에서는 해산하는 산모에게 sage 와인을, 이태리 농민은 빵에 얹어 먹기도. 방부 살균효과가 뛰어나 전염병, 악취 등을 예방하는 건강 향료의 하나로, 특히 sage 식초는 전염병 약으로 쓰였다. 17세기에 북아메리카에 소개되었고, 1772년 Virtues of British Herb에서 Sage를 규칙적으로 장복하면 수명 연장에 효과가 있다고 인정하였다(Medicinal Herbs p91).

식물학적 특성

다년생 초본으로 줄기는 30-90cm 네모지고 포기 전체에 강한 향기가 있다. 잎은 대생, 장타원형 회록색이나 은백색 두텁고 표면에 그물 같은 주름이, 잎 뒷면에 흰털이 밀생. 꽃은 여름에 총상화서로 꽃대기에 윤생 2cm 크기의 꽃잎 끝이 아래위로 입을 벌린 듯한 종모양 꽃이 남자색. 좋은 밀원식물. 정유는 꽃이 피기 직전이 가장 함유량이 많고, 심어서 2년생의 포기가 정유 함량이 많다. 여름의 건조에는 강하며 내한성도 있다(Herbs p355).

세이지의 종류

① Clary Sage(*Salvia sclarea L.*) 유럽 남부가 원산. 다년생 초본 키는 1-1.5m 여름부터 가을까지 강한 향기의 분홍색 아름다운 큰 꽃이 피며, 방향유(芳香油)를 위해 재배. 향료나, 향신료로 사용. 옛날에는 약초로 미약(媚藥)이나 최토제(催吐劑)로, 점액질의 씨는 눈의 이물질을 제거에, 침출액(浸出液)은 상처의 세척이나 양치질 등에 외용하였다.

② Tricolor Sage(*Salvia officinalis* var. *tricolor*) 지중해 연안이 원산. 잎은 녹색, 백색, 자주색의 3색이 섞여 있어 꽃처럼 아름답다. Sage와 같은 성질이 있어 요리용 또는 약용. 잎에 노란 무늬가 있는 것은 garden variegated sage라 하여 향초 정원(herb garden)에 이용한다.

③ Pineapple sage(*Salvia rutilans*) 남미 원산. 둥근 잎에 파인애플 같은 달콤한 향기가 있고 빨간색의 가느다란 꽃이 가을까지 아름답게 피어 포푸리(potpourri)나 절화로 꽃다발 등에, 또 쿠키 만들때도 이용하나 추위에 약하다.

④ Purple sage, Red sage(*Salvia officinalis* var. *purpurascens*) 지중해 연안이 원산지. 어린잎이 자주색을 띠고 흰털이 밀생하여 아름다우나 자라면 sage같이 은회록색, 요리용. Sage는 씨와 꺾꽂이로 번식되고 파종은 4-6월, 꺾꽂이는 봄에서 여름 사이에 다소 곧은 가지를 15-20cm로 잘라 꽂으면 활착. 향기가 강하여 벌레가 꼬이지 않아 어린 모종의 관리는 쉽다(Herbs p353-356).

성분

1) 영양성분

Sage 가식부 100g 중 탄수화물 60.7g, 단백질 10.6g, 지방 12.7g이며 무기영양소는 Ca 1652mg, Fe 28mg, Mg 428mg, P 91mg, K 1,070mg, Na 11mg, Zn 5mg이고 vitamin A 5,900 IU, niacin 6mg, ascorbic acid 32mg.

2) 특수성분

*Salvia officinalis*에서 Carnosicacid(A-00063), Carinosol(C-00443), 3-Epioleanolicacid(H-02589), 2-Isopropyl-1-4-hexadiene(I-00708), Rosmarinic acid(R-00385), 4,5,6,7-Tetramethoxyflavone(T-00782), 3',4',5-Trihydroxy-7-methoxyflavone(T-02343), 12-Methoxy-8,11,13-abietatrien-20, 11-olide(A-00063) 등이 분리 규명되었다(DNP p770).

생리활성

항동맥경화활성-Rosmarinic acid: Sage에 많은 rosmarinic acid(Ra)는 HASMC(Human arotic smooth muscle cells)의 세포의 생존 및 증식을 억제하며 mitochondria 회로를 통한 apoptosis를 유도, cell cycle arrest에 관여하는 것으로 보였다. 또한 MMP-9와 MMP-2의 활성 및 생성을 조절, 세포의 유주를 억제할 수 있는 것으로 보여, Ra는 동맥 경화 치료제 및 예방물질로 가능성이 높다고 생각되었다. 동맥 경화는 뇌졸중과 관상 동맥 질환 등 혈관질환의 원인. 동맥 경화의 초기에 병변은 혈관에 유입된 단구세포들이 대식세포로 분화, (나아가) 지질을 탐식, foam cell이 형성, 이들이 축적. 혈관벽에 fatty streak를 형성, 동맥 경화가 된다(정재하, 2009).

기억력향상①: Alzheimer' s disease(AD)의 초기증상은 기억력 손실. *Salvia*의 급성 투여에서 기억 향상에 도움과 약리적 효과는 *Salvia*가 AD치료에 새로운 치료제로 강력하였다. 위약(placebo) 투여 환자에서는 치매 어른이 아닌 군에서 약간의 인식 개선을 보였다(Tildesley NTJ, 2003). *Salvia officinalis*와

S. lavandulaefolia(Sl)는 cholinergic property의 기억력 향상 물질로 오랫동안 쓰여 왔다. Alzheimer' s disease(AD)같은 인식결함에 개선 효과를 실험한 결과, Sl 정유를 24명의 참가자에 25μL와 50μL를 투여한 결과, 모두 기억력이 개선되었다(Tildesley NTJ, 2005).

치매치료-정유②: *Salvia lavandular*(시료)는 치매 치료의 약리활성이 있다. 6주간 AD환자에 시료정유 치료 예비 검사에서 통계적으로 현저한 차이는 없었으나, 치료 개선 효과는 있었고, 환자에 특별한 부작용은 없었다(Perry NSL, 2003).

항미생물·세포독성-정유①: 재배한 *Salvia canariensis*를 계절별로 채집, GC와 GC-MS로 분석, bornyl acetate 17.8-28.6%, β-caryophyllene 12.7-30.2%, α-pinene 4.6-9.5% 및 viridifloral 13.9-17.3%. 항미생물활성과 세포독성에서 gram(+) bacteria에 MIC 45-35μg/mL, eukaryotic cell에서는 독성이 없었다. Xanthine oxidase, β-glucosidase 및 β-glucuronidase에 대해 효소저해가 있었다(Vallejo MCG, 2006).

항진균활성-정유②: *Salvia desoleana* 지상부를 건조, 수증기 증류 후, GC-FID와 GC-MS로 분석. Linalool, 1,8-cineole 및 linalyl acetate를 분리동정한 후, 이들의 항진균활성을 알고자, 식중독 fungi, 식물, 동물 및 인체 병원균 17 micromycetes에 대하여 실험한 결과, linalool이 가장 강한 항진균활성이, 1,8-cineole이 중정도, linalyl acetate은 낮은 활성을 보였다(Sokovic MD, 2008).

항균활성③: 시료의 추출은 물 추출에서 26.2mg/g, 60% EtOH에서 24시간 추출이 42.7mg/g으로 가장 효율적. *H. pylori*균에 대한 항균활성은 sage 60% EtOH ex 50, 100, 150, 200μg/mL에서 각각 10, 12, 13, 15mm의 저해환을 형성, 농도 의존적이었다(차원섭, 2009).

Helicobacter pylori-**항균**herbs④: 40종 Herb 대상으로 *H. pylori*에 항균물질 개발 일환으로 EtOH ex의 항균성을 검색한 결과, sage, rosemary, lavender, lemongrass, St. John's wort, rue, oregano 등 12종이 *H. pylori*에 항균성을 보였고, herb 추출물의 phenol 함량은 134.13-533.33μg/mL로 비교적

phenol성 물질 함량이 많았다(조영제, 2005).

충치예방효과⑤: 충치균 *Streptococcus mutans*의 증식 억제 효과를 생약재와 향신료의 추출물 13종, 정유 27종에 대하여 실험한 결과, oregano, thyme, sage의 oregano, thyme(백리향), sage(샐비어), fennel(회향), nutmeg(육두구), rosemary, calamus(창포), *Cassia* cortex(계피)의 정유에서 생육억제 활성이 나타났고, 특히 oregano 정유가 MIC 0.05μl/mL에서 생육억제 활성이 가장 높았다. EtOH ex보다 정유가 충치균에 생육억제 효과가 더 높았다. 또한 oregano 정유는 당류에 작용하여 glucan의 형성을 억제하였다(유영선, 1993; 김승욱, 1994; 윤정원, 1996; 마득상, 2000).

면역증강효과: 인체의 체내에 과량 생성된 활성산소는 생체 조직 내 세포와 면역체계에 관련된 효소를 손상, 암이나 면역질환 같은 퇴행성 질환을 야기시킬 수 있다. 본 연구에서는 13종 허브 추출물에 대해 유해산소 소거능, 암세포주 Hepa-lclc7, KB-3-1와 정상세포주 L-929에 대한 세포독성 SRB assay법을 조사한 결과, superoxide 소거능은 eucalyptus, peppermint, mate, sage, thyme, yarrow 등이 강한 활성을 보였고, 또 이들은 Hepa-lclc7, KB-3-1 같은 암세포주 및 L-929 정상 세포주에 세포독성을 보였으며, 면역증강 활성실험에서 sage만이 표준시료의 37% 활성을 보였다(정하열, 2000).

항염증효과: Sage의 hexane 분획물과 EtOAc 분획물에서 iNOS 발현 및 NO 생성 및 TNF-α, IL-1β, IL-6 생성을 강하게 억제하였다. 이로써 sage에는 항염증 활성이 있음을 알게 되었다(현은하, 2004).

효소유도효과: 최근 Hexobarbital로 유도되는 간 monooxygenase 활성 유도 효과가 규명되었고 monoterpene 합성효소를 본 식물에서 추출해 성질을 규명함으로써 Sage의 정유성분 생합성이 용이할 것으로 전망된다(Han, YB, 1984).

항산화활성①: *Salvia tomentosa*의 정유 44성분 중, β-pinene 39.7%, α-pinene 10.9%이 주성분. 항산화활성은 DPPH와 β-carotene-linoleic acid로 분석, 수용성 MeOH 분획이 다른 분획보다 강하였고, linoleic acid 산화도 수용성 MeOH ex가, 즉 주성분 분획이 강하며, 합성 항산화제 BHT와 비슷하였다

(Tepe B, 2005). 몇 herb와 녹차 투여 동물 혈장과 간의 지질 과산화물 함량은 캐모마일이 가장 낮았고 sage와 녹차도 낮았다. 적혈구내 SOD 활성은 다류군이 다소 높았으나, 유의성 차이는 없었고, 간 내 SOD 활성은 sage와 녹차군이 많이 높았다. 시료(sage, 녹차, chamomile) 모두 노령 흰쥐의 체내 항산화능 증진에 효과있었고 만성 퇴행성 질병과 노화 억제를 위한 기능성 식품 개발에 이용될 수 있을 것으로 생각되었다. Sage oleoresin의 항산화 성분을 HPLC로 분석한 결과, carnosol, carnosic acid, rosmadial, rosmanol, epirosmanol 및 methylcarnosate 등 6종의 화합물이었다(Cuvelier ME, 1996).

항산화성②: Rosemary, Sage, Clove 및 Nutmeg의 휘발성 및 비휘발성 성분-향신료의 항산화력을 탐색코자, rosemary, sage, clove, nutmeg 등 4종의 휘발성 정유성분과 비휘발성 추출물을 수증기 증류와 용매 추출법으로 추출하고, 항산화성은 lard를 기질로 측정한 결과, 4종의 향신료의 랜시매트법에서 휘발성 정유성분은 항산화력이 없는 것으로 평가되며, 비휘발성 정유성분은 같은 랜시매트법에서 항산화성이 증가되었다(이영춘, 1993).

항산화효과③: 혈장과 간의 지질 과산화물 함량은 캐모마일이 가장 낮았고 sage와 녹차도 낮았다. 적혈구내 SOD 활성은 다류군이 다소 높았고, 간 내 SOD 활성은 sage와 녹차군이 많이 높았다. 혈장내 항산화 vitamin A는 모든 군 간 유의성 차이는 없었고, 총 carotenoid는 모두 대조군보다 높았다. Vitamin E는 모두 높았으나, 캐모마일군은 대조군보다 유의성 차이가 있었다. Vitamin C는 녹차군만이 유의적으로 높았다. 시료 모두 노령 흰쥐의 체내 항산화능 증진에 효과있었고, 그중 녹차와 캐모마일 섭취시 혈장과 간의 지질 과산화가 손상 모두 유의적 억제된 것으로 나타나, 만성 퇴행성 질병과 노화억제를 위한 기능성 식품개발에 도움이 될 것으로 생각되었다(정세원, 2003).

Rosmarinic acid정량: 유럽에서 herbal drug 으로 민간 약으로 이용되는 sage에서 정유성분을 HPLC로 분석한 결과, 주요 물질은 rosmarinic acid로 2-3% 함유하였으며, cineole, thujone 등이 정유에서 정량되었다. HPLC 실행

조건은 용매로는 MeOH 와 5% HOAC, diode array spectrum 320nm에서 측정하였다(김민종, 1992).

화학성분: 재배 허브 식물, 로즈마리, 라벤더, 민트, 세이지, 타임 화학성분을 분석한 결과, 수분 함량은 69.92-82.10%, 조섬유와 회분은 지방과 단백질보다 많았다. 총 phenol 함량은 분광광도법(Follin-Dennis 법)으로 측정한 결과, gallic acid 가 많았고, 로즈마리와 라벤더에 많았으며, 세이지〉타임〉민트 순이었다. ICPO-AES 법으로 무기성분을 분석한 결과, Ca이 가장 많았고, P〉Na〉Mg〉Fe〉Zn〉Mn 순이었다. GC로 지방산을 분석한 결과, palmitic stearic, oleic, linoleic, linolenic, arachidonic acid가 확인되었고, 포화지방산 palmitic, stearic acid보다 불포화지방산 linoleic 와 linolenic acid 가 많았다. 유리당은 sucrose, glucose, rhamnose 를 HPLC 확인하였고, 소량이었으며, 향기성분 27종이 확인되었고, 주요 성분은 라벤더는 22종, 1,8-cineole 25.02%, β-thyjone 25.02%, β-pinene 13.16%, borneol 12.20%, manool 16.02%이었고, 로즈마리는 16종으로 1,8-cineole 30.80%, verbenone 14.00%, β-pinene 13.00%, cis-ocimene 10.05%, α-thyjone 10.01%, Mint는 15종, α-thujone 115.23%, α-thujene 12.60%, 1, 8-cineole 30.41%, α-terpinene 10.01%, sage는 13종, 1,8-cineole 27.22%, α-thujone 20.91%, α-terpinene 11.20% 등 thyme은 18종, β-pinene 12.00%, α-terpinene 8.25%, γ-terpinene 15.24%, β-thujone 12.80%, borneol 10.80%, cis-ocimene 14.24% 등이었다(오문헌, 2003).

정유성분①: Serbia의 Pannonian 지방에서 *Salvia reflexa*, *S. nemorosa* 및 *S. glutinosa*를 채취. 정유의 양은 Laminaceae과에 적은 편. 정유를 GC-MS로 분석한 결과, *S. reflexa*에서 27, *S. nemorosa*에서 23, *S. glutinosa*에서 13성분을 분리동정. 시료 중 sesquiterpene이 많았고, *S. reflexa* oil에 palmitic acid 28.02%, sesquiterpene alcohol인 spathulenol 22.55%, *S. nemorosa*와 *S. glutinosa* oil에는 oxygenated sesquiterpene인 caryophyllene oxide가 주성분으로 평균 23.36%, 33.34%였다(Malencic Dj, 2004).

정유성분②: Iran의 야생 *Salvia palaestina* Benth.의 정유성분을 GC와 GC-MS로 분석, 총 oil의 91.7%가 정유, 60성분을 분리. 주성분은 germacrene D 14.0%, β-bisabolene 11.9%, 1-epicubenol 9.8%, decanal 7.0%, β-caryophyllene 6.1% 및 isobornyl butanoate 5.8%였다(Salehi P, 2005).

정유성분-지상부③: Greece 야생 *Salvia verticillata*, *S. rerbenaca*, *S. glutinosa*, 및 *S. candidissima* 의 지상부를 GC와 GC-MS로 분석. *S. vertcillata*에 28성분; β-pinene 30.7%, p-cymene 23.0% 및 isoproplester of lauric acid 16.8%, *S. rerbenaca*에서 19성분; β-phellandrene 30.3%.(E)-caryophyllene 16.1%, 6-octadecenoic acid methyl ester 15.0%가 주성분, *S. glutinosa*에서 23성분, butylbutyryl lactate 26.7%가 주성분, *S. candidissima*에서 36성분, α-pinene 11.2%와 1,8-cineole 9.89%이 주성분이었다(Pitarokili D, 2006).

정유성분-잎, 꽃①: Ethiopia의 *Salvia schimperi* 꽃과 잎(1997, 1998)을 GC와 GC/MS, GC/FIIR 및 ^{1}H와 ^{13}C-NMR로 분석. 1997년 꽃의 정유 주성분은 linalool 56.3%, linalyl acetate 15.9%, γ-terpinene 3.5% 및 α-terpineol 4.1%. 동년 잎은 linalool 26.6%, linalol 26.6%, linalyl acetate 8.0%, trans-caryophyllene 10.6% 및 aromadendrene 4.4%가 주성분, 1998년산 잎의 정유는 꽃정유보다 sesquiterpene이 많았다. enantiomeric composition 중(R):(S)-linalool 91:9,(R):(S)-linalyl acetate 99: 1;(R):(S)-α-terpineol 79:21 및(R):(S)-terpinen-4-ol 29:71(Endeshaw MM, 2000).

정유성분-잎, 꽃②: Montenegro(9 populations)와 Serbia(2 populations)의 *Salvia officinalis* L. 정유함량은 일반적으로 꽃보다 잎에 많았다. Serbia 것이 잎 정유가 평균 1.66%로 가장 많았고, monotenegro 것은 잎에 평균 1.41%, 꽃에 1.13%. 잎에 주성분은 oxygenated monoterpene: α-thujone 15.79%, β-thujone 3.49%, 1,8-cineole 12.09%, camphor 11.49%, borneol 4.17% 및 bornyl acetate 2.19%, dominant sesquiterpene은 α-humulene 7.70%, viridiflorol 13.19%, manool 7.67%. 꽃에서 α-thujone과 camphor는 평균

9.97%와 5.82%로 잎보다 적었으나, borneol 6.35%와 sesquiterpene, 특히 manool 13.48%로 더 많았다(Couladis M, 2002).

정유성분-꽃·잎③: 남동 Tibet의 Lhuoba 지방에서 채취한 *Salvia przewalskii*의 잎과 꽃의 정유성분을 GC-MS로 처음으로 분석. 잎 oil에서 43성분. 꽃 oil에서 69성분을 분리동정. 꽃과 잎에 공통 22성분, 대부분의 성분이 꽃 정유보다 잎 정유에 많았다. 특히 β-phellandrene과 caryophyllene 26.08%, 11.11%가 많았다. 잎에만 있는 성분은 β-cadinol, 꽃에만 있는 성분은 farnesene, chamigene, n-hexadecane, epicedrol, cycloteradecene, n-octadecane, 9-octadecen-1-ol, 1-heneicosyl formate, Z-8-hexadecen-1-ol acetate, n-heneicosane 및 n-pentacosane이었다(Liu J, 2006).

정유성분-잎④: Brazil 남부지방에서 *Saliva guaranitica* 잎을 수집, 수증기 증류 후, GC-MS로 분석. Sesquiterpene이 풍부한 oil을 얻었고, 많은 germacrene D, β-caryophyllene 및 δ-cadinene 얻었다(Carrer RP, 2007).

효능과 이용

1) 식용: 마른 잎이 camphor 향이 더 강하며 생잎도 함께 주로 육류 요리(닭, 양, 돼지, 뱀장어 등)나 치즈, 소시지, 햄, 순대, 불고기, 햄버거, 스튜 등에 쓰며 이탈리아와 독일 요리에 애용된다. 즉 샐비어 정유는 지방분을 분해시켜 맛을 좋게 할 뿐 아니라 고기를 느끼하지 않게 하고 소화를 촉진시키므로 애용되었다. 소량 사용이 비결.

2) 약용: 말린 잎의 함유 정유는 강장 작용 외에 신경 계통이나 소화기 계통에 뛰어난 약효와, 방부, 항균, 항염 등 살균 소독 작용이 있어 각종 염증에 소염제로, 또한 해열, 구풍, 정혈 작용도 있다. 두뇌와 근육의 발달을 강화하며, 기억력 증진에, 또 중풍이나 손발이 저리거나 심한 운동후 피로나 통증도 완화시킨다.

   세이지 차는 진정작용이 있어 건강음료로 구취를 방지하고 구내염, 잇몸의 염증, 감기로 목이 아플 때 이용, 유럽 각국에서 17세기 홍차가 전해지기 전까지는 이 차가 애용되었다.

참고 문헌

1) 권하택. **석사학위논문** 고려대학교 서울 1993(시판 대두유의 자동산화에 미치는 rosemary와 sage extracts의 항산화효과 및 상승효과)

2) 김민종, 안재용, 백인호, 허재우. **생약학회지** 1992 23(1) 50(Sage 추출물 중 rosmarinic acid 의 HPLC에 의한 정량 분석 연구)

3) 김민종. **석사학위논문** 건국대학교 농축개발대학원 서울 1993(HPLC1를 이용 Sage의 rosmarinic acid 정량)

4) 김승욱 외. **구강보건학회지** 1994 18(2) 574(Chamomile 배합 세치제와 sage oil 배합 세치제와 chlorhexidin 배합 세치제 및 *Sanguinaria* 배합 세치제가 치주병 원인균에 미치는 영향)

5) 마득상 외. **구강보건학회지** 2000 24(1) 13(식염과 sage oil 및 수산화인회석 배합 세치제의 치은염 완화와 상아질 지각 과민 완화효과에 관한 실용 실험적 연구)

6) 서혜경. **석사학위논문** 중앙대학교 사회개발대학원 서울 2003(Clary sage 에센셜 오일을 이용한 향기 흡입법이 중년 여성의 stress 감소에 미치는 효과)

7) 안영희. **석사학위논문** 대구카톨릭대학교 보건과학대학원 2002(허브의 방향성 아로마 성분분석)

8) 엄은미. **박사학위논문** 이화여자대학교 서울 2003(High through put analysis of gene expression patterns in gastric cancer using sage and microarray techniques)

9) 오문헌, 황혜정. **식품과학회지** 2003 35(1) 1(서양 허브 식물의 화학성분)

10) 유영선, 박기문, 김영배. **산업미생물학회지** 1993 21(2) 187(생약재 및 향신료의 *Streptococcus mutans* 증식억제 효과)

11) 윤정원, 문혁수. **구강보건학회지** 1996 20(2) 167(Sage oil과 *Chamomile* 및 *Sanguinaria*가 치주 질환 원인균에 미치는 영향에 관한 연구)

12) 이영춘, 윤종훈. **식품과학회지** 1993 25(4) 351(Rosemary, sage, clove 및 nutmeg의 휘발성 및 비휘발성 성분의 항산화성)

13) 이지연. **박사학위논문** 이화여자대학교 서울 2002(High through put analysis of gene expression patterns in arabidopsis under cold stress using sage and microarray techniques)

14) 정세원, 김미경. **영양학회지** 2003 36(7) 699(캐모마일, 세이지, 녹차전분의 섭취가 노령 흰쥐의 항산화능에 미치는 영향)

15) 정재하, 윤현정, 허준영, 등. **동의생리병리학회지** 2009 23(6) 1423(사람 동맥 평활근 세포에 대한 rosmarinic acid의 항 동맥경화 활성)

16) 정하열, 김현배. **식품과학회지** 2000 32(3) 699(13종 허브 추출물의 superoxide 소거능과 세포독성 및 면역증강 효과 검색-sage, peppermint, thyme, yarrow, eucaly)

17) 조영제, 천성숙, 윤소정, 등. **응용생물화학회지** 2005 48(2) 161(Herb 식물로부터 *Helicobacter pylori*에 대한 항균효과 탐색-라벤더, 세이지, 로즈마리, 레몬그라스, 타임, 오레가노, 루, St. John's wort, 등)

18) 차원섭, 주인식, 윤동혁, 등. **생명과학회지** 2009 19(3) 390[체리 세이지(*Salvia officinalis* L.) 추출물의 생리 활성 탐색]

19) 현은하, 이혜자, 유원종, 등. **약학회지** 2004 48(2) 159(RAW 264.7 cell에서 sage에 의한 염증성 cytokine 및 iNOS 억제효과)

20) Akhondzadeh S, Noroozian M, Mohammadi M, et al. *J Clin Pharm Ther* 2003 28 53(*Salvia officinalis* extract in the treatment of patients with mild to moderate Alzheimer's disease; a double blind, randomised and placebo-controlled trial)

21) Borek TT, Hochrien JM, Irwin AN, et al. *Flavour Fragr J* 2006 21 571 (Composition of the essential oil of white sage, *Salvia aplana*)

22) Capek P, Machová E, Turjan J. *Intl J Biol Macromol* 2009 44 75(Scavenging and antioxidant activities of immunomodulating polysaccharides isolated from *Salvia officinalis* L.)

23) Carrer RP, Vanderlinde R, Dutra S, et al. *Flavour Fragr J* 2007 22 430(Essential oil variation among Brazilan accessions of *Saliva guaranitica* L.)

24) Chang SS, Biserka, OM, Oliver, AL, Huang, CL. *J Food Sci* 1997 42 1101(Natural antioxidants from rosemary and sage)

25) Chipault, JR, Mizuno, GR, Hawkins, JM, Lundberg, WO. *Food Res* 1952 17 46 (The antioxidant properties of natural spices)

26) Chipault, JR, Mizuno, GR, Lundberg, WO. *Food Technol* 1956 10 209(The antioxidant properties of spices in foods)

27) Couladis M, Tzakou O, Mimica-Dukic, et al. *Flavour Fragr J* 2002 17 119 (Essential oil of *Salvia officinalis* L. from Serbia and Montenegro)

28) Couladis M, Tzakou O, Stojanovic D, et al. *Flavour Fragr J* 2001 16 227(The essential oil composition of *Salvia argentea* L.)

29) Craig, WJ. *Am J Clim Nutr* 1999 70 491(Health-promoting properties of common herbs)

30) Cuppett, SL, Hall, CA. *Adv Food Nutr Res* 1998 42 245,(3rd Antioxidant activity of the Labiatae[Review][74 refs])

31) Cuvelier, ME, Richard, H, Berset, C. *J Am Oil Chem Soc* 1996 73 645(Antioxidative activity of phenolic composition of pilot plant and commercial extracts of sage and rosemary)

32) Dapkevicius, A, Van Beek, TA, Linssen, JPH, Venkutonis, R. *Nat Prod Anal* 1998 235(Rapid spectroscopic screening for antioxidant activity in sage, thyme and oregano isolates with β-carotene-linoleic acid model system)

33) De Vincenti M, Stammati A, De Vincenzi A, Silano M. *Fitoterapia* 2004 75 801 [Constituents of aromatic plants; carvacrol(*Thymus capitatus*, *T. vulgaris*, *T. serpyllum*, *Satureja hortensis*, *S. montana*, *Origanum dictamus*, *O. magorana*)]

34) Endeshaw MM, Gautun OR, Asfaw N, Aasen AJ. *Flavour Fragr J* 2000 15 27 (Volatile oil costituents of Ethiopian plant *Salvia schimperi* Benth)

35) Gali-Muhtasib HU, Affara NI. *Phytomedicine* 2000 7 129(Chemopreventive effects of sage oil on skin papilomas in mice)

36) Han, YB, Shin KH, Woo, WS. *Arch Pharm Res* 1984, 7(1) 53(Effect of spices on hepatic microsomal enzyme function in mice)

37) Horiuchi K, Shiota S, Hatano T, et al. *Biol Pharm Bull* 2007 30 1147(Antimicrobial activity of oleanolic acid from *Salvia officinalis* and related compounds on vancomycin-resistant *Enterococci*)

38) Javidnia K, Miri R, Jamalian A. *Flavour Fragr J* 2005 20 542(Composition of the essential oil of *Salvia macrosiphon* Boiss. from Iran)

39) Kyo R, Nakahata N, Sakakibara I, et al. *J Pharm Pharmacol* 1998 50(10) 1179 (Baicalin and baicalein, constituents of an important medicinal plant, inhibit intracellular Ca^{2+} elevation by reducing phospholipase C activity in C6 rat glioma cells)

40) Liu J, Nan P, Tsering Q, et al. *Flavour Fragr J* 2006 21 435(Volatile constituents of the leaves and flowers of *Salvia przewalskii* Maxim from Tibet)

41) Malencic Dj, Couladis M, Mimica-Dukic N, et al. *Flavour Fragr J* 2004 19 225 (Essential oils of three *Salvia* species from the Pannonian part of Serbia)

42) Nik ZB, Mirza M. *Flavour Fragr J* 2005 20 311(Volatile constituents of *Salvia spinosa* L. from Iran)

43) Paula CSG, Manuel FF. *J Agr Food Chem* 2001 49 2908(Oragan-and season-dependent variation in the essential oil composition of *Salvia officinalis* L. cultivated at two different sites)

44) Perry EK, Pickering AT, Wang WW, et al. *J Altern Complem Med* 1998 4(4) 419 (Medicinal plants and Alzheimer's disease: integrating ethnobotanical and contemporary scientific evidence.[Review][49 refs])

45) Perry NB, Anderson RE, Brennan NJ, et al. *J Agr Food Chem* 1999 47 2048 [Essential oils from Dalmatian sage(*Salvia officinalis* L.): variations among individuals, plant parts, seasons and sites]

46) Perry NSL, Bollen C, Perry EK, Ballard C. *Pharmacol Biochem Beh* 2003 75 651 (*Salvia* for dementia therapy; review of pharmacological activity and pilot tolerability clinical trial)

47) Pitarokili D, Tzakou O, Loukis A. *Flavour Fragr J* 2006 21 670(Essential oil composition of *Salvia verticillata*, *S. rerbenaca*, *S. glutinosa* and *S. candidissima* growing wild in Greece)

48) Salehi P, Sefidkon F, Tolami LB, Sonboli A. *Flavour Fragr J* 2005 20 525(Essential

oil composition of *Salvia palaestina* Benth. from Iran)

49) Santos-Gomes PC, Seabra RM, Andrade PB, et al. *Plant Sci* 2002 162 981[Phenolic antioxidant compounds produced by in vitro shoots of sage(*Salvia officinalis*)]

50) Shaffer, B, Bradley, JP. *Clin Sports Med* 1996 15(2) 425(Bogumill GP unusual problems of the athlete's elbow, forearm, and wrist[Review][11 refs])

51) Sokovic MD, Brkic DD, Dzamic AM, et al. *Flavour Fragr J* 2008 24 83(Chemical composition and antifungal activity of *Salvia desoleana* Atzei & Picci essential oil and its major components)

52) Swarup V, Ghosh J, Ghosh S, et al. *Antimicrob Agents Chemother* 2007 51(9) 3367(Antiviral and anti-inflammatory effect of rosmarinic acid in an experimental murine model of Japanese encephalities)

53) Tepe B, Daferera D, Sokmen A, et al. *Food Chem* 2005 90 333[Antimicrobial and antioxidant activities of the essential oil and various extracts of *Salvia tomentosa* Miller(Lamiaceae)]

54) Tildesley NTJ, Kennedy DO, Perry EK, et al. *Pharmacol Biochem Beh* 2003 75 669[*Salvia lavandulaefolia*(spanish sage) enhances memory in healthy young volunteers]

55) Tildesley NTJ, Kennedy DO, Perry EK, et al. *Physiol Behav* 2005 83 699(Positive modulation of mood and cognitive performance following administration of acute doses of *Salvia lavandulaefolia* essential oil to healthy young volunteers)

56) Vallejo MCG, Moujir L, Burillo J, et al. *Flavour Fragr J* 2006 21 72(Chemical composition and biological activities of the essential oils of *Salvia canariensis*)

57) Wang MF, Shao Y, Li JG, et al. *J Agr Food Chem* 1998 46 4869[Antioxidative phenolic compounds from sage(*Salvia officinalis*)]

29 소회향 *Anethum graveolens* *Peucedanum graveolens*

산형과
(Umbelliferae, Apiaceae)

Dill(英)
蒔蘿, 蒔蘿實(中)

원산지: 인도

용도: 약용 – 열매, 잎, 줄기, 꽃
식용 – 열매

역사

소회향(dill)은 5,000년 전의 고대 이집트의 고분에서 재배한 기록이 발견되어 예부터 중요한 약초 및 향신료임을 알 수 있다. 중국에서는 시라(蒔蘿)라는 생약으로 열매를 시라실(蒔蘿實)이라 하여 방향성 구풍제, 거담제, 건위제로 이용하고 있다. 원래 dill을 그리스에서 anethon이라 하였고 로마 시대에도 지금의 학명인 *Anethum*(라틴어)으로 표기, 'ana'는 '젖어든다', 'aithein'은 '탄다'는 뜻으로 열매의 맛을 나타낸 것. 종명의 *graveolens*는 'gravis(강한)'+ 'olens(향기로운)' 즉 열매의 강렬한 향기에서 비롯된 이름.

Dill이라는 이름은 옛 스칸디나비아어의 'dilla(진정시킨다 또는 달랜다)'에서 유래. 이 씨의 진정 효과를 말한다. 회향을 많이 닮았으나 향기는 아니스나 카라웨이와 비슷하며 원산지는 인도이나 유럽, 열대 아시아, 중국, 일본 등지에서 재배하고 있다(Herbs p121).

식물학적 특성

Dill(소회향)은 1년생 또는 2년생 초본으로 키는 50-100cm 회향보다 작고 가지가 많으며 잎은 3회 우상복엽 갈라진 잎이 실처럼 가늘어져 매우 섬세하다. 대속은 비었으며, 가지에 꽃대가 나와 흡사 양산을 핀 듯 노란 잔꽃이 복산형 화서로 핀다. 꽃진 뒤 동글납작한 열매가 익으면 황갈색이 되며 적은 날개가 있다. 씨는 매우 가벼우며 포기 전체에 독특한 향기가 있다(Herbs p121).

성분

1) 영양성분

Dill 종자 가식부 100g중 탄수화물 55.2g, 단백질 16.0g, 지방 14.5g, Ca 1,516mg, Fe 16mg, Mg 256mg, P 277mg, K 1,186mg, Na 20mg, Zn 5mg이 함유되어 있다.

2) 특수성분

종자의 정유는 2-4%이며, 주성분은 Carvone(40-50%) *d*-Limonene(R, L-00581), Phellandrene 그 밖에 Xanthoneglycoside가 있고, 전초에는 Aesculetin(D-01543), 4-Methyl-aesculetin(H-02227), Dilladoside(T-01975), Dillanol(T-01975), Piperanine(P-01362), β-Pinene(P-01321), β-Eudesmol(E-01913), α-Cubebene(C-02097), Dilfuran, Kaempferol (T-00770), 4'-Methoxykaempferol, β- Caryophyllene(C-00482), Apigenin (T-02175), Apigenin-7-*O*-α-D-glucuronide(T-02175), Scopoletin(H-02227), 4-oxo-3'-4'-dihydroxanthyletin, Graveolone(G-00729), Dillapiol(D-02933), *Apiol(A-02564), Isomyristicin(E, I-00557), Isorhamnetin(T-00572), 줄기에도 *Carvone(S, M-00502), Phellandrene(M-00477), Terpinene(M-00474)등이 있고, *A. sowa*에는 Dillapiol(D-02933), Dillapional(D-02934), Furapiole(F-00607), Phellandral(S, M-00532)등이 있다.

생리활성

항미생물활성-정유①: 오래 저장된 dill seed(Bulgaria)의 정유를 GC와 GC/MS로 분석, olfactometry 및 항미생물활성을 실험. 35년 이상 저장되었던 dill seed 정유를 분석, 40여 성분 중 present fresh(D-limonene)와 spicy(D-carvone) odor로 질이 높았다. Aroma 물질은 D-carvone 50.1%, D-limonene 44.1%, 항미생물활성은 *Aspergillus niger*(mold)와 yeast인 *Saccharomyces cerevisiae*와 *Candida albicans*에 강한 활성을 보였다 (Jirovetz L, 2003).

항미생물·항산화활성-정유②: *Anethum graveolens*의 정유성분은 carvone 55.2%와 limonene 16.6%로, 이 정유는 미생물(진균, bacteria)에 현저한 활성을 보였다. Dill은 apiole 44.2%, linoleic acid 23.1% 및 anethole 11.0%로 풍부, 광범한 antibacterial activity가 있으며, 평지(rape)씨 기름 안정에 천연 항산화제로 생각되었다. 항산화 성분이 oil의 산화를 보호할 뿐 아니라 산화적 약화에 의한 질병에 예방이나, 완화될 수 있다 생각되었다. *Anethum graveolens* L.(Dill)은 rape seed oil 항산화활성이 항산화제인 BHA와 BHT과 견줄만하며, 항미생물활성은 *Fusarium graminearum*, *Penicillium citrinum* 및 *Aspergillus niger*에 높은 항균성을 보였고, *St. aureus*와 *B. cereus*에서도 비교적 좋은 항균활성을 보였다. 정유분석 결과(GC, GC/MS) carvone 55.2%, 다음 limonene 16.6%, dill apiole 14.4% 및 linalool 3.7%. dill의 acetone ex에서 25성분 중 주성분은 dill apiole 43.2%, linoleic acid 23.1%, trans-anethole 11.0%, 2-propanone 1-(4-methoxyphenyl) 4.6%, carvone 3.1%, p-anisaldehyde 2.7% 및 myristicin 1.5%였다(Singh G, 2005).

항결핵균활성③: 지난 15-20년 이상 tuberculosis(폐결핵)가 만연. 이 질병의 주원인은 *Mycobacterium tuberculosis* 균. 1992년 이의 감염 인구 8 million 중, 3 million이 사망. Dill 전초에서 새로운 물질 furanocoumarin인 5-[4″-hydroxy-3″-methyl-2″-butenyloxy]-6,7-furocoumarin③을 분리동정하였고, 기지물질 oxypeucedanin①, oxypeucedanin hydrate② 및

falcarindiol③도 분리동정되었다. 기지 3물질은 재빨리 자라는 mycobacteria에 MIC 32-128μg/mL이었다(Stavari M, 2008).

항생제내성억제효과-소회향·석창표④: 소회향 Dill과 석창표 MeOH ex의 hexane 분획이 ampicillin(Am) 또는 chloramphenicol(Cp) 병용시 *St. aureus* SA_2 다제 내성에 대하여 강력한 저해활성을 보였다. Carvone 함유 소회향의 혼합액과 benzyl benzoate 함유 석창포의 혼합액에서 항생제 내성 억제 약리활성을 동정하였다. Am이나 Cp 100 또는 50μg/mL 혼합할 때 20-50μg/mL에서 저해활성을 보였다(Kim H, 1998).

면역증강효과: 시라자(소회향) 추출물에서 bacteria 증식억제 효과를 확인하였고, 이러한 선천 면역세포, 즉 macrophage의 활성은 mitogen-activated kinase 활성을 통해 이루어지며, 시료 처리는 antigen presentation에 관여된 molecule과 T-세포를 자극할 수 있는 co-stimulatory molecule(특히 CD86, CD 80)의 발현을 증가시켜, 시료 처리 시 TLR_4와 CD_{14} molecule 증가는 시료 처리로 초기 면역 반응의 자극에 관련되어 있음을 보였다. 이로써 시라자 추출 유효성분은 면역 증강 효과가 있는 건강식품 보조자원으로의 개발이 기대되었다(박길순, 2007).

심장보호활성-지질저하: 이란에서는 지질 저하 약물로 dill 지상부를 써왔다. Dill 분말 시료와 정유를 고cholesterol-식이 Wistar rat(♂)에 시료 45, 90 및 180mg/kg을 2주간 투여 후, 총 cholesterol, triglyceride(TG), LDL-cholesterol(C)는 시료 농도 의존적으로 감소하였으나, HDL-C은 증가하였다. 이로써 시료는 혈중지방을 감소시켜 심장 보호활성 물질로 생각되었다. 정유의 수율은 2%, 분석 결과, α-phellandrene 32%, limonene 28%, 및 carvone 28%이 주요 물질이었다(Hajhashemi V, 2008).

간해독활성-정유: 간독소 Paracetamol 투여 동물에서 dill *Anethum graveolens*은 강력한 antihepatotoxic agent임을 밝혔다. Dill의 정유성분을 분석한 결과, 7α-hydroxymanool 24.43%, l-carvone 14.28%, limonene13.9%, epi-α-bisabolol 6.81%, α-terpinene 5.44% 및 α-phellandrene 4.63%이 주성분. 또 p-cymene 2.13%, sabinene 1.98% 및 α-pinene 1.43%도

분석되었다(Ramadan MM, 2013).

약물대사촉진: Dill을 비롯한 7종의 향신료를 7일간 경구투여 후, hexobarbital를 투여한 결과, hexobarbital-유도 수면시간을 현저히 단축시켜, 이들은 간의 mono-oxygenase 활성을 유도하는 것으로 나타났고 strychnine 주사 30분 전에 향신료 투여에서 dill은 strychnine 독성을 감소시켰다(Han YB, 1984).

AchE저해활성-유기농·편이농: Dill을 유기농(AG-O)과 편이농(AG-C)으로 경작한 후, n-hexane, CH_2Cl_2, EtOAc 및 EtOH ex 200μg/mL에 대하여 acetylcholinesterase(AchE), butyrylcholinesterase(BchE) 및 tyrosinase 저해활성을 실험. 항산화활성은 DPPH, DMPD 및 NO 소거활성, Fe ion chelation capacity, feric(FRAP) 및 PRAP를 측정 성분 분석에서 주성분 α-phellandrene는 AG-O 47.75%, AG-C 27.94%; oleic acid는 AG-O 36.39%, AG-C 53.87%, 두 작물 모두 주 phenolic acid는 rosmarinic acid이었다. BchE는 중정도, EtOH ex는 NO 소거활성이 뛰어났다. 이로써 경작 조건은 식물 성분과 생리활성에 차이가 있었다(Orhan IE, 2013).

해충구제-Apiol: Dill 씨 acetone ex가 오랫동안 flour beetle(곤충-딱정벌레, 바퀴벌레 등)을 퇴치할 수 있는 생물 활성이 있음을 알게 되어, 활성 성분을 TLC와 HPLC로 분석, 2-methyl-5-(1-methyl- ethenyl)-2-cyclohexan-1-one(d-carvone)과 4,5-dimethoxy-6-(2-propenyl)-1,3-benzodioxole(dillapiol) 임을 동정하였다(Su HCF, 1987).

Flavonoid-생리활성①: 100여 종의 식·약용 식물의 총 flavonid 를 측정하고, 총 산화 효과(TAS), superoxide scavanger(SOS) 활성을 측정한 결과, propolis 52.1mg, 사철쑥, 인진쑥, spearment, 황금, 참취순으로 40.4mg 이상이었으며, 정향, pepermint, 꽃 박하, vervain, 마요라나, bergamot, 미질향, penyroyal, lemonbalm, tarragon, dill은 10mg 이상이었다(이종미, 2001).

Flavonol glycoside-잎·열매②: *Anethum graveolens* 잎에서 10 flavonol glycoside를 분리동정한 결과, 주요 flavonoids는 quercetin 3-*O*-β-D-glucoside와 isorhamnetin 3-*O*-β-D-glucuronide. Minor components는 quercetin 3-glycoside와 isorhamnetin 3-glycoside. 열매에 kaempferol

3-glucuronide가 주성분이나 잎에는 전혀 없었다(Teuber H, 1978)

Flavour물질-Phellanthrene①: Dill herb의 냄새는 신선한 dill 추출물에서 높은 odour가 있는 5가지 성분으로, dill flavour의 주성분은(S)-α-phellandrene으로 평가. 즉 Dill ether인(3R, 4S, 8S)-3,9- epoxy-1-p-menthene. dill flavour에 도움이 되는 물질은 myristicin, methyl 2-methyl butanoate 및(R)-limonene. 건조방법에 따라 flavour에 영향이 크다(Blank I, 1992).

Odorants-씨, 지상부②: *Anethum graveolens* 씨와 herb의 휘발성 물질은 GC-olfactometry로 분석. 가장 강한 odor-activity value(ratio of concentration to odor threshold)의 odorant를 평가하였다.(+)-(4S)-carvone은 dill 씨의 가장 강한 odorant.(+)-(3R,4S,8S)-3,9-epoxy-1-p-menthene, methyl z-methylbutanoate,(+)-(4S)-α-phellandrene 및 myristicin은 dill herb의 가장 중요한 odorant로 함량과 odor 감도(threshod)에 기초한 odor-activity 값의 산정은 aroma extract 희석 분석으로 확정하였다(Blank I, 1991).

정유성분분석법①: 정유성분 분석 방법 중 head space gas chromatography (HSGC)법이 가장 좋아, 분석 결과, 50종의 화합물이 검색되었으나, 분석법에 따라 다른 휘발성 물질이 분석되기도 한다. 3,6-dimethyl-2,3,3a,4,5,7a-hexahydrobenzofuran이 dill 향기성분 중 중요하며, HSGC법이 가장 좋은 방법이었고, 수증기 증류법도 재현성이 있는 편리한 방법이었다(Huopalahti R, 1998).

정유성분-부위별②: Dill의 정유 수율이 최대 carvone 함량은 primary umbels(꽃차례)가 처음 붉을 때, limonene과 phellandrene은 줄기, 잎 및 primary 및 seondary umbels 때이나 줄기와 잎에 가장 많았다. 개화기 umbel의 주요 성분은 anethofuran이나 씨가 여물 때는 감소. Carvone은 umble이 발전하면 식물이 노화할 때까지 모든 조직에서 발견되며 씨에만 있고, pedicel(꽃자루)에는 없었다(Porter NG, 1983).

정유성분-씨③: 정유함량은 3.4-4%, 주성분은 carvone 11mg/g. Seed, 부성분은 7.0%, trans-dihydrocarvone 0.5-1%, carvol과 dihydrocarveol 0.5-

1%, cis-dihydrocarvone 3%, α-phellandrene 2%, dill chemotype에는 apiol과 myristicin 0.2-11% 있으나, 대부분이 검체에는 없었다(Bailer J, 2001).

정유성분-New chemotype④: Dill 66작물의 seed 정유를 수증기 증류 후, hexane 분획을 GC로 분석, oil 함량은 1.91-7.25%. 3개 기지 chemotype을 관찰, 이들은 transition type들, 새로운 chemotype은 limonene 43.7%, dihydrocarvone 3.1%, carvone 41.2% 및 myristicin 11.7%. 본 chemotype에는 dillapiole이 없었다. 이전 연구에 의한 3 chemotype은 ① limonene 36.9-46.7%, carvone 17.8-45.6%, myristicin 0.2-20.3%, dillapiole 8.0-22.3%, ② limonene 31.0-40.9%, carvone 25.1-47.4%, dillapiole 6.3-31.8%, ③ limonene 39.5-50.7%, carvone 43.7-57.7%, 새로운 chemotype은 ④ limonene 43.7%, ⑤ carvone 41.2%, ⑥ myristicin 11.7%였다(Krüger H, 1996)

정유성분-줄기⑤: 큐바에서 자생한 *Anethum graveolens* 줄기를 수증기 증류 후, GC와 GC/MS로 분석한 결과, 22성분을 분리동정하였고, 주요 물질은 α-phellandrene 24.9%, p-cymene 14.4%, 3,9- epoxy-p-menth-1-ene 14.9% 및 carvone 14.5%였다(Pino JA, 1995). Reunion Island 북서부에서 채취한 신선한 dill stem을 수증기 증류 후 분석한 결과, 36성분을 동정, 주요 성분은 α-phellandrene 56.6%, dill ether 20.8%, limonene 10.9% 및 p-cymene 3.8%. 지리적 조건에서 dill herb oil 중 carvone 함량은 Russia 15%, USA 12-40%, India 22-40%, Hungary 25-42%였다(Vera RR, 1998).

정유-Hairy root·shoot culture⑥: *Anethum graveolens* parent plant의 과실, 뿌리 및 지상부를 tissue culture하여, 분석한 결과, 과실의 정유 주성분은 carvone, dill apiole 및 limonene, 지상부의 정유 주성분은 dill ether와 p-cymene. Dill apiole과 α-phenandrene은 shoot culture(in vitro)의 정유 주성분. Parent root에서 hairy root culture한 oil의 주성분은 dill apiole, apiole, myristicin 및 falcarinol. hairy root culture에서의 정유는 parent root와 비교하면 함량은 많으나, 질적 차이를 보였다(Salaheldin M, 2016).

향기평가-정유: Dill은 성장에 따라 oil 함량이 다르며 그들의 aroma에 따라질을 3등급으로 나눈다. 50% 과실 형성에 따른 oil aroma는 가장 향기가 좋고, GC 분석에서 α-phellandrene, 3,9-epoxy- 1-p-menthene, myristicin, β-myrcene 및(Z)-dihydrocarvone들은 좋아하는 냄새 물질이나, (E)-dihydrocarvone과 elemicin은 가장 적은 냄새가 나는 물질로 평가되었다(Pino JA, 1995-1307).

Dill 김치: Dill과 stevia 열수 추출물을 일반 김치 재료에 첨가, 15℃ 유지, 12일 후 dill과 stevia 김치의 TBAR을 측정한 결과, dill과 stevia 첨가 김치가 대조군보다 TBAR 수준이 낮았고, stevia 첨가 김치보다 dill 첨가 김치가 낮았다(Kim JH, 2004).

효능과 이용

1) 식용: 씨는 요리의 부향제로 오이피클에는 덜익은 꽃송이도 함께 절임하며 또 빵, 케익, 쿠키 등에 넣어 굽기도 하고, 카레가루에 섞기도 한다. 잎과 줄기는 잘게 썰어서 샐러드나 생선요리, 감자등 채소 요리에 부향제로 쓰며, 소스, 마리네, 수프, 샌드위치에도 끼우고 꽃은 샐러드, 피클, 줄기나 씨와 함께 식초에 담가 dill vinegar를 만들어 드레싱으로 이용한다. 그러나 dill은 가열하면 향미가 소실되므로 조리 끝에 넣거나 생채로 이용한다.

2) 약용: 씨는 소화, 구풍, 진정, 최면의 효과가 뛰어나며 구취제거, 동맥경화의 예방, 당뇨병 고혈압 환자의 저염식의 풍미에 쓰인다. 또 진정 효과가 있어 불면증에는 취침 전에 차로 마시거나 잎이나 씨를 베개에 넣었다. 씨에 함유된 정유가 진정, 최면의 효과가 뛰어나 훈증제로도 쓰였다. 한방내과에서는 주로 신허, 신장염, 좌골신경통, 조루증 등에 처방한다.

3) 기타: 씨를 수증기로 증류하여 얻은 정유를 식품이나 비누 등 세제의 향료로도 쓴다. 잎은 꽃망울이 생기기 전까지 수시로 수확할 수 있다. 포기째 건조하여 이용하거나, 냉동하기도. 잎을 목적으로 할 때는 꽃이 피기 전이 향이 가장 좋다. 씨는 건조 후 보관한다(Herbs p122).

참고 문헌

1) 박길순, 장인애, 김윤철, 등. **동의생리병리학회지** 2007 21(3) 700[시라자 추출물을 함유하는 면역 질환의 치료 및 예방을 위한 면역 증강용 조성물-소회향(dill)]

2) 이종미, 오상석, 한대석, 손은심. **식생활문화학회지** 2001 16(5) 504(식물성 식품 중 총 플라보노이드 함량과 생리 활성 탐색)

3) 장미진, 조일영, 이시경. **농화학회지** 1996 39 222(식품: Pickle 제조과정, H_2O_2, 저장기간에 따른 refrigerated dill pickle 과 brine 중의 lipoxygenase, peroxidase, catalase 활성의 변화)

4) 한상익, 성재덕, 김현태, 김금숙, 곽용호. **약용작물학회지** 2000 8(1) 64[소회향 파종기와 파종 방법에 따른 생육과 수량-*Anethum gravelolence* L.(Dill)]

5) Bailer J, Achinger T, Hackl G, de Hueber K, Dachler M. *Ind Crops Prod* 2001 14 229(Essential oil contant dill cultivars in comparison to caraway)

6) Blank I, Grosch W. *J Food Sci* 1991 56(1) 63[Evaluation of potent odorants in dill seed and dill herb(*Anethum graveolens* L.) by aroma extract dilution analysis]

7) Blank I, Sen A, Grosch W. *Food Chem* 1992 43 337[Sensory study on the character-impact flavour compounds of dill herb(*Anethum graveolens* L.)]

8) Delaguis P, Stanich K, Girard B, Mezza G. *Int J Food Microbiol* 2002 74 101 (Antimicrobial activity of individual and mixed fraction of dill, cilantro, coriander and eucalyptus essential oils)

9) Faber B, Bangert K, Mosandl A. *Flav Fragrour J* 1997 12 305[GC-IRMS and enantioselective analysis in biochemical studies in dill(*Anethum graveolens* L.)]

10) Haelvae S. *J Agric Sci. Finland* 1987 59 25[Studies on fertilization of dill(*Anethum graveolens*) and basil(*Ocimum basilicum*)III. Oil yield of basil affected by fertilization]

11) Hajhashemi V, Abbasi N. *Phytother Res* 2008 22 372(Hypolipidemic activity of *Anethum gravoelens* in rats)

12) Han YB, Shin KH, Woo WS. *Arch Pharm Res* 1984 7(1) 53(Effect of spices on hepatic microsomal enzyme function in mice-dill, fennel, white pepper)

13) Henry BS. *Perfume Flav* 1982 7 39(Composition and characteristics of dill-a review)

14) Huopalahti R, Lahtinea R. *Flavour Fragr J* 1998 3 121(Studies on the essential oils of dill herb, *Anethum graveolens* L.)

15) Jana S, Shekhawal G. *Pharmacogn Rev* 2010 4 179(*Anethum graveolens*: an Indian traditional medicinal herb and spice)

16) Jirovetz L, Buchbauer G, Stoyanova AS, et al. *J Agr Food Chem* 2003 51 3854 [Composition, quality control, and antimicrobial activity of the essential oil of long-time stored dill(*Anethum graveoleus* L.) seeds from Bulgaria]

17) Kim H, Moon KH, Ryu S-Y, et al. *Arch Pharm Res* 1998 21(6) 734(Screening and isolation of antibiotic resistance inhibitors from herb materials IV-resistance inhibitors from *Antheum graveolens* and *Acorus gramineus*)

18) Kim JH, Lee H-G, Park J-H, Ryu J-D. *Kor J Food Nutr* 2004 17(1) 25(Effect of dill and stevia hot-water extract on quality and sensory characteristics of kimchi)

19) Krüger H, Hammer K. *J Essent Oil Res* 1996 8 205(A new chemotype of *Anethum graveolens* L.)

20) Orhan IE, Senol FS, Ozturk N, et al. *Food Chem Toxicol* 2013 59 96(Phytochemical contents and enzyme inhibitory and antioxidant properties of *Anethum graveolens* L.(dill) samples cultivated under organic and conventional agricultural conditions)

21) Pino JA, Roncal E, Rosado A, et al. *J Essent Oil Res* 1995 7 219[Herb oil of dill(*Anethum graveolens* L.) grown in Cuba].

22) Pino JA, Rosado A, Goire I, Roncal E. *J Agr Food Chem* 1995 43 1307(Evaluation of flavor characteristic compounds in dill herb essential oil by sensory analysis and GC)

23) Porter NG, Shaw ML, Shaw GJ, et al. *New Zealand J Agr Res* 1983 26 119(Content and composition of dill herb oil in the whole plant and the different plant parts during crop development)

24) Radulescu V, Popescu ML, Illies D-C, et al. *Farmacia* 2010 58 594[Chemical

composition of the volatile oil from different plant parts of *Anethum graveolens* L.(Umbelliferae) cultivated in Romania]

25) Ramadan MM, Abd-Algader NN, El-Kamali HH, et al. *J Arab Soc Med Res* 2013 8 79(Volatile compounds and antioxidant activity of the aromatic herb *Anethum graveolens*)

26) Salaheldin M, Abdelkader A, Lockwood GB. *J Essent Oil Res* 2016 28(2) 104 [Essential oils from the plant, hairy root cultures and shoot cultures of Egyptian *Anethum graveolens*(Dill)]

27) Singh G, Maurya S, de Lampasona MP, Catalan C. *J Food Sci* 2005 70(4) M2008 (Chemical constituents, antimicrobial investigations, and antioxidative potentials of *Anethum graveolens* L. essential oil and acetone extract: part 52)

28) Stavari M, Gibbon S. *Phytother Res* 2008 19 938[(The Antimycobacterial constituents of dill(*Anethum graveolens*))

29) Su HCF, Horvat R. *J Agr Food Chem* 1988 36 752(Investigation of the main components in insect active dill seed extract)

30) Su HCF. *J Econ Entomol* 1985 78 451(Laboratory study on effects of *Anethum graveolens* seeds on four species of stored product insects)

31) Su HCF. *J Entomol Sci* 1987 22(1) 70(Laboratory study on the long term repellency of dill seed extract to confused flour beetles)

32) Su HCF. *J Entomol Sci* 1989 24(3) 317(Laboratory evaluation of dill seed extract in reducing infestation of rice weevil in stored wheat)

33) Teuber H, Wünscher G, Herrmann K. *Z Lebensm Unters Forsch* 1978 167 101 [Flavonol glycosides of leaves and fruits of dill(*Anethum graveolens* L.)]

34) Vera RR, Chane-Ming J. *J Essent Oil Res* 1998 10 539[Chemical composition of essential oil of dill(*Anethum graveolens* L.) growing in Reunion island]

35) Wander JGN, Bouwmeester HJ, Van der Mheen H. *Symposium on Industrial Crops and Products* France April 1996 22-24(Agronomy and harvest research on dill)

30 수영

Rumex acetosa

마디풀과
(Polygenaceae)

Common Sorrel, Sourdock(英)
酸摸(산모), 山羊蹄(산양제)(中)
Suiba(日)

원산지: 유럽, 아시아

용도: 식용 – 어린 식물
약용 – 잎, 뿌리

역사

Sorrel은 우리나라에 자생하는 '수영(괴승애)'을 말하며, 시금치를 닮은 잎에 독특한 신 맛이 있어 유럽에서는 요리의 향미료로 재배되는 식물이며 'garden sorrel'이라 하고, 식용으로 재배하는 신맛이 덜한 개량종은 French sorrel (*Rumex scutatus*)이라 한다. 학명의 *Rumex*는 라틴어의 '창'이란 뜻으로 잎모양이 창끝같고 잎, 줄기에 수산이 함유, 신맛이 나므로 종명 'acetos (산성의)'라 붙여졌다.

고대 그리스나 로마 시대의 의사들은 수영이 이뇨 작용이 있어 특히 담석 배출 효과에, 또 정혈 효과도 있고, 간장 기능을 강화하고 소화를 도와 식욕 증진제로 썼다. 잎에도 vitamin C가 풍부하며 19세기 초에 북극 탐험시 괴혈병 예방으로 휴대했다고 한다. 중국에서는 산모(酸摸)라 한다(Herbs p351).

식물학적 특성

키 60-80cm 자라는 다년생 초본. 줄기 속이 비었다. 근생엽은 밀생하고, 경생엽은 호생한다. 잎은 두텁고 타원형, 잎자루가 길다(시금치 잎과 흡사). 작고 붉은색 꽃이 피며 갈색의 씨가 결실.

우리나라에는 동속식물 애기수영(*R. acetosella*), 소리쟁이(*R. japonicus*), 개대황(*R. longifolius*) 등 5종이 있다(Lee, YN, I, p263).

특수성분

2″-*O*-Acetylisoorientin(I-00581), 2″,6″-Di-*O*-Acetylisoorientin(I-00581), Aloeemodin*W*-acetate(D-02058) *1,8-Dihydroxy-methyl 9(10H)-anthraceinone(D-02271), 2″,6″-Diacetyl orientin(0-00499)등이 *Rumex acetosa*에서 발견되었다.

동속식물에서 Ararobinol(A-02679), Chrysophanein(D-02285), *Chrysophanol(D-02285), Musizin(A-00254), *Physcion(T-02369) 등도 분리되었다(DNP p765).

생리활성

항돌연변이·세포독성①: 수영 전초 추출물 및 성분 분획에 대한 세포독성과 항돌연변이 활성을 검색한 결과, CH_2Cl_2 분획이 5종의 인체 암세포에 대해 IC_{50}=13.2-18.7μg/mL의 강한 세포독성을 보였으며, *Salmonella typhimurium* 을 사용한 Ames test에서 돌연변이원 NPD 와 sodium azide 에 대해 각각 96.1%와 96.7%의 항돌연변이 활성을 보였다, *E. coli* PQ 37을 사용한 SOS chromotest에서 induction factor가 타 분획보다 모두 크게 감소하여 우수한 항돌연변이 효과를 보였다(이남재, 2001).

항돌연변이·세포독성-지상부②: *Rumex acetosa* 지상부에서 4개 anthraquinone을 처음 분리하였고, 2개 합성 유도체에 대하여 5종 배양 암세포 즉 A549 non small cell lung, SK-OV-3 ovary, SK- MEL-2 melanoma, XF498 CNS 및 HCY15 colon에 대하여 sulfrhodamine-B를

이용, 또 항돌연변이 활성은 *Sal. typhi* TA98과 TA100으로 Ames test로, SOS chromo test는 *E. coil* PQ37로 실험. 실험 물질 중 emodin이 실험 tumor cell line 중 IC_{50} 값 2.94-3.64μg/mL로 강력히 증식을 저해. 강력한 항돌연변이 활성을 보였고 mutagens인 NPD와 Na-azide에 유전독성은 mutagen MNNG와 NQO에 대하여 꽤 효과적이었다. 화학 구조와 활성 관계에서 C_6에 OH group 추가로 anthraquinone에서 세포독성의 중요한 요인으로, 또 C_6에 $^-$OH 혹은 $^-OCH_3$ 군이 항돌연변이에 중요한 역할을 하였다(Lee N-J, 2005).

HeLa Cell Apoptosis③: *Rumex japonicus*(시료)에서 HeLa 세포에서의 세포 사멸 화합물을 분리, 분석한 결과, musizin-8-*O*-β-D-glucoside로, apoptosis를 일으키는 효과 물질임은 flow cytometry, Western blot analysis 및 면역형광 현미경으로 밝혔다. 시료에서 분리한 물질은 HeLa 세포에서 caspase-3과 caspase-7 활성화를 통해 apoptosis를 일으켰다(Yong Y, 2010).

Anti-HSV-1: *Rumex acetosa* 지상부에서 polyphenol이 풍부한 acetone-H_2O ex R_2는 oligomeric과 polymeric proanthocyanidin과 flavonoid를 함유. R_2는 *Herpes simplex* virus type-1(HSV-1)에 강력한 항virus 활성이 있었으나, adenovirus 3에는 별 영향이 없었다. HSV-1-specific 저해농도 IC_{50}은 0.8μg/mL. 항virus 활성은 flavan-3-ol과 proanthocyandin의 *O*-3위에 galloylation된 것이 가장 강하였고, 그렇지 않은 것은 항virus 활성이 없었다. *Rumex acetosa* ex의 항virus 활성은 virus 침입과 침투에 강력한 영향을 주나, virus 내성 유도에는 관여치 않아 대단히 경제적이다(Gescher K, 2011).

용혈작용-저해효과: *Rumex japonicus*는 Okinawa 토속 식물로 급성 및 만성 피부 질환에 쓰여 왔으나, 그 약리작용은 확실치 않다. *R. japonicus*는 hematoporphyrin-유도 photooxidative reaction에 대해 항산화 효과를 실험한 결과, 세포 내 ROS로 변형된 human vascular endothelial cell(ECV-304)을 flow cytometry로 측정, lipid peroxide(LPO) erythrocyte ghost를 spectrofluorometry로, hemolysis는 spectrophotometry로 측정한 결과, ECV-304의 세포 내 ROS, erythrocyte ghosts에서 LPO 생산,

hematoporphyrin 존재에서 가시 광선 조사 후, 용혈 작용이 나타났다. 시료 처리 군에서 세포 내 ROS, LPO 생산 및 용혈 작용이 현저히 저해되었다. 시료에는 emodin과 chrysophanic acid가 있고, fraction 1은 LPO에 강력한 저해 효과를, fraction 2(주 emodin)와 3(주 chrysophanic acid)은 LPO 저해활성을 보이지 않았다. 이로써 photohemolysis에 시료는 항산화 효과가 있어 가설을 뒷 받침하였고, porphyrias 같은 질병의 산화적 stress에 보호 효과가 강력할 것으로 보였다. Porphyrias는 porphyrin이나 그 전구물질 형성이나 배설의 현저한 증가를 특징으로하는 porphyrin 대사 장애를 총칭한다(Li Y-P, 2000).

지사효과-뿌리: *Rumex maritimus* root를 hexane, EtOAc 및 MeOH로 추출. mice에 castor oil과 serotonin-유도 설사에 효과를 실험. charcol-motility test를 50, 100 및 200mg/kg(in mice). MeOH ex의 효과가 가장 컸다(Rouf ASS, 2003).

위궤양보호: *Rumex acetosa* 열탕 ex는 위염이나 위궤양 치료에 민간약으로 쓰여 왔다. 항위궤양 활성을 알고자, *R. acetosa* 물과 70% EtOH로 추출. HCl/EtOH-유도 위궤양 mice에 투여한 결과, 시료 추출물이 위궤양 발생을 현저히 감소, EtOH ex 100mg/kg 투여에서 90.9%로 H_2O ex(41.2%)보다 현저히 강하였다. 조직학적 평가에서 시료 전처리 군에서 염증, 부종, 중정도의 출혈 및 상피조직의 손실이 현저히 감소하였으며 시료 용량 의존적으로 RAW 264.7에 NO 생성이 감소되었고, 강력한 항산화활성이 있었다(DPPH radical 소거). 시료의 수침 ex보다 EtOH ex가 항위궤양 효과와 NO 생성 저해활성이 컸고, 이런 활성은 주로 anthraquinone에 의한 것으로 나타났다(Bae J-Y, 2012).

항미생물활성①: *Rumex japonicus* 뿌리의 trachrysone과 2-methoxystypandrone이 항미생물활성이 있었고, hydroxy radical 수와 위치에 관련성이 깊었다. 사용 미생물은 gram(+) bacteria인 *St. aureus* FDA-209P, *B. subtilis* PCI-219 및 *Micrococcus lutea* TACC-1001, gram(-) bacteria인 *E. coli* 0-80, *Sal. typhimurium* H-901W, *Pseudomonas* *aeruginosa* IFO-3080 및 fungi인 *S. cerevisiae*, *Aspergillus niger*였다 (Nishina A, 1993). *R. japonicus* 지상부 EtOAc ex에 phenol성 물질이 가장 많았고, 항산화활성도 높았으며, *B. subtilis*, *B. cereus* 및 *E. coli*에 항미생물활성이 가장 높았다. 또한 phenol성 물질 pyrogallol과 pyrocatechin이 많았다(Elzaawely AA, 2005).

항균·항산화활성-전초②: 소리쟁이 추출물(시료)은 *Pseudomonas aeruginosa*를 제외한 모든 시험균주에 항균성을 보였고, 특히 *Vibrio vulificus*와 *S. cerevisiae*에 상당한 항균성을 보였다. 항산화활성(DPPH radical 소거법)은 EtOAc 분획에서 BHA나 ascorbic acid와 유사. EtOAc 분획에 phenol성 물질이 많아, 항산화활성과 관계가 깊은 것으로 나타났다 (Jeong G-T, 2006).

항미생물활성③: *Rumex alpinus* 과 *R. caucasicus* 수침 ex와 MeOH ex를 disk diffusion 법으로 52 bacteria에 속하는 121 strain에 MICs를 측정한 결과, 수침 ex는 실험한 미생물에 항균활성은 없었으나, MeOH ex에는 두 *Rumex*가 효과가 있었고, *R. caucasicus*가 강하였다. 식중독 bacteria에 대한 *R. alpinus*와 *R. caucasicus*의 항균 연구는 처음이며, 이들은 새로운 항균제로 강력하였다(Ozturk S, 2007).

항미생물활성-열매④: 6종의 *Rumex* L. 즉 *R. acetosa*(Ra), *R. acetosella*(Ral), *R. confertus*(Rc), *R. crispus*(Rcr), *R. hydrolapathum*(Rh) 및 *R. obtusifolius*(Ro)의 열매 ex에 대하여 7종 gram(+)와 7종 gram(-) bacteria 및 5종 fungus에 대하여 agar와 broth 희석법으로 항미생물활성을 MIC로 측정. Rc, Rcr, Rh 및 Ro는 G(+) bacteria인 *Staphylococcus* MIC=62.5-125μg/mL와 G(-) bacteria인 *E. coli*, *Preteus mirabilis*, *Ps. aeruginosa* MIC=125-〉500μg/mL가 약간 높았고, *Candida* spp.나 *Trichophyton mentagrophytes* MIC=250-500μg/mL은 낮았다. Polyphenol 함량은 11.66-78.36mg/g. 12.93mg/g, anthracene이 많은 것은 Ral로 11.16%(Wegiera M, 2011) 또 phenol 물질이 가장 많은 Rcr은 EtOH ex가 가장 항산화력이 높았고, *St. aureus*와 *B. basillus*는 잎과 씨 EtOH ex에 항미생물활성이 높았으나, 수침

ex에는 없었다(Yildirim A, 2001).

항산화활성-Musizin: *Rumex japonicus*의 뿌리 hexane ex에서 2-acetyl-1,8-dihydroxy-3-methylnaphthalene, musizin(MUS)을 분리동정. MUS는 6 type의 fat와 oil에 BHA과 δ-tocopherol(δ-TOC)보다 항산화활성이 강하였다. TOC와 MUS는 2가지 항산화제를 여러 배합에서 보다 낮은 항산화성의 단독 사용보다 항산화 작용이 상승되었다. MUS의 2개 hydroxy radical 중 한 개의 hydroxy radical이 항산화활성에 중요하며, *R. japonicus*의 MUS와 TOC 병용에서 항산화활성이 상승되었다. 또한 *R. acetosa* 전초에서 vitexin, isovitexin, orientin 및 isoorientin을 분리. 전초 추출물의 free radical 소거능은 α-TOC보다 못하나, 항산화활성을 확인. $^1O_2$-유도 적혈구 파괴에 양호한 세포보호 활성이 있었으며 aglycone 분획은 α-TOC보다 강하였다(정유민, 2014).

잎성분: *Rumex acetosa*와 *R. japonicus* 잎으로부터 flavonoids를 분리동정한 결과, *R. acetosa* 잎에서 vitexin $C_{21}H_{20}O_{10}$, mp 253-254℃(decomp.)을, *R. japonicus* 잎에서는 quercitrin $C_{21}H_{20}O_{11}$, $1^2/_3$, H_2O, mp 180-181℃(decomp.)의 flavonoid glycoside를 동정하였다(Aritomi M, 1965). *Rumex acetosa* 잎에서 vitexin과 *R. japonicus* 잎에서 quercetrin을, 또 *R. chalepensis* 잎에서 rutin, quercetin 3-rhamnoside, kaempferol 3-rhamnosyl(1→6) galactoside, quercetin 3-glycosyl(1→4) galactoside 등 flavonoid와 anthraquinone인 1,6,8-trihydroxy-3-methyl anthraquinone을 분리동정하였다(Hasan A, 1995).

뿌리성분: *Rumex patientia* L. 뿌리에서 새로운 naphthalene glycoside 3개와 기지 2개를 분리하였고, 새로운 물질; 2-acetyl-3-methyl-6-carboxy-1,8-dihydroxynaphthalene-8-*O*-β-D-glucopyranoside, 4,4″-binaphthalene-8,8″-*O*,*O*-di-*O*-β-D-glucopyranoside 및 2-acetyl-3-methyl-1,8-dihydroxy-naphthalene-8-*O*-β-D-glucopyranosyl(1→3)β-D-glucopyranoside와 기지물질 nepodin-8-*O*-β-D-glucopyranoside와 torachrysone-8-*O*-β-D-gluco-pyranoside를 분리동정하였다(Demirezer Ö, 2001). *R. japonicus* 뿌리에서

새로운 epoxynaphthoquinol 유도체 3-acetyl-2-methyl-1,5-dihydroxy-2,3-epoxynaphthoquinol을 분리동정하였다(Zee OP, 1998).

색소성분-Tuber: *Rumex hymenosepalus* tuber와 비극성 추출물에서 anthraquinone pigment인 emodin-(1,3,8-trihydroyx-6-methyl anthraquinone)을 분리동정하였다(Buchalter L, 1969).

C-Glycosylflavone 유도체-지상부: *Rumex acetosa* 지상부에서 6개 flavone C-glycoside인 2″,6″-di-*O*- acetylisoorientin①, 2″,6″-di-*O*-acetylorientin②, 2″-*O*-acetylisoorientin③, 2″-*O*-acetylorientin④, isoorientin⑤ 및 orientin⑥을 동정하였고, 2개의 flavonol *O*-glycoside인 avicularin⑦ 및 hyperin⑧도 동정하였다. 이들 중 ①-③은 신물질이고, ④-⑦은 본속 식물에서 처음으로 분리되었다(Kato T, 1990).

Acetophenone-지상부: *Rumex aquatica* MeOH ex에서 새로운 acetophenone인 rumexin(3-hydroxy-5- methyl-4-*O*-β-D-glucopyranosyl acetophenone)과 기지 8 화합물인 quercetin-3-*O*-β-D-glucopyranoside, musizin-8-*O*-β-D-glucopyranoside, quercetin-3-*O*-α-L-rhamnoside, emodin-8-*O*-β-D-glucopyranoside, caffeic acid, 1-*O*-caffeoyl-β-D-glucopyranoside, 1-methylcaffeic acid 및 kaempferol-3-*O*-β-D-glucopyranoside를 분리동정하였다(Yoon H, 2005).

Proanthocyanidins·phloroglucinol유도체-지상부: *Rumex acetosa* 지상부 수용성 acetone ex의 EtOAc 분획에서 monomeric flavan-3-ols, A- 와 B-type procyanidin과 propelargonidin, diermer인 epiafzelechin-(4β→6)-epicatechin-3-*O*-gallate(new natural product), trimer; epiafzelechin(4β→8)-epicatechin-(4β→8)-epicatechin(new natural product), cinnamtannin B_1-3-*O*-gallate와 epicatechin-(2β→7, 4β→8)-epiafzelechin-(4β→8)-epicatechin은 new natural product 등. 또 tetramer인 procyanidin D_1과 parameritannin A_1을 ESI-MSCD, ID- 및 2D-NMR로 동정. Monomer 4, dimer 15, trimer 7, tetramer 2 등 28성분이었다(Bicker J, 2009).

Anthraquinone 생산성-조직배양: 형질 전환 *R. crispus* 상근의 기내 배양 시,

그 생장 특성과 anthraquinone(Aq) 생산성을 조사한 결과, 모상근을 *Agrobacterium rhizogene* strain A4 접종으로 잎 절편에서 유기, 부정근과 비교하였다. 잎 절편에서 부정근 형성은 5μM NAA 첨가 MS배지에서 가장 양호. 전기 영동으로 opine 분석 결과, 모상근에서만 mannopine이 검출, 부정근에는 없었다. 부정근과 모상근 모두 2차근인 측근 근단은 hormone 불첨가 배지에서 신장되었을 뿐, 분지하지 않았으나, 1차근인 주근의 근단은 많은 측지를 내고, 생장이 빨랐다. Aq 함량 증대에 따른 부정근과 모상근의 생장에는 MS기본 배지가 가장 양호. 부정근과 모상근 배양시 생산량과 Aq함량은 5% sucrose, 0.05μM NAA와 0.1μM kinetin 함유 MS액체 배지에서 가장 높았고, 모상근의 Aq함량은 배양 양에 따라 증가, 배양 25일 후에 감소하였다(Chang SW, 1999).

효능과 이용

1) 식용: 수영은 새콤해도 신맛이 덜하고 잎이 연해 채소로 샐러드나 샌드위치, 수프, 소스 등에 이용. 이 신맛이 고기를 연하게 하여 소시지, 양고기, 돼지고기 요리 등의 향미료로. 또 신맛 때문에 오렌지, 레몬 대용으로 쓰이며 수영을 넣은 샐러드는 식초가 필요 없다. 한국에서는 데쳐 헹구어 떫은 맛을 제거하고 된장에 무쳐 먹으며 그 새콤한 맛에 갈증 해소에도 도움이 된다.

2) 약용: 민간약으로 잎을 해열제로, 뿌리 즙은 땀띠나 옴 같은 피부병 약으로, 지금도 화상의 치료나 양치질 약으로 널리 쓰인다. 또 근경은 변비, 위 내출혈에 드물게 약용한다.

서양에서는 만성피부병, 간질환, 황달, 변비, 빈혈 등에 내복한다.

참고 문헌

1) 김성문, 김용호, 허장현, 한대성. **농화학회 99년도 임시총회 및 춘계학술발표회** Poster 발표 논문 초록 pp. 114(외래잡초 애기수영의 생물학적 특성 및 방제법 개발)

2) 이남재, 이경희, 이동웅 등. **생약학회지** 2001 32(4) 338(수영의 항 돌연변이 활성 및 세포독성)

3) 정유민, 김호재, 이수현. **화장품학회지** 2014 40(4) 391(수영 전초 추출물의 항산화 활성평가 및 성분 분석)

4) 최상길, 황방연, 김민수, 등. **생약학회지** 1998 29(3) 209(애기수영의 화학적 성분)

5) Aritomi M, Kiyata I, Mazaki T. *Chem Pharm Bull* 1965 13 1470(Flavonoid constituents in leaves of ***Rumex acetosa*** L. and ***R. japonicus*** Houtt.)

6) Bae J-Y, Rhee Y-S, Han SY, et al. *Biomol Ther* 2012 20(4) 425(A comparison between water and ethanol extracts of ***Rumex acetosa*** for protective effect on gastric ulcers in mice)

7) Bicker J, Petereit F, Hensel A. *Fitoterapia* 2009 80 483(Proanthocyanidins and a phloroglucinol derivative from ***Rumex acetosa*** L.)

8) Buchalter L. *J Pharm Sci* 1969 58 904(Isolation and identification of emodin(1,3,8-trihydroxymethyl anthraquinone) from ***Rumex hymenosepalus***, family polygonaceae)

9) Chang SW, Kim IH, Han TJ. *Kor J Plant Tissue Cult* 1999 26 7[Anthraquinone productive by the cultures of adventitious roots and hairy roots from culed Dock(***Rumex crispus***)]

10) Demirezer Ö, Kuruüzüm A, Bergere I, Schiewe H-J, Zeeck A. *Phytochemistry* 2001 56 399(Five naphthalene glycosides from the roots of ***Rumex patientia***)

11) Elizaawely AA, Xuan TD, Tawata S. *Biol Pharm Bull* 2005 28(12) 2225 (Antioxidant and antibacterial activities of ***Rumex japonicus*** Houtt.)

12) Gescher K, Hensel A, Hafezi W, et al. *Antiviral Res* 2011 89 91(Oligomeric proanthocyanidins from ***Rumex acetosa*** L. inhibit the attachment of ***Herpes simplex*** virus type-1)

13) Gosh L, Gayen JR, Sinha S. *Phytother Res* 2003 17 558(Antibacterial efficacy of ***Rumex nepalensis*** spreng roots)

14) Hasan A, Ahmed I, Jay M, Voirin B. *Phytochemistry* 1995 39(5) 1211(Flavone glycosides and an anthraquinone from *Rumex chalepensis*)

15) Jeong G-T, Lee K-M, Park D-H. *Kor Chem Eng Res* 2006 44(1) 81(Study of antimicrobial and antioxidant activities of *Rumex crispus* extract)

16) Kato T, Morita Y. *Shoyakugaku Zasshi* 1987 41 67(Anthraquinone components in *Rumex acetosa* L.)

17) Kato, T., Morita, Y., *Chem. Pharm. Bull.*, 1990, 38, 2277(C-Glycosylflavones with acetyl substitution from *Rumex acetosa* L., Diacetylorientin)

18) Lee N-J, Choi J-H, Koo B-S, et al. *Biol Pharm Bull* 2005 28(11) 2158 (Antimutagenicity and cytotoxicity of the constituents from the aerial parts of *Rumex acetosa*)

19) Li Y-P, Takamiyagi A, Ramzi ST, Nonaka S. *J Dermatol* 2000 27 761(Iinhibitory effect of *Rumex japonicus* Houtt on the porphyrin photooxidative reaction)

20) Nishina A, Kubota K, Kameoka H, Osawa T. *JAOCS* 1991 68(10) 735 (Antioxidizing component, musizin, in *Rumex japonicus* Hautt.)

21) Nishina A, Kubota K, Osawa T. *J Agr Food Chem* 1993 41 1772(Antimicrobial components, trachrysone and 2-methoxystypandrone, in *Rumex japonicus* Houtt.)

22) Odani T, Shin H, Kubo M. *Shyoyakugaku Zasshi* 1977 31 151(Studies on antifungal substance of crude drug I. The root of *Rumex japonicus* Houtt)

23) Ogweno J, Rukunga M. *Phytochemistry* 1985 24 1390(Distribution of anthraquinone pigments in *Rumex* species of Kenya)

24) Ozturk S, Ozturk A. *Pharm Biol* 2007 45(2) 83(Antibacterial activity of aqueous and methanol extracts of *Rumex alpinus* and *Rumex caucasicus*)

25) Rada K, Horchova V. *Herba Hung* 1976 14 7(Anthraquinones in some *Rumex* species)

26) Rouf ASS, Islam MS, Rahman MT. *J Ethnopharmacol* 2003 84 307(Evaluation of antidiarrhoeal activity *Rumex maritimus* root)

27) Sayed MD, Balbaa SI, Afifi MSA. *Egypt J Pharm Sci* 1975 15 1(Anthraquinone content of certain *Rumex* species growing in Egypt)

28) Süleyman H, Demirezer LÖ, Kuruüzüm A, et al. *J Ethnopharmacol* 1999 65 141 (Anti-inflammatory effect of the aqueous extract from *Rumex patientia* L. roots)

29) Wegiera M, Kosikowska U, Malm A, Smolarz HD. *Cent Eur J Biol* 2011 6 1036 (Antimicrobial activity of the extracts from fruits of *Rumex* species)

30) Wegiera M, Kosikowska U, Smolarz HD, Malm A. *Ann UMCS* 2006 Sec DDDZ 161(Antibacterial activities of the leaves from the selected species of *Rumex* L. genus)

31) Yildirim A, Mavi A, Kare AA. *J Agr Food Chem* 2001 49 4083(Determination of antioxidant and antimicrobial activities of *Rumex crispus* L. extracts

32) Yong Y, Shin SY, Lee Y, et al. *J Kor Soc Appl Biol Chem* 2010 53(5) 657(A compound isolated from *Rumex japonicus* induces apoptosis in HeLa cells)

33) Yoon H, Park J, Oh M, Kim KH. *Nat Prod Sci* 2005 11(2) 75(A new acetophenone of aerial parts from *Rumex aquatica*)

34) Zee OP, Kim DK, Kwon HC, Lee KR. *Arch Pharm Res* 1998 21(4) 485(A new epoxynaphthoquinol from *Rumex japonicus*)

31 스테비아 *Stevia rebaudiana*

국화과
(Compositae)

Stevia, Sugar leaf(英)

원산지: 파라과이, 브라질, 아르헨티나

용도: 식용·약용 – 잎

역사

스테비아(stevia)는 1970년경 우리나라에 도입된 저칼로리 천연 감미료로 붐을 이룬 식물로 원산지인 파라과이에서 옛부터 원주민들이 '카해에(인디오어로 단풀)'라 하며 차의 감미료로 썼다고 한다.

학명의 *Stevia*는 스페인의 식물학자 겸 의사인 Peter James Esteve(1566년) 씨의 이름에서 딴 것이다.

스위스 식물학자 Moises Saniago Bertoni가 1899년 최초로 stevia에 대해 발표, 파라과이 화학자 Ovidio Rebaudi는 stevia의 화학성분을 최초로 분석, 이 공적을 기리기 위해 *Stevia rebaudiana*로 명명하였다. 1931년 프랑스 화학자가 stevioside와 rebaudioside를 분리하였고, 일본 모리다 화학공업 회사에서 최초로 stevia 제품을 생산하였다, 2006년 WHO에서 인체에 무해한 감미료로 사용을 승인하였고, 미국에서 판매가 금지되었던 stevia는 2008년에야 감미료로 상업적 구매가 가능해졌다(Medicinal Herbs p347).

식물학적 특성

파라과이와 브라질 국경 표고 500m 지역에 키 60cm 내외로 자생하는 다년생 초본. 뿌리는 비교적 얕게 뻗는다. 줄기에는 흰털이 발생, 밑쪽이 목질화. 폭이 좁은 피침형의 잎은 둔한 톱니, 흰색 잔꽃이 줄기 끝에 많이 핀다. 잔씨는 관모에 싸여 바람에 따라 퍼진다. 지상부를 채취하여 건조 보관한다(Herbs p375).

특수성분

*Stevia rebaudiana*에서 6α-Acetoxy-12,14-labdadiune-7β,8β-diol(L-00070), 7β-Acetoxy-12,14-labdadiene- 6α,8β-diol(L-00070), Austroinulin(L-00070), Ducoside A, B, C, D, E(H-02130), Sterebin A, B, C, D, E, F, G, H(D-01747), Steviolbioside(H-02130), *Stevioside(H-02130) 등이 분리되었다(DNP p803).

생리활성

당뇨치료-Insulin 분비자극: Stevioside와 steviol은 mouse islets과 INS-I cell에서 insulin 분비를 자극하는 것으로 보아 이들은 항고혈당 효과로 제2형 당뇨병 치료에 중요하게 생각되었다. 또 이들은 diterpene K^+ ATP sensive channel을 경유하지 않아 classic sulfonyl urea를 경유하지 않는 장점이 있다. 더구나 insulin 자극이 없어도 혈당을 감소시킬 수 있고, 저혈당 위험을 제거할 수 있을 것으로 생각되었다. 또 stevioside는 당뇨 GK rat에서 glucagono-static 효과와 마찬가지로 항고혈당, insulin 자극효과를 갖고 있어, stevio-side는 제2형 당뇨병 치료 효과를 보였다(Jappesen PB, 2002).

항비만효과-잎: 고지방식이-유도 비만 쥐 C_{57} B2/6J에서 항비만 효과를 알고자, 실험 동물을 정상 대조군(NC), 고지방 대조군(HC), 고지방식이+stevia 잎 추출물군(HLSV, 1mL/kg/day), 고지방식이+stevioside(HSS, 1mL/kg/day) 4군으로 나누어 사육한 결과, 체중은 HLSV에서 HC군보다 감소하였고 HSS군은 HC군과 비교, 감소하였다. 결과적으로 stevia 잎 ex는

stevioside보다 체내 지질 대사 개선에 더 효과적으로 보였으며, 이는 stevia의 다양한 phytochemical에 의한 것으로 보였다. 따라서 이러한 결과는 stevia가 비만 치료나 예방에 효과적 활용 가능성을 보여주었다(박정은, 2010).

항고혈압활성-Stevioside: SHR rat 혈관 내 stevioside를 투여한 결과, 혈압 강하효과를 수축기와 확장기 혈압이 농도 의존적으로 의식이 있는 SHR rat에서 나타났다(50, 100 및 200mg/kg). 수축기와 이완기 혈압이 각각 31.4와 40.8이 최대로 감소하였고, 이 혈압 강하 효과는 200mg/kg에서 60분 이상이었다. 마취 SHR rat에 100mg/kg stevioside 주사 후, 60분 동안 혈청 dopamine, norepinephrine 및 epinephrine의 변화는 없었다. 이로써 stevioside는 의식이 있는 SHR rat에 피하 주사로 혈압이 강하하였으나, 마취 동물에서 혈중 catecholamine 변화는 없었다(Chan P, 1998). Stevia 잎에서 추출한 감미 배당체 stevioside의 항고혈압 효과를 실험한 결과, stevioside가 효과적인 항고혈압제로 그 작용기전은 Ca^{2+} 길항 기전에 의한 것으로 나타났다(Lee C-N, 2001).

항염증활성-Rheumatis · Lupus**병치료**①: 저열량 감미료인 *Stevia rebaudiana* (시료)의 혈압 강하와 항염증 활성을 알고자, LPS-유도 macrophage에서 염증 매개 물질을 분석한 결과, EtOAc 분획이 용량 의존적으로 현저한 항염활성을 보였으며, NO 생성과 iNOS 발현 증가를 저해하였다. EtOAc 분획 처리 세포에서 LPS-자극 NF-kB정보 유전자 발현을 철저히 억제시켰다. NF-kB 저해는 MCP-1(monocyte chemoattractant protein-1)과 IL-6 저해와 밀접한 관계가 있었다. 이로써 rheumatis 관절염과 Lupus 같은 면역성 질병 치료에 도움이 될 것으로 생각되었다(Jeong IY, 2010).

항염증효과-Austroinulin②: Stevia에서 분리한 austroinulin(mol wt 322)을 RAW 264.7 세포에 2.5, 5, 10mg/mL처리 결과, 농도 의존적으로 NO 생성을 억제하였고, iNOS protein 발현에서도 농도 의존적으로 저해. Austroinulin 2.5, 5, 10mg/mL처리 결과, 각각 11.4, 26.8, 45.1% 감소, austroinulin은 10mg/mL의 낮은 농도에서 NO와 iNOS를 각각 67.9, 45.1%를 저해. 이상의 결과로 austroinulin은 RAW 264.7 세포에서 LPS에 의해 유도된 NO와

iNOS 단백질을 억제하는 것으로 확인되었다(변명우, 2010).

항피부암-Stevioside①: *Stevia rebaudiana*에서 분리한 4개 steviol glycoside인 stevioside, rebaudioside A와 C 및 dulcoside A는 12-*O*-tetradecanoylphorbol-13-acetate(TPA)-유도 염증 mice에서 강력한 저해활성을 보였다. TPA-유도 염증에 50% 저해는 54.1-291.6μg/ear. 더구나 stevioside 혼합물을 1.0과 0.1mg/mouse 투여 시 TPA 1.0mg/mouse의 염증과 7,12-dimethylbenz[α]anthracene 50μg/mouse에 의한 피부암 형성을 현저히 저해하였다(Yasukawa K, 2002).

발암성여부평가-Stevioside②: F344 rat 식이에 2.5 또는 5% stevioside를 104주간 투여한 결과, 어떠한 carcinogenic activity도 보이지 않았고, steviol도 같은 조건하에서 어떠한 돌연변이 원성도 보이지 않았다(Toyoda K, 1997).

살균활성-식중독균①: 발효 *Stevia rebaudiana* 수침 ex는 광범하게 *E. coli* 0157:H7를 포함한 식중독 병원균에 강력한 살균 활성이 있었다. 37℃, 2시간 발효 시료 40%(v/v)용액을 식중독 병원균에 노출 시 10-7 이하로 감소하였다. 발효시료 10%(v/v)용액에서 장내 출혈성 *E. coli*에 의해 verocytotoxin 1과 2 분비를 감소시켰다. 반대로 발효시료는 *Bifidobacteria*나 *Lactobacilli*를 현저히 살멸시키지 않았다. 이로써 발효 stevia extract는 산성 조건에서는 bacteria를 살멸시키지 않음을 알게 되었다(Tomita T, 1997).

항미생물활성-발효액②: *Stevia rebaudiana* Bertoni.는 남미 원산 국화과 감미식물. Stevia 추출물 발효액(시료)에서 세균 23균주, 효모 10균주를 분리. 이들은 5속, 10종의 세균과 1종의 효모였다. 165와 185 rDNA 염기서열 분석에 근거하여 계통수를 작성. 분리된 균의 항미생물활성은 여러 세균과 식품 병원성 진균에 대해 조사한 결과, 이들 중 *Lactobacillus paracasei* 5B13이 광범한 세균들에 강한 항균성을 보였다. 이 결과는 토양 개량을 위한 친환경적 미생물 제제 개발에 도움이 될 것으로 생각되었다(이태형, 2006)

항산화활성-잎·Callus: Stevia 잎과 callus의 항산화활성을 FRAP와 DPPH법으로 비교한 결과, FRAP법에서는 거의 비슷하였으나, DPPH법에서는

callus가 훨씬 강하였다. 감미료로써 순수한 stevioside 대신 잎과 callus 추출물은 모두 주요 항산화제로 새로운 기능성 식품으로 항산화활성이 풍부한 식품의 공급 기회가 되었다(Tadhani MB, 2007; Shukla S, 2009).

DNA손상예방-항산화활성: *Stevia rebaudiana* 잎 80% MeOH ex의 EtOAc 분획 0.1mg/mL는 DNA strand scission에 대해 예방 활성을 보였다. MeOH ex의 DPPH radical 소거활성은(IC_{50}: 47.66mg/mL), EtOAc ex(IC_{50}: 9.26mg/mL), ABTS(IC_{50}: 3.04mg/mL), -OH(IC_{50}: 3.08mg/mL). Rat liver homogenate에 25mM FeSO4로 지방 과산화를 MeOH ex(IC_{50}: 2.1mg/mL)에서 저해하였다. EtOAc 분획에서 분리한 flavonoid는 quercetin-3-arabinoside, quercitrin, apigenin-4-*O*-glucoside, luteolin 및 kaempferol-3-rhamnoside로 stevia는 강력한 천연 항산화제로 유용성이 있었다(Ghanta S, 2007).

소화흡수대사: Stevioside와 rebaudioside A_1은 glycoside 감미제로 rat 장내 미생물(in vitro)에 의해 diterpenoid aglycon인 steviol로 분해. 또 steviol-17-[^{14}C] 실험에서 rat 장 하부에서 모두 흡수되는 것으로 나타나 인체에서도 대장에서 같은 현상으로 흡수되리라 생각되었다(Wingard RE Jr, 1980) 또 stevia 잎 추출물에는 주로 diterpene 유도체 stiviol 배당체가 주. Stevia 잎 추출물(Sm)과 steviol(St) 흡수를 in vivo와 in vitro에서 실험, Sm은 흡수되지 않았으나, St의 흡수는 현저, 70%가 흡수. In vivo에서 rat에 St와 Sm를 경구투여 15분 후, 혈액에 빨리 나타났으나, 혈중 농도는 서서히 증가, 8시간 이상 걸렸다. Sm은 처음 분해 후, 장에서 서서히 St가 되어 흡수, 인간과 rat에서 St대사는 간 microsome에서 대사. 인체 간에서 St흡수는 rat 간 microsome보다 4배 느렸다. 이로써 steviol은 간 대사에서 종간 큰 차이는 없는 것으로 인간이나 쥐는 장에서 흡수되었다(Koyama E, 2003-875).

물리적Stress·항산화활성: 유사 미소 중력, 진동 및 저온의 물리적 stress 하에서 4일간 자란 *Stevia rebaudiana*는 대조구에 비해 생체 중량이 감소. ascorbic acid와 BHA에 22%와 27%의 항산화성을 보였으나, 유사 미소 중력하에서 stevia의 DPPH radical 소거 효과는 대조구보다 지속적으로 더 높았다. 유사 미소 중력하에서 SOD활성은 대조구에 비해 147%, 진동과 저온처리는 각각 121%와 125% 증가시켰다. 이로써 유사 미소 중력 stress는 다른 stress보다 항산화활성에 더 효과적이었다(최용상, 2011).

Mitochondria보호-항산화: *Stevia rebaudiana* MeOH ex(시료)의 항산화 효과를 검증하고자, arachidonic acid(AA)$^+$ ion으로 세포를 손상시킨 후, HepG$_2$ cell에서 cell viability, ROS mitochondrial dysfunction, AMPK (AMP-activated protein kinase) pathway에 미치는 영향을 조사한 결과, 시료는 HepG$_2$ cell에서 산화적 stress를 억제, mitochondria를 보호하는 것으로 확인되었다(정은혜, 2013).

Stevioside-안전성①: 감미식물 stevia 추출물(주성분 stevioside)을 복강 내에 투여, 치사량 LD$_{50}$을 측정한 결과, 추출물 3,400mg/kg, stevioside 1,700mg/kg, stevia 추출물을 56일간 다량을 경구투여(2.5-5.0g/k/day)에서도 동물 성장에 별지장이 없었다. 56일간 경구투여 후, 전혈 검사(RBC, WBC, Hb 및 HCT), 혈청, 총단백, 혈당, cholesterol 및 GOT 등 17항목 조사 및 간조직 검사(kuffer cell 증식, 문맥 섬유화 등 11개 소견)는 33종목, 그중 LDH 활성을 제외한 모든 항목에서 대조군과 별 차이 없었다. 이상의 결과로 stevia 추출물 및 stevioside는 흰 쥐에서 급성 및 아급성 독성 발현이 되지 않는 것으로 사료되었다(이상직, 1979).

Stevioside-안전성②: Wister rat 식이에 1.2% 이상 stevioside를 24개월 투여한 결과, 발암성이나 어떠한 해로운 효과도 나타나지 않았다(매일 7,938mg/kg bw ADI). 이상의 결과로 stevioside는 안전하고, 천연 감미제로 강한 단맛과 calorie가 낮았다. 독성이 없고, 돌연변이 및 발암성도 없었으며, 치아 우식 예방과 많은 설탕 소비에 의한 비만 예방에도 도움이 되었다. 또한 stevioside는 당뇨 관련 비만, 고혈압 및 심장 질환 환자에도 치료 효과가 있을 것으로 생각되었다(Xili L, 1992).

급성독성·급성신부전: Stevioside와 steviol(stevioside 효소 가수분해물)의 급성 독성을 rat, mouse, hamster 암수에 대해 측정하였다. LD$_{50}$은 투여 14일 내의 독성으로 stevioside 15g/kg bw에서 rat, mouse, hamster에 없었고, steviol은

hamster에 5.20와 6.10g/kg bw male과 female에서, rat와 mice에 15g/kg bw이상(♂,♀)이었다. Steviol의 조직 병리학적 조사에서 근위 세뇨관 세포의 심한 변화(in hamster)로 구조적 변화는 blood urea nitrogen과 creatinine증가. Steviol은 이러한 급성 신부전에 의한 사인이 될 수 있다(Toskulkao C, 1997).

Stevia잎차품질: Stevia 잎의 훈증차, 볶음차 및 발효차를 제조한 결과, 관능검사에서 건잎차보다 높았다. 훈증 횟수, 볶음 횟수는 한 번이 효율적이며, 일반 성분은 회분과 조지방이 훈증과 볶음, 발효차가 다소 증가, 훈증처리 시 무기성분 K, Na, Fe, Zn이 증가, Ca은 다소 감소, 볶음차와 훈증차에서 Na, Fe, Zn, Ca가 건조차에 비해 증가. Amino acid는 건잎 차가 가장 높았다. 항산화활성은 훈증차가 가장 높았고, rebaudioside A 함량은 종류별 차이가 없었다(이웅수, 2014).

감미성분정량: 감미 성분은 HPLC법으로 stevioside, rebaudioside A, dulcoside A, reabudioside C의 분리 정량이 가능하였고, TLC canner법과 TLC-FID법으로는 위 4성분 외에 steviolioside가 분리 정량되었다. HPLC, TLC scanner, TLC-FID법에서 stevioside 회수율은 97.7, 89.4 및 97.3%였고, rebaudioside A 회수율은 90.8, 90.0, 75.8%였다. 분석시료 8종 중 stevia 감미성분 전체 함량은 5%-17%였다(김남수, 1983).

Callus 재배-Stevioside: 재배 callus 건물 100g 중 stevioside 260mg이었다(이갑랑, 1982).

감미성분-수확기: 성장기가 길어질수록 색도와 투과율은 별 변화가 없었으나, L, a, b값은 감소. 갈색도는 증가. 성장 중 stevioside와 rebaudioside A의 비는 stevioside는 68.97%에서 61.09%로 감소, rebaudioside는 20.83%에서 27.52%로 증가, stevia 잎의 감미 성분은 성장에 따라 증가, 8월 말이 최고로 12.80%, 9월 말 12.10%, 최고 감미도는 25-30배, 감미질은 5월 말 채취 시료가 가장 우수하였다(임호준, 2004).

건조방법·성분: Stevia 잎의 건조 방법 즉 열풍 건조, 동결건조 및 음지 건조에 따라서 항산화활성은 영향을 받았다. 휘발성 물질 함량은 음지 건조에서, flavonoid와 phenol성 물질은 동결건조에서 높았다. 어떤 flavonoid와

phenolic acid는 공기 건조에서 증가하기도 하였다. 항산화활성과 향기에 만족하려면 동결건조가 가장 양호하였다(Periche A, 2015).

휘발성성분: *Stevia achalensis* 잎 정유는 0.12%, 41개 성분을 동정, *S. achalensis* 총 oil의 91.2%, *S. achalensis*의 정유는 sesquiterpene hydrocarbone이 많아 74.7%, β-selinene 27.2%, β-caryophyllene 12.8% 및 α-muurolene 9.5%로 주성분, monoterpene은 소량으로 총 oil의 2.0%뿐이었다(Zygadlor JA, 1997).

효능과 이용

1) 식용: 스테비아의 잎은 설탕처럼 단맛이 있어 인디오 뿐 아니라 커피나 홍차의 감미료로 차를 마실 때 1-2장의 잎을 넣는다. 잎에는 설탕의 200-300배의 감미(甘味) 서벗이라는 성분. 잎에서 추출 정제한 서벗은 무색 무취의 결정체로 1g 4칼로리이며, 당뇨병 환자의 감미료로 쓴다. 이는 물이나 알콜에 잘 녹으며 내열성. 독성이 없어 아이스크림, 셔벗, 껌, 청량음료, 약품 등의 감미료로 쓰이며, 다이어트 식품의 감미료로도 이용된다. 스테비올비오사이드의 당도는 설탕의 90배, 스테비오사이드는 300배이다.

2) 약용: 현대인의 성인병인 당뇨병, 심장병, 비만, 충치 등 저혈당제 개발이 요구되는 시점에 유용성 감미료로 분말, 정제, tea pack 등으로 상품화되고 있다.

참고 문헌

1) 김근기. 특별 강연 초록: **농화학회 97년 춘계 학술발표 초록집** p39(Physiological and biochemical roles of the accumulation of sweet glycosides in ***Stevia rebaudiana*** Bertoni)

2) 김남수, 오상룡, 남영중, 민병용. **식품과학회지** 1983 15(3) 209(Stevia 감미성분의 정량법에 관한 비교)

3) 김재훈, 성낙윤, 권선규 등. **식품영양과학회지** 2010 39(2) 313(다양한

추출방법으로 제조된 stevia 잎 추출물의 항산화 활성)

4) 김종현, 이한기, 박정희, 류재우. **식품영양학회지** 2004 17(1) 25(Dill, stevia 열수 추출물에 절인 배추김치의 품질 및 관능평가)

5) 박정은, 기희진, 차연수. **식품과학회지** 2010 12(5) 586(C57 B2/6J mice에서 stevia 잎 추출물의 항비만 효과)

6) 배효주, 이주현. **식생활문화학회지** 2013 28(1) 99(Stevioside 함유 감미료 첨가 김치의 품질특성)

7) 변명우. **식품영양과학회지** 2010 41(4) 456(Stevia로부터 분리한 austroinulin의 RAW 264.7 세포에 항염증 효과)

8) 이갑랑, 박정웅, 최봉순 등. **식품과학회지** 1982 14(2) 179(신 감미 자원식물 stevia의 callus 배양과 stevioside 생성에 관한 연구)

9) 이상직, 이갑랑, 박정룡 등. **식품과학회지** 1979 11(4) 224(신 감미자원 stevioside의 안정성에 관한 연구)

10) 이웅수, 김근식, 최원석. **식품영양학회지** 2014 27(2) 156(Stevia 잎차의 제조방법에 따른 품질특성)

11) 이태형, 박수상, 이용억. **생명과학회지** 2006 16(6) 994(스테비아 추출물 발효액에서 분리된 유효 미생물들의 동정 및 항미생물 활성)

12) 임호준, 오상룡. **식품저장유통학회지** 2004 11(4) 491(수확기별 국내산 stevia 추출물의 품질특성)

13) 정은혜, 서혜림, 김민규 등. **동의생리병리학회지** 2013 27(6) 764(*Stevia rebaudiana*의 항산화 효과)

14) 최용상, 정문웅, 소웅영. **자원식물학회지** 2011 24(4) 343(Stevia에 있어서 유사미소중력 진동 및 저온처리에 의한 항산화활성 변화)

15) Boonkaewwan CAoM, Toskulkao S, Rao MC. *J Agr Food Chem* 2008 56 3777 (Specific immunomodulatory and secretory activities of stevioside and steviol in intestinal cells)

16) Chan P, Xu D-Y, Lin J-C, et al. *Life Sci* 1998 63(19) 1679(The effect of stevioside on blood pressure and plasma catecholamines in spontaneously hypertensive rats)

17) Ghanta S, Banerjee A, Poddar A, Chattopathyay S. *J Agr Food Chem* 2007 55 10962(Oxidative DNA damage preventive activity and antioxidant potential of *Stevia rebaudiana* Bertoni, a natural sweetner)

18) Hong HY. *MS Thesis* Sejong Univ Seoul Korea 2009(Sensory evaluation and quality characteristics of low calories muffin by the addition of stevia leaf powder)

19) Jeong IY, Lee HJ, Jin CH, et al. *J Food Sci Nutr* 2010 15(1) 14(Anti-inflammatory activity of *Stevia rebaudiana* in LPS-induced RAW 264.7 cells)

20) Jappesen PB, Gregersen S, Alstrup KK, Hermansen K. *Phytomedicine* 2002 9 9 [Stevioside induces antihyperglycemic insulinotropic and glucagonostatic effects in vivo: studies in the diabet Goto-kakizaki(GK) rats]

21) Jappesen PB, Grogersen S, Poulson CR, Hermansen K. *Metabolism* 2000 49(2) 2008(Stevioside acts directly on pancreatic β cells to secrete insulin; actions independent of cyclic adenosine monophosphate and adenosine triphosphate-sensitive K+-channel activity)

22) Kang KH. *PhD Thesis* Seoul National Univ Seoul Korea 1981(Physio-ecological studies on stevia)

23) Kim MS, Oh SH, Oh PS. *Food Ind Nutr* 1997 2 48(Current industrial application of natural sweetner stevioside)

24) Kim N-C, Kinghorn AD. *Arch Pharm Res* 2002 25(6) 725(Highly sweet compounds of plant origin)

25) Koyama E, Kitazawa K, Ohori Y, et al. *Food Chem Toxicol* 2003 41 359(In vitro metabolism of the glycosidic sweeteners, stevia mixture and enzymatically modified stevia in human intestinal microflora)

26) Koyama E, Sakai N, Ohori Y, et al. *Food Chem Toxicol* 2003 41 875(Absorption and metabolism of glycosidic sweetners of stevia mixture and their aglycone steviol in rats and human)

27) Kroyev TG. *Lebens Wissen Technol* 1999 32 509(The low calorie sweetner stevioside: stability and interaction with food)

28) Lee C-N, Wong K-L, Liu J-C, et al. *Planta Med* 2001 67 796(Inhibitory effect of stevioside on calcium influx to produce antihypertension)

29) Pak, MO, Lee, YS, Kim, KH. *Kor J Nutr Soc* 1981 14 71(Effects of the Du-Chung tea added raw sweetening stevia leaves on the blood sugar level and blood constituents of aloxan-diabetic rabbits.)

30) Periche A, Castello ML, Haredia A, Escrich I. *Flavour Fragr J* 2015 31 173(Effect of different drying methods on phenolic, flavonoid and volatile compounds of *Stevia rebaudiana* leaves)

31) Shukla S, Metha A, Bajpai V, Shukla S. *Food Chem Toxicol* 2009 47 2338(In vitro antioxidant activity and total phenolic content of ethanolic leaf extract of *Stevia rebaudiana* Bert.)

32) Tadhani MB, Patel VH, Subhash R. *J Food Comp Anal* 2007 20 323(In vitro antioxidant activities of *Stevia rebaudiana* leaves and callus)

33) Tomita T, Sato N, Arai T, et al. *Microbial Immunol* 1997 41(12) 1005(Bactericidal activity of a fermented hot-water extract from *Stevia rebaudiana* Bertoni towards enterohermorrhagic *E. coli* 0157:H7 and other food born pathogenic bacteria)

34) Toskulkao C, Chaturat L, Temcharoem P, Glinsukon T. *Drug Chem Toxicol* 1997 20(1-2) 34(Acute toxicity of steviosid, a natural sweetener, and its metabolite, steviol, in several animal species)

35) Toyoda K, Matsui H, Shoda T, et al. *Food Chem Toxicol* 1997 35 597(Assessment of the carcinogenicity of stevioside in F344 rats)

36) Wingard RE Jr, Brown JP, Enderlin FE, et al. *Experientia* 1980 36 519(Intestinal degradation and absorption of the glycosidic sweetners stevioside and rebaudioside A1)

37) Xili L, Chengjany B, Eryi X, et al. *Food Chem Toxicol* 1992 30(11) 957(Chronic oral toxicity and carcinogenicity study of stevioside in rats)

38) Yasukawa K, Kitanaka S, Seo S. *Biol Pharm Bull* 2002 25(1) 1488(Inhibitory effects of stevioside on tumor promotion by 12-O-tetradecanoyl phorbol-13-acetate in

two-stage carcinogenesis in mouse skin)

39) Zygadlor JA, Ariza-Espinar L, Velaso-Negueruela A, Pereza-Alonso MJ. *Flavour Fragr J* 1997 12 297(Volatile constituents of ***Stevia achalensis*** Hieronymus)

참고 문헌

이 책에서는 서양 향신자원 식물의 식물학적 특성, 과명, 식물명, 일반명, 원산지 또는 산지를 서술하였으며 용도는 식용, 약용, 기타로, 성분은 영양성분, 특수성분으로 분류하였다. 특히 생리활성은 국내외에서 발행되는 학술지를, 효능과 이용은 동의보감을 비롯한 고전을 참고하였으며 우리나라에 등록된 특허도 일부 참고하였다. 참고한 주요 문헌은 다음과 같다.

강병화·심상인. 1997.《한국자원식물명총람》. 고려대학교 민족문화연구소.

김일혁·성환길. 1997.《약이 되는 풀과 나무》. 중앙대학교출판부.

레베카 L, 존슨. 2015.《내 몸을 살리는 치유식물 메디칼 허브백과》. 김영미 옮김. 스타일조선.

문관심. 1984.《약초의 성분과 이용》. 과학백과사전 출판사.

박권우. 1996.《향신채의 재배 및 이용론》. 고려대학교 출판부.

안덕균. 2000.《한국본초도감》. 교학사.

우원식. 2001.《천연물화학 연구법》. 개정판. 서울대학교 출판부.

이영노. 2006.《새로운 한국식물도감》. I·II. 교학사.

이창복. 1980.《대한식물도감》. 향문사.

조식제. 2012.《특허로 만나는 우리 약초》. 1·2. 도서출판 아카데미북.

한국영양학회. 2000.《한국인 영양권장량》. 제7 개정판.

牧野富太郎. 1961.《新日本植物圖鑑》. 北隆館.

星川清親·千源光雄. 1972.《日本·世界 700種 食用植物圖說》. 女子榮養大學 出版部.

Bown, Deni. *New Encyclopedia of Herbs & their uses*. 2001. The Herb society of America.

Dictionary of Natural Products(DNP). Vol. 1-11. 1994-1996. London: Chapman & Hall.

Food & Nutrition Encyclopedia 2nd ed. 1994. CRC Press.

Tradi Med(CD-ROM 서울대학교, 천연물연구소).

van Wyk, Ben-Erik·Wink, Michael. *Medicinal Plants of the World.* 4th printing. 2004. Timber press.

서양 향신자원 연구 I

성분과 생리활성

초판 발행 2025년 12월 29일
초판 1쇄 2025년 12월 29일

지은이 한용봉
펴낸곳 고려대학교출판문화원
www.kupress.com
kupress@korea.ac.kr
(02841) 서울특별시 성북구 안암로 145
Tel 02-3290-4230, 4232
Fax 02-923-6311
찍은곳 네오프린텍(주)

ISBN 979-11-6956-120-4 94480
979-11-6956-119-8 (세트)

값 28,000원